Android 9 编程通俗演义

牛 搞 著

清華大學出版社
北京

内 容 简 介

本书严格参考 Android 9 官方开发文档的逻辑，全面讲解 Android 开发中的各种技术，章节内容循序渐进，精心安排，翔实全面，且又通俗易懂，既不是术语的罗列，也不是不知所云的翻译。

本书分为 18 章，内容包括配置 Android 9 开发环境、第一个 App、UI 资源与 Layout、各种 Layout 控件、代码操作控件、Activity 导航、Theme、Fragment、菜单、动画、自定义控件、RecyclerView、模仿 QQApp 界面、实现聊天界面、多线程、网络通信、异步调用库 RxJava、实现聊天功能等。

本书适合 Android 编程初学者、Android 应用开发人员，也适合高等院校和培训学校相关专业的师生教学参考。

图书在版编目（CIP）数据

Android 9 编程通俗演义 / 牛搞著.—北京：清华大学出版社，2019（2019.11重印）

ISBN 978-7-302-52393-2

Ⅰ. ①A… Ⅱ. ①牛… Ⅲ. ①移动终端－应用程序－程序设计 Ⅳ. ①TN929.53

中国版本图书馆 CIP 数据核字（2019）第 038774 号

责任编辑：夏毓彦
封面设计：王　翔
责任校对：闫秀华
责任印制：刘海龙

出版发行：清华大学出版社
网　　址：http://www.tup.com.cn，http://www.wqbook.com
地　　址：北京清华大学学研大厦 A 座　　邮　　编：100084
社 总 机：010-62770175　　邮　　购：010-62786544
投稿与读者服务：010-62776969，c-service@tup.tsinghua.edu.cn
质量反馈：010-62772015，zhiliang@tup.tsinghua.edu.cn

印 装 者：三河市龙大印装有限公司
经　　销：全国新华书店
开　　本：190mm×260mm　　印　　张：28　　字　　数：717 千字
版　　次：2019 年 4 月第 1 版　　印　　次：2019 年 11 月第 2 次印刷
定　　价：89.00 元

产品编号：082568-01

前　言

自从 iOS 横空出世，移动应用开发持续火爆，人才需求量节节攀升，开发人员的薪资也勇攀高峰。但是，随着一批跨平台移动开发框架（如基于 JavaScript 的 PhoneGap、React Native，基于.Net 的 Xarmain 等）的出现，企业对 iOS 与 Android 原生开发的需求量下降，其实大家在招聘网站上就可以感受到相关职位的减少。然而，所谓的跨平台移动开发其实是个大坑！原因很简单：没有一个操作系统愿意与其他的系统兼容、统一。比如 Android 与 iOS，即使它们在不停地互相学习，功能越来越相似，但是它们的开发语言、SDK、API 等不论在哪个层面都绝不兼容。所以当使用跨平台框架开发同时兼容 iOS 和 Android 的 App 时，就会踩到很多坑。更悲催的是，一旦某个操作系统升级了，你使用的框架可能马上会出现兼容性问题，你可以等待框架开发者把这个问题修正，但不知何年何月，实在等不了，你只能自己修正问题，于是你需要对这个框架的底层很熟悉，并且还要同时熟悉 iOS 与 Android 的原生开发，也就是说，你买了一个复杂的工具，你需要用它做两样不同的产品，你既需要学习如何使用这个工具，还要学习这两个产品的制作流程，还要学会修理和改进这个工具，有点恐怖啊！当然这可以煅练你的能力，让你成为牛人中的牛人，但是这会拖延开发进度，你的老板能接受吗?

最近出现了很多反思这些框架的声音，而且已经有国外公司放弃 React Native 的事件发生，同时我在各技术群中感受到 Android 和 iOS 开发的招聘数量比过去两年有明显的增加，这都说明大家正在回归原生开发。当然我不是在完全否定跨平台开发框架，它们有它们的适应场景，比如一个电子商城 App，只提供商品展示、拍照、收藏、购物等常见功能，跨平台框架是完全能胜任的，但问题是，你依然需要熟悉原生开发，才能用好跨平台开发框架！本书讲的就是 Android 原生开发的故事，情节跌宕起伏，一波三折，相信你会喜欢。

作者心声

如何才能轻松学会一门开发技术？估计这个问题很多人都思考过，因为学技术或者说研究技术真的很难！（是不是说出了大家的心声?）大家应该都有感受：真正掌握一门开发技术其实需要很长时间。即使你是一只长期浸淫各种技术的“千年老妖”，给你一门陌生的技术，你还是会感受到入门的痛苦，你虽然了解各种模式、玩过各种知识，但是你就是无法在短时间内真正参透它。

为什么会这样？原因很简单：技术本来就是复杂的！但大家经常会听到有人说，某某开发很简单，怎样怎样做就行了，随便学学就会了……这种鬼话，谁信谁上当！因为你真正动手使用它时，发现几乎一步一个坑！实际存在这样一个规律：仅学习如何使用一门技术而不真正搞懂其原理，你是不会用这门技术的，那个说简单的人，因为他已经完全掌握了这项技术，但他忘了他入门时所花费的脑力、时间以及经受的痛苦。

我说技术本来就复杂，可能有人不服，但我相信你仔细思考之后，就会同意这个观点。一项技术可能用一句话就能说清楚它的用途或概括它的原理，但当你真正运用它时，你就会发现里面隐藏了无数的细节，而且它还依赖很多其他的技术，你要一步步跨越这些沟沟坎坎，填平你的技术洼地，才能俘获它。

但是，学习技术难，把技术用文字讲明白更难！我到现在也没读到能让我轻轻松松看明白一门技术的书。尤其对于基础差的人来说，他们喜欢凑热闹买很多“技术名著”，但最终发现能看懂的内容寥寥无几！

为什么技术书藉都那么晦涩难懂呢？我想有三方面的主要原因：一是技术黑话（就是术语）太多；二是没有为读者补齐知识差距，作者只在自己的高度上讲啊讲，读者可能跟你隔着一层天；三是太多概括和抽象，把人整得云里雾里。

所以，我尝试改变技术书藉中的这些问题，写一本老少皆宜、童叟无欺、雅俗共赏的书，为大家讲明白一门复杂而庞大的技术：Android 开发。本书对读者的知识基础也仅要求会用 Java 语言，希望大家读起来轻轻松松。在书中作者尽量以通俗的语言讲述各种概念，每个技术点都以具体的案例引出，尽量不劳您费神思考。本书中还配了大量的截图，就是希望读者即使不动手操作，也能学个八九不离十。

本书的定位是 Android 开发入门，但是其中也涉及很多高级的技术内容和热门第三方库，比如多线程、RxJava、网络通信、Retrofit、前后台结合等，所以绝不仅仅适合没有基础的人。本书也适合那些未接触 Android 开发的其他领域的高手们，如果他们要快速了解 Android 开发的方方面面，这本书绝对是非常好的选择。

本书以 App 实例开发驱动，带领读者一步步完成一个仿 QQApp 的应用，保证让读者轻松搞懂每种技术的用途，并体验到每种技术的使用模式。本书紧跟 Andriod SDK 的更新脚步，所有例子都可在 Android 9 开发环境下编译和运行。

代码下载

本书中的示例都配有源码，地址分别是：

Android 起步+RecyclerView：https://gitee.com/nnn/AndFirstStep/repository/archive/master.zip

QQApp：https://gitee.com/nnn/QQApp/repository/archive/master.zip

QQApp 后台：https://gitee.com/nnn/QQAppServer/repository/archive/master.zip

联系作者

作者在 IT 开发领域工作近 20 年，由于对技术的爱好，一直没有脱离开发一线。近几年转向 IT 教学方向，一直致力于解决教学中的痛点与难点，总结 IT 学习的规律，并创建“被动式 IT 教学法”，能在降低教师工作量的同时有效提高学生学习效果。限于作者的水平，书中难免存在疏漏之处，还望各位读者批评指正。

最后，感谢各位朋友的大力帮助，此书的顺利面世离不开各位朋友的共同努力！

著 者

2019 年 2 月

目录

第 1 章 配置Android开发环境

Android 开发有两种 IDE（集成开发环境）可以使用，一是 Android Studio，二是 ADT+Eclipse。ADT+Eclipse 这种方式在写此文之前 Google 已经宣布不再更新了，所以其实只有一种选择：Android Studio！

使用 Android Studio 编写 Android App，需要经过以下几步：

- 下载 Android Studio。
- 安装 Android Studio。
- 配置 Android SDK。

本文的操作都是在 Windows 下，其余操作系统上也差不多，只要你熟悉那个系统，参照这个教程也可以配置成功。

1.1 下载 Android Studio

我们天朝上国，有长城抵御外夷，外夷指的是 Google、FaceBook 等尚未“开化”的公司，长城指的是那道“防火墙”。在此文写作之时，墙外 Google 家的网站依然上不去，但 Google 正在将部分业务安排回归中国，所以国内的 Android 官网镜像似乎经常能成功访问，所以你首先可以试试登录官网，地址是：https://developer.android.google.cn/studio/ ，进入后可看到如图 1.1.1 所示界面。

图 1.1.1

如果你是 64 位的 Windows 操作系统，你可以直接点（注意，为了形象起见，**本书使用“点”代表鼠标单击操作**）上面的大绿按钮下载安装包，如果不是，你就需要点“DOWNLOAD OPTIONS”，进入另一个页面选择合适的安装包。

下载完成后，下一步就是安装 Android Studio 了，欲知后事如何，请看下节分解。

1.2 安装 Android Studio

找到下载的文件，这就是安装文件，双击运行之。启动时间可能比较长，请耐心等待，启动后出现图 1.2.1 所示的界面。

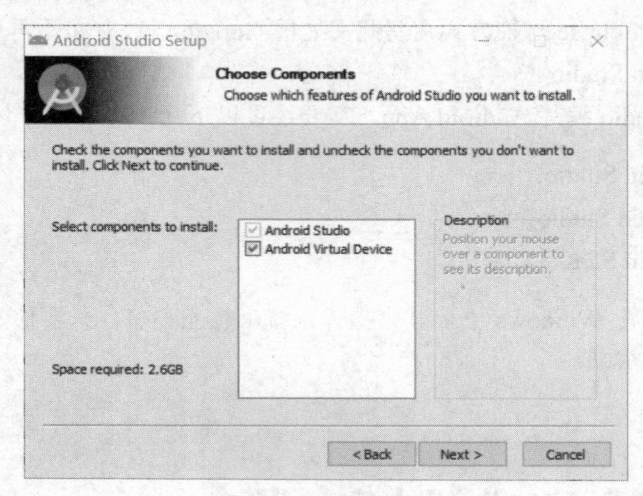

图 1.2.1

什么都不用改动，直接点“Next（下一步）”，进入图 1.2.2 所示页面，在这里选择安装位置。注意安装到的路径中不要有中文或全角字符。如果你的 C 盘剩余空间小于 20GB，就应该选择安装到其他盘了。如果选其他位置安装，点“Browser（浏览）”按钮，默认位置就不错，我就不改了，点“Next”，如图 1.2.3 所示。

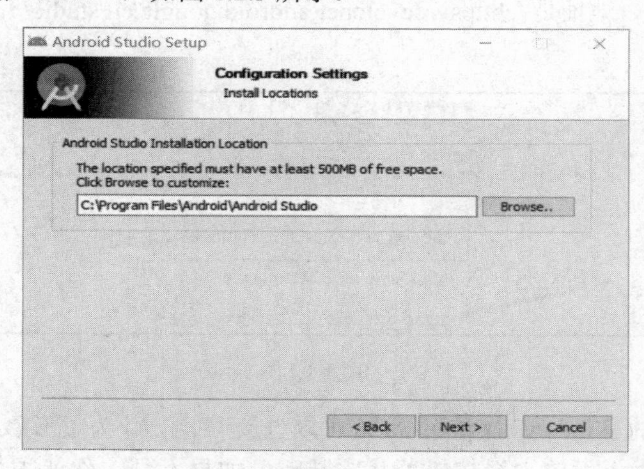

图 1.2.2

进入建立快捷方式的页面，这里不需要动，直接点“Next”，如图 1.2.3 所示。

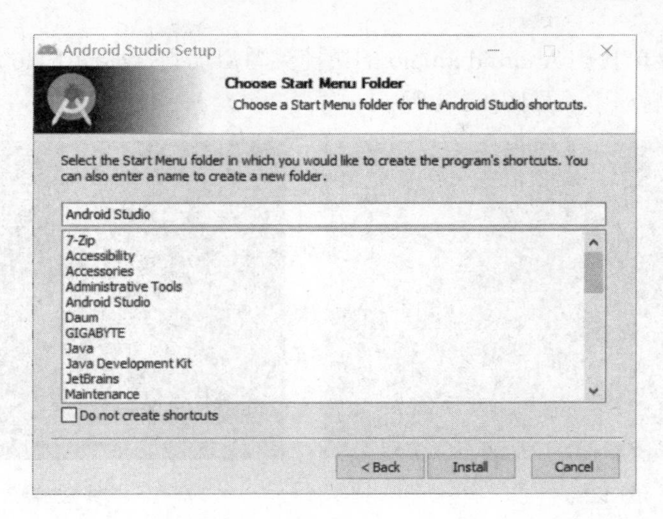

图 1.2.3

进入安装页面，等待安装完成，完成后点“Next”，结果如图 1.2.4 所示。

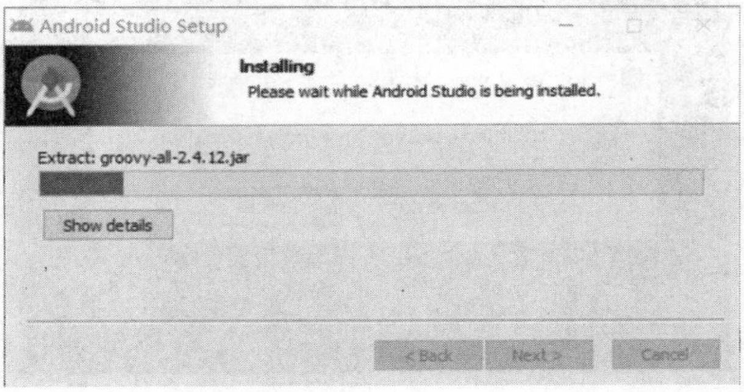

图 1.2.4

安装完成，如图 1.2.5 所示。点“Finish（完成）”。因为“Start Android Studio（启动 Android Studio）”被选中了，所以点“Finish”后，Android Studio 会运行。

图 1.2.5

也可以去开始菜单找到 Android Studio 的快捷菜单启动它，如图 1.2.6 所示。

Android Studio 启动中，如图 1.2.7 所示。

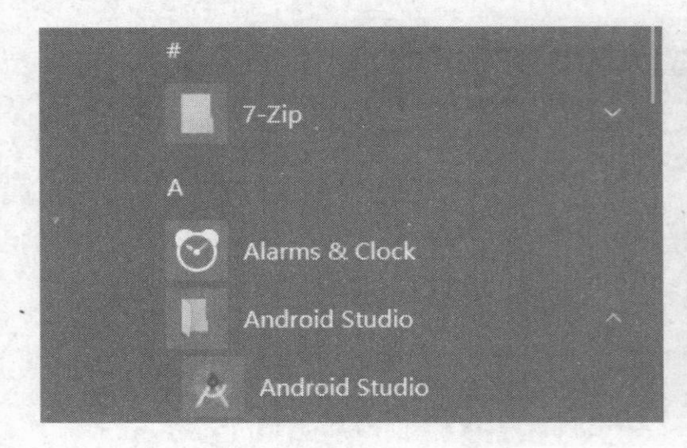

图 1.2.6

图 1.2.7

启动后可能会出现这样的界面，如图 1.2.8 所示。

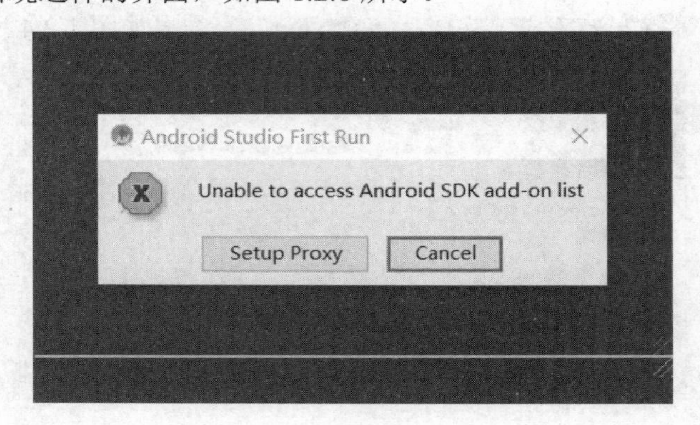

图 1.2.8

"Unable to access Android SDK add.on list"的意思是无法访问 Android SDK 附件列表，这是告诉你需要安装配置 Android SDK。如何搞定 Android SDK 呢？下节分解。

1.3 配置 Android SDK

什么是 SDK？SDK 是软件开发工具包的意思，你要基于某个语言开发软件，需要使用一些类、调用一些方法，这些类和方法封装了一些基础功能和操作系统的功能，以这种语言的方式提供给你，这些类、方法等就组成了 SDK。

JDK 是 Java SDK 的意思，就是用 Java 开发程序时所使用的 SDK，要开发 Android 程序，当然得用 Android SDK。而 Android Studio 包中并不带有 Android SDK，需要单独安装，当然 Android SDK 也应该利用 Android Studio，否则弄起来很麻烦。下面就开始安装它，步骤基本是这样的：

在图 1.2.8 中，点"Cancel"，进入如图 1.3.1 所示的页面。

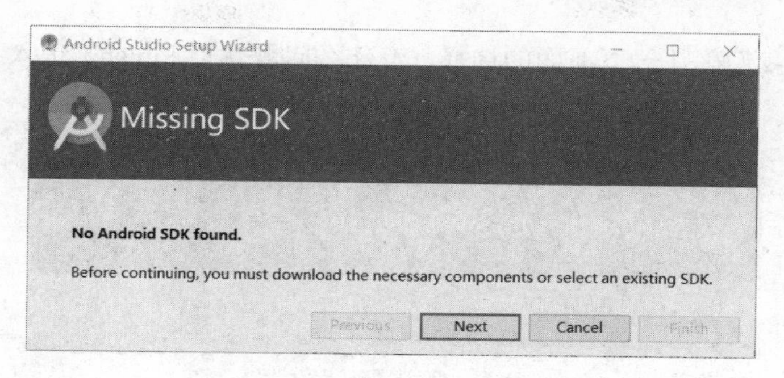

图 1.3.1

这个页面告诉我们 Missing SDK（缺少 SDK），你必须下载必要的组件才行。点 Next，进入如图 1.3.2 所示页面。

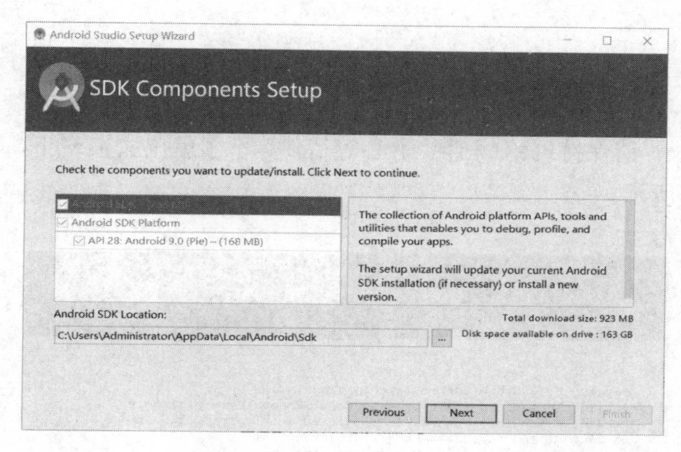

图 1.3.2

这个页面让我们选择 SDK 中的组件，其实也选不了，Check 框都是灰色的，能改动的就是 SDK 的安装位置（Android SDK Location）。SDK 文件占据的硬盘空间比较多，所以，如果 C 盘空间小于 30GB，就应该安装到其他盘中，注意选择位置时，路径中不要包含中文和全角字符。我把位置改到了“F:\android-sdk”。点 Next，进入确认页面，如图 1.3.3 所示。

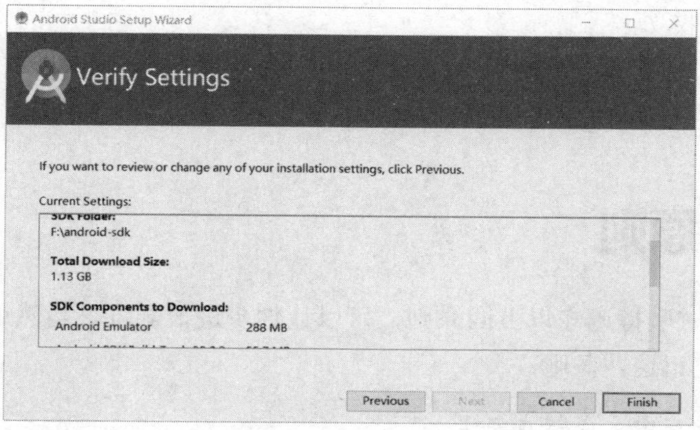

图 1.3.3

这个页面是让我们确认一下前面的选择，没什么问题就点 Finish，进入组件下载页面，如图 1.3.4 所示。

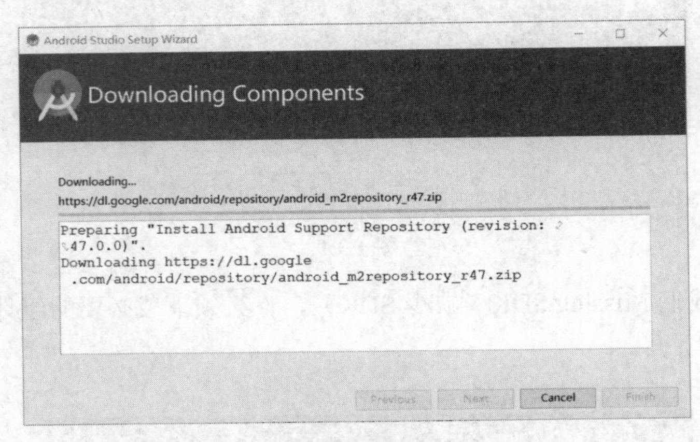

图 1.3.4

下载时间比较长，请保持网络畅通并耐心等待，等不了就出去浪一下，等你回来可能已下载完了，如图 1.3.5 所示。

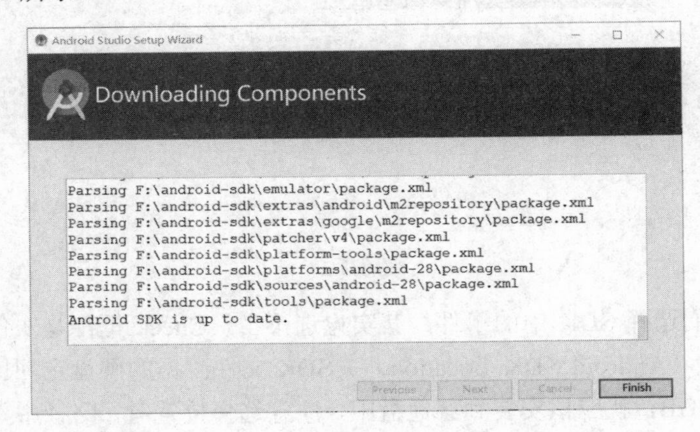

图 1.3.5

点 Finish，完成收功。

准备工作完成！终于可以开始写 App 啦！

1.4 四原则

创建 App 工程时坚持遵守以下四原则，可以让你少进很多坑。当然还有更多要遵守的，但是多了记不住，先记这四条吧：

- 工程名不能有中文或标点符号

比如：“我的工程”。

- 工程名中不能有空格

比如“hello world”。

- 工程不要放在有中文的路径下

比如 helloworld 这个工程的路径这样就不好：“c:\work\安卓\helloworld”。

- 变量、函数、类等不要取中文名或带有标点符号

比如：“String 名字 = "马云雨"”。等号前为变量名，不能用中文，改为“name”比较好。

第 2 章 第一个App

Android 开发环境配置完成后，就可以开始写 App 了。别激动，咱们一步一步来。首先写一个最简单的 App，让它运行起来，看看效果，然后我们再解释一下工程里面的东西。

2.1 创建第一个 App

启动 Android Studio，如图 2.1.1 所示。

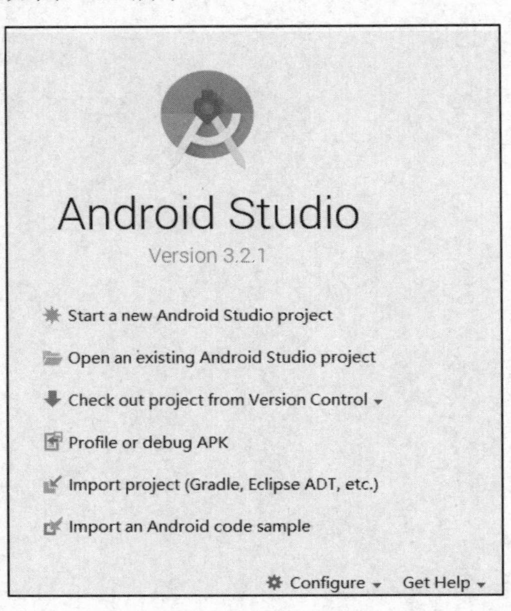

图 2.1.1

点“Start a new Android Studio project(开始一个新 Android Studio 项目)”，运行创建工程的向导。首先映入眼帘的是这样一个窗口，如图 2.1.2 所示。

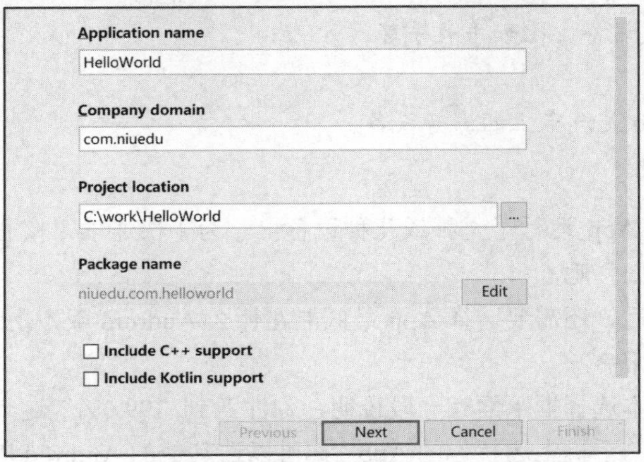

图 2.1.2

在这个窗口中指定 App 的名字，公司的域名和工程文件所保存的位置。

在“Application name(应用名称)”里填入：HelloWorld。你也可以填其他的名字，但是，第一个程序，还是老老实实跟着我学吧。

在“Company Domain（公司域名）”里填入一个域名，但是要倒着写，现在是做着玩，你爱写什么就写什么吧，跟我的一样也行。

在“Project location(项目位置)”里填入你想保存到的位置，最好不要直接写，而是点后面那个按钮，在出现的窗口中选择。

不要选中“Include C++ support”和“Include Kotlin support”。

这个页面搞完了，点“Next（下一步）”，可以看到如图 2.1.3 所示的窗口。

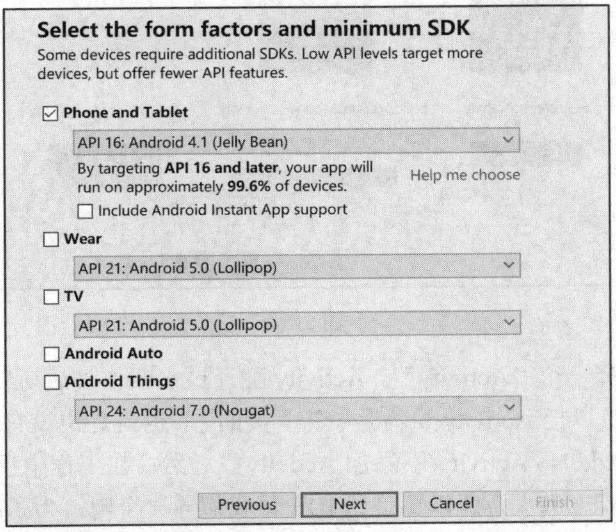

图 2.1.3

这个页面让我们指定运行于什么样的设备和哪个版本的系统上。

- Phone and Tablet 是手机和平板。

- Wear 是穿戴设备，比如手表手环。
- TV 是电视。
- Android Auto 是汽车上的影音设备。
- Glass 是眼镜。

你可以选择你的 App 运行于一种或几种设备上。为了快速学习核心的知识，我们还是只选择“Phone and Tablet”吧。

选择完一种设备后，还需要选择 App 最低能在什么 Android 版本上运行，所选版本越低，能安装你的 App 的设备越多。

我们可以看到版本选择框下面有一段说明，你注意到“99.6%”这个数字没有？它表示当前可以在这么大比例的手机上运行你的 App。你可以选其他的 Android 版本，看看它们当前有多大的使用率。从 Android8 开始，不再支持 Android4.0 以前的系统了。

选完后，点“Next”，进入下一个页面，如图 2.1.4 所示。

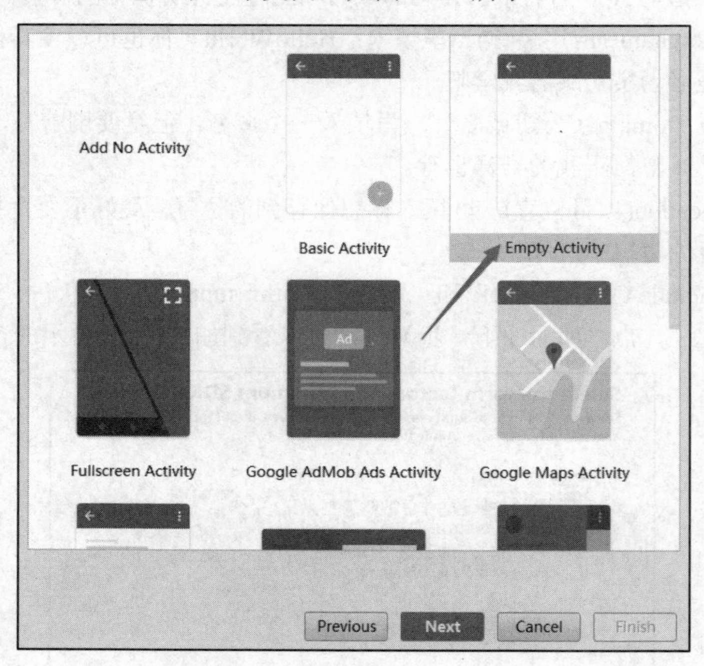

图 2.1.4

这个页面让你选择一个“Activity”。Activity 翻译过来叫作“活动”，这个概念太抽像很难理解，其实你完全可以把 Activity 认为是一个“页面”，也就是说没有它，你什么也看不到。你可以选择第一个“Add No Activity(不添加 Activity)”，然后在工程中手动创建一个 Activity，但是这对初学者来说难度太大，所以还是让 IDE 帮我们弄一个吧，为了减少干扰，看清本质，我们选择“Empty Activity(空 Activity)”。再点“Next”，出现如图 2.1.5 所示的页面。

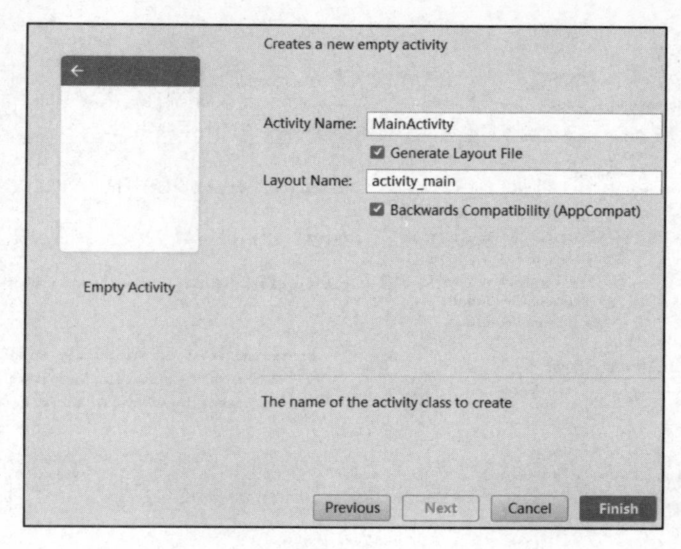

图 2.1.5

在这里指定 Activity 的类名。在“Activity Name”框中指定类名，默认的就挺好，不用改了。

确保选中其下的“Generate Layout File（产生排版文件）”。在“Layout Name”框中输入 Layout 文件的名字，确保选中其下的“Backwords Compatibility(AppCompat)（向后兼容）”

稍微解释几个东西，以除尔心头之梗：

- Layout 文件：是一个 XML 文件，它里面定义某个 Activity 的全部或部分界面，在运行的时候，Activity 中显示的各种控件都是根据这个文件中的元素创建的。
- Backwords Compatibility：使用高版本的 SDK 写的 App，如何能在低版本的 Android 系统中运行，且界面保持一致呢？选中此项即满足此需求。

点“Finish（完成）”，工程会被自动创建并打开（如果你的电脑配置低，可能需要等待一段时间），注意窗口的右下角的进度条，如果它存在，就说明工程未创建完成，需要继续等待，如图 2.1.6 所示。

图 2.1.6

工程创建完成后，窗口如图 2.1.7 所示。

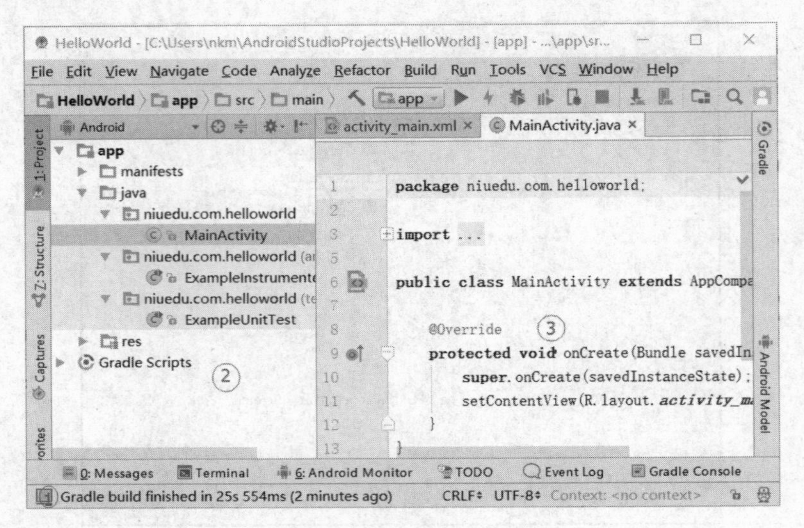

图 2.1.7

现在 Android Studio 打开了一个工程，看一下开发工具 Android Studio。左下角标号 1 处是一个开关，如果你看不到左右竖排的边栏，一定要点它一下。主要工作区分成左右两部分，左区（标号 2 处）是工程结构，右区（标号 3 处）是代码编辑区。

现在工程已经创建成功，可能你会发现有些错误提示或警告，那些一般都不是错误，你只需要编译一下工程，它们一般就会消失。编译工程的方式是：在主菜单中点“Build(构建)”，然后选“Make Project(构建工程)”即可。

下一步就要把它运行起来。请看下回分解。

2.2 运行 App

当前这个工程已经具备了一个页面，而且是可以运行的。实际上要运行一个 App 很简单，点菜单栏下面工具栏上的绿色三角箭头即可，如图 2.2.1 所示。

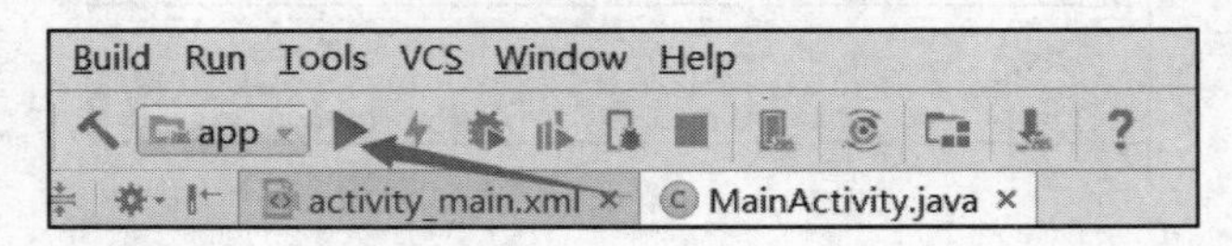

图 2.2.1

点了之后，出现如图 2.2.2 所示窗口。

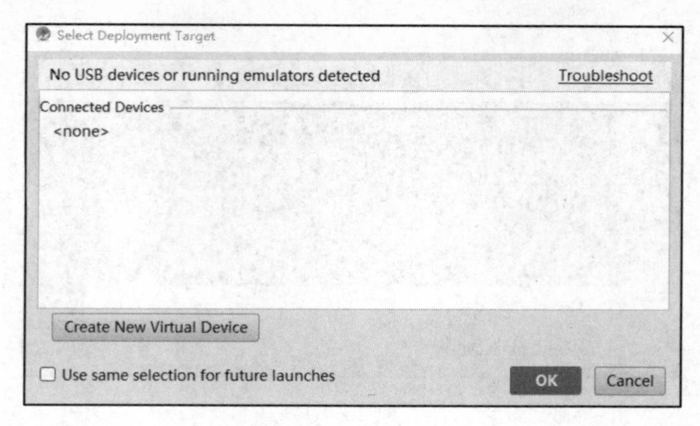

图 2.2.2

这个窗口让我们选择一个 Android 设备来运行我们的 App。App 必须运行在 Android 设备上，如果你指定了一个设备，Android Studio 就会把我们的 App 安装到这台设备上并自动开启这个 App。但是现在我的这个窗口中显示“<none>(没有)”，也就是没有设备，你的也应该一样。

现在看来运行一个 App 还不是那么简单。但是不要怕，也不是什么大问题，我们只要有一台 Android 设备就行了。

设备分为真实设备和虚拟设备。这两种都可以运行 App。真实设备就是你的 Android 手机或平板，虚拟设备是电脑中用软件模拟出来的 Android 虚拟机。如果你手上有 Android 手机或平板，可以把它连接到电脑上，让 Android Studio 找到它，下面讲一下如何把真实的设备连接到 Android Studio 中。

2.2.1　在真实设备上调试

要想让 Android Studio 找到真实的设备，需要做两步（这两步不分先后啊）：

- 第一步：在设备上开启调试（DEBUG）模式。
- 第二步：用 USB 线把电脑与设备连接起来。

第二步很简单，就不多讲了，但是要注意，把你的设备连接到的是运行 Android Studio 的电脑，而不是不相干的电脑（好像有点废话的样子）。

重点讲第一步。不同版本的 Android 系统，其打开调试的方式有点不一样，我们讲一下比较新的版本的方式，旧版本的方式自己也可以从网上搜索到。其实我也是在网上搜到的，所以我先打开某个搜索引擎（微软必应）的主页，如图 2.2.1.1 所示。

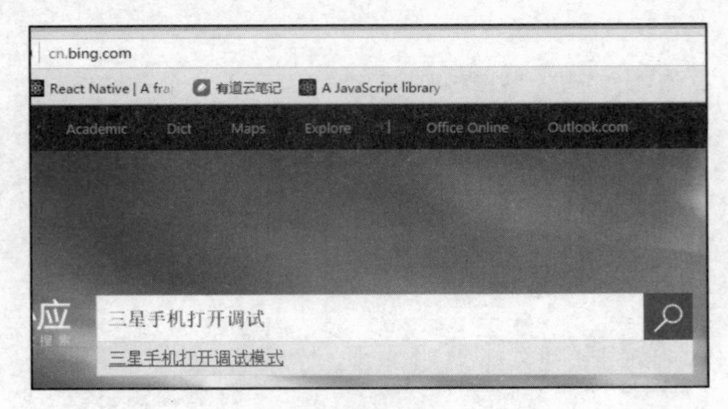

图 2.2.1.1

以三星手机为例，我们输入“三星手机打开调试”，点右边的搜索图标或按回车键（当然你也可以输入“安卓手机打开调试”之类的语句），搜索结果中的任何一个几乎都对我们有帮助，比如我找了一个在三星 S4 上开启调试的教程，结果在我的三星 A8 上也适用。

根据教程说明，打开调试的过程是这样的：打开设置（也可叫作“设定”）→点“关于设备”→点“版本号”或“内部版本号”。当第一次点的话，就会提示你“点 N 次开启调试”之类的话，跟着做就行了。如果已经启用调试模式了，会提示你已经开启，此时就不必再次开启了。

当开启开发模式之后，再回到手机的设置主页面，就能看到多了一条“开发者选项”，点它进入开发者选项页面，点最上面的“开”，就打开了调试模式。但是可以看到下面还有好多设置项，不用理它们，只需在其中找到“USB 调试”这一条，开启它即可。

当你把手机连到电脑上之后，再点“运行”，是否看到了类似这样的界面?如图 2.2.1.2 所示。

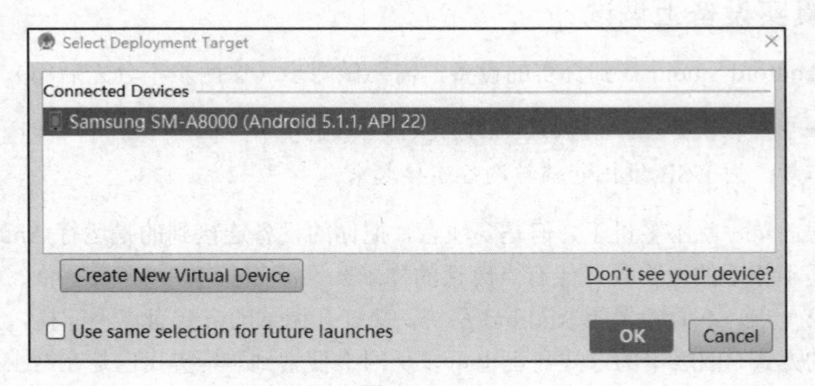

图 2.2.1.2

可以看到真实的设备被找到了，选中它，点“OK”，就可以在这部设备上运行 App 了（可能编译和安装 App 的过程要花一点时间，请耐心等待）。

一般原装的 USB 数据线都可以让电脑识别出设备，但是如果用的是后期买的便宜的数据线，充电可能没问题，用来调试可能就不行了。

2.2.2　配置虚拟机

上一节教会了你在真机上开启调试，但如果你手中没有 Android 真机怎么办？如果你真机的系统版本太低怎么办？（还记得建立项目时，需要我们选择最低能安装到的系统版本吗？）再或者说，我们想在不同 Android 版本的系统中测试我们的 App 怎么办？不用害怕，我们有 Android 虚拟机！我们现在就通过 Android Studio 提供的工具来创建虚拟机。

（1）点主菜单中的“Tools(工具)”，如图 2.2.2.1 所示。

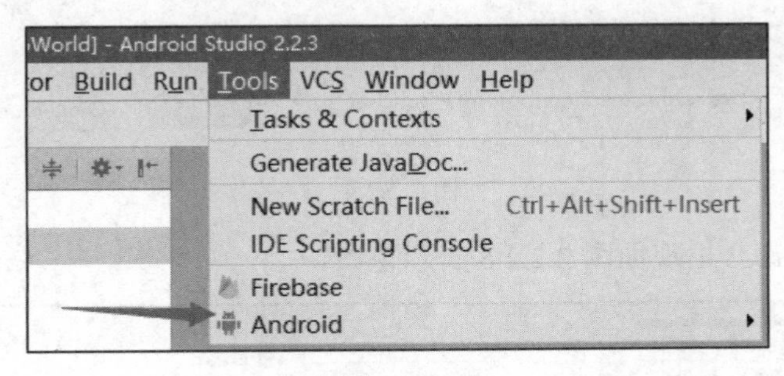

图 2.2.2.1

（2）在出现的菜单中点“Android”，然后在出现的子菜单中点“AVD Manager”，如图 2.2.2.2 所示。

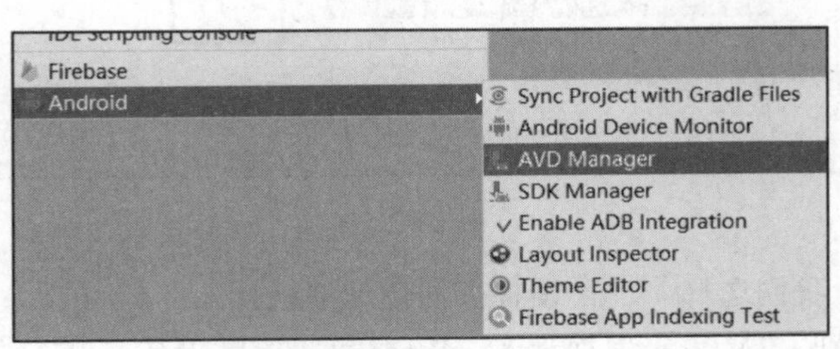

图 2.2.2.2

（3）现在会出现如图 2.2.2.3 所示窗口，点按钮“Create Virtual Device（创建虚拟设备）”即开始创建。

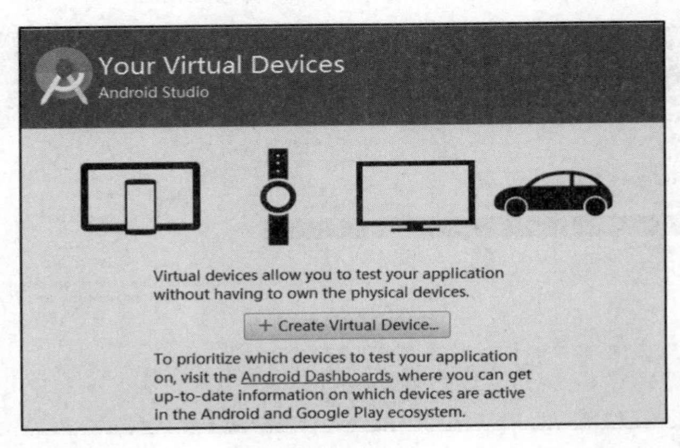

图 2.2.2.3

其实也可以在点“运行”后，在设备选择对话框中点“Create New Virtual Device （创建新虚拟设备）”，如图 2.2.2.4 所示。

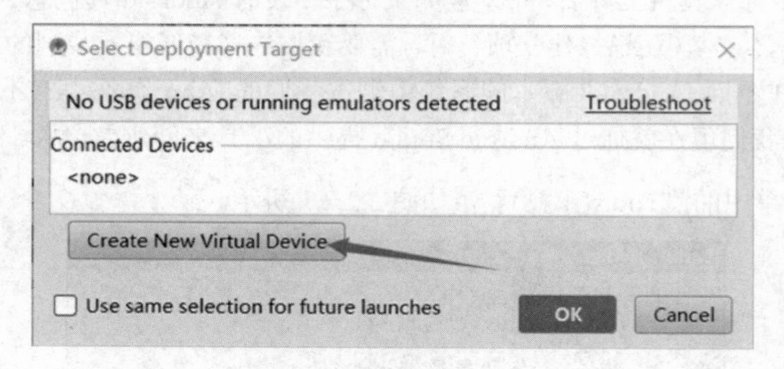

图 2.2.2.4

不论哪种方式，都会出现如图 2.2.2.5 所示窗口。

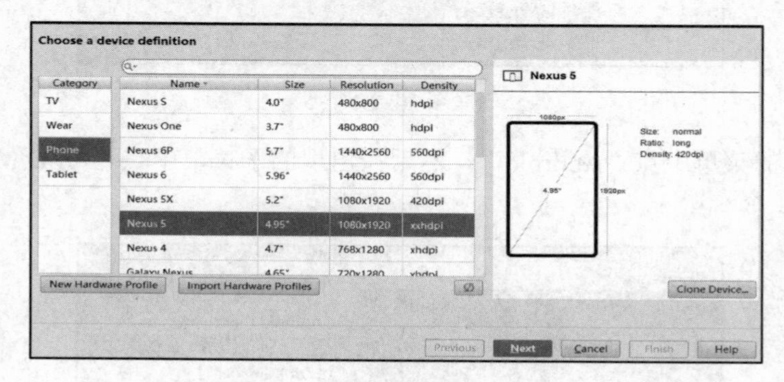

图 2.2.2.5

（4）这个窗口让我们选择一个种设备去创建虚拟机。

最左边区域是类别，TV 表示电视设备，Wear 表示穿戴设备，Phone 表示手机，Tablet 表示平板。中间区是具体设备属性，Name 表示设备的名字，Size 表示设备的屏幕尺寸，Resolution 表示设备的分辨率，Density 表示设备像素的密度。最右边区域是预览信息。

你可以选一个设备，然后点“Next”按钮，出现如图 2.2.2.6 所示窗口。

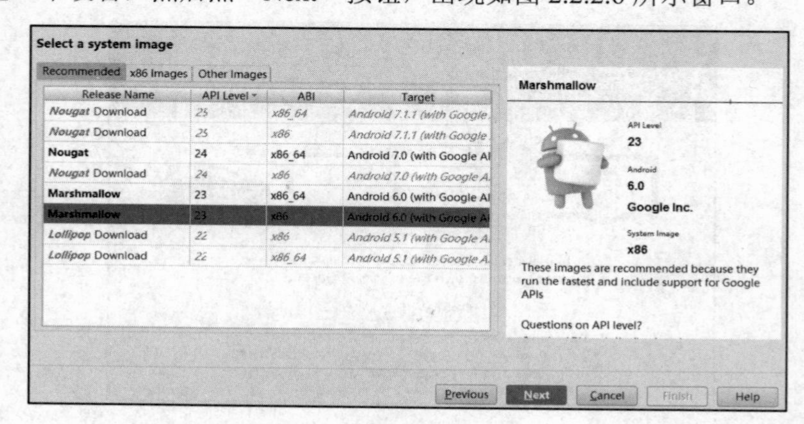

图 2.2.2.6

（5）这个窗口让我们选择一个 System Image（系统镜像）。

系统镜像就是一种模拟操作系统安装光盘的文件，就像我们 Ghost Windows 时用到的“.iso”文件。

左边区域的上面有三个 Tab 页，让我们选择不同的镜像。第一个 Recommended 是推荐的镜像，第二个是 x86 Images 是 x86 镜像，第三个是其他类型的镜像。注意，如果你不连网的话，表格中是不会出现镜像信息的。

表格中一行是一个镜像文件。第一列是镜像所对应的 Android 系统的名字（Android 每个大版本都用一种甜品的名字作代号）。第二列是所支持的 SDK 的版本，第三列是所兼容的 CPU 架构，第四列是操作系统的版本号以及所包含的附加功能。黑色的行表示是已下载到本地的镜像文件，而灰色的行是未下载到本地的镜像文件。可以看到在灰色的行上的“名字”列中，名字的旁边是“Download（下载）”，点它就可以下载这个镜像文件。不需要全部下载，只需下载你所需的镜像文件即可。

可以看到推荐的都是兼容 X86 架构的镜像，你点 Tab 页的“Other Images(其他镜像)”，就可以看到非 X86 的镜像，比如“armeabi”“arm64”等，这些都是以“arm”开头，表示兼容 ARM 架构的 CPU。其实我们的真实设备一般都是 ARM 架构的 CPU，但是虚拟机却推荐我们使用 X86 架构的镜像，这是为什么呢？因为我们的用于开发的电脑都是 X86 架构的，运行在上面的虚拟机如果也是 X86 架构，那么其运行就能优化。你完全可以创建 ARM 架构的虚拟机，但是那启动速度比乌龟还慢。也许你看此书时，ARM 架构的虚拟机也被优化到很快了也很难说呢。

好，现在你选择一个已下载到本地的镜像，然后点“Next”，出现如图 2.2.2.7 所示的界面。

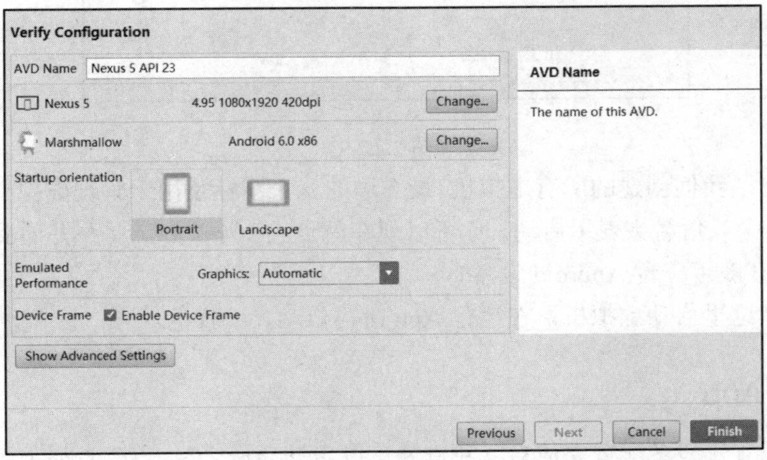

图 2.2.2.7

（6）这里我们可以对虚拟机做进一步的设置。

我看还是不用了吧，默认就很好，最多也就改改名字（AVD name）。注意右边区域中如果有以下提示的话，你需要安装叫作“HAXM”的工具，如图 2.2.2.8 所示。

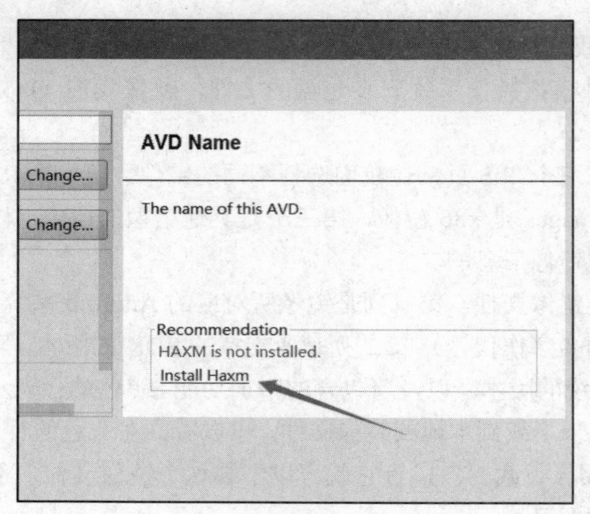

图 2.2.2.8

要安装 Haxm 很简单，点一下超链接就自动下载安装。这个工具是帮我们提升 x86 虚拟机的运行速度的。

（7）点“Finish（完成）”，虚拟机开始被创建，这可能需要一段时间，请耐心等待。完成后，出现如图 2.2.2.9 所示的窗口。

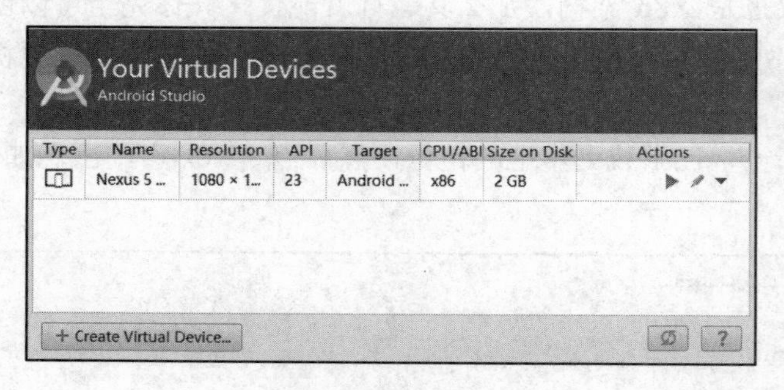

图 2.2.2.9

这里面列出了我们创建的所有虚拟机。最右边的三个图标是用于管理虚拟机的，比如启动、修改、删除等。绿三角箭头表示启动。你可以现在就点它一下试试，是不是看到有虚拟机启动了?恭喜你，你家多了一台 Android 设备！

也可以不在这里启动虚拟机，在运行 App 时再启动，一样的。

2.2.3 启动 App

当虚拟机或真实设备配置完成后，我们就可以启动 App 了。点工具栏上的运行图标，可以看到如图 2.2.3.1 所示的窗口。

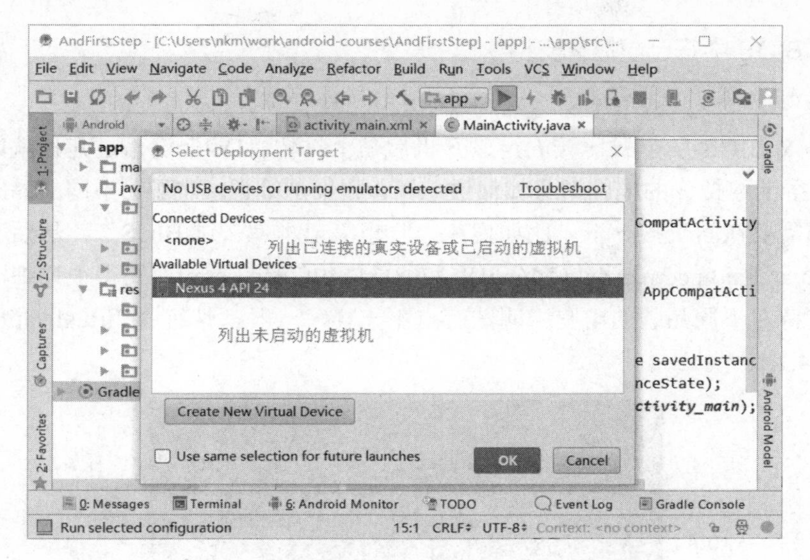

图 2.2.3.1

这个窗口让我们选择一个设备来运行我们的 App。靠近顶部的提示是告诉我们“没有检测到正在运行的 USB 设备或模拟器”，因为没有用 USB 线连接上手机或平板，也没有提前启动虚拟机，所以会有此提示。再往下的“Connected Devices”区列出所有已连接（已启动）的设备，这里是“None”，如果你提前启动了虚拟机或连接了真实设备，那么这里就能列出它们。在下面的“Available Virtual Devices”区列出的是已创建但未启动的虚拟机，我们可以在这里选择一个虚拟机，点“OK”，就会启动虚拟机，并且在虚拟机准备好之后，Android Studio 会自动编译 App，然后把编译出的 APK 文件（App 安装包）安装到设备中，再启动 App。

好了，行动起来，选中虚拟机，点“OK”吧，你看到了什么结果?可能需要的时间比较长，请耐心等待，如果遇到问题，也请继续看下节。

2.2.4　x86 虚拟机加速

Android Studio 之所以推荐创建 x86 架构的虚拟机，主要是因为它快，但是这是有条件的，条件有三：

- 你的电脑必须是 Intel 的 CPU。
- 你的电脑必须在 BIOS 中开启了 CPU 虚拟支持。
- 你必须安装了虚拟加速工具：HAXM。

所以，如果你的电脑是 AMD 的 CPU，那就认倒霉吧。虽然 AMD 也是 x86 架构，但是 Android 虚拟机却不支持它的虚拟化技术，只支持 Intel 的虚拟化技术。拥有 AMD CPU 电脑的你只能创建和运行 ARM 架构的虚拟机，也很好，能帮助你锻炼耐心（似乎 Google 正在对 AMD CPU 进行虚拟机提速优化，可能你读此书时，AMD CPU 也不存在问题了）。

如果你的电脑是 Intel 的 CPU，那么还需要开启虚拟化支持和安装加速工具。请看下节。

2.2.4.1 BIOS 中开启虚拟化支持

需要做两件事：一，进 BIOS；二，找到虚拟化设置项并开启它。

台式机进入 BIOS 的方式比较固定，开机后马上按住“Del”键，过几秒就能进入。如果进不了，你就得上网搜你的电脑型号如何进入了。如果是笔记本电脑，不同的品牌差别就比较大了，一般都需要在网上搜一下。比如搜：“联想笔记本怎么进 BIOS”，然后我找到这篇文章：http://jingyan.baidu.com/article/546ae18577d3f11149f28c23.html，写得很详细。

虚拟化支持在不同品牌的电脑中叫法有点不一样，一般都带有“Virtualization”这样的字眼，如图 2.2.4.1.1 所示。

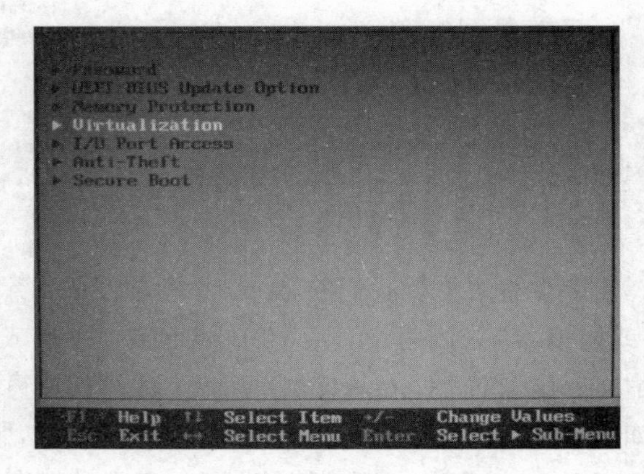

图 2.2.4.1.1

英语不好的同学，自己翻译一下吧，BIOS 里全是英文啊。

2.2.4.2 安装 HAXM

可能在前面的讲解中你已经安装了 HAXM 这个工具，但是你也应该看一下这一节，这里讲了安装 Android 开发工具的通用方法。这个工具在 Android Studio 中就可以安装。

启动 Android SDK 管理器：在主菜单中点“Tools”→“Android”→“SDK Manager”，如图 2.2.4.2.1 所示。

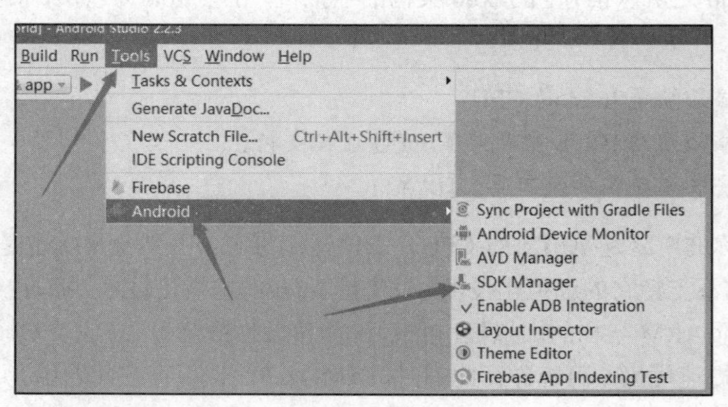

图 2.2.4.2.1

Android SDK 管理窗口会显示出来，如图 2.2.4.2.2 所示。

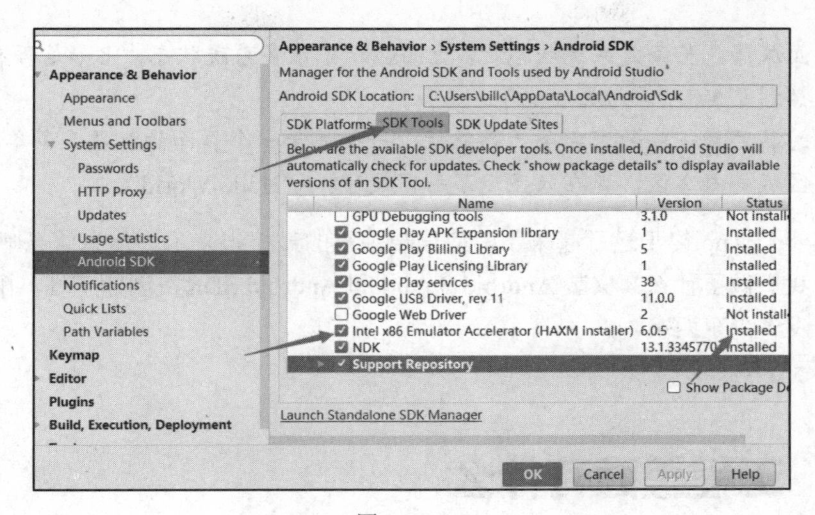

图 2.2.4.2.2

选择“SDK Tools” Tab 页，在下面的列表区拖动滚动条，直到看到“Intel x86 Emulator Accelerator（HAXM Installer）”，如果前面的 Check 框已被选中，就表示已安装了，不需要再安装。如果没有选中，就选中它，然后点下面的按钮“Apply（应用）”或“OK”，SDK 管理器就会自动下载并安装它。

2.2.5　App 的样子

不论你在启动 App 时选择了虚拟机还是真实设备，现在都应该能看到 App 长什么样了，我的是图 2.2.5.1 这样的。

图 2.2.5.1

- 最上面深蓝色长条是系统状态栏，上面显示了很多系统状态，比如是否有内存卡、是否连接到了 WIFI、电池电量等。
- 下面的高度大一些的蓝色条为导航栏，一般显示一个页面的标题、菜单等。
- 白色区域是内容区，现在只显示了一段文字："Hello World"。

至此，第一个 App 终于运行起来了，应该说最难的鼓捣出来了。休息休息吧。

回忆一下我们做了什么？安装 Android Studio 和 Android SDK，创建工程，配置虚拟机，运行 App，也没多少东西嘛。

2.3 工程里面有什么

环境准备好了，下面要开始写代码了。先了解一下 Android 工程里有什么吧，如图 2.3.1 所示。

注意左边箭头所指的 Tab 页要选中，右边箭头所指的地方有很多选项，它们表示从不同的角度来观察工程。默认选"Android"，因为我们是 Android 工程。

图 2.3.1

工程用一个树型结构来展示，它的根有两个："app"和"Gradle Script"。这是两个组，不一定对应实际的文件夹。其实你应该抛开文件夹的概念来观察这个工程结构。

app 组下有三个组，其作用是：

- manifests：里面包含 Manifest 文件(AndroidManifest.xml)，这个文件可以认为是整个 App 的全局描述和配置文件。

- java: 里面是 Java 类们。类分布在三个 Java 包中，最上面的包里放的是最终包含在 App 中的代码，有“androidTest”标记的包里要放与 Android 有关的测试代码，有“test”标记的组里要放与 android 无关的测试代码。
- res: 这下面放的是非代码文件，这些文件不能被编译器编译，它们叫作资源。包括图片、界面定义等。不同类型的资源放在不同的组下。

Android Studio 使用 Gradle 这个工具来管理工程，所以我们看到了“Gradle Scripts(Gradle 脚本)”组下有很多与 Gradle 有关的文件。Gradle 文件一般不需要直接修改，在项目设置中改变选项就会修改它们。

一个工程在打开过程中，一开始可能显示的工程结构不是这样的，此时你应该注意观察 Android Studio 最下面的状态栏上是否有进度条在动，如图 2.3.2 所示。

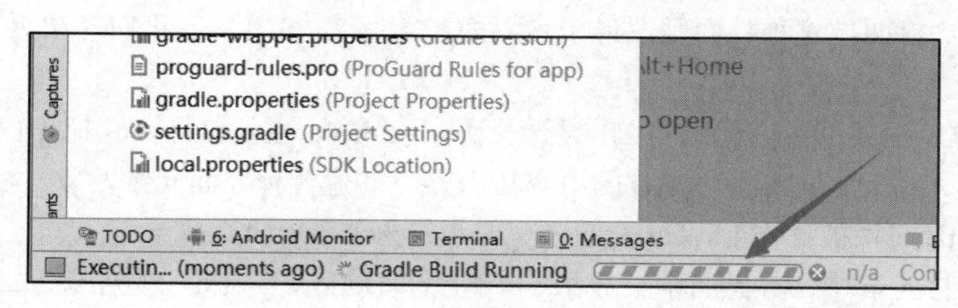

图 2.3.2

如果有，就表示在执行 Gradle 脚本，工程的初始化还未完成，你看到的样子还不是最终的样子，此时最好不要动工程中的文件。

下面开始鼓捣这个工程，让 App 变得有个性和强大起来。界面是最容易搞出效果的部分，我们就从界面入手吧！

第 3 章

UI资源与Layout

Android 最简单的工程已创建，并且也运行了，下面我们就要丰富这个工程的界面，增加它的功能。让我们一步一步来，先玩一玩界面（UI）。

UI 是 User Interface 的缩写，其意思是用户界面。我们看到的窗口，控件都属于 UI，相对于命令行的用户界面，这种界面是图形用户界面，简写为 GUI，但我们喜欢更简化一下，就叫 UI。

如今的 GUI 框架都讲究代码与 UI 设计分离，Android 也是这样，它把 UI 的样子定义在 XML 文件中，App 运行时根据 XML 的内容在内存中创建各种界面元素对象。Android 里这种定义 UI 的 XML 文件被称作 Layout 资源（有时被简称作 layout）。

现在我们的 App 中，其界面中央显示了一句话“Hellow World”（见图 2.2.5.1），它是由一个 TextView 控件显示，太柈太森破，让我们改进这个 App 吧。

如果 UI 设计与代码不分开，也就是直接用代码设计 UI，我们可以先预想一下怎么做。比如我想在页面中显示一个图像，写代码的话，肯定有一些类和方法（API）可以供我们调用以操作界面。根据我的经验，我们应该能通过 API 获取到代表内容显示区的一个 UI 对象（容器），然后创建出一个能显示图片的 UI 对象，把图像 UI 对象添加到容器 UI 对象中，图像成了容器的儿子，儿子会显示在爸爸上面，所以就能在内容区看到这个图像了。这个想法对吗？很对！其实不同操作系统中的 UI 构建都是这么个原理。然而，在 Android 开发中，还有更简单的办法，不用写一句代码，就能完成 UI 构建。如何做呢？编辑 UI 资源文件！如何编辑 UI 资源呢？使用界面构建器！

3.1 Layout

Layout 的意思是界面布局，靠它来设计界面的布局，所以 layout 类型的资源文件就是界面定义文件。使用 Android Studio 提供的界面构建器设计 Layout，可以做到所见即所得。

Android 中的 UI 定义文件是一个 XML 文件，由于它不是 Java 代码，所以它被归为资源。Layout 资源放在哪里呢？如图 3.1.1 所示。.

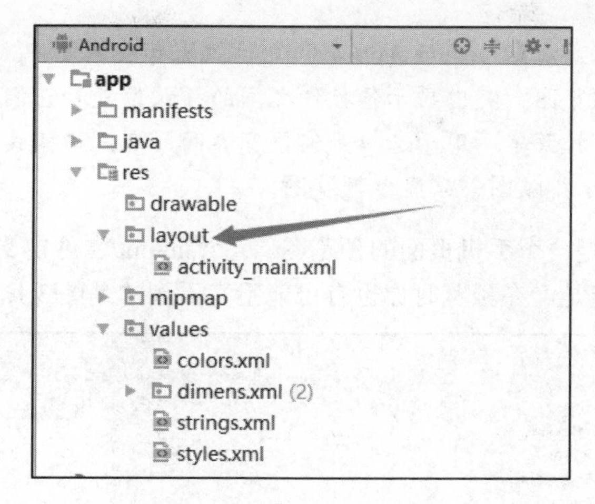

图 3.1.1

可以看到 res/layout 组下当前只有一个文件：activity_main.xml，就是它定义了我们所能看到的界面。它是我们创建这个 App 时被自动添加的，我们也可以手动添加它。双击打开它，可以看到如图 3.1.2 所示界面（注意第一次显示 UI 的过程可能比较长，请耐心等待）。

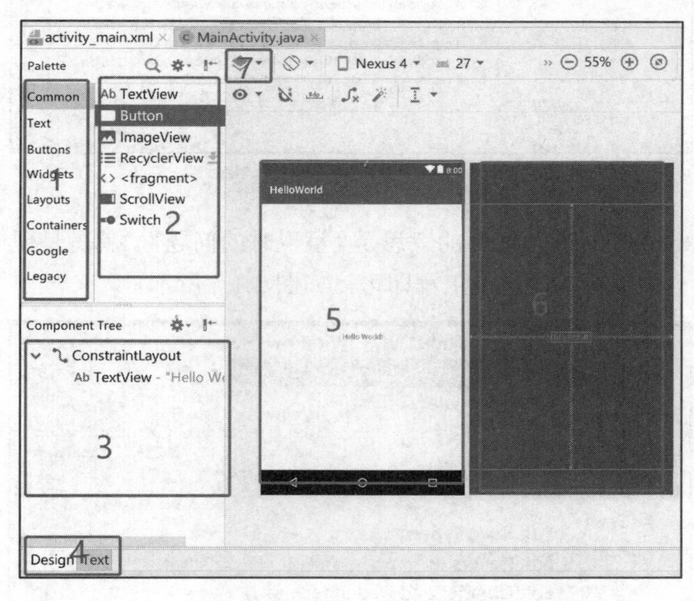

图 3.1.2

这里展示的是界面设计器。在这个窗口中可以通过拖动一些控件摆放它们的位置来设计 App 的页面。标号所示区域作用如下：

- 1：控件类别。
- 2：选中类别的控件列表。
- 3：所设计的页面中的控件树。
- 4：切换页面设计器视图，可选择设计视图或源码视图，Desgin 是设计，就是当前看到的，Text 是源码，就是此页面所对应的 XML 的内容。

- 5：页面预览图。注意可能与 App 实际运行效果有些许差异。
- 6：页面排版预览图。突出显示各控件之间的摆放位置和它们之间的位置关系。
- 7：此图标有下拉菜单，用于选择如何预览界面，有三种模式，即同时显示预览图与排版图、只显示排版图、只显示预览图。

可以看到标号 5 处是一个手机页面的预览图。这个 layout 文件定义了一个页面的界面，一个页面叫作 Activity。但是，在预览时你也有可能不幸看到的是图 3.1.3 这样的界面。

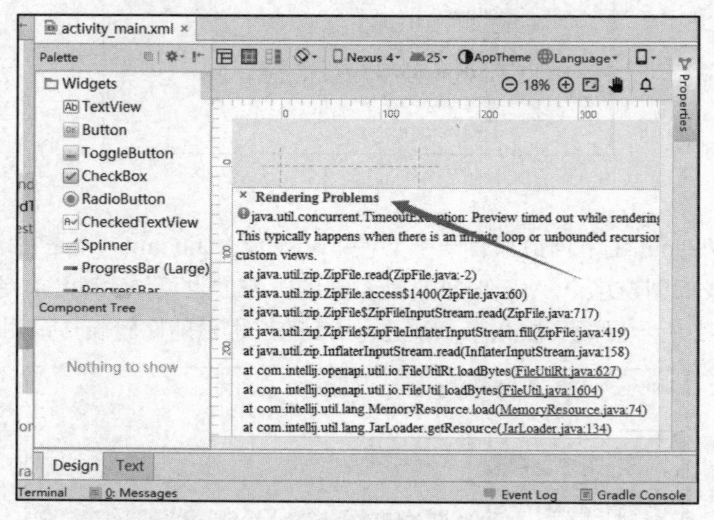

图 3.1.3

预览不成功。Rendering Problems 的意思是“呈现时的问题”，就是呈现 UI 时遇到了问题。要解决这个问题，一般重新编译这个工程即可，如图 3.1.4 所示。

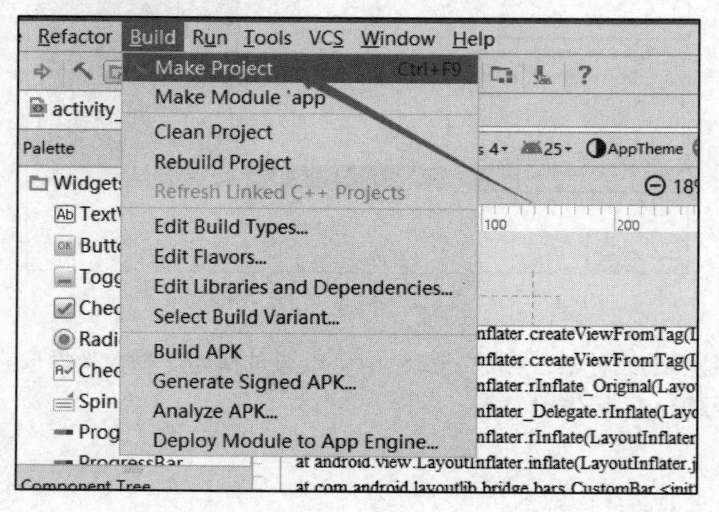

图 3.1.4

当 Make 完之后，就能看到 UI 的样子。

3.2 改动 Layout

让我们改一下这个 Layout，显示一个图片吧。首先看一下 Android Studio 的界面设计器中为我们提供了哪些可用的控件，如图 3.2.1 所示。

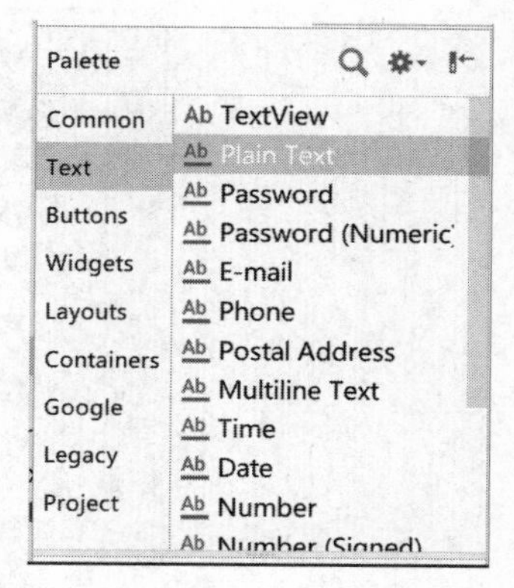

图 3.2.1

控件的类别有：

- Common：一些最常用的控件。
- Text：文本显示控件和各种文本输入控件，它们都不能容纳孩子。
- Buttons：各种按钮。
- Wedgets：包含各种不好分类的控件，它们的共同特点是不能容纳孩子。
- Layouts：专门用于排版的控件们，它们是容器，专用于容纳孩子们，按某种规则排列它的孩子们。
- Containers：容器，与 Layout，专门于用容纳孩子们，支持内容滚动，孩子们的排列方式固定，不能更改。
- Google：Google 为 Android 提供的第三方控件，比如 Google 的广告控件，Google 地图控件。
- Legacy：旧控件们，有了新的替代控件。
- Project：我们在项目中自定义的控件们。

要显示图像，应该去 Common 或 Widgets 组中去找控件。如图 3.2.2 所示。

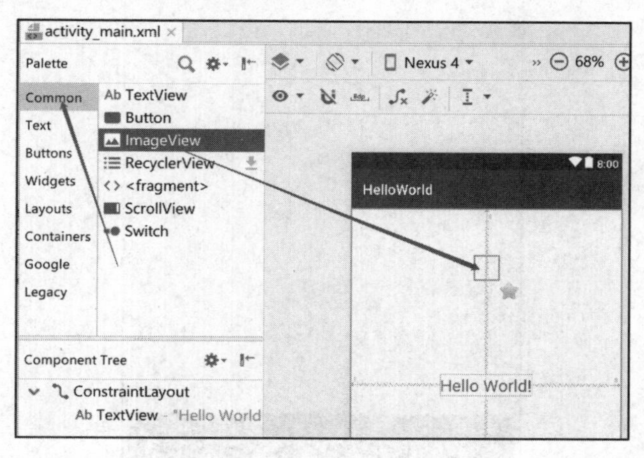

图 3.2.2

选择“ImageView（图像视图）”这个控件，然后把它拖到了预览页面的内容区。当你放开鼠标时，Android Studio 就会打开一个窗口，让你选择要在这个图像控件中显示的图像（第一次运行可能要等很长很长时间），如图 3.2.3 所示。

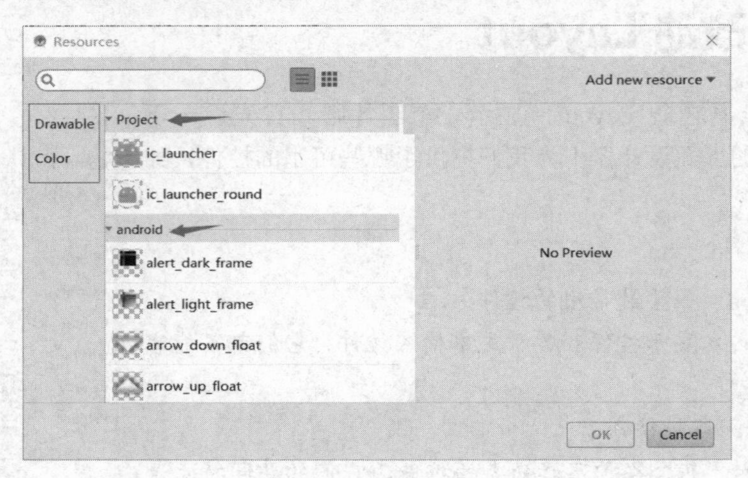

图 3.2.3

最左边为类别，有“Drawable”和“Color”，分别表示图像和颜色。你要选择“Drawable”，右边显示的都是可用的图像资源（就是图片文件）。这些 Drawable 资源又被分为“Project”和“Android”两组，Project 表示我们工程中带的资源，android 表示 Andriod SDK 中带的资源。随你便，选什么都行，比如我选 Project 中的第一个：ic_launcher，点 OK 后就可以看到预览界面中多了一个图像，如图 3.2.4 所示。

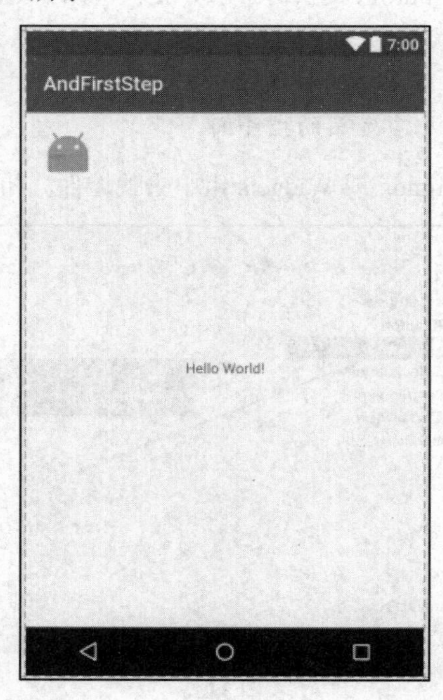

图 3.2.4

图像有点小，你可能想把这个图像调大一点，怎么做呢？图像控件默认是以显示的图像的真实大小来决定自身的大小，也就是控件适应图像，但也可以反过来，让图像适应控件，此时我们应该为图像控件指定固定的大小，然后让图像根据图像控件自动缩放。要做到此效果，只需要修改图像控件的“layout_width”（宽度）和“layout_height”（高度）属性。要想修改控件属性，需打开属性栏，如图 3.2.5 所示。

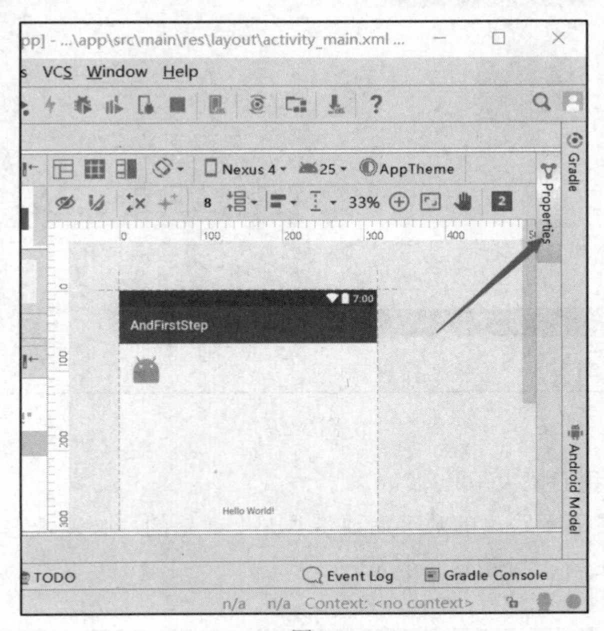

图 3.2.5

红箭头所指就是属性栏开关，点它打开属性栏，如图 3.2.6 所示。

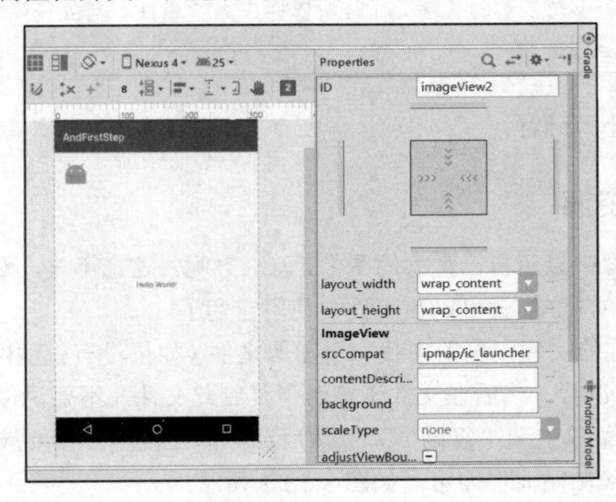

图 3.2.6

红框内就是属性栏，你可能看到的内容跟我的不一样，是因为你当前选中的控件跟我的不一样，当你在预览窗口或控件树中选中图像控件，就看到跟我一样的内容了。

可以看到当前 layout_width 和 layout_height 的值都是“wrap_content（包着内容）”，所以控件的大小由其内容（就是图像）决定。现在让我们把这两个值改为固定的大小，比如宽和高都改为“200dp”，效果如图 3.2.7 所示。

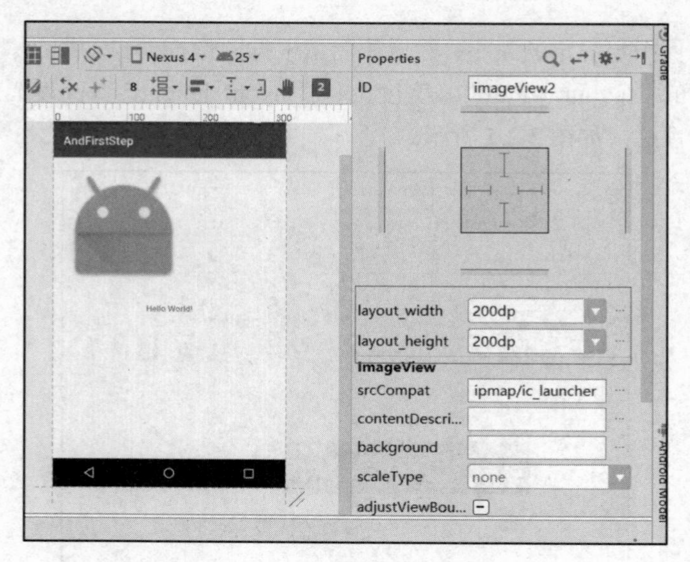

图 3.2.7

看到了吧?图像被我们搞大了!

有人可能注意到了表示距离的数字后要带“dp”，是的，必须带它，它是一个距离单位，表示的是实际的物理距离，与像素大小无关。

属性栏中显示的属性是随着你选择的控件而变化的，你可以点“Hello World!”这个文本控件试试，是不是显示的属性变了？所以你在编辑属性之前要先确定点的是哪个控件，因为经常发生点错的情况。

要知后事如何，下节分解。

3.2.1　添加图像资源

如果我们想在图像中显示自己喜欢的图像，怎么办呢？这也不难，我们可以把电脑上的图像复制到工程的资源中，这样就可以在工程中使用它们了。

做法是这样：在你的文件浏览器中找一个图像文件（如果没有就从网上下载一个），最好是 png 格式的，jpg 的也行，然后在文件浏览器中复制此文件（不要说你不知道怎么复制，按 Ctrl+C 或在右键快捷菜单中选“复制”），然后在你的工程中，在要放入的组上点右键，在右键菜单中选“Paste（粘贴）”即可，如图 3.2.1.1 所示。

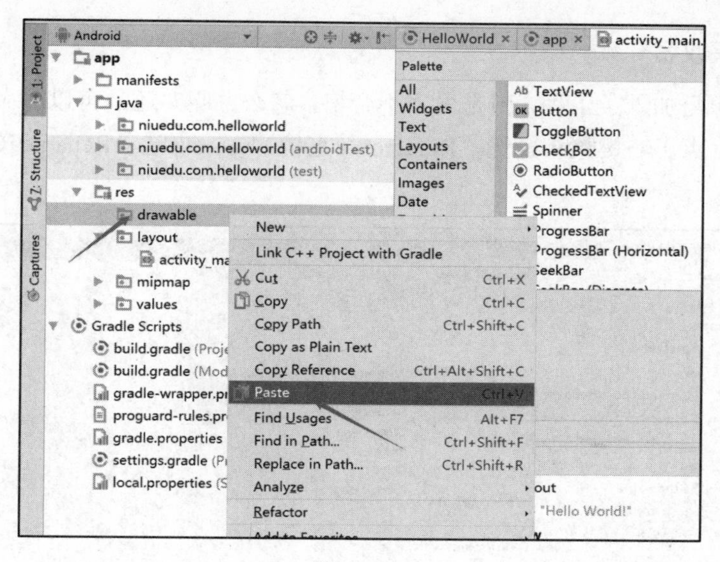

图 3.2.1.1

图像必须放到“drawable”组中。drawable 组中专门放可以绘制的资源，所以你不要放到其他组中。点了粘贴（Paste）之后出现如图 3.2.1.2 所示的对话框。

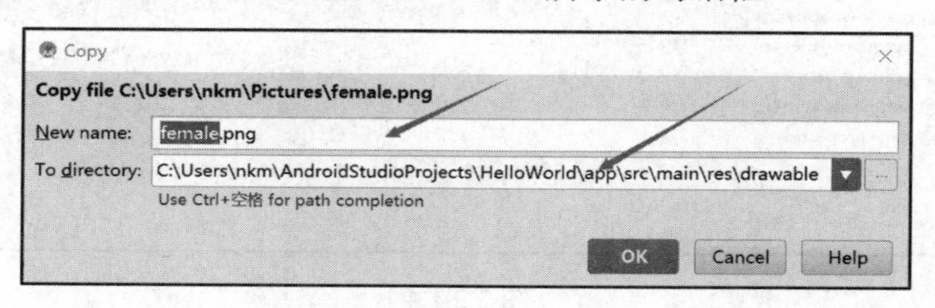

图 3.2.1.2

这个对话框给你一个修改文件名和文件存放位置的机会，存放位置没问题，不要动。资源名字你可以随便取，但要有意义，而且也不能用中文，不能以数字开头，字母不能大写，如果不符合这些要求，工程编译通不过。如果你英语不好就用拼音取名。如果你的资源文件名不符和要求，当你编译 App 时，就会看到错误，如图 3.2.1.3 所示。

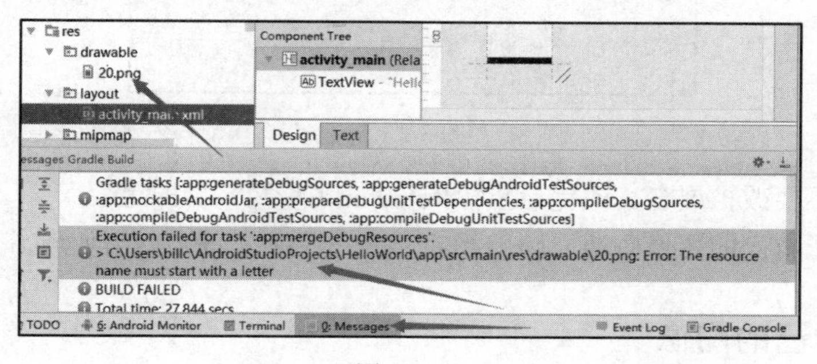

图 3.2.1.3

在“Messages”这个窗口中，输出了编译中遇到的错误，可以看到这个错误最后给出的原因：“The resource name must start with a letter”，意思是资源的名字必须以字母开头。

文件或文件夹改名

如果这个资源已加入了工程，但是名字不合格，怎么办呢？还是可以改名的！改名方式是这样的：在文件上点出右键菜单，选“Refactor（重构）”，再选“Rename（重命名）”，如图 3.2.1.4 所示。

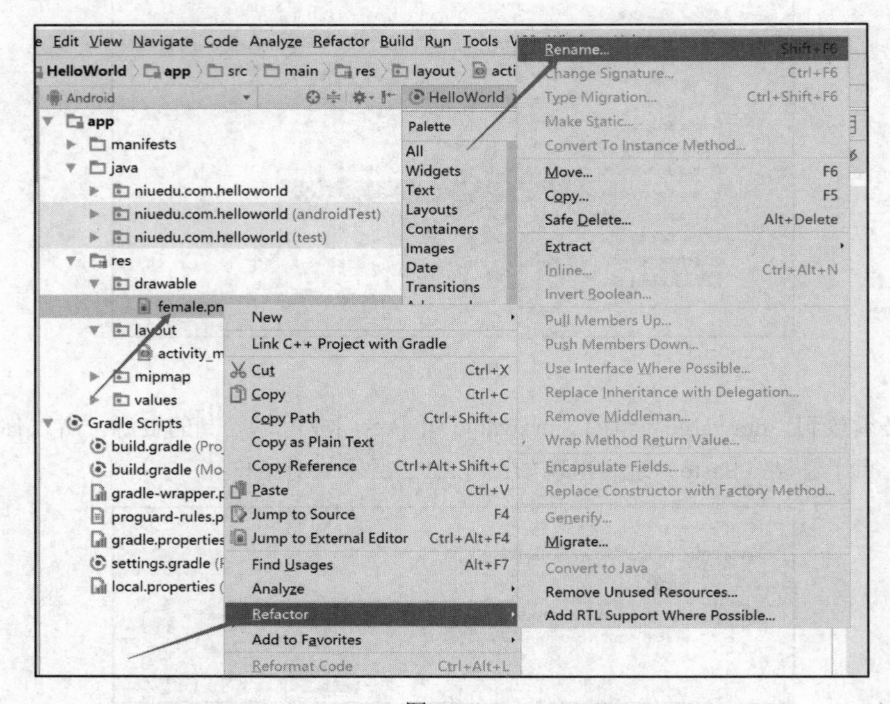

图 3.2.1.4

一个窗口现身，如图 3.2.1.5 所示。

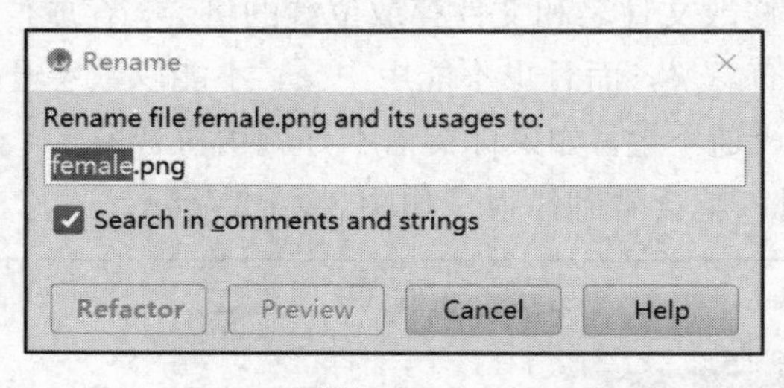

图 3.2.1.5

注意改名时不要改扩展名，改完后点“Refactor（重构）”即可。

既然已添加了自己的图像资源，那就把它显示出来吧？预知后事如何，下节分解。

3.2.2 显示自己的图像

选中图像控件，打开属性栏，如图 3.2.2.1 所示。

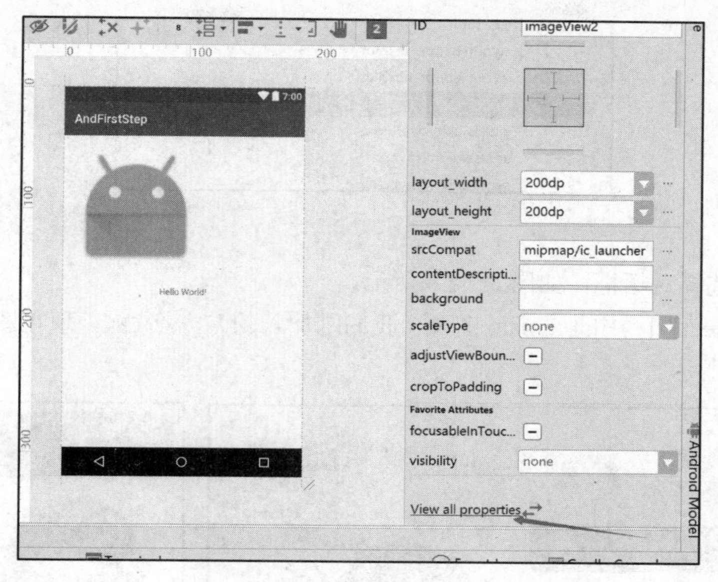

图 3.2.2.1

在列出的属性中没有改变图像的项，不是没有，是隐藏了。默认下，属性栏中只显示少量常用的属性，要想看到全部属性，需要点箭头所指的链接“View all properties(查看所有属性)”，你会发现显示出了一大堆属性，如图 3.2.2.2 所示。

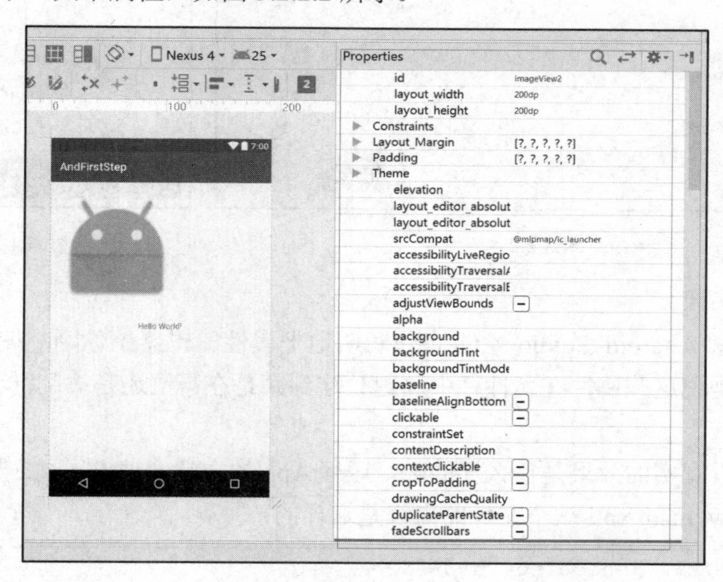

图 3.2.2.2

拖动滚动条，就可以看到所有属性。那么，哪个是改变所显图像的属性呢？这个属性叫“srcCompat”，上图中可以看到，它的值是“@mipmap/ic_launcher”。这个以“@”开头的字符串表示的是一个 ID，每个资源都有自己的 ID，ID 的名字就是这个资源的文件名。这里通过这个 ID 引用了一个图像资源。我们要改变显示的图像，可以为这个属性直接写入某个图片的 ID，但是手写麻烦易出错，我们还是借助工具来设置吧，点图 3.2.2.3 所示的按钮。

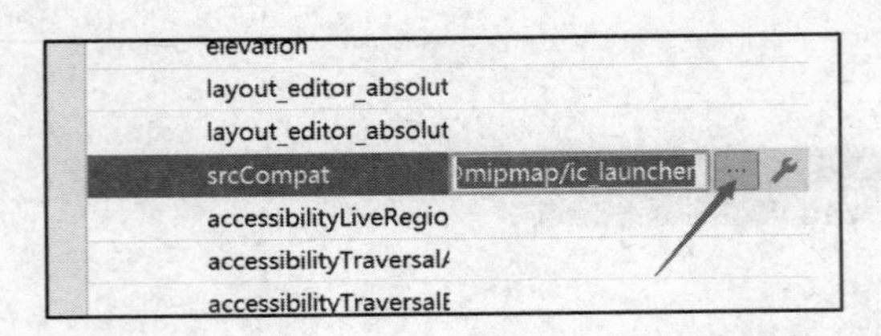

图 3.2.2.3

弹出了资源选择对话框，如图 3.2.2.4 所示。

这次选“Project”区中的 female 图像（我们刚加入的），点 OK。现在图像控件变成了这样，如图 3.2.2.5 所示。

图 3.2.2.4

图 3.2.2.5

终于看到了头像！

你一定要注意!Android Studio 会很自作聪明地把属性编辑器中你刚刚编辑过的属性移到靠顶的位置，就是说这些属性在属性栏中乱跑！这到底是在帮忙还是捣乱?反正搞得我很不适应。

运行起来看看真实的效果是什么样的吧？运行 App 的方法，请参考 2.2 节。

此时，activity_main.xml 这个文件的内容是这样的：

```
<?xml version="1.0" encoding="utf-8"?>
<android.support.constraint.ConstraintLayout
xmlns:android="http://schemas.android.com/apk/res/android"
   xmlns:app="http://schemas.android.com/apk/res-auto"
   xmlns:tools="http://schemas.android.com/tools"
   android:layout_width="match_parent"
   android:layout_height="match_parent"
   tools:context="niuedu.com.andfirststep.MainActivity">
   <TextView
      android:layout_width="wrap_content"
```

```
        android:layout_height="wrap_content"
        android:text="Hello World!"
        app:layout_constraintBottom_toBottomOf="parent"
        app:layout_constraintLeft_toLeftOf="parent"
        app:layout_constraintRight_toRightOf="parent"
        app:layout_constraintTop_toTopOf="parent" />
    <ImageView
        android:id="@+id/imageView2"
        android:layout_width="200dp"
        android:layout_height="200dp"
        app:srcCompat="@drawable/female"
        tools:layout_editor_absoluteX="16dp"
        tools:layout_editor_absoluteY="16dp" />
</android.support.constraint.ConstraintLayout>
```

这些源码是怎么看到的呢？看下面图 3.2.2.7 就明白了：

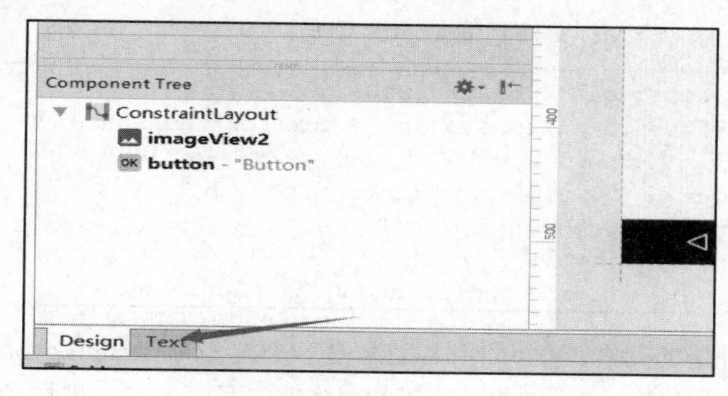

图 3.2.2.7

3.2.3　XML 小解

界面设计文件的格式是 XML。虽然我作此书时假设你已知道什么是 XML，但是终究会有初学者读此书，我还是把 XML 稍微解释一下。

XML 是存储数据的一种格式，它只能以文本方式存数据，也就是说它存不了图片（也有办法存，但很麻烦，也不推荐这样做，所以你现在可以认为它只能存文本）。它的数据由元素组成，一条数据是一个元素，元素由标记来表示，标记即以“< >”包起来的文本。比如：<aaa></aaa> 就是一个元素，<aaa>是元素的开始标记，</aaa>是它的结束标记。如果一个元素不包含子元素，就为空元素。比如这里<aaa>就是一个空元素。空元素可以把结束标记省略，写作：<aaa /> 。以下则表示<aaa>有儿子<bbb>和<ddd>，还有孙子<ccc>：

```
<aaa>
<bbb>
<ccc />
</bbb>
<ddd />
</aaa>
```

一个元素除了可以有多个儿子，还可以有多个属性，如：<aaa eee="1" /> ，eee 就是<aaa>

的一个属性，等号前是属性的名字，等号后是属性的值。注意属性的值必须用单引号或双引号包起来。

引号必须是半角字符！这是一个新手常掉进去的坑。

3.2.4 Layout 源码解释

现在让我们逐条解释 activity_main.xml 文件中一些令人迷惑的代码。

```
<?xml version="1.0" encoding="utf-8"?>
```

XML 都这样开头，不要太在意。version 表示版本是 1.0，encoding 表示编码是 utf8，要想没乱码，你必须保证这个 XML 文件真的是 utf8 编码。

```
<android.support.constraint.ConstraintLayout
    xmlns:android="http://schemas.android.com/apk/res/android"
    xmlns:app="http://schemas.android.com/apk/res-auto"
    xmlns:tools="http://schemas.android.com/tools"
    android:layout_width="match_parent"
    android:layout_height="match_parent"
    tools:context="niuedu.com.andfirststep.MainActivity">
```

这是界面的最外层的元素，可以看到标记名是一个类（ConstraintLayout）的全名。如果这个类是 Android SDK 的核心库中的类，可以把包省略，只写类名。根据类名我们就知道界面的最外面是一个 ConstraintLayout 控件。

此元素中有一些“xmlns”开头的属性，它为 xml 命名空间指定了别名，比如“android”“app”和“tools”就是三个别名，要使用那个命名空间中定义的符号，必须在名字前带上命名空间的别名，比如：android:layout_width="match_parent"，这个属性名 layout_width 就属于 android 这个别名所对应的命名空间中定义的符号，如果命名空间没有引入，就不能使用。此时 Android Studio 会提示语法错误。比如，当我把 xmlns:android="http://schemas.android.com/apk/res/android" 这一条删掉之后，出现了如图 3.2.4.1 所示的样子。

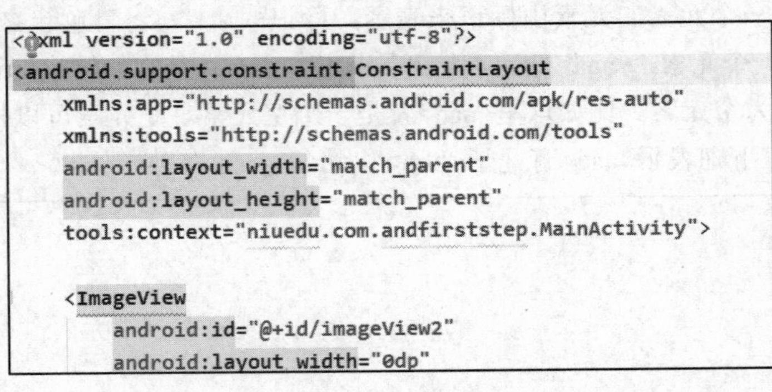

图 3.2.4.1

看到了吧？所有的“android”变成了红色（对照 IDE 看）。

宽和高这两个属性必须存在，即：

```
android:layout_width="match_parent"
android:layout_height="match_parent"
```

它们是控件的宽和高，这两个属性必须存在！“match_parent”的意思是匹配父控件，就是与父控件的大小一样。ConstraitLayout 是最外面的控件，它的大小必须与 Activity 一样，也就充满整个屏幕，所以值必须为“match_parent”（我们前面讲过了，宽和高的值可以有三种：match_parent、wrap_content 和固定值）。

以“tools”为前缀的属性，仅在界面设计器中起作用。这些属性都是用于设计界面时指示界面设计器的行为的，在 App 运行时它们是不起作用的。比如 tools:context="niuedu.com.andfirststep.MainActivity"，这是告诉界面设计器此 Layout 中定义的界面与 MainActivity 这个类关连，其实真正的关联是由 Java 代码决定的，可以与这里不一致而不影响运行。

```
android:id="@+id/imageView2"
```

这个属性是为控件设置 ID。ID 是一个控件的唯一标志，此处的 ID 叫作“imageView2”。在一个 Layout 文件中的 ID 不能重复。“imageView2”是 ID 的名字，ID 在 App 运行时其实是一个整数。如果一个控件要与另一个控件发生关系，那么就是通过 ID 来引用另一个控件。不仅控件要有 ID，所有的资源都有 ID，比如我们这个 layout 文件 activity_main.xml，它的 ID 的名字就是文件名 activity_main。

3.3 排版姿方法之 ConstraintLayout

在我作此书时，ConstraintLayout 还是非常新的东西。但是这个东西的确好用，是 Android 极力推荐的一个排版控件。

所有叫“Layout”的控件都是用于排版的，就是它能决定它所包含的子控件的位置。这些 Layout 控件有个特点：可以包含多个子控件。不同的 Layout 控件，它们排列子控件的方式不一样。ConstraintLayout 是既好用又强大的一个，能够应付复杂的要求，而且运行效率很高，一些由多个简单 Layout 组合实现的界面，应该改由一个 ConstraintLayout 来实现，当然它也不是万能的。

我们现在的界面就是采用了 ConstraintLayout，如图 3.3.1 所示。

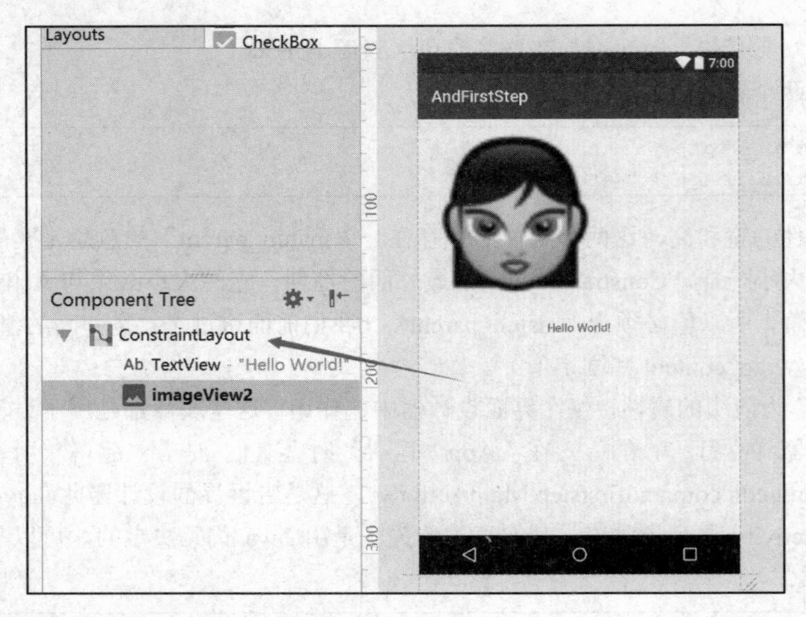

图 3.3.1

实际上你创建一个新的 Activity 时，它的 layout 文件默认就使用 ConstraintLayout 排版。

3.3.1 ConstraintLayout 的原理

Constraint 是“约束”的意思，我们可以为 ConstraintLayout 的子控件添加什么约束呢？位置上的约束。你的 App 要面对的设备，屏幕有大有小、有方有圆、有宽有窄，要想设计一套界面来适应不同的屏幕就非常难。比如你不可能用固定距离的方式来保持一个控件在横向上居中。有了 ConstraintLayout 就可以克服这种困难，你可以为一个控件添加一个“保持横向居中”的约束，于是它就横向居中了，不论在任何屏幕上。

可以设置什么样的约束呢？跟你想要的差不多，比如你可以这样设置控件之间的位置关系：

- 设置子控件左边或右边与 ConstraintLayout 的左边或右边对齐，这样就可以保持子控件居左或居右。
- 设置子控件下边或上边与 ConstraintLayout 的上边或下边对齐，以此保持子控件居上或居下。
- 设置子控件在 ConstraintLayout 中横向居中还是纵向居中，或者是横向纵向都居中。
- 设置子控件在 ConstraintLayout 中居中偏左或偏右或偏上或偏下。
- 设置同属于一个 ConstraintLayout 的子控件 A 在子控件 B 的上面或下面或左边或右边。
- 设置同属于一个 ConstraintLayout 的子控件 A 与子控件 B 左边对齐或右边对齐或上边对齐或下边对齐。

你还可以设置子控件本身的约束，比如：

- 宽和高保持 n:m 的比率。

- 宽或高为某个固定的值。
- 宽或高由内容决定，比如文本控件的大小由文本中文字的个数决定，图像控件的大小由图像的实际大小决定。

下面，让我们把约束的各种知识都体验一下。

3.3.2　子控件在 ConstraintLayout 中居左或居右

当前的页面中，TextView 控件已经居中了。我们把它删掉，用 ImageView 来做一下。删除一个控件很简单，选中它，点鼠标右键，在出现的菜单中点“Delete”，也可以选中它直接按“Delete”键。但是，有时可能因为种种原因，不好选中它，那么你可以在控件树中选中它，如图 3.3.2.1 所示。

删掉它之后，只剩下图像了。现在选中图像，这时未给图像控件加任何约束，于是它默认就在左上角。我们可以为图像添加靠左的限制，但这样其实没效果，那么我们就为它添加靠右的限制吧，如图 3.3.2.2 所示。

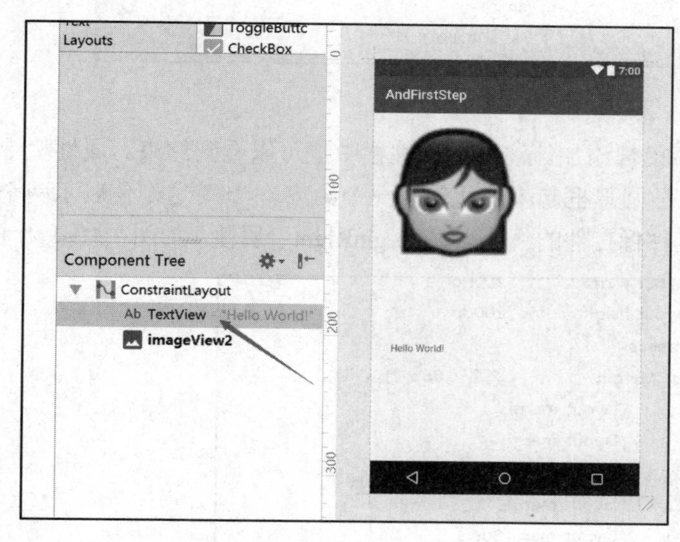

图 3.3.2.1

图 3.3.2.2

当鼠标进入控件范围内，就会出现一个边框，这个边框的四个边的中间都有一个小圈圈，当鼠标进入这个圈圈时，它会变大变绿，此时你就可以从这个小圈圈中拖出一条线。这条线就代表了约束。我要靠右，所以我把这条线往 Layout 控件的右边界拖，当拖到右边界时，图像的边框竟然动了！虽然很诡异，但是你不要惊慌，只需松手即可，出现如图 3.3.2.3 所示效果。

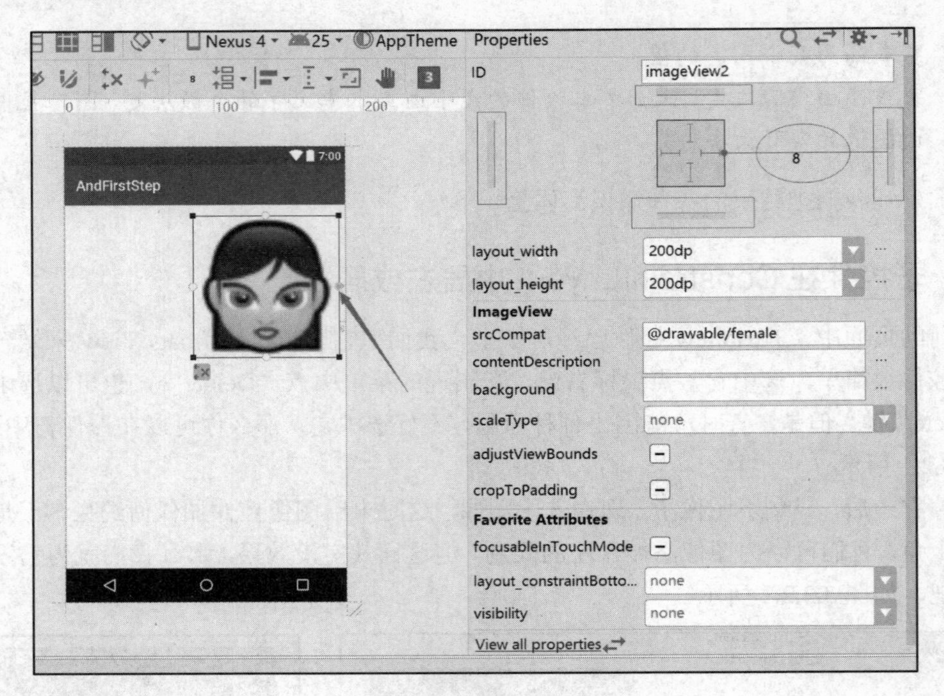

图 3.3.2.3

图像右边到 Layout 右边的约束已被添加。注意在属性栏中也可以看到约束。属性栏中被矩形框起来的代表了 Layout 的边，被圆形框起来的代表了一个约束。“8”这个值表示两个控件的边之间的空白的距离，它其实是图像控件的“layout_marginRight”属性，如图 3.3.2.4 所示。

layout_width	200dp
layout_height	200dp
▶ Constraints	
▼ Layout_Margin	[?, ?, ?, 8dp, ?]
layout_margi	
layout_margi	
layout_margi	
layout_margi	
layout_margi	8dp
layout_margi	
layout_margi	
▶ Padding	[?, ?, ?, ?, ?]
▶ Theme	
elevation	

图 3.3.2.4

现在运行 App 看看，是不是靠右了？真的很简单又好玩！怎样让图像靠下呢？我就不讲了，你自己想吧，以你的智慧肯定能做到，我看好你哦。

3.3.3　子控件在 ConstraintLayout 中横向居中

其实很简单，我只要在上面的基础上再添加一个靠左的约束就行了，如图 3.3.3.1 所示。

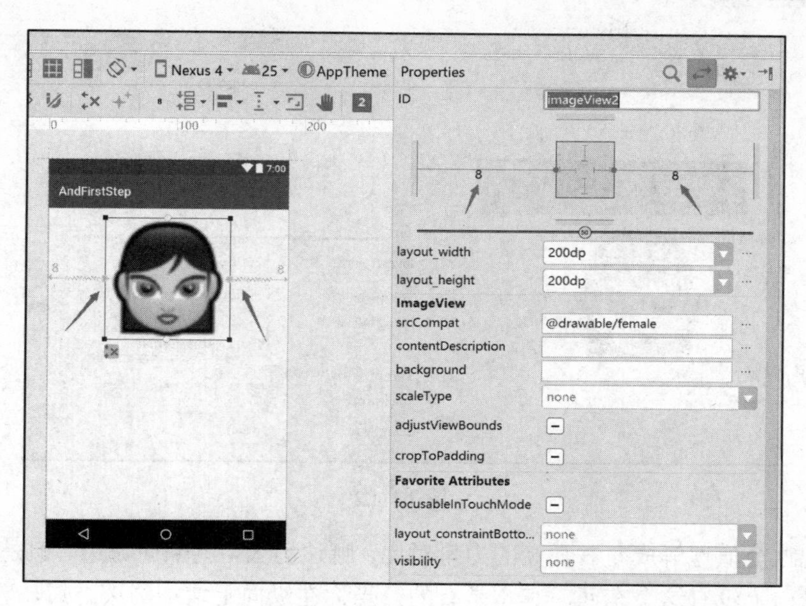

图 3.3.3.1

看到这个效果你是不是感觉很直观? Constraint 就像弹簧，如果左右都有弹簧拉它并且左右受力相等的话，它就位于中央了。

上下居中我就不用再讲了吧?我相信以看官你的机智肯定能搞出来。

3.3.4　子控件在 ConstraintLayout 中居中偏左

现在图像左右居中了，但是我们还不满足，我希望它居中再偏左一点，最好在四分之一处居中而不是在二分之一处居中，这样没问题，这就用到这个东西，如图 3.3.4.1 所示。

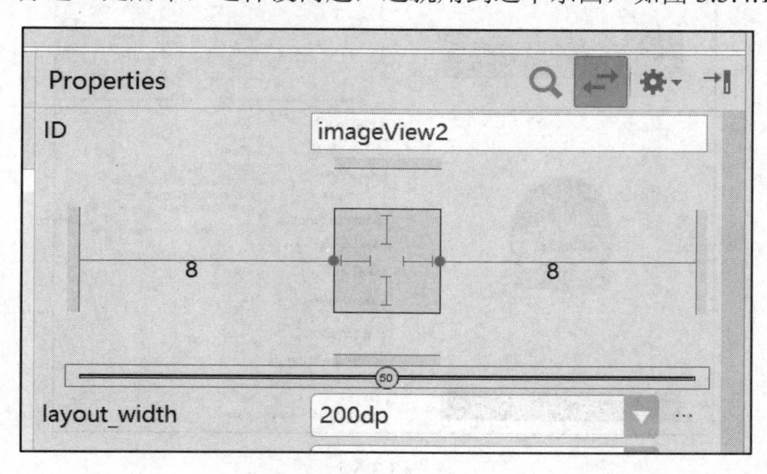

图 3.3.4.1

它中间有个值“50”表示了左右两个约束的力量，现在是 50:50，拖动它试试吧。比如我拖到了 25 的位置上，如图 3.3.4.2 所示。

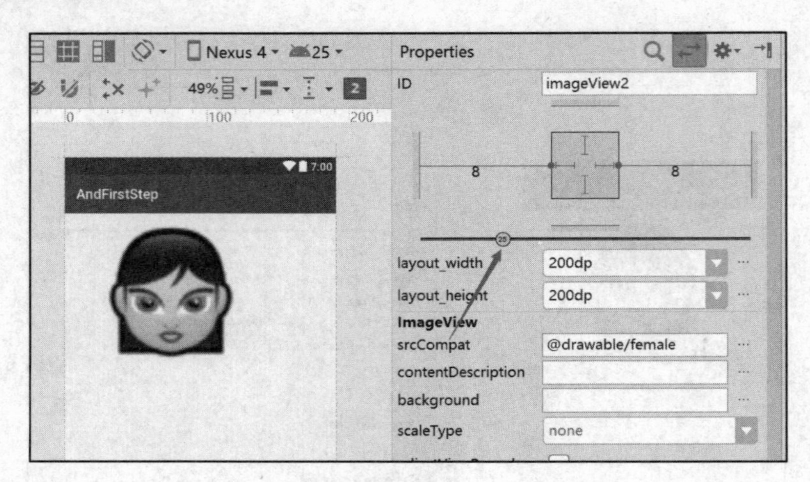

图 3.3.4.2

你可以把这个值理解成左右弹簧的力量对比，哪边力大，就偏向哪边。但是，你是否发现一个问题，纵向上没有这个东西。其实是有的，当你在纵向上增加约束之后，它就现身了。

3.3.5 子控件 A 在子控件 B 的上面

为了演示两个控件之间的相对位置约束，我们需要再添加一个新的控件，就添加一个按钮吧，我们最终让按钮位于图像的上面。但在此之前，我需要为图像控件添加纵向的约束，我先让它横向纵向都居中，如图 3.3.5.1 所示。

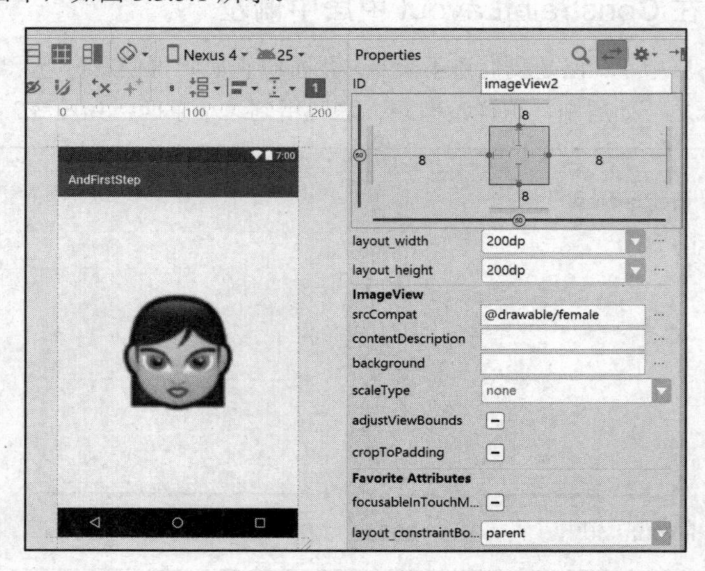

图 3.3.5.1

下面再拖一个按钮进来，如图 3.3.5.2 所示。

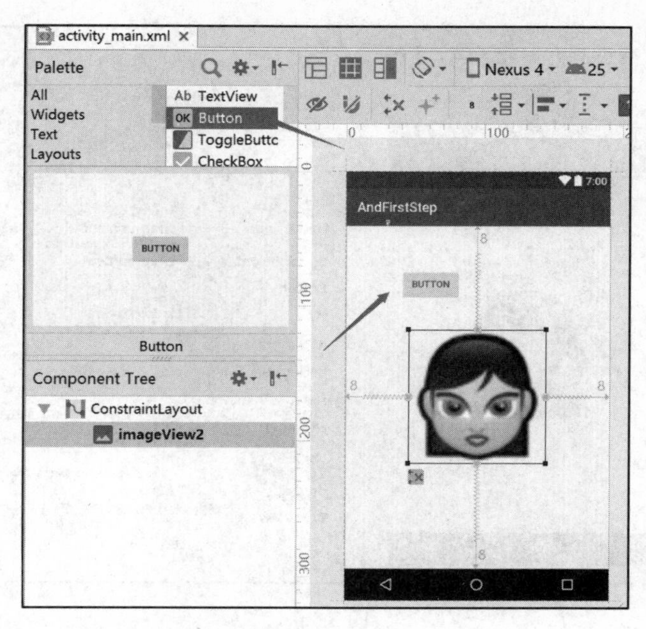

图 3.3.5.2

拖进来后，这个按钮由于没有约束，所以会跑到左上角去。下面我们为它添加约束。要想让它在图像的上面，那么就从按钮的下边界拖约束到图像的上边界，如图 3.3.5.3 所示。

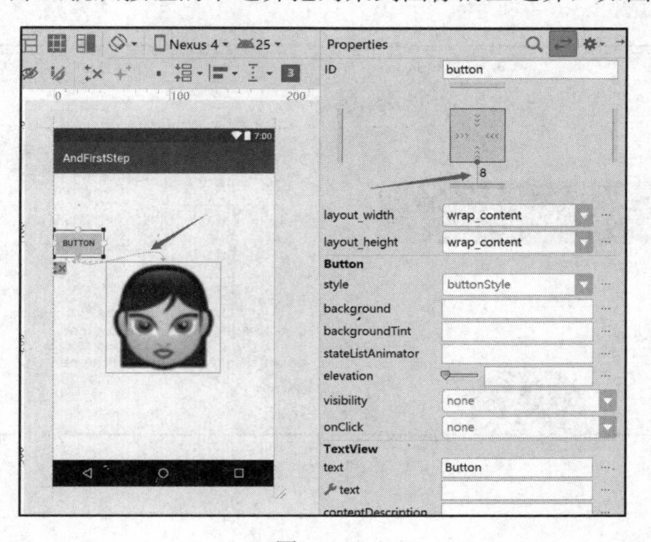

图 3.3.5.3

3.3.6　子控件 A 与子控件 B 左边对齐

上一节的页面中，按钮在横向上没有约束，所以它默认靠左了，看着不舒服，我们让按钮的左边与图像的左边对齐吧，如图 3.3.6.1 所示。

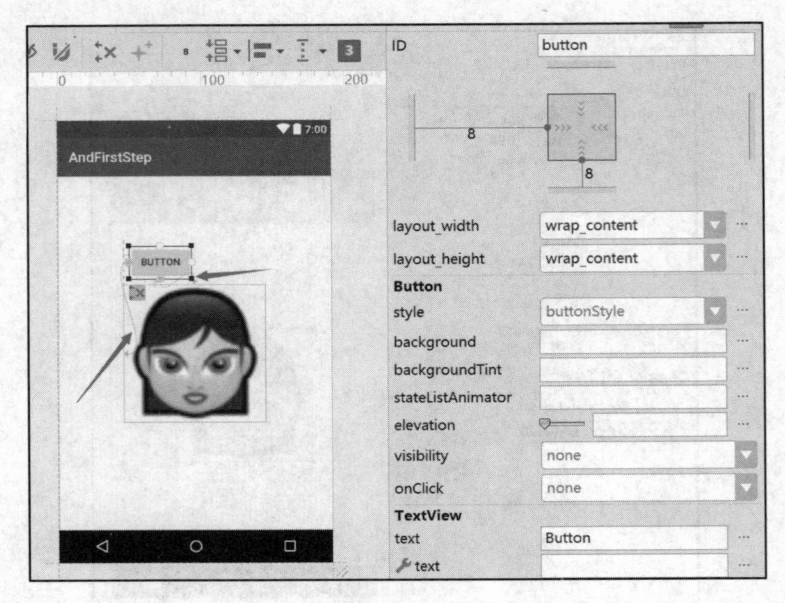

图 3.3.6.1

可以看到两条优美的曲线揭示了约束的存在。不过，仔细看的话，会发现按钮的左边与图像的左边还有一点差距，没有完全对齐，这其实是按钮的 margin 在起作用，你要把它的左 margin 改为 0dp，如图 3.3.6.2 所示。

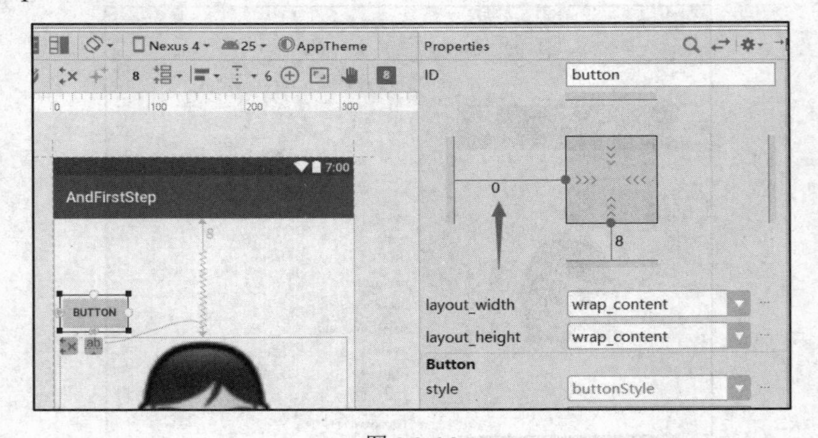

图 3.3.6.2

3.3.7 设置子控件的宽和高

以图像控件为例，当前其宽和高为固定值，在属性栏中可以看出来（图 3.3.7.1）。注意红线框出的图形，这个样子就表示固定值，值是多少呢？下面的“layout_width”和“layout_height”的值就是。当你在红框中的图形上点一下鼠标时，会发现图形发生了变化，如图 3.3.7.2 所示。

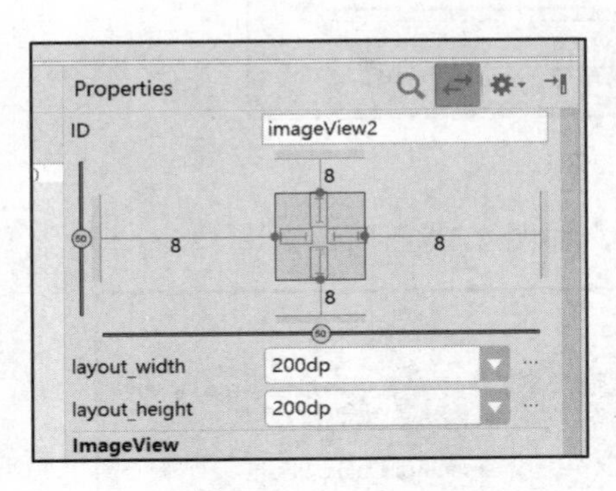

图 3.3.7.1

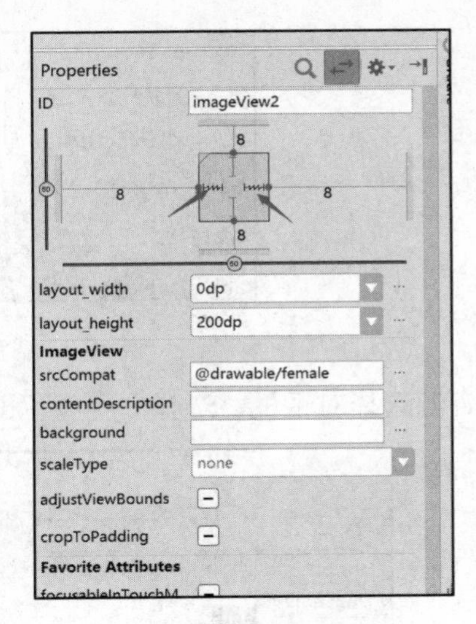

图 3.3.7.2

图形变成了弹簧的样子，这表示宽度变成了弹性值，即宽度是可变的，同时可以看到 layout_width 的值变成了“0dp”，此时只要两边没其他控件来挤占它的空间，它就会充满整个控件，此时在预览图中可以看到图像的宽度充满了整个父控件，如图 3.3.7.3 所示。

图 3.3.7.3

3.3.8 子控件的宽和高保持一定比例

我们把图像控件搞成宽高按 2:1 固定吧。

为了更容易看出效果，我们给图像控件设置一下背景。设置背景就是设置控件的 background 属性。可以设置一种颜色，也可以设置一个图像。先选中图像控件，再在属性栏中点图 3.3.8.1 所示的按钮。

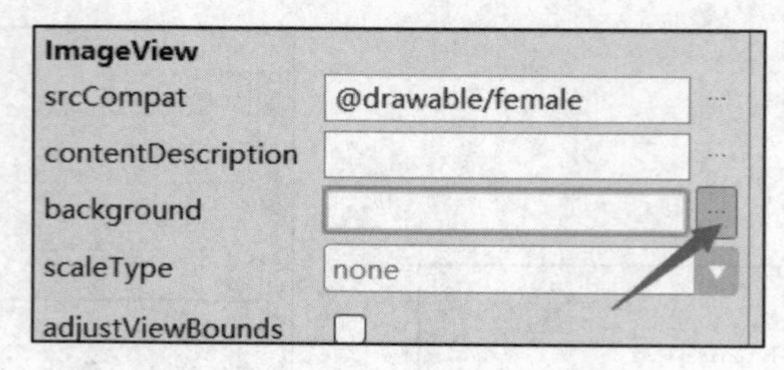

图 3.3.8.1

出现资源选择对话框，选择一种颜色即可，如图 3.3.8.2 所示。

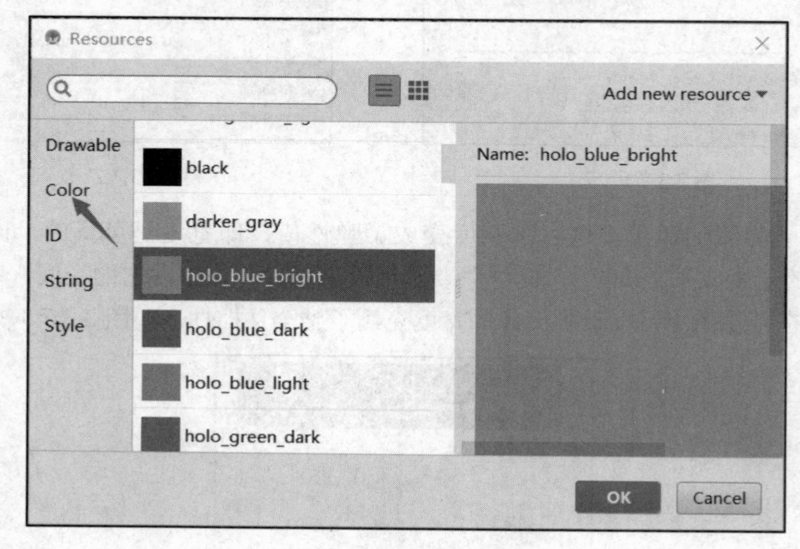

图 3.3.8.2

设置背景后，再来做一下图像控件的宽高比。还是先选中图像控件，然后在属性栏中点红色箭头所指的位置，如图 3.3.8.3 所示。于是在下面的红框位置出现了叫作 ratio（比率）的输入控件，可以看到默认是 1 比 1，现在预览图中出现图 3.3.8.4 所示的效果。

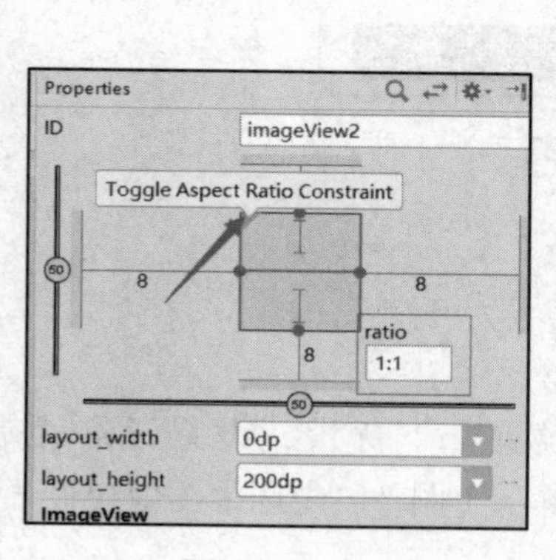

图 3.3.8.3

图 3.3.8.4

可以看到图像的宽度收回来了，与高度保持了 1:1，注意此时的 layout_width 和 layout_height，对它们的值是有一定要求的，比如如果这两个值全都不是 0dp，那么比率就不起作用了，这里面其实是个优选级的问题，就是有了冲突谁优先起作用。所以要使比例起作用，宽和高必须有一个为 0dp，而另一个不能为 0dp，可以为 match_parent，可以为 wrap_content，也可以是大于 0dp 的固定的值。让我们改成 2:1，表示宽是 2，高是 1，出现如图 3.3.8.5 所示效果，实际上由于图像太宽，已超出了显示区，我们把高度改小一些，比如改成 100dp，效果如图 3.3.8.6 所示。

图 3.3.8.5

图 3.3.8.6

搞了这么多，layout 文件的源码变成什么样了呢？下面就是：

```
<?xml version="1.0" encoding="utf-8"?>
<android.support.constraint.ConstraintLayout
    xmlns:android="http://schemas.android.com/apk/res/android"
    xmlns:app="http://schemas.android.com/apk/res-auto"
    xmlns:tools="http://schemas.android.com/tools"
    android:layout_width="match_parent"
    android:layout_height="match_parent"
    tools:context="niuedu.com.andfirststep.MainActivity">

    <ImageView
        android:id="@+id/imageView2"
        android:layout_width="0dp"
        android:layout_height="100dp"
        android:layout_marginBottom="8dp"
        android:layout_marginLeft="8dp"
        android:layout_marginRight="8dp"
        android:layout_marginTop="8dp"
        android:adjustViewBounds="false"
        android:background="@android:color/holo_blue_bright"
        app:layout_constraintBottom_toBottomOf="parent"
        app:layout_constraintDimensionRatio="w,2:1"
```

```
        app:layout_constraintLeft_toLeftOf="parent"
        app:layout_constraintRight_toRightOf="parent"
        app:layout_constraintTop_toTopOf="parent"
        app:layout_constraintVertical_bias="0.498"
        app:srcCompat="@drawable/female" />

    <Button
        android:id="@+id/button"
        android:layout_width="wrap_content"
        android:layout_height="wrap_content"
        android:text="Button"
        android:layout_marginBottom="8dp"
        app:layout_constraintBottom_toTopOf="@+id/imageView2"
        android:layout_marginLeft="0dp"
        app:layout_constraintLeft_toLeftOf="@+id/imageView2" />
</android.support.constraint.ConstraintLayout>
```

3.4 排版方法之 RelativeLayout

其实在 ConstraintLayout 出来之前，Android 推荐的排版控件是 RelativeLayout。它的能力与 ConstraintLayout 差不多，也是专用于设计复杂的排版。它与 ConstraintLayout 的区别是，它对于鼠标拖放的方式来布局控件支持得不好，比如我用它时更喜欢直接在属性栏中设置与位置相关的各种属性来对子控件进行排版，非常麻烦。

虽然 Android 现在推荐的排版控件是 ConstraintLayout，但是 RelativeLayout 依然可用。因为你有可能要面对一些旧代码，所以有必要把它搞清楚，而且后面我用 RelativeLayout 实现了一个登录界面，其实现过程与 ConstraintLayout 差不多，所以你在用 ConstraintLayout 实现相同的界面时，可以参考这里的做法。

Relative 的意思是关系，也就是它里面的子控件之间可以设置相对位置关系，其实这跟 ConstraintLayout 的作用差不多。可以在这里找到 RelativeLayout，如图 3.4.1 所示。

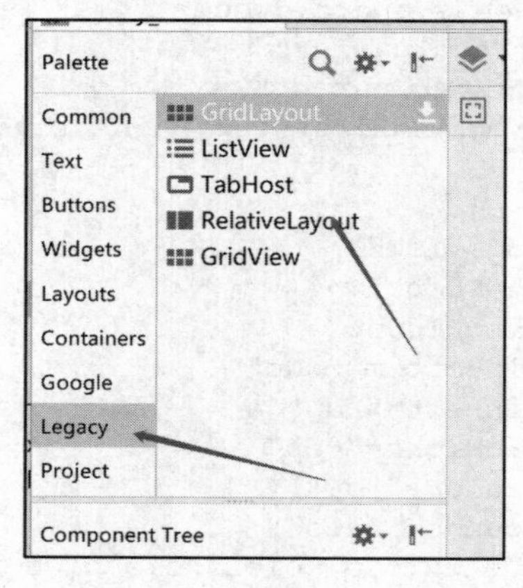

图 3.4.1

3.4.1 把 ConstraintLayout 改为 RelativeLayout

新建的 Activity 默认都用 ConstraintLayout 作为内容区的最外层控件，所以我们要使用 RelativeLayout 时有两种办法：一是将一个 RelativeLayout 放在 ConstraintLayout 中作为儿子，二是将 ConstraintLayout 改为 RelativeLayout。显然第二种方式更干净，不易受干扰，所以我选择第二种方式玩 RelativeLayout。

首先把现在 layout 文件中的控件都删掉，删除的方法嘛，选中控件点删除键即可。最后只剩下 ConstraintLayout。把 ConstraintLayout 改为 RelativeLayout，需要改源码。点"Text"打开源码，如图 3.4.1.1 所示。

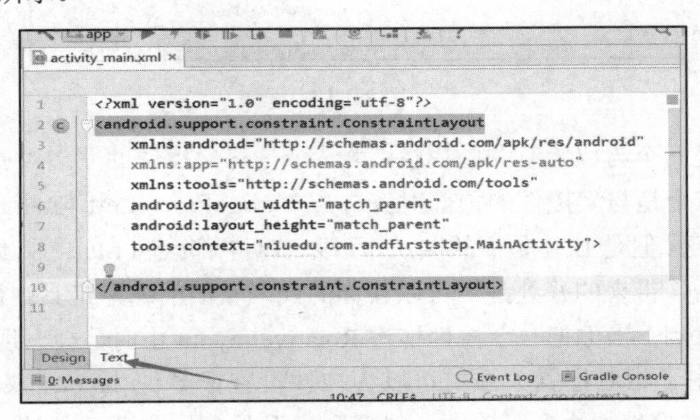

图 3.4.1.1

把 android.support.constraint.ConstraintLayout 改为 RelativeLayout，现在整个 Layout 文件的源码变成了这样：

```
<?xml version="1.0" encoding="utf-8"?>
<RelativeLayout
    xmlns:android="http://schemas.android.com/apk/res/android"
    xmlns:app="http://schemas.android.com/apk/res-auto"
    xmlns:tools="http://schemas.android.com/tools"
    android:layout_width="match_parent"
    android:layout_height="match_parent"
    tools:context="niuedu.com.andfirststep.MainActivity">

</RelativeLayout>
```

现在界面空了，我们拖一个图像控件进来，然后为它设置图像，最终效果如图 3.4.1.2 所示。

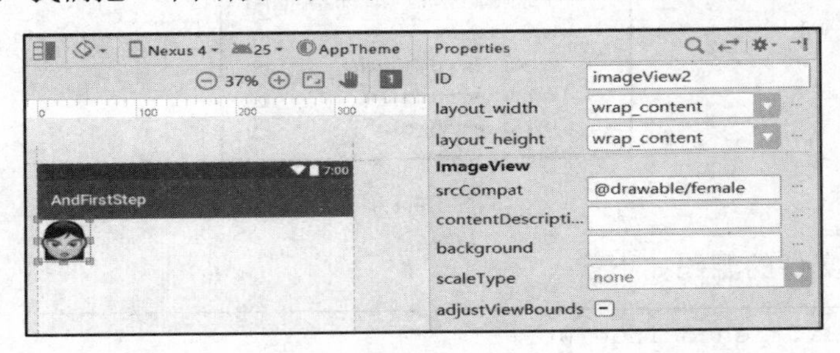

图 3.4.1.2

我把图像控件放到了左上角。现在属性栏中看不到使用 ConstraintLayout 时的那些控件了，要了解一个控件的 layout 位置，只能去属性栏中看那些与 layout 有关的属性的值。现在进入“View all properties”视图，确保选中了图像，可以看到其属性设置如图 3.4.1.3 所示。

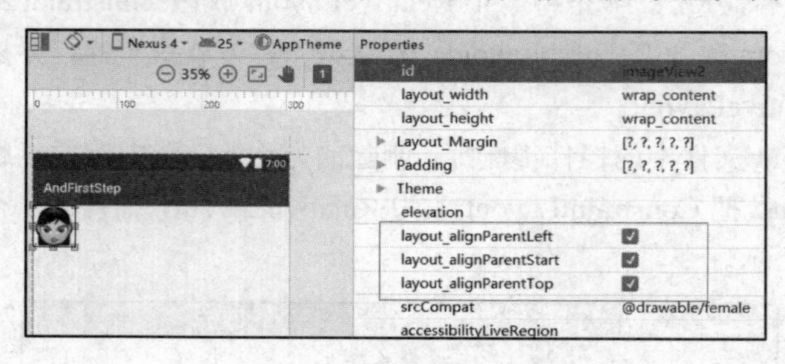

图 3.4.1.3

红框框起来的是三个与位置有关的属性：第一个是与父控件的左边对齐，第二个是与父控件的开始对齐，第三个是与父控件的顶部对齐。其中 alignParentLeft 与 alignParentStart 作用完全一样，都是表示左边，但是 Left 是旧的叫法，新版 API 中都改叫 Start 了。你可以只设置 Start，而这两个都设置的话，带来的好处是，可以让你的代码在旧的编译工具中被正确编译。

不知你是否注意到，当你把一个控件拖进 RelativeLayout 中时，会出现箭头指示，它表示被拖的控件与谁发生了相对位置关系。可以为控件设置很多种 layout 属性，这些属性都以“layout_”开头，在属性栏中向下滚动才能看到。看图 3.4.1.4 所示的这一堆 layout 属性吧，要理解它们的作用其实也不难，查一下各单词的意思就行了。

keepScreenOn
labelFor
layerType
layoutDirection
layout_above
layout_alignBaseline
layout_alignBottom
layout_alignEnd
layout_alignLeft
layout_alignParentBottom
layout_alignParentEnd
layout_alignParentRight
layout_alignRight
layout_alignStart
layout_alignTop
layout_alignWithParentIfMissing
layout_below
layout_centerHorizontal
layout_centerInParent
layout_centerVertical

图 3.4.1.4

此时的 layout 文件的源码如下：

```
<?xml version="1.0" encoding="utf-8"?>
<RelativeLayout
```

```
    xmlns:android="http://schemas.android.com/apk/res/android"
    xmlns:app="http://schemas.android.com/apk/res-auto"
    xmlns:tools="http://schemas.android.com/tools"
    android:layout_width="match_parent"
    android:layout_height="match_parent"
    tools:context="niuedu.com.andfirststep.MainActivity">
    <ImageView
        android:id="@+id/imageView2"
        android:layout_width="wrap_content"
        android:layout_height="wrap_content"
        android:layout_alignParentLeft="true"
        android:layout_alignParentStart="true"
        android:layout_alignParentTop="true"
        app:srcCompat="@drawable/female" />
</RelativeLayout>
```

RelativeLayout 也可以玩出与 ConstraintLayout 差不多的知识，下面就让我们玩一玩。

3.4.2　左右对齐与居中

图像控件现在位于最左上角。如果要靠近左上解并保持一定的距离，请设置 layout_Margin 属性。其实在 ConstaintLayout 中控件之间的空白也是通过这个属性设置的。

让图像居中，选哪些属性呢？直接上图（见图 3.4.2.1）。

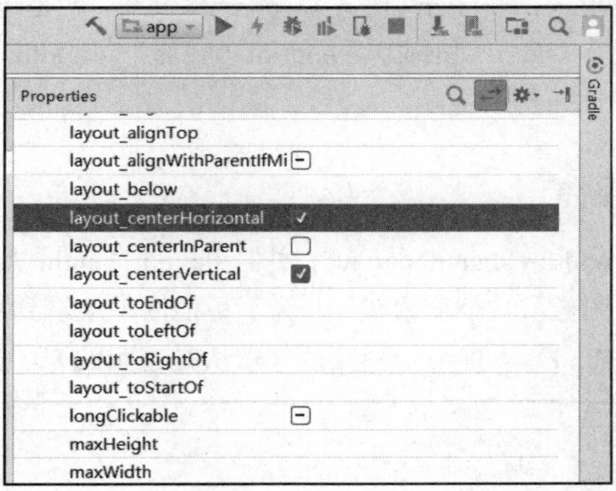

图 3.4.2.1

我选中了 center horizontal（横向居中）和 center vertical（纵向居中）。其实你也可以不选这两个，而是只选 center in parent（在老爸中居中）。

但是现在看起来并没居中。这是因为在拖入时，设置了靠上和靠左，它们之间是有冲突的！一个控件不能既靠上靠左又要居中吧？把冲突去掉吧，我们要居中，只能把靠左靠上去掉了。怎么去掉就不用我再演示了吧？

在排版上设置正确了，你的 App 的界面就可以放之四海而皆可居中了。比如我们把虚拟机旋转一下，看看横屏时是不是还会居中?如图 3.4.2.2 所示。

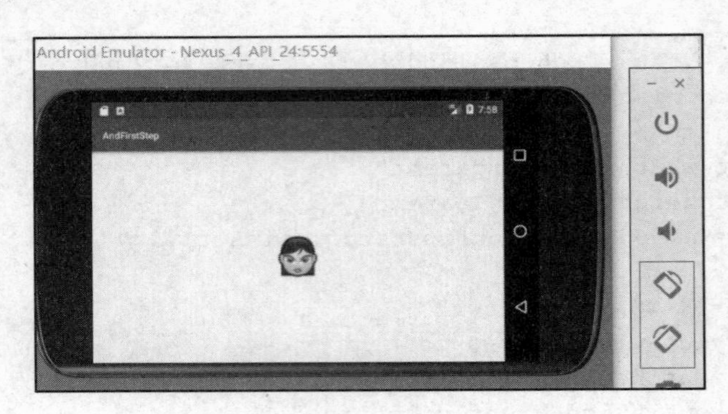

图 3.4.2.2

图 3.4.2.2 中红框内的两个图标就是旋转虚拟机的，很好玩哦。
下面是几种对齐的方案，都试一下吧：

- 上下居中，横向靠右：
layout_centerVertical + layout_alignParentRight。
- 上下居中，横向靠左：
layout_centerVertical + layout_alignParentLeft。
- 纵向靠下，横向居中：
Layout_centerHorizontal+layout_alignParentBottom。

其实你只要认识几个单词，即 align（对齐）、parent（父母，就是包含所操作控件的容器）、left（左边）、right（右边）、top（顶部）、bottom（底部）、width（宽）、height（高）等，就可以知道那些 layout 属性的作用了。

3.4.3 充满整个父控件

需这样设置：layout_width="match_parent"，并且 layout_height="match_parent"。大家可以看到充满整个父控件后，图像被拉伸变模糊了。为了更能清楚地看到图像控件的大小，我们可以把控件的背景（background）设置为一种颜色（默认是透明的），如图 3.4.3.1 所示。

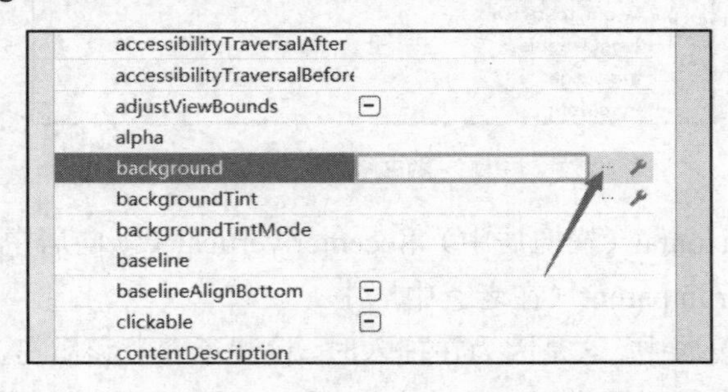

图 3.4.3.1

选中图像控件，然后在 background 属性行靠右的“...”图标上点一下，就会出现 Drawable 选择对话框，如图 3.4.3.2 所示。

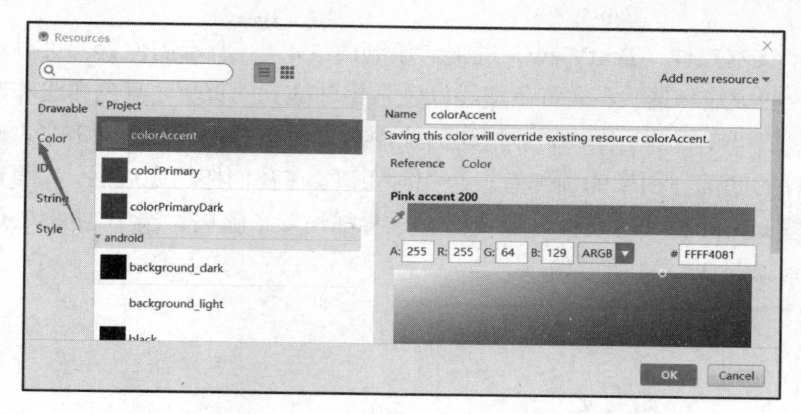

图 3.4.3.2

你可以选择一个图像作为背景，也可以选择一个颜色。为了容易观察，我们选择一个颜色吧。现在界面变成了下面这个样子，如图 3.4.3.3 所示。

图 3.4.3.3

3.4.4　兄弟之间相对排

我想这样玩一下：把图像的放在屏幕中间，然后弄一个文本控件显示在图像的上方。图像放中间，我们搞过了，所以先把图像放到中间去，选中以下两个：

layout_centerHorizontal	☑
layout_centerVertical	☑

但是，你还要把下面三条删掉（如果被选中的话）：

layout_alignParentLeft	☐
layout_alignParentStart	☐
layout_alignParentTop	☐

现在拖一个文本控件（TextView）进来，放到图 3.4.4.1 所示的位置。可以看到在拖的过程中，会出现一些虚线和箭头，橘黄色虚线框表示控件拖到的位置，蓝色虚线和箭头表示与谁发生了关系。我们可以看到上图中，被拖动的控件右边与图像控件右边对齐了，向下的箭头表示被拖动的控件的底部与图像的顶部有一个相对距离。在我们拖动完成后，界面设计器会自动为我们设置一些 layout 相关的属性，让我们看一看都设置了哪些。选中 TextView 控件，就可以在属性栏看到如图 3.4.4.2 所示的项。

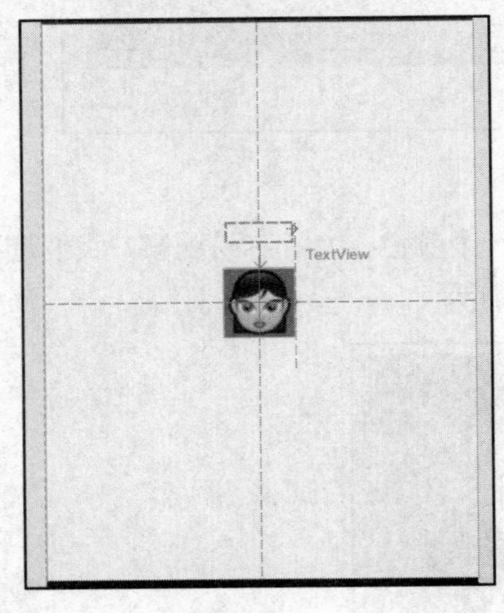

图 3.4.4.1

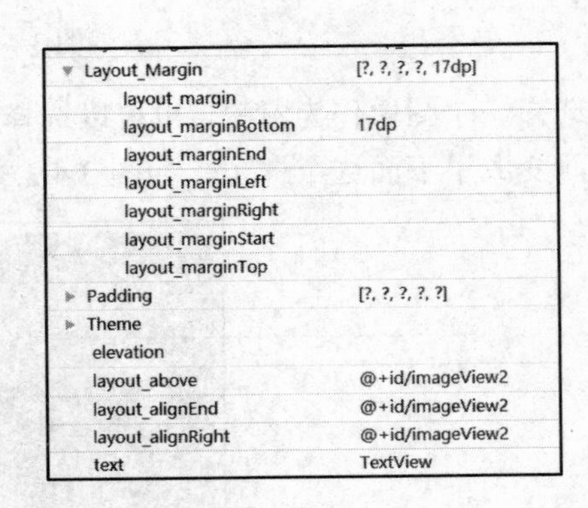

图 3.4.4.2

有四个 Layout 相关的属性被设置：

- layout_marginBottom ： 底部空白。
- layout_above ： 在谁之上。
- layout_alignEnd ： 与谁右边对齐。
- layout_alignRight ： 与谁右边对齐。

注意这些项可能不靠在一起，那么你就需要挨个找找，甚至可能会发现已被设置的 layout 属性要比上面的多。

layout_abouve 的值是“@+id/imageView2”指向了图像控件，在图 3.4.4.3 中我们可以看到图像控件的 ID 的确是“imageView2”（此时选中了图像控件）。

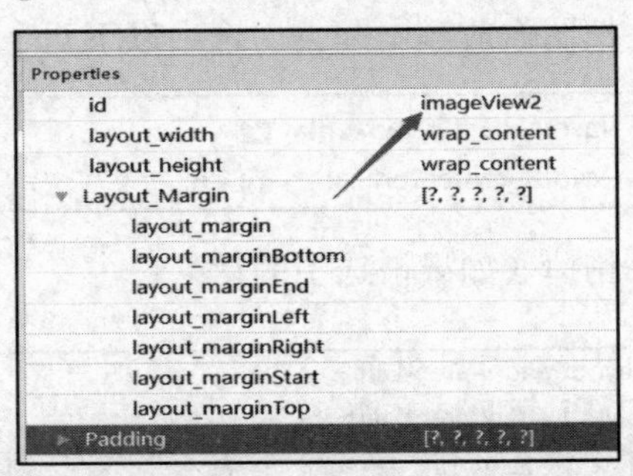

图 3.4.4.3

再说一下 padding 属性。padding 是内部空白的意思，是控件的边到其内容之间的空白，与 margin 效果看起来差不多但实际很不一样。现在文本控件的 layout_marginBottom 的值是 17dp，就是说文本控件的底边与其他控件之间要空出 17dp，于是我们就看到了文本控件与图像控件之间有一定的距离。你可以改个其他值试试。文本控件的 layout_above 的值是图像控件的 id，表示文本控件要在图像控件的上面。

运行 App，旋转屏幕看看，是不是它们的相对位置是不变的？现在的 layout 源码是这样的：

```
<?xml version="1.0" encoding="utf-8"?>
<RelativeLayout
    xmlns:android="http://schemas.android.com/apk/res/android"
    xmlns:app="http://schemas.android.com/apk/res-auto"
    xmlns:tools="http://schemas.android.com/tools"
    android:layout_width="match_parent"
    android:layout_height="match_parent"
    tools:context="niuedu.com.andfirststep.MainActivity">

    <ImageView
        android:id="@+id/imageView2"
        android:layout_width="wrap_content"
        android:layout_height="wrap_content"
        android:layout_centerHorizontal="true"
        android:layout_centerVertical="true"
        android:background="@color/colorAccent"
        app:srcCompat="@drawable/female" />

    <TextView
        android:id="@+id/textView2"
        android:layout_width="wrap_content"
        android:layout_height="wrap_content"
        android:layout_above="@+id/imageView2"
        android:layout_alignEnd="@+id/imageView2"
        android:layout_alignRight="@+id/imageView2"
        android:layout_marginBottom="17dp"
        android:text="TextView" />
</RelativeLayout>
```

3.4.5　dp 是什么

dp 是一个表示距离的单位。我并不想说清楚它是怎么计算的，网上有的是文章。我只想说它是与像素无关的单位，它几乎等同于实际的物理距离单位。

试想，一个像素是 100×100 的图像，在不同的屏幕上按像素显示时会是什么样的？如果一个 5 寸老屏幕，其宽度上像素数是 480，那么这个图像在宽度上占约五分之一。而如果在一个 5 寸的高分屏上显示的话，假设这个屏幕的宽是 1080 个像素，那么这个图像只占到十分之一，别忘了这两个都是五寸，实际大小一样，但看到的图像的实际大小差一倍，有可能小到手指头很难点到它了。

所以不能用像素为单位指定控件的大小，而使用"dp"，指定一个与分辨率无关的实际尺寸。在指定距离和大小的地方，千万不要忘记这个单位。

3.4.6 使用 RelativeLayout 设计登录页面

下面我们玩点复杂的：设计一个登录页面。这个登录页面大体上是这样：最上面是一个头像，中间是用户名输入框，其下是密码输入框，最下面的登录按钮。

先想一下怎么设计。为了美观一些，我们希望这些内容整体居中显示，这里指的是纵向上的居中。因为屏幕一般都是竖着看的。文本输入控件和按钮控件都可以把高度设置为"wrap_content"，这样它们的高就由其文本的字体大小决定，这个值不会太大。图像控件的大小也由内容（也就是图像）来决定的话，就不合适了，可能很小，也可能很大。所以我们应该把图像控件设置成合适的固定大小，然后让图像以保持比例缩放来自适应地填充到图像控件中。总之，一般情况下，我们都是为图像控件指定固定的大小。而对于文本输入控件我也不想让它们在横向上充满整个父控件，所以我对它们的宽也设置固定值，而高就由其内容决定。

纵向上的居中怎么搞才好看呢？如果让图像在纵向上居中，其他控件以它为基准往下摆的话，整体内容看起来就会偏下，不如以图像下面的用户名输入框为基准。把用户名输入框设置为在容器控件中纵向居中，其他控件都以它为基准，在它上面或下面摆放。从上到下依次为：

- 图像控件
- 用户名输入框
- 密码输入框
- 登录按钮

其中用户名输入框纵向居中，其余控件在纵向上以它为基准摆放。

下面让我们一步一步设计出这个登录界面。

3.4.6.1 添加用户名输入控件

还是修改当前的 Activity 的界面（res/layout/activity_main.xml，如图 3.4.4.1 所示），在当前的基础上改造一下。我们还是先把"Hello World"这个文本控件删掉吧，用不着它了。

当前，图像控件处于纵向居中，我们先把它移到左上角，等摆好了用户名输入框再摆放它的位置。很简单，在源码中把图像控件的位置相关的属性删掉：

```
<ImageView
    android:id="@+id/imageView2"
    android:layout_width="wrap_content"
    android:layout_height="wrap_content"
    android:layout_centerHorizontal="true"
    android:layout_centerVertical="true"
    android:background="@color/colorAccent"
    app:srcCompat="@drawable/female" />
```

下面，拖一个文本输入控件到页面内，在"Text"组中拖了一个"Plain Text"控件到页面中，当看到横向和纵向上的对齐线都出现时，放开它，如图 3.4.6.1.1 所示。

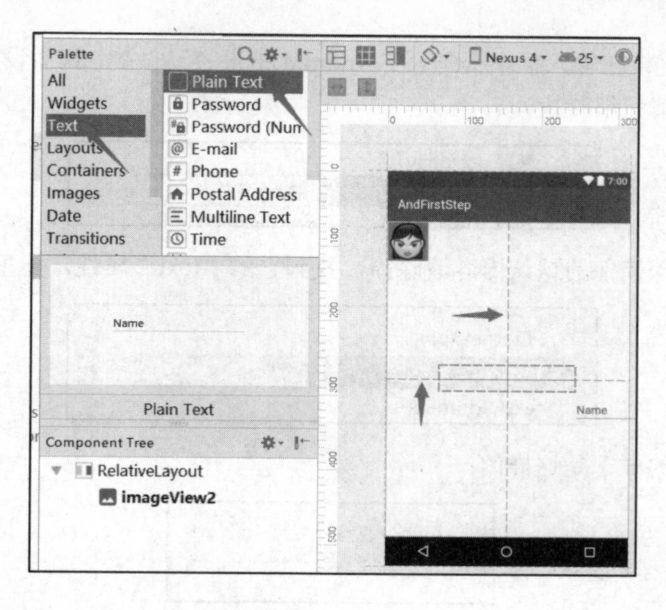

图 3.4.6.1.1

当然你可以不用拖到合适的位置就放开它，但之后需要手动设置其 layout 相关属性进行位置调整。我们不想让这个输入控件在横向上充满整个空间，所以为它设置一个固定的宽度：300dp，现在，这个文本输入控件与 layout 有关的属性如图 3.4.6.1.2 所示。

Properties

id	editText
layout_width	300dp
layout_height	wrap_content
Layout_Margin	[?, ?, ?, ?, ?]
Padding	[?, ?, ?, ?, ?]
Theme	
elevation	
ems	10
inputType	[textPersonName]
layout_centerHorizontal	✓
layout_centerVertical	✓
text	Name

图 3.4.6.1.2

注意，“Text”这个组下有很多控件，比如“Email”“Phone”等。这些控件用于输入不同的文本格式，“Email”是专门输入邮箱地址的控件，“Phone”是专门输入电话号码的控件。但是，其实它们是同一个 Java 类（这个控件的类叫作“EditText”），只是把 EditText 的某些属性预设成了不同的值，我们完全可以自己改变这些值。我们现在使用了最通用的一种：“Plain Text”，对输入文本的格式没什么限制，因为用户名一般都没限制。

只有文本输入控件还不行，我们还要有提示性文字，以告诉用户这个地方应输入什么，以前都是弄一个文本显示控件（比如 TextView），放在输入框的左边或上边，提示应输入什么，现在的做法变了，直接在输入框中提示。在 Android 中很容易做到，只需设置输入控件的“hint（提示）”属性（请仔细寻找）：

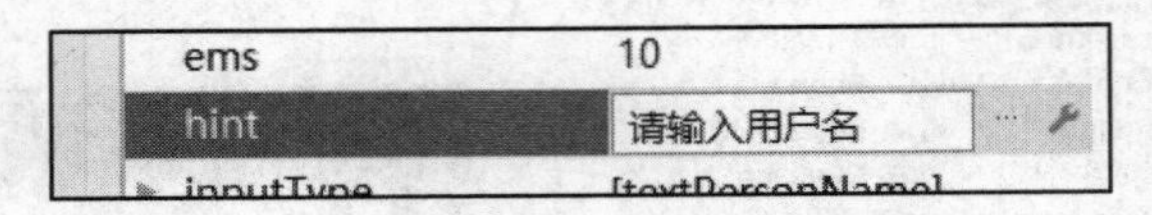

你还需要把输入控件的默认内容清除掉，找到它的“text”属性，把里面的内容清掉：

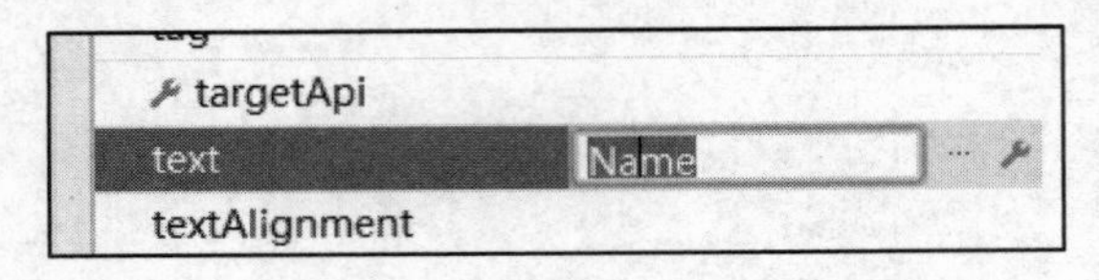

现在这个控件的样子是这样的：

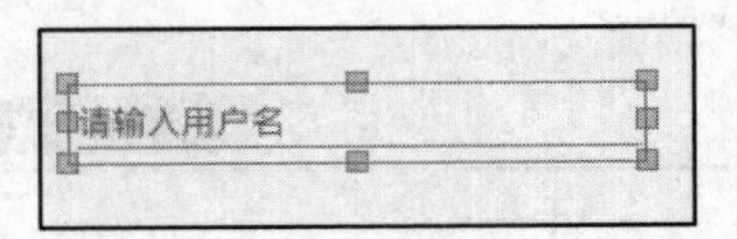

因为其他控件要相对它的位置摆放，需要要引用它，所以我们还要设置它的 ID，为它的 ID 设置一个有意义的名字：

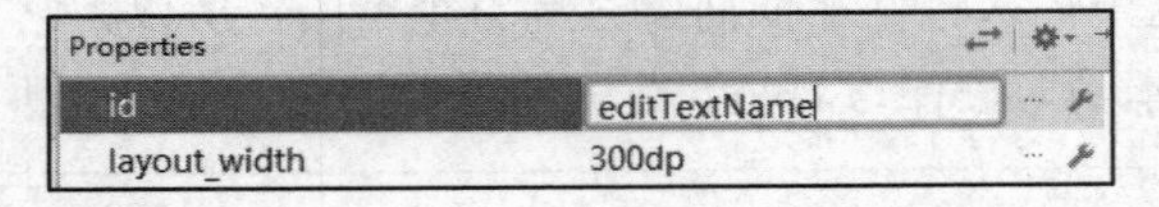

3.4.6.2 添加密码输入控件

拖一个“Password”控件到界面上，如图 3.4.6.2.1 所示（注意指示相对位置的箭头）。

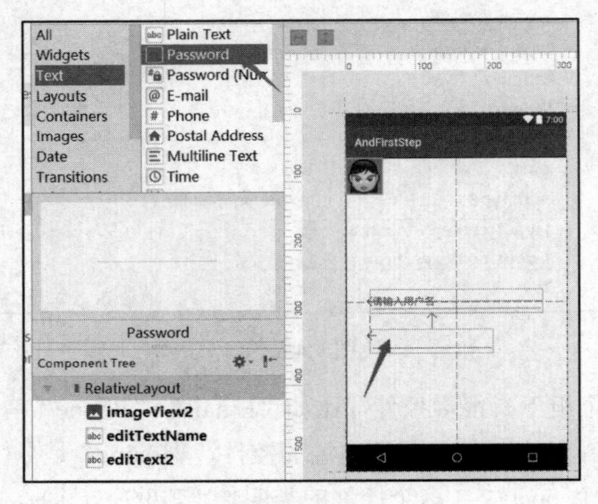

图 3.4.6.2.1

设置其 layout 属性为左右边界都与用户名输入框的左右边界对齐(这样就与用户名输入框宽度保持一致了)，纵向上位于用户名输入框下面 24dp；并为它设置有意义的 ID，如图 3.4.6.2.2 所示。

Properties	
id	editTextPassword
layout_width	wrap_content
layout_height	wrap_content
▼ Layout_Margin	[?, ?, 24dp, ?, ?]
layout_margin	
layout_marginTop	24dp
layout_marginBottom	
layout_marginEnd	
layout_marginLeft	
layout_marginRight	
layout_marginStart	
▶ Padding	[?, ?, ?, ?, ?]
▶ Theme	
elevation	
ems	10
hint	请输入密码
▶ inputType	[textPassword]
layout_alignEnd	@+id/editTextName
layout_alignLeft	@+id/editTextName
layout_alignRight	@+id/editTextName
layout_alignStart	@+id/editTextName
layout_below	@+id/editTextName

图 3.4.6.2.2

现在 layout 源码看起来这样子：

```
<?xml version="1.0" encoding="utf-8"?>
<RelativeLayout
    xmlns:android="http://schemas.android.com/apk/res/android"
    xmlns:app="http://schemas.android.com/apk/res-auto"
    xmlns:tools="http://schemas.android.com/tools"
    android:layout_width="match_parent"
    android:layout_height="match_parent"
    tools:context="niuedu.com.andfirststep.MainActivity">

    <ImageView
        android:id="@+id/imageView2"
        android:layout_width="wrap_content"
        android:layout_height="wrap_content"
        android:background="@color/colorAccent"
        app:srcCompat="@drawable/female" />

    <EditText
        android:id="@+id/editTextName"
        android:layout_width="300dp"
        android:layout_height="wrap_content"
        android:layout_centerHorizontal="true"
        android:layout_centerVertical="true"
        android:ems="10"
        android:hint="请输入用户名"
        android:inputType="textPersonName" />

    <EditText
        android:id="@+id/editTextPassword"
        android:layout_width="wrap_content"
        android:layout_height="wrap_content"
```

```
        android:layout_alignEnd="@+id/editTextName"
        android:layout_alignLeft="@+id/editTextName"
        android:layout_alignRight="@+id/editTextName"
        android:layout_alignStart="@+id/editTextName"
        android:layout_below="@+id/editTextName"
        android:layout_marginTop="24dp"
        android:ems="10"
        android:hint="请输入密码"
        android:inputType="textPassword" />

</RelativeLayout>
```

3.4.6.3　添加登录按钮

拖一个按钮进来，放到密码框下面，如图 3.4.6.3.1 所示。设置属性使它与用户名框左右边界对齐，并改变其显示的标题为“登录”，如图 3.4.6.3.2 所示。

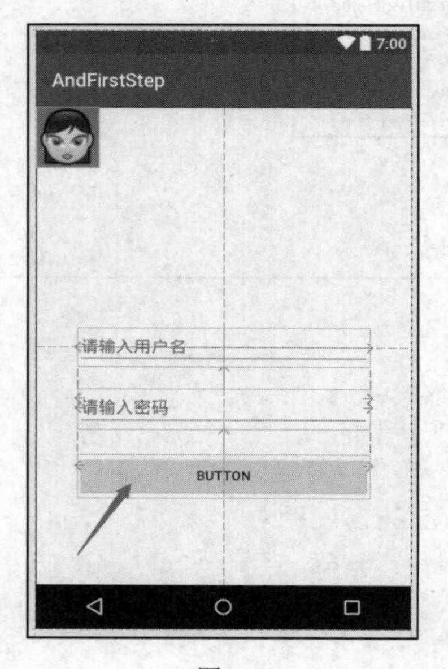

图 3.4.6.3.1

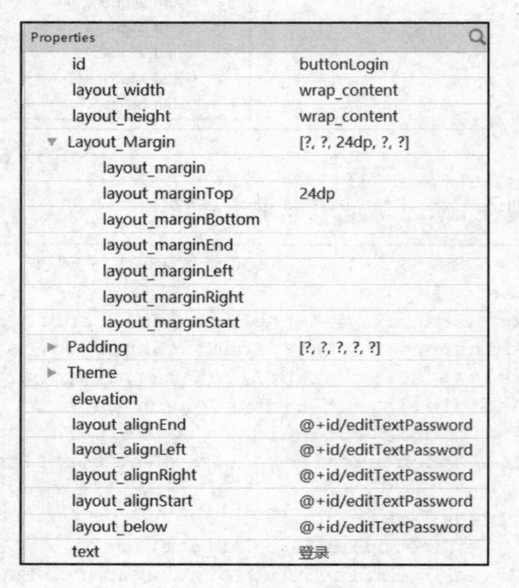

图 3.4.6.3.2

给它一个有意义的 ID：buttonLogin。

3.4.6.4　设置头像

我们依然利用现有的图像控件，把它的宽和高都设置成 100dp。把它拖到左右居中并在用户名框上面一定距离，见图 3.4.6.4.1，然后稍微设置一下属性，如图 3.4.6.4.2 所示。

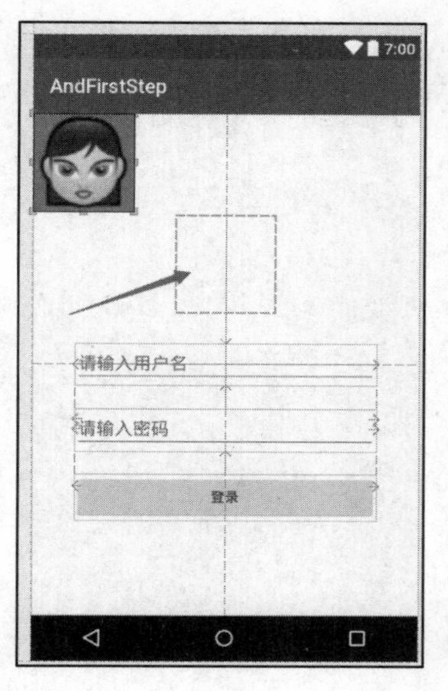

图 3.4.6.4.1

Properties	
id	imageView2
layout_width	100dp
layout_height	100dp
▼ Layout_Margin	[?, ?, ?, ?, 24dp]
layout_margin	
layout_marginBottom	24dp
layout_marginEnd	
layout_marginLeft	
layout_marginRight	
layout_marginStart	
layout_marginTop	
▶ Padding	[?, ?, ?, ?, ?]
▶ Theme	
elevation	
background	@color/colorAccent
layout_above	@+id/editTextName
layout_centerHorizontal	☑
srcCompat	@drawable/female
accessibilityLiveRegion	

图 3.4.6.4.2

最终得到的界面如图 3.4.6.4.3 所示。

图 3.4.6.4.3

虽然不漂亮，但也算小清新了。运行起来看看真实效果吧。

这个页面（activity_main.xml）的源码是：

```
<?xml version="1.0" encoding="utf-8"?>
<RelativeLayout
    xmlns:android="http://schemas.android.com/apk/res/android"
    xmlns:app="http://schemas.android.com/apk/res-auto"
    xmlns:tools="http://schemas.android.com/tools"
    android:layout_width="match_parent"
```

```
    android:layout_height="match_parent"
    tools:context="niuedu.com.andfirststep.MainActivity">

    <ImageView
        android:id="@+id/imageView2"
        android:layout_width="100dp"
        android:layout_height="100dp"
        android:layout_above="@+id/editTextName"
        android:layout_centerHorizontal="true"
        android:layout_marginBottom="24dp"
        android:background="@color/colorAccent"
        app:srcCompat="@drawable/female" />
    <EditText
        android:id="@+id/editTextName"
        android:layout_width="300dp"
        android:layout_height="wrap_content"
        android:layout_centerHorizontal="true"
        android:layout_centerVertical="true"
        android:ems="10"
        android:hint="请输入用户名"
        android:inputType="textPersonName" />
    <EditText
        android:id="@+id/editTextPassword"
        android:layout_width="wrap_content"
        android:layout_height="wrap_content"
        android:layout_alignEnd="@+id/editTextName"
        android:layout_alignLeft="@+id/editTextName"
        android:layout_alignRight="@+id/editTextName"
        android:layout_alignStart="@+id/editTextName"
        android:layout_below="@+id/editTextName"
        android:layout_marginTop="24dp"
        android:ems="10"
        android:hint="请输入密码"
        android:inputType="textPassword" />
    <Button
        android:id="@+id/buttonLogin"
        android:layout_width="wrap_content"
        android:layout_height="wrap_content"
        android:layout_alignEnd="@+id/editTextPassword"
        android:layout_alignLeft="@+id/editTextPassword"
        android:layout_alignRight="@+id/editTextPassword"
        android:layout_alignStart="@+id/editTextPassword"
        android:layout_below="@+id/editTextPassword"
        android:layout_marginTop="24dp"
        android:text="登录" />
</RelativeLayout>
```

3.5 让内容“滚”

让内容“滚”不是让内容滚蛋的意思，而是让内容滚起来！

首先把上一节做的登录页面上再增加一个按钮“注册”，把它的 ID 设为“buttonRegister”，把它放到登录按钮的下面。效果如图 3.5.1 所示。然后运行 App，旋转一下屏幕看看效果。我的运行效果如图 3.5.2 所示。

图 3.5.1

图 3.5.2

注册按钮看不到了！为什么？显然屏幕的高不够了，内容在纵向上超出了屏幕。于是问题来了：如果屏幕显示不了整个内容怎么办？答案很简单：“快使用滚动条！吼吼哈嘿！”然而，Layout 是没有滚动功能的，要想提供滚动功能，需要使用控件：ScrollView。

ScrollView 可以在其儿子的高度超出自己的范围时，在纵向上提供滚动功能。如果想横向滚动的话，请使用另一个 View：HorizontalScrollView。但是 ScrollView 也有自己的要求：只能容纳一个孩子（只生一个好）。

注意 ScrollView 不同于 Layout，所以我们不能用 ScrollView 代替现在的容器 RelativeLayout 。其实我们应该让 RelativeLayout 成为 ScrollView 的儿子，然后再让 RelativeLayout 的高度由其内容决定，也就是由组成登录界面的各子控件来共同决定。

RelativeLayout 被放在 ScrollView 中后，其高度不能再设为 match_parent 了，因为 ScrollView 需要根据其儿子的高度决定是否滚动，如果其儿子的高度永远与它的高一样的话，那永远不可能需要滚动。其儿子应体现出内容的高度，这里也就是组成登录功能的控件们所占的高度，所以 RelativeLayout 的 layout_height 的值必须为 wrap_content。下面我们继续一步步改造。

3.5.1 添加 ScrollView 作为最外层容器

可以拖一个 ScrollView 到页面中，如图 3.5.1.1 所示。

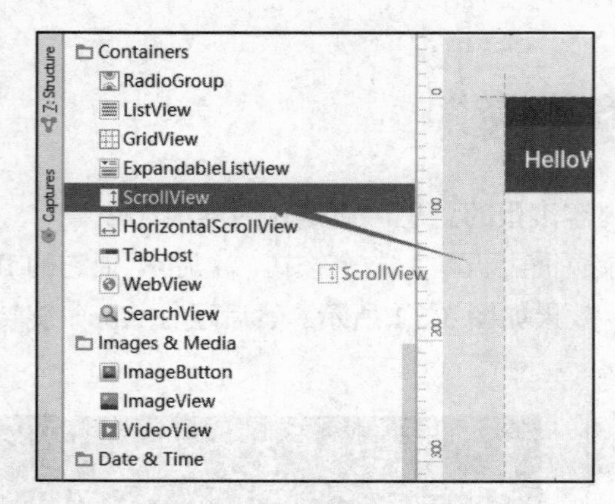

图 3.5.1.1

但是，如果你试过了，你会发现这样做不行，呵呵。因为你无法将一个控件拖到页面中作为最外层的控件。此时手动改源码更简单，把页面切换到源码模式，在最外层的元素“<RelativeLayout>”的外面添加标记“<ScrollView>”，在 RelativeLayout 的结束标记“</RelativeLayout>”下面添加 ScrollView 的结束标记：“</ScrollView>”，也就是让 ScrollView 元素包着 RelativeLayout 元素。

然后，你还需要把 RelativeLayout 标记中的一些属性移动到 ScrollView 标记中。移动哪些呢?看这里（这些属性必须放在最外层的元素中）：

```
xmlns:android="http://schemas.android.com/apk/res/android"
xmlns:app="http://schemas.android.com/apk/res-auto"
xmlns:tools="http://schemas.android.com/tools"
tools:context="niuedu.com.andfirststep.MainActivity"
```

你还要为 ScrollView 设置宽和高，它既然是最外层的控件，那么就让它充满它的整个父控件吧（就是 Activity 了）。现在 layout 文件的源码变成了这样：

```
<?xml version="1.0" encoding="utf-8"?>
<ScrollView
    xmlns:android="http://schemas.android.com/apk/res/android"
    xmlns:app="http://schemas.android.com/apk/res-auto"
    xmlns:tools="http://schemas.android.com/tools"
    tools:context="niuedu.com.andfirststep.MainActivity"
    android:layout_width="match_parent"
    android:layout_height="match_parent">

    <RelativeLayout
        android:layout_width="match_parent"
        android:layout_height="match_parent">

        <ImageView
            android:id="@+id/imageView2"
            android:layout_width="100dp"
            android:layout_height="100dp"
            android:layout_above="@+id/editTextName"
```

```
        android:layout_centerHorizontal="true"
        android:layout_marginBottom="24dp"
        android:background="@color/colorAccent"
        app:srcCompat="@drawable/female" />

    <EditText
        android:id="@+id/editTextName"
        android:layout_width="300dp"
        android:layout_height="wrap_content"
        android:layout_centerHorizontal="true"
        android:layout_centerVertical="true"
        android:ems="10"
        android:hint="请输入用户名"
        android:inputType="textPersonName" />

    <EditText
        android:id="@+id/editTextPassword"
        android:layout_width="wrap_content"
        android:layout_height="wrap_content"
        android:layout_alignEnd="@+id/editTextName"
        android:layout_alignLeft="@+id/editTextName"
        android:layout_alignRight="@+id/editTextName"
        android:layout_alignStart="@+id/editTextName"
        android:layout_below="@+id/editTextName"
        android:layout_marginTop="24dp"
        android:ems="10"
        android:hint="请输入密码"
        android:inputType="textPassword" />

    <Button
        android:id="@+id/buttonLogin"
        android:layout_width="wrap_content"
        android:layout_height="wrap_content"
        android:layout_alignEnd="@+id/editTextPassword"
        android:layout_alignLeft="@+id/editTextPassword"
        android:layout_alignRight="@+id/editTextPassword"
        android:layout_alignStart="@+id/editTextPassword"
        android:layout_below="@+id/editTextPassword"
        android:layout_marginTop="24dp"
        android:text="登录" />

    <Button
        android:id="@+id/button2"
        android:layout_width="wrap_content"
        android:layout_height="wrap_content"
        android:layout_alignEnd="@+id/buttonLogin"
        android:layout_alignLeft="@+id/buttonLogin"
        android:layout_alignRight="@+id/buttonLogin"
        android:layout_alignStart="@+id/buttonLogin"
        android:layout_below="@+id/buttonLogin"
```

```
        android:layout_marginTop="24dp"
        android:text="注册" />

</RelativeLayout>
</ScrollView>
```

你可以切换回预览模式，你会惊奇的发现现在控件的摆放出问题了，如图 3.5.1.2 所示。

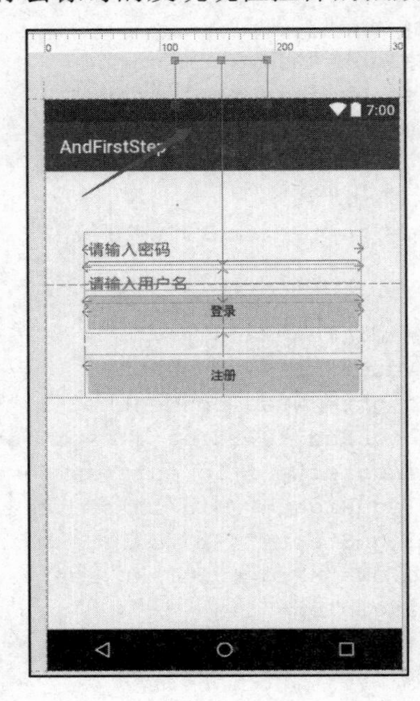

图 3.5.1.2

图像跑到上面去了，控件之间的间距也出了问题。如何修复这些错误呢？请看下节。

3.5.2 改正在 ScrollView 下的排版

现在选中“RelativeLayout”看一下，你会看到奇怪的现像：虽然它的宽和高都设置成了 match_parent，但是它却是“臣妾做不到啊”。注意现在可能在预览中很难选中 RelativeLayout，那么就在控件树面板中选吧，如图 3.5.2.1 所示。

下面是 RelativeLayout 的宽和高的设置，如图 3.5.2.2 所示。

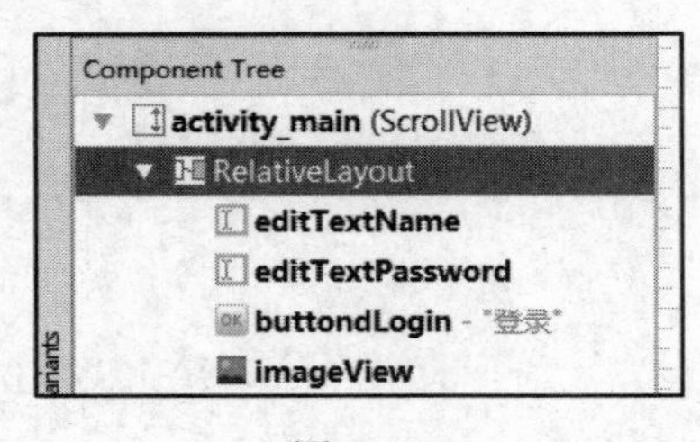

图 3.5.2.1

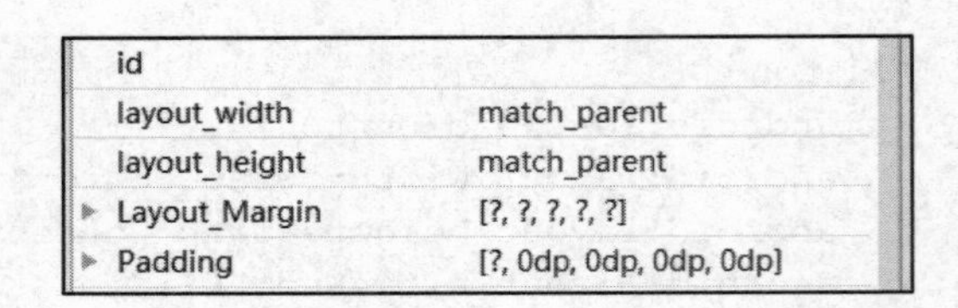

图 3.5.2.2

ScrollView 的内容必须有具体的高度，这样它才能决定是否需要滚动。所以把 RelativeLayout 的高设置为 match_parent 不再起作用，其实 RelativeLayout 的高暗中变成了

“wrap_content”。

注意横向上是没问题的，因为 ScrollView 并不提供横向滚动，所以它的子控件横向上的排版方式跟以前一样。下面我们就把登录界面调整好。怎样调整呢？现在要让 RelativeLayout 恰好包着整个内容，那么再让用户名输入框纵向居中就没意义了，我们在设计登录界面时应该改为遵守从上往下依次摆放各控件的原则。

图像在最上面，首先改图像。不再让图像相对于用户名输入框摆放位置，而是让图像位于父控件的顶端，所以把图像控件的属性改成这样，如图 3.5.2.3 所示。

Properties	
id	imageView2
layout_width	100dp
layout_height	100dp
▼ Layout_Margin	[?, ?, ?, ?, ?]
layout_margin	
layout_marginBottom	
layout_marginEnd	
layout_marginLeft	
layout_marginRight	
layout_marginStart	
layout_marginTop	
▶ Padding	[?, ?, ?, ?, ?]
▶ Theme	
elevation	
background	■ @color/colorAccent
layout_alignParentTop	☑
layout_centerHorizontal	☑
srcCompat	@drawable/female

图 3.5.2.3

注意设置了 layout_alignParentTop，使得图像控件对齐到了父控件的顶端。用户名输入框应相对于图像控件摆放，位于它下面 24dp，所以其属性改成这样，如图 3.5.2.4 所示。

Properties	
id	editTextName
layout_width	300dp
layout_height	wrap_content
▼ Layout_Margin	[?, ?, 24dp, ?, ?]
layout_margin	
layout_marginTop	24dp
layout_marginBottom	
layout_marginEnd	
layout_marginLeft	
layout_marginRight	
layout_marginStart	
▶ Padding	[?, ?, ?, ?, ?]
▶ Theme	
elevation	
ems	10
hint	请输入用户名
▶ inputType	[textPersonName]
layout_below	@+id/imageView2
layout_centerHorizontal	☑

图 3.5.2.4

注意设置了 layout_below，取消了 layout_centerVertical，密码框和按钮的相对位置没变，不用动。现在页面看起来是图 3.5.2.5 所示这样子。控件之间的位置关系终于正常了。此时运行一下 App，旋转到横屏，你会发现界面可以被上下拖动了，右边还出现了滚动条，如图 3.5.2.6 所示。

图 3.5.2.5

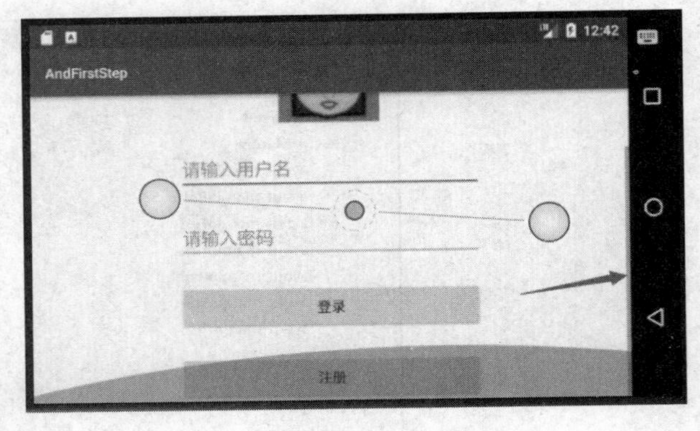

图 3.5.2.6

其实除了使用 ScrollView 外，还有一个办法可以解决横屏显示不全的问题，那就是不支持横屏！即固定 Activity 的方向，这只需要在 Manifest 文件中做一下下，如图 3.5.2.7 所示。

```
<?xml version="1.0" encoding="utf-8"?>
<manifest xmlns:android="http://schemas.android.com/apk/res/android"
    package="niuedu.com.andfirststep">
    <application
        android:allowBackup="true"
        android:icon="@mipmap/ic_launcher"
        android:label="@string/app_name"
        android:roundIcon="@mipmap/ic_launcher_round"
        android:supportsRtl="true"
        android:theme="@style/AppTheme">
        <activity android:name=".MainActivity"
            android:screenOrientation="portrait">
            <intent-filter>
                <action android:name="android.intent.action.MAIN" />
                <category android:name="android.intent.category.LAUNCHER" />
            </intent-filter>
        </activity>
    </application>
</manifest>
```

图 3.5.2.7

其实还有一个办法，就是专门创建横屏 Layout，如图 3.5.2.8 所示。

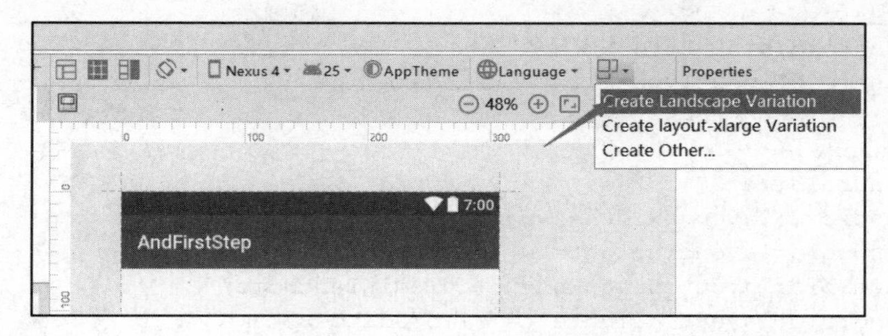

图 3.5.2.8

选择“Create Landscape Variation（创建风景画变体）”，会当前 Layout 添加一个新的资源文件，当屏幕改为横屏时，App 会自动加载这个横屏的 Layout 资源。

Landscape 是风景画的意思。油画中风景画都是宽的，用来代表横屏。竖屏是 portrait，肖像画。肖像画都是长的，用来代表竖屏。

贴一下源码吧：

```
<?xml version="1.0" encoding="utf-8"?>
<ScrollView xmlns:android="http://schemas.android.com/apk/res/android"
    xmlns:app="http://schemas.android.com/apk/res-auto"
    xmlns:tools="http://schemas.android.com/tools"
    android:layout_width="match_parent"
    android:layout_height="match_parent"
    tools:context="niuedu.com.andfirststep.MainActivity">

    <RelativeLayout
        android:layout_width="match_parent"
        android:layout_height="wrap_content"
        android:layout_gravity="center_vertical">

        <ImageView
            android:id="@+id/imageView2"
            android:layout_width="100dp"
            android:layout_height="100dp"
            android:layout_alignParentTop="true"
            android:layout_centerHorizontal="true"
            android:layout_marginTop="24dp"
            android:background="@color/colorAccent"
            app:srcCompat="@drawable/female" />

        <EditText
            android:id="@+id/editTextName"
            android:layout_width="300dp"
            android:layout_height="wrap_content"
            android:layout_below="@+id/imageView2"
            android:layout_centerHorizontal="true"
            android:layout_centerVertical="false"
            android:layout_marginTop="24dp"
            android:ems="10"
```

```
        android:hint="请输入用户名"
        android:inputType="textPersonName" />

    <EditText
        android:id="@+id/editTextPassword"
        android:layout_width="wrap_content"
        android:layout_height="wrap_content"
        android:layout_alignEnd="@+id/editTextName"
        android:layout_alignLeft="@+id/editTextName"
        android:layout_alignRight="@+id/editTextName"
        android:layout_alignStart="@+id/editTextName"
        android:layout_below="@+id/editTextName"
        android:layout_marginTop="24dp"
        android:ems="10"
        android:hint="请输入密码"
        android:inputType="textPassword" />

    <Button
        android:id="@+id/buttonLogin"
        android:layout_width="wrap_content"
        android:layout_height="wrap_content"
        android:layout_alignEnd="@+id/editTextPassword"
        android:layout_alignLeft="@+id/editTextPassword"
        android:layout_alignRight="@+id/editTextPassword"
        android:layout_alignStart="@+id/editTextPassword"
        android:layout_below="@+id/editTextPassword"
        android:layout_marginTop="24dp"
        android:text="登录" />

    <Button
        android:id="@+id/button2"
        android:layout_width="wrap_content"
        android:layout_height="wrap_content"
        android:layout_alignEnd="@+id/buttonLogin"
        android:layout_alignLeft="@+id/buttonLogin"
        android:layout_alignRight="@+id/buttonLogin"
        android:layout_alignStart="@+id/buttonLogin"
        android:layout_below="@+id/buttonLogin"
        android:layout_marginTop="24dp"
        android:text="注册" />

  </RelativeLayout>
</ScrollView>
```

3.6 添加新的 Layout 资源

添加新的 Layout 资源，其实就是往合适的文件夹下添加一个 XML 文件，当然我们应该借助 Android Studio 提供的工具而尽量不要手动去做。具体做法是：在 res/layout 组上点出右键菜单，如图 3.6.1 所示。

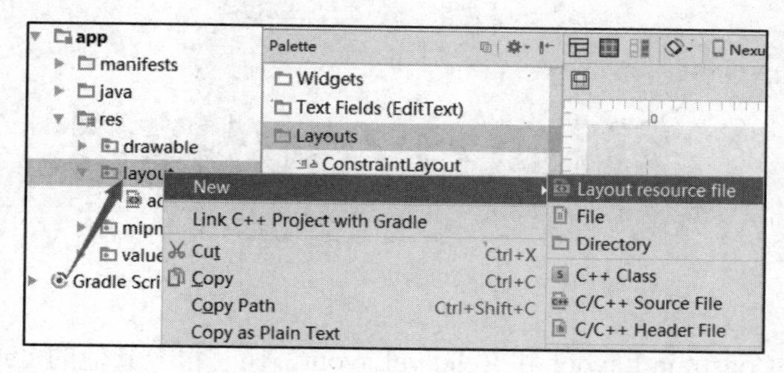

图 3.6.1

然后选择 New→Layout resource file，出现新建资源对话框，如图 3.6.2 所示。

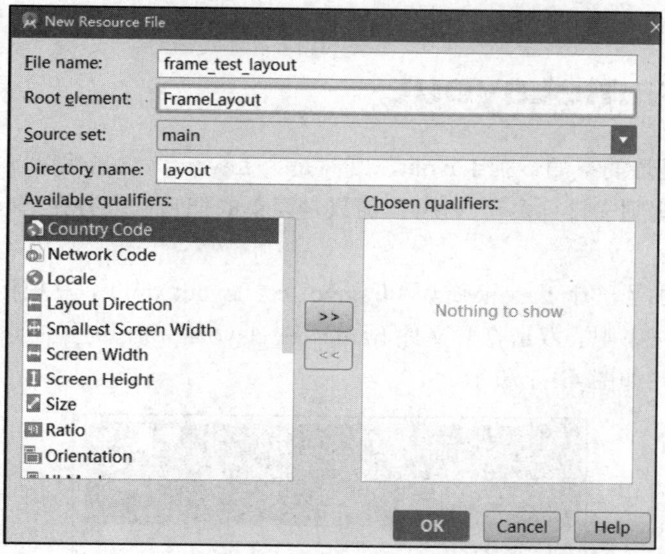

图 3.6.2

在“File name”项中输入 layout 文件的名字，将来也是这个资源的 ID，所以要注意其规则，不能以数字开头，单词之间推荐用下划线分隔（非必须，但最好遵守）。

“Root element”项中输入这个 Layout 的根控件，即某个 Layout 控件。在这里我们使用一个新的 Layout：FrameLayout。

“Source set”有三个选项：main、release、debug。debug 指的是带有调试信息的 App 版本。release 是没有调试信息的 App 版本。这里指的是分别包含在 debug、release 版中的代码和资源，即可以指定某些文件只在 release 版中起作用，有些只在 debug 版中起作用。而属于 main 的文件在两者中都起作用。这里一般就选 main。

“Directory name”是所在文件夹的名字，这个不要变了，必须在 layout 下。

下面的不用选，点 OK 即可。

第 4 章 各种Layout控件

除了我们讲的 ConstraintLayout 和 RelativeLayout，还有很多其他的 Layout 控件，实际上这两个是最复杂的，所以现在再学其他的 Layout 就感觉到很简单了。

4.1 FrameLayout

FrameLayout 是最简单的一种 Layout，既然是个 Layout，它当然可以容纳多个 View。但是它并没有一定的规则去排列多个 View，而只是简单的把它们堆叠在一起，后添加的会盖住先添加的。

上一节我们添加了一个 Layout 资源（fragme_test_layout.xml），其根控件是 FrameLayout，我们直接用它来玩一下吧。双击打开文件 frame_test_layout.xml，向里面添加 View，你会发现它们都堆在了一起，如图 4.1.1 所示。

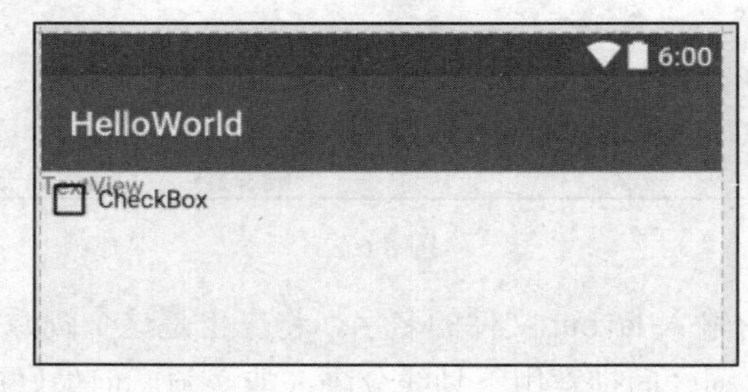

图 4.1.1

FrameLayout 一般用于整个页面只有一个子控件的场景或用于实现翻页效果的场景。

4.2 LinearLayout

这种 Layout 也比较简单，它里面的子控件是依次排列的，有横向和纵向之分。请像上一节一样，创建一个新的 layout 文件，其根元素为 LinearLayout，如图 4.2.1 所示。

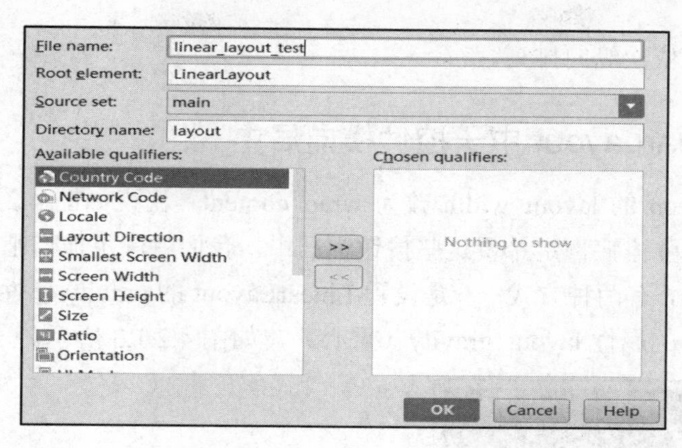

图 4.2.1

可以看到这个 LinearLayout 是一个纵向的（vertical），如图 4.2.2 所示。

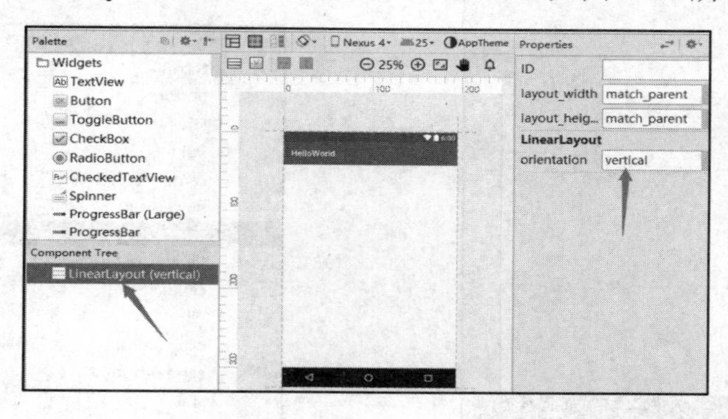

图 4.2.2

这个 Layout 的宽和高都是“match_parent”，也就是充满了整个容器的空间（这里是预览，可以看到它充满了除工具栏之外的整个屏幕的）。向这个 Layout 里面拖入一些 View 玩玩吧，如图 4.2.3 所示。

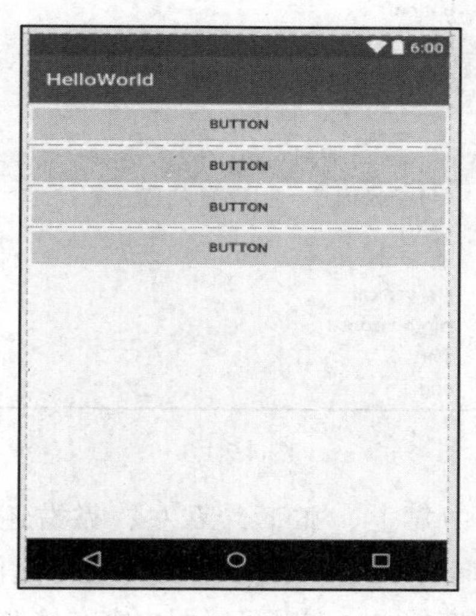

图 4.2.3

可以看到按钮都依次纵向排列。

4.2.1 纵向 LinearLayout 中子控件横向居中

现在我们把 Button 的 layout_width 改为 wrap_content，出现如图 4.2.1.1 所示的效果。但 Button 全部靠左了，强迫症肯定希望这些按钮都居中，我们就满足他们吧。要使 LinearLayout 中的子控件横向居中，有两种方式：一是设置 LinearLayout 的 gravity 属性，如图 4.2.1.2 所示；二是设置子控件本身的属性 layout_gravity（重心），如图 4.2.1.3 所示。

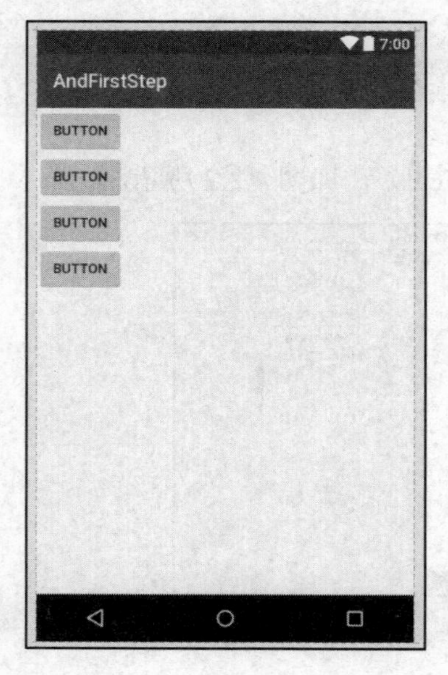

图 4.2.1.1

▼ gravity	[center_horizontal]
top	☐
bottom	☐
left	☐
right	☐
center_vertical	☐
fill_vertical	☐
center_horizontal	✓
fill_horizontal	☐
center	☐
fill	☐
clip_vertical	☐
clip_horizontal	☐
start	☐
end	☐

图 4.2.1.2

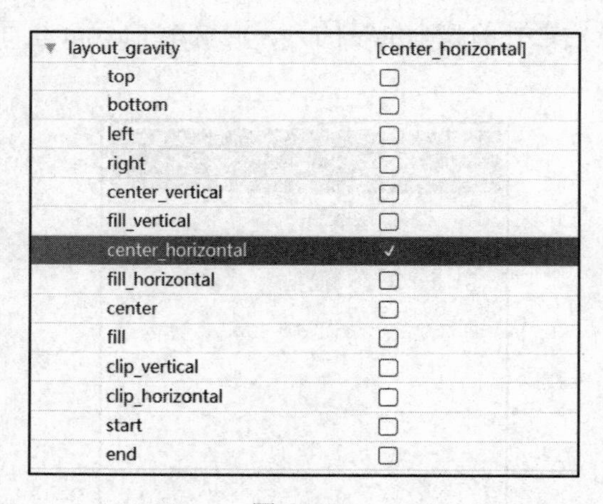

▼ layout_gravity	[center_horizontal]
top	☐
bottom	☐
left	☐
right	☐
center_vertical	☐
fill_vertical	☐
center_horizontal	✓
fill_horizontal	☐
center	☐
fill	☐
clip_vertical	☐
clip_horizontal	☐
start	☐
end	☐

图 4.2.1.3

可以设置控件在 layout 中靠上、靠下、靠左、靠右还是居中。我们选择横向居中（center_horizontal）。注意纵向居中此时没意义，选了也不起作用。

Gravity 属性表示控件的内容的重心在哪里，即内容在控件内如何对齐；layout_gravity 表示控件在父控件中如何对齐，但并不是任何类型的父控件都支持。设置 layout_gravity 的话可以单独控制每个控件在其父控件中的对齐方式。这两个随便选择一种方式吧，因为所有控件都居中，选择设置 LinearLayout 的 gravity 更省事。设置后，效果如图 4.2.1.4 所示。

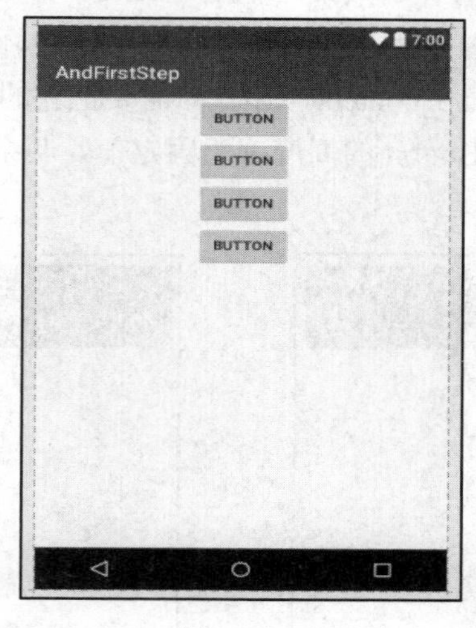

图 4.2.1.4

4.2.2　子控件均匀分布

虽然上一节使按钮都居中了，但是对要强迫症来说还不能满足，他们可能希望这些按钮能在纵向空间上均匀分布。此时依然不能再指望 LinearLayout 有设置子控件分布模式的属性了，得研究子控件。子控件有个叫 layout_weight（比重）的属性，用于设置子控件在 LinearLayout 中在纵向或横向空间上所占的比重，要想让它正确地起作用，需要将子控件的 layout_width（在横向 LinearLayout 中时）或 layout_height（在纵向 LinearLayout 中时）设置为“0dp”！要均匀分布，就需要为各子控件设置相同的 layout_weight 值，都设为 1 吧，效果变成了图 4.2.2.1 所示的样子。

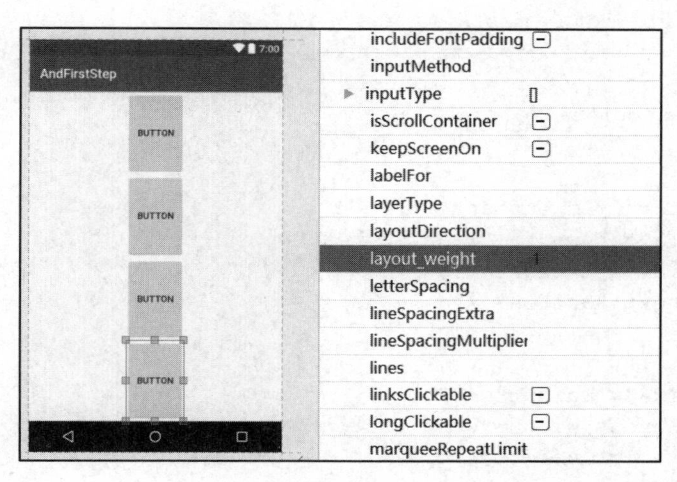

图 4.2.2.1

4.2.3 子控件按比例分布

上一节讲到了比重，我们用它来玩一下非均匀分布吧，我们把第一个按钮的 layout_weight 设为 1，其余的都设为 2，看看有什么效果（见图 4.2.3.1）：所有按钮按比例分配了整个纵向空间，第一个按钮与其余按钮之间的高度比例为 1:2，如果你不想让子控件的 layout_height 为 0dp，而为一个固定的值或为 wrap_content，那么你需要把它的 layout_weight 去掉。比如我们想让第一个 Button 和最后一个 Button 的高度都为固定值，其余的都按比例充满剩余的空间，效果如图 4.2.3.2 所示。

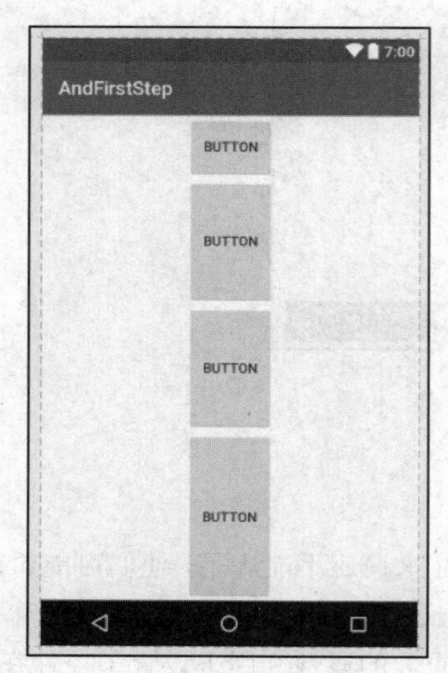

图 4.2.3.1

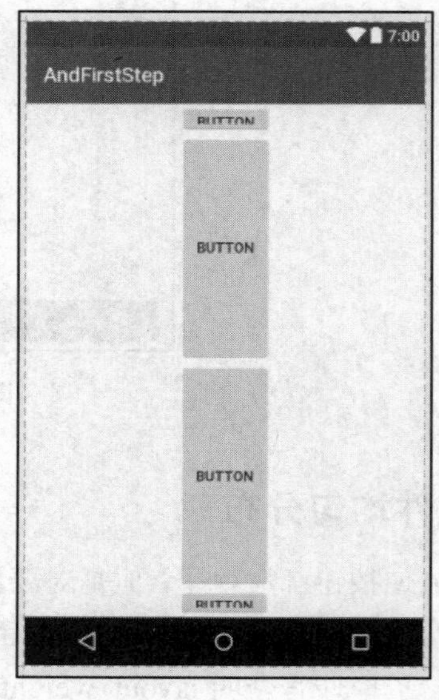

图 4.2.3.2

现在，整个 linear_layout_test 文件的源码如下：

```
<?xml version="1.0" encoding="utf-8"?>
<LinearLayout xmlns:android="http://schemas.android.com/apk/res/android"
   android:layout_width="match_parent"
   android:layout_height="match_parent"
   android:gravity="center_horizontal"
   android:orientation="vertical">

   <Button
      android:id="@+id/button"
      android:layout_width="wrap_content"
      android:layout_height="30dp"
      android:text="Button" />

   <Button
      android:id="@+id/button3"
      android:layout_width="wrap_content"
      android:layout_height="0dp"
      android:layout_weight="2"
```

```
        android:text="Button" />

    <Button
        android:id="@+id/button4"
        android:layout_width="wrap_content"
        android:layout_height="0dp"
        android:layout_weight="2"
        android:text="Button" />

    <Button
        android:id="@+id/button5"
        android:layout_width="wrap_content"
        android:layout_height="30dp"
        android:text="Button" />
</LinearLayout>
```

4.2.4　用 LinearLayout 实现登录界面

观察一下前面登录界面的例子，你可以发现各控件都是纵向排列的，完全可以用 LinearLayout 代替 RelativeLayout 来实现。但如果一个界面需要多个 LinearLayout 组合才能实现的话，我们就应该用 RelativeLayout 或 ConstraintLayout 来实现，虽然 RelativeLayout 或 ConstraintLayout 看起来比较复杂，但对于复杂的排版，它们的处理速度更快。由于我们这个登录界面不是很复杂的界面类型，所以它也适合用 LinearLayout 来实现。下面我们就来做一下。

我们再创建一个 Layout 文件，其根元素为 ScrollView（使用 ScrollView 是为了适应横屏显示不了整个登录内容的情况），如图 4.2.4.1 所示。

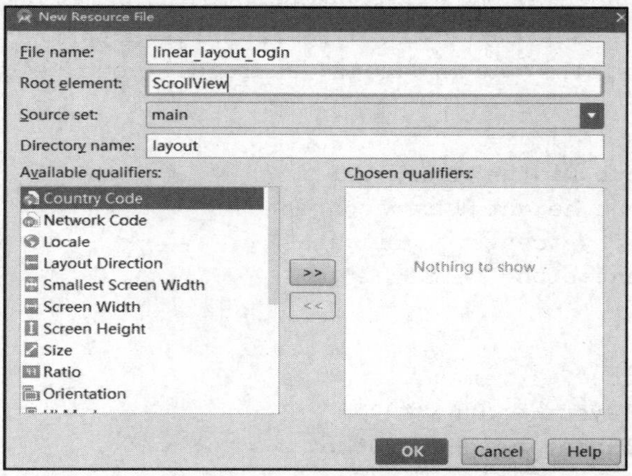

图 4.2.4.1

点“OK”，创建出 layout 文件，向其中拖入一个纵向的 LinearLayout，再依次向 LinearLayout 中拖入 ImageView、Plain Text EditText、Password EditText、Button。拖入 ImageView 时选择要显示的头像为 Drawable 下的一个图像，我选择了 female；修改各 EditText 控件的 hint，把各 EditText 的 text 清空，修改 Button 的 text，将 ImageView 的宽和高都置为“100dp”，把各

EditText 和按钮的宽都改为“300dp”，现在各控件的 id 倒是不重要了，因为它们之间不需要设置相对位置关系。现在看起来界面是这样的，如图 4.2.4.2 所示。

图 4.2.4.2

设置 LinearLayout 的 gravity，使子控件们横向居中（center_horizontal），于是 linear_layout_login.xml 的代码是这样的：

```
<?xml version="1.0" encoding="utf-8"?>
<ScrollView xmlns:android="http://schemas.android.com/apk/res/android"
   xmlns:app="http://schemas.android.com/apk/res-auto"
   android:layout_width="match_parent" android:layout_height="match_parent">

   <LinearLayout
      android:layout_width="match_parent"
      android:layout_height="wrap_content"
      android:gravity="center_horizontal"
      android:orientation="vertical">

      <ImageView
         android:id="@+id/imageView3"
         android:layout_width="100dp"
         android:layout_height="100dp"
         app:srcCompat="@drawable/female" />

      <EditText
         android:id="@+id/editText"
         android:layout_width="300dp"
         android:layout_height="wrap_content"
         android:ems="10"
         android:hint="请输入用户名"
         android:inputType="textPersonName" />
```

```
        <EditText
            android:id="@+id/editText2"
            android:layout_width="300dp"
            android:layout_height="wrap_content"
            android:ems="10"
            android:hint="请输入密码"
            android:inputType="textPassword" />

        <Button
            android:id="@+id/button6"
            android:layout_width="300dp"
            android:layout_height="wrap_content"
            android:text="登录" />

    </LinearLayout>
</ScrollView>
```

完成，收功！

4.3 GridLayout

Grid 是网格的意思，就是把显示区分成 n 行 n 列，每列的宽度都一样，主要用于显示表格式的排版。一个 View 放在此种 layout 中，需要设置 View 的 layout_row 和 layout_column 来决定 View 处于第几行第几列。图 4.3.1 是一个示例。

图 4.3.1

这个控件对于鼠标拖放的支持不是很好，所以子控件的位置应手动去编辑。子控件的主要相关属性有 layout_row（在第几行，从 0 开始）、layout_column（在第几列，从 0 开始）和 layout_columnSpan（跨几列）、layout_rowSpan（跨几行）。

4.4 TableLayout

TableLayout 与 GridLayout 有些类似，也是可以分成多行多列，但它的各行之间是独立的，每一行的列数可以不同，比如一行是三列，而另一行是五列。此 Layout 的每一行是一个单独的 Layout：TableRow，所以要添加一行，需要先添加一个 TableRow，然后向这一行中添加 View，如图 4.4.1 所示。

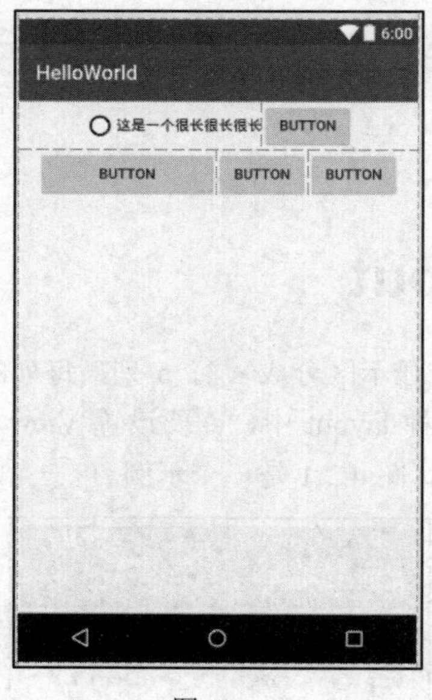

图 4.4.1

其实这个效果可以用一个纵向的 LinearLayout 和多个横向的 LinearLayout 模拟出来，一个横向的 LinearLayout 就是一行，但其执行效率不如 TableLayout+TableRow 高。

第 5 章 代码操作控件

所有的控件都是从类 View 派生，所以控件也被叫作 View。各种 Layout 控件当然也是 View 了，但由于其作用特殊，所以我们单独称它们为 Layout（同时我们有时也把一个 UI 资源文件称做 layout 资源，因为它在 res/layout 组下）。

5.1 在 Activity 中创建界面

Activity 虽然代表一个页面，但是它却不是 View，然而它却能管理 View 们。我们可以使用代码将一个 Activity 上的控件们创建出来并摆放好来构成 Activity 的界面，但是太麻烦，以后的改动也非常难，所以通常都是在 layout 资源中定义 Activity 的界面。App 在显示一个 Activity 前，会把 Layout 中定义界面创建出来，设置给 Activity，之后再把 Activity 显示出来，这样我们就看到了 Activity 的样子，所以 Activity 的内容是由它里面的控件们组合出来的。

实际上从 layout 资源创建界面并设置给 Activity 这件事，App 并不会自动做，需要我们写代码完成，只需要调用 Acitivity 的一个方法 setContentView()即可。这个方法需要一个参数，就是 layout 资源文件的 id。这个方法需要在什么时机调用呢？应在 Activity 被创建之后，但还未显示出来之前调用。最适合的地方就是 Activity 的 onCreate()方法。打开你的 MainActivity 类看一下，是不是有 onCreate()方法，如图 5.1.1 所示。

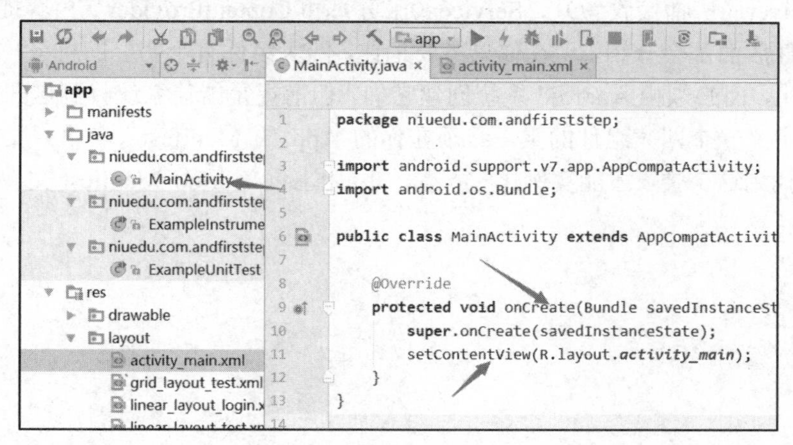

图 5.1.1

并且 setContentView()方法是不是被调用了？在 onCreate()方法被调用之后经过不长的时间，Activity 就被显示出来，由于显示之前已把控件都创建并加载了，所以我们就看到了 Activity 的界面。当然这些代码 Android Studio 已帮我们添加了，所以不需要我们手动编写了，但它们也不是 SDK 中的类封装好的，所以还是相当于我们手动添加的。

5.1.1 类 R

setContentView()的实参是 R.layout.activity_main，它是一个整数常量，它是 layout 型资源文件 activity_main.xml 的 id。R 是一个类，是 Gradle 处理项目中的资源文件后自动产生的，我们不能改动它的内容。可以看到 layout 资源文件的 id 名与文件名相同，而文件的扩展名被忽略。既然文件名要成为类中常量的名字，所以文件名当然不能以数字开头了。

资源 id 一般是这样命名的："R.资源类型.id 名"，比如引用一个资源中定义的字符串，如果其 id 为"xxx"，就用"R.string.xxx"；引用一个图片（其 id 也为"xxx"），就用"R.drawable.xxx"，而引用 layout 资源（比如 activity_main.xml）中的某个控件时（控件 id 也为"xxx"），就用"R.id.xxx"。总之，如果引用的是一个资源文件，"R"后面是其类别；如果是资源中的一个元素（比如 layout 资源中的一个控件），"R"后面是"id"。

5.1.2 Activity 的父类

所有 Activity 的祖宗是类 Activity。但我们看到 MainActivity 类的父类是 AppCompatActivity。AppCompatActivity 当然也是从 Activity 类派生的，它对旧版本 Android 系统的兼容性好，所以现在推荐此类为我们定义的 Activity 的父类，这样你的 App 才有可能运行在比较低的 Android 系统中，也就是有更多的手机可以运行你的 App。

5.1.3 四大组件

Activity 被称作 Android 系统中的四大组件之一。这四大组件分别是 Activity、BroadcastReceiver（广播接收者）、Service（服务）和 ContentProvider（内容提供者）。

这四大组件后面都会介绍，现在你只需要记住，四大组件有个明显的特征：就是不能通过 new 直接实例化，而必须由 Android 系统创建它们。但前提是能让系统找到这四大组件的类定义。如果你自定义一个四大组件的类，必须在你的 App 的 Manifest（名单）文件中声明它，这样系统才能找到这个类，才能实例化它。看一下我们的 AndriodzManifest 文件的内容，如图 5.1.3.1 所示。

ainActivity.java × AndroidManifest.xml ×

```xml
<?xml version="1.0" encoding="utf-8"?>
<manifest xmlns:android="http://schemas.android.com/apk/res/android"
    package="niuedu.com.andfirststep">
    <application
        android:allowBackup="true"
        android:icon="@mipmap/ic_launcher"
        android:label="AndFirstStep"
        android:roundIcon="@mipmap/ic_launcher_round"
        android:supportsRtl="true"
        android:theme="@style/AppTheme">
        <activity android:name=".MainActivity"
            android:screenOrientation="portrait">
            <intent-filter>
                <action android:name="android.intent.action.MAIN" />
                <category android:name="android.intent.category.LAUNCHER" />
            </intent-filter>
        </activity>
    </application>
</manifest>
```

图 5.1.3.1

被红框框起来的就是我们 App 中当前唯一的 Activity 的声明。属性“android:name”的值“.MainActivity”是 Activity 的类名，此处省略了包名，但是前面的“.”不能省。其实有了这个类名，系统就可以通过反射的方式把 Activity 创建出来了。至于“<intent-filter>”元素的作用，后面会讲到。

如果你只创建了 Activity 的类，而没有在 Manifest 文件中声明它，那你的 Activity 是不能启动的。

5.2 在代码中操作控件

现在运行我们的 App 的话，看到的将是登录界面，如图 5.2.1 所示。

图 5.2.1

我们正好可以通过登录功能来演示代码如何操作控件。比如要验证是否能登录，我们必须获取用户输入的用户名和密码，什么时候获取呢？登录这个动作是在用户点了登录按钮之后执行的，所以需要响应按钮的点击事件，在响应事件的回调方法中获取用户名和密码。

无论怎样，只有先获取控件，才能操作它。

5.2.1 获取 View

还记得我们为控件指定的 ID 吗?如图 5.2.1.1 所示。

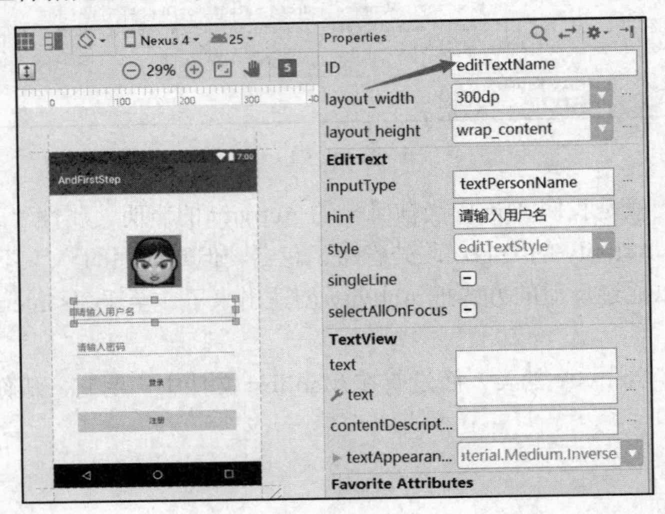

图 5.2.1.1

在代码中就是通过这个 ID 来获得控件对象的。获得用户名这个 EditText 控件的代码如下：

```
EditText editTextName = (EditText) findViewById(R.id.editTextName);
```

下面我们就可以用 editTextName 这个变量来操作所引用的控件对象了。

获取控件用的是 Activity 的 findViewById()方法，其参数是控件的 ID。它的返回类型是 View，而我们知道这里实际上它是一个 EditText 类型（到底是什么类型需要去界面设计器中查看），所以我们进行了强制类型转换（EditText 是 View 的一个子类）。

现在得到了这个控件，就可以对它为所欲为了，比如可以把在属性编辑器中设置的属性改用为代码来设置，这样也让我们体会到：一切的本质还是代码。

首先让我们在属性编辑器中把用户名输入控件的 hint 属性清空（文件是 activity_main.xml，别搞错了），这样就看不到提示了，如图 5.2.1.2 所示。

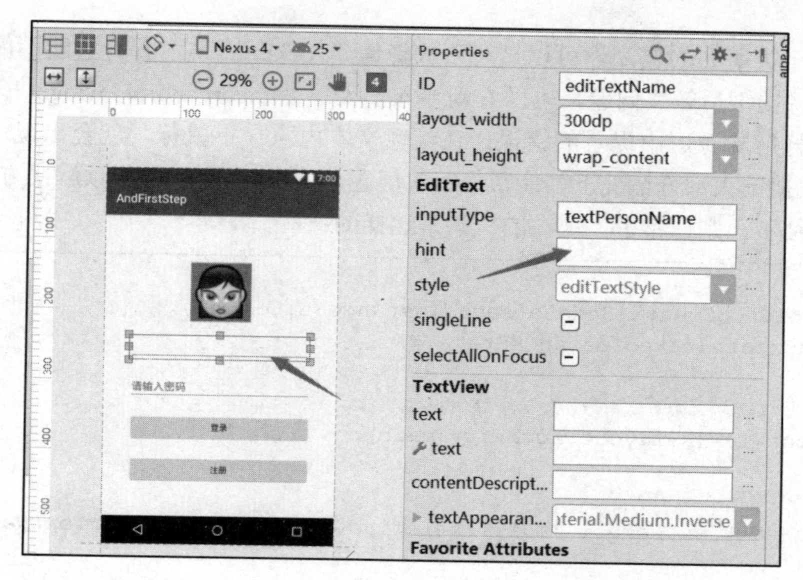

图 5.2.1.2

然后在代码中这样写：

```
editTextName.setHint("请输入用户名");
```

那么这行代码应该放在什么位置呢？我们一般希望在 Activity 一显示出来就能看到 EditText 控件中的 hint，所以应在界面显示之前就设置，当然控件也必须已被创建，所以应放在控件创建之后，显示之前，最合适的位置就是 Activity 的 onCreate()方法中的 setContentView()这一句之后。现在 Activity 的 onCreate 方法是这样的，如图 5.2.1.3 所示。

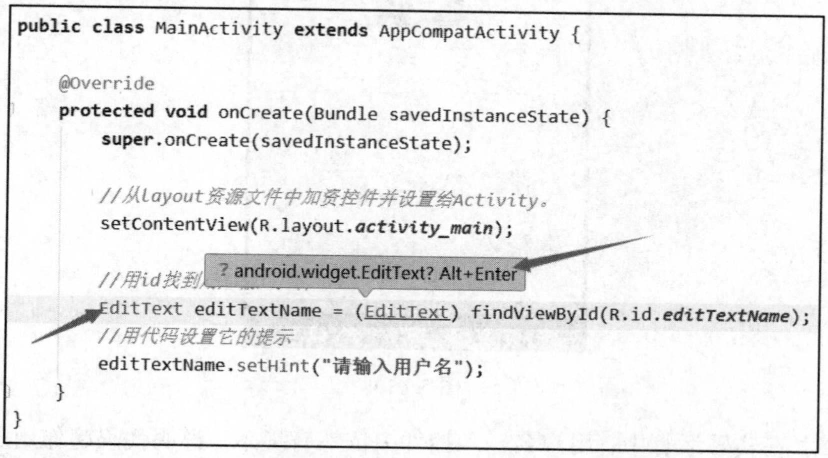

```
public class MainActivity extends AppCompatActivity {

    @Override
    protected void onCreate(Bundle savedInstanceState) {
        super.onCreate(savedInstanceState);

        //从layout资源文件中加资控件并设置给Activity。
        setContentView(R.layout.activity_main);

        //用id找到       ? android.widget.EditText? Alt+Enter
        EditText editTextName = (EditText) findViewById(R.id.editTextName);
        //用代码设置它的提示
        editTextName.setHint("请输入用户名");
    }
}
```

图 5.2.1.3

注意！代码中有标志符是红色的！这表示找不到这个标志符的定义。类名、方法名、变量名等统称标志符，这个错误表示“叫作 EditText 的类或方法或变量没有定义”。根据 Java 的命名习惯，开头字母大写的是类或接口，所以这里是类定义找不到。其原因可能是类真的没有定义，也可能是已定义了而没有导入。这里就是没有导入造成的，解决方法是 Import 这个类，你不用去查这个类所在的包，你可以试一下快捷键“Alt+Enter”，看看它能不能帮你解决错误。当我按了快捷键后解决问题，可以看到导入了类：“import android.widget.EditText;”。

一般你这样解除源码中提示的错误：在红色文本内点一下鼠标，就会出现“Alt+Enter”的提示，这个快捷键大部分情况下都能帮你解决问题。它有时也会弹出多项解决方法让你选择，那你就要看仔细了，别选错了。现在的代码是这样的：

```
@Override
protected void onCreate(Bundle savedInstanceState) {
    super.onCreate(savedInstanceState);

    //从 layout 资源文件中加资控件并设置给 Activity。
    setContentView(R.layout.activity_main);

    //用 id 找到用户输入控件
    EditText editTextName = (EditText) findViewById(R.id.editTextName);
    //用代码设置它的提示
    editTextName.setHint("请输入用户名");
}
```

运行之，结果如图 5.2.1.4 所示。

图 5.2.1.4

可以看到，在实际运行中，用户名输入控件中依然有提示，说明代码起作用了！在代码中设置提示的方法是 setHint()，它符合 Java 中 Getter 和 Setter 的命名规则，setHint 对应的属性名就是“hint”，所以在界面设计器中就是设置“hint”属性。

5.2.2 响应 View 的事件

App 提供了图形界面，人通过界面中的控件与 App 交互。比如在我们的登录页面中，通过点击登录按钮登录，所以登录代码是在点击登录按钮之后执行，所以我们需要响应按钮的点击事件。如何响应呢？添加侦听器！

侦听器是一个接口，我们要实现这个接口，才能创建侦听器实例，然后要响应哪个控件的事件，就把侦听器实例设置给哪个控件。注意不同的事件对应的侦听器接口不一样，比如响应点击事件的侦听器接口是 View.OnClickListener，而响应滚动的侦听器接口叫 AbsListView.OnScrollListener。

响应点击登录按钮的代码如下：

```
//找到登录按钮
Button buttonLogin = (Button) findViewById(R.id.buttonLogin);
//添加侦听器，响应按钮的 click 事件
buttonLogin.setOnClickListener(new View.OnClickListener() {
    @Override
    public void onClick(View v) {
        //这里面写响应事件的代码
    }
});
```

注意这里使用了匿名类语法。我们从 View.OnClickListener 派生了一个类并实现了它的方法 onClick()，但是我们没有为这个类定义名字。可以看到这个匿名类的语法其实是把从父类派生和 new 这个派生类实例的代码结合在一起了。一般响应各控件事件代码都不一样，所以从侦听器接口派生的类一般不会被重用，所以用匿名类写起来就省事了。

现在虽然响应了按钮的点击事件，定义了回调方法，但方法 onClick()中什么也没做，我们做点事情以看到效果，来个简单的例子提示一下吧。

5.2.3　添加依赖库

显示提示有多种方式，最新的方式是用类 Snackbar，但是要使用这个类，需要添加依赖库“design”，否则的话这个类就不能被导入。

项目所依赖的库在 Gradle 的一个脚本文件中定义，如图 5.2.3.1 所示。

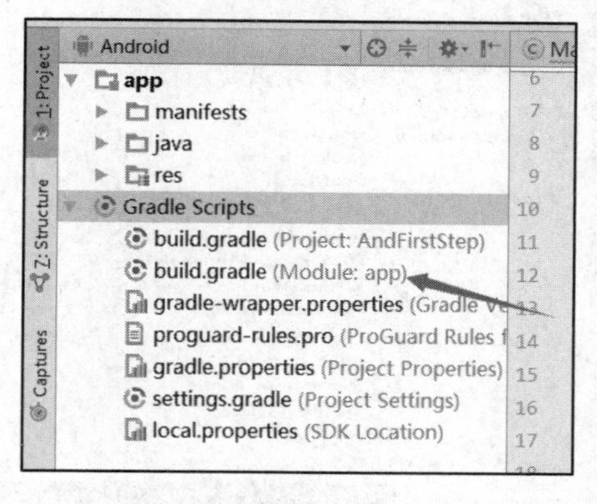

图 5.2.3.1

在此文件中的 dependencies 块列出了 App 依赖的库，如图 5.2.3.2 所示。

```
dependencies {
    implementation fileTree(dir: 'libs', include: ['*.jar'])
    implementation 'com.android.support:appcompat-v7:27.1.1'
    implementation 'com.android.support.constraint:constraint-layout:1.1.3'
    testImplementation 'junit:junit:4.12'
    androidTestImplementation 'com.android.support.test:runner:1.0.2'
    androidTestImplementation 'com.android.support.test.espresso:espresso-core:3.0.2'
}
```

图 5.2.3.2

这都是 Gradle 的语法。稍微解释一下。

- implementation fileTree(include: ['*.jar'], dir: 'libs')：

这一句定义了默认库文件夹为“libs”，也就是把 jar 包扔到工程的 libs 文件夹下就会被自动找到，如果工程根路径下没有 libs 目录，那就自己建立一个呗，但一般我们不这样做，有更方便的做法。

- implementation 'com.android.support:appcompat-v7:27.+':

这一句定义了一个库，以“:”分成了三部分，“com.android.support”是这个库的 groupid，“appcompat-v7”是库名，“27.+”是版本。注意你的项目中此版本号可能不一样，肯定要比我的版本高了。

testImplementation 和 androidTestImplementation 表示在单元测试代码中所用到的库。

我们要添加 design 库，这样写：

```
implementation 'com.android.support:design:27.+'
```

放在这个代码块内就行，顺序无所谓。注意版本必须与已存在的同属于“com.android.support”组的库的版本一致才行，否则编译通不过。

还可以通过模块设置对话框添加依赖库，方法是：

（1）在模块名上点右键，弹出菜单，如图 5.2.3.3 所示。

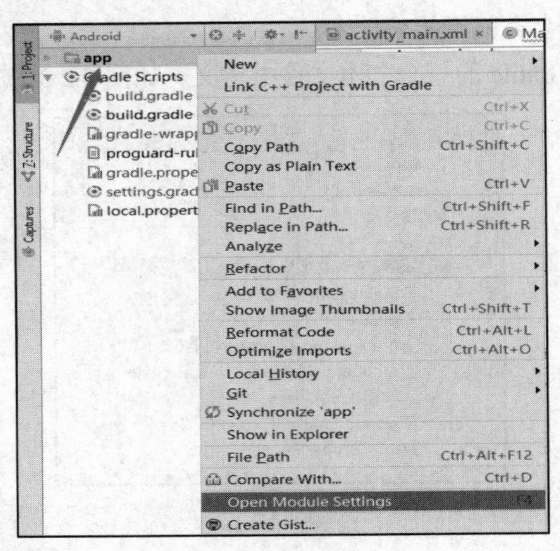

图 5.2.3.3

（2）选择菜单项“Open Module Settings(打开模块设置)”，出现模块设置窗口，如图 5.2.3.4 所示。

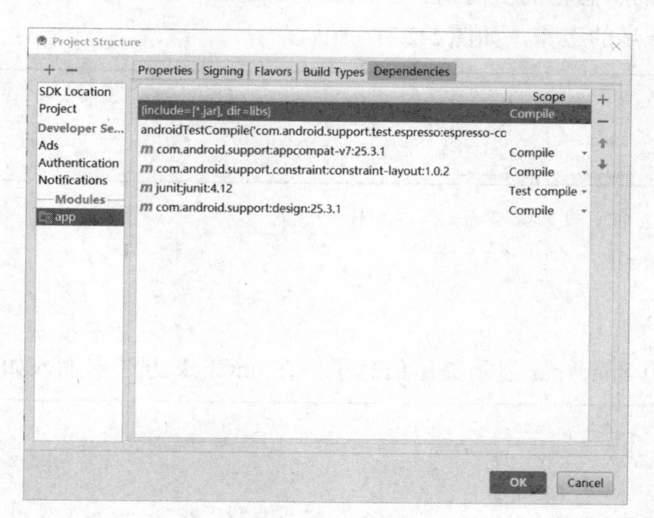

图 5.2.3.4

（3）在“Dependencies（依赖）”页面中添加依赖项。点右上角的绿色“+”图标，出现菜单，如图 5.2.3.5 所示。

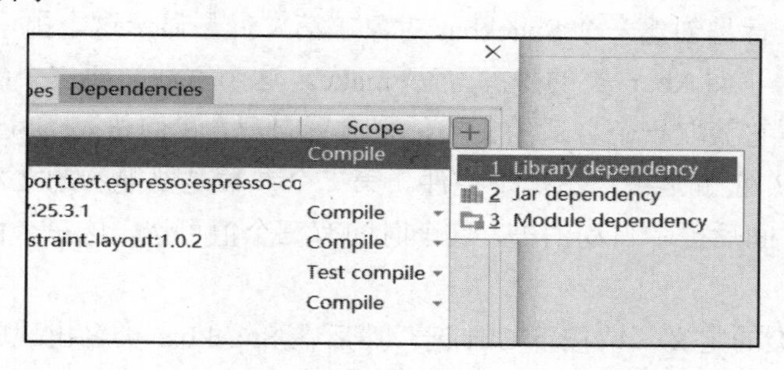

图 5.2.3.5

（4）选择“Library dependency（库依赖）”，出现如图 5.2.3.6 所示的窗口。

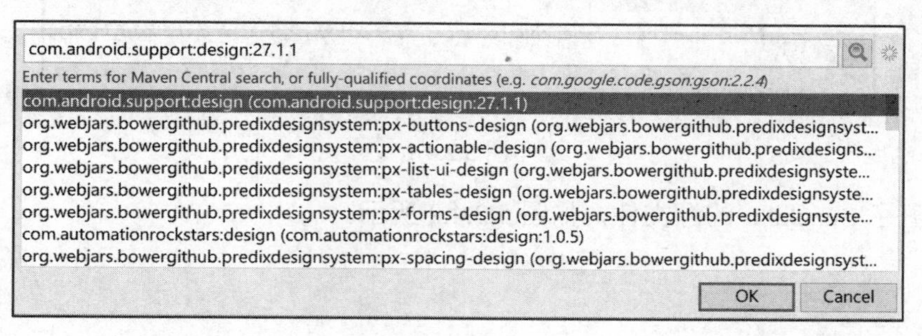

图 5.2.3.6

（5）选择“com.android.support:design”这一条，点“OK”，Gradle 就会自动添加这个库。注意版本号，有时会与已存在的 support 库的其他包版本不一致，那就手动改一下。

注意一个库要能被 Android Studio 正确使用，需要经过一定的处理，所以你可以看一下在 Android Studio 下面的状态栏的右边是否正在显示进度条，如果有，就需要等一会，直到进度条消失才能继续下一步的工作，如图 5.2.3.7 所示。

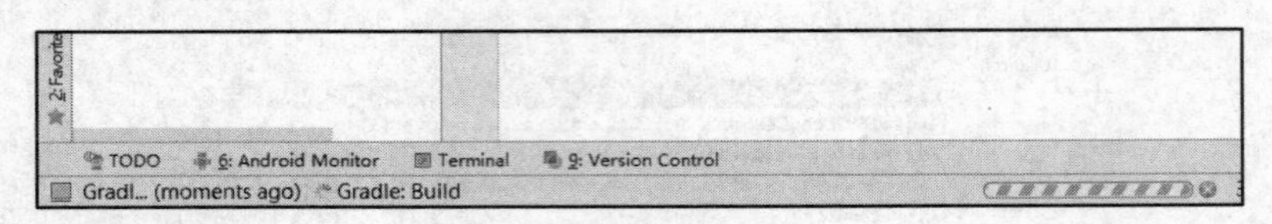

图 5.2.3.7

5.2.4 显示提示

下面就可以使用 Snackbar 显示提示信息了，在 onClick 方法中加入如下代码：

```
@Override
public void onClick(View v) {
    //创建 Snackbar 对象
    Snackbar snackbar = Snackbar.make(v,"你点我干啥?",Snackbar.LENGTH_LONG);
    //显示提示
    snackbar.show();
}
```

解释一下：第一行是创建一个 Snackbar 对象，第二行是显示这个提示。

创建对象调用了 Snackbar 类的静态方法 make。这个方法需要三个参数。第一个是一个 View，Snackbar 根据它获取一个合适的父控件来放置自己，我们传入了 onClick()的参数“v”，这个“v”是什么呢？它就是被点击那个控件。第二个参数是要提示的文本。第三个是一个常量，表示文本多长时间后提示自动消失，这个时间有三个值可选，这三个值是定义在 Snackbar 类中的常量。

想看 Snackbar 类的定义，请按下 Ctrl 键，然后在 Snackbar 类名出现的地方点下一鼠标左键，如图 5.2.4.1 所示。

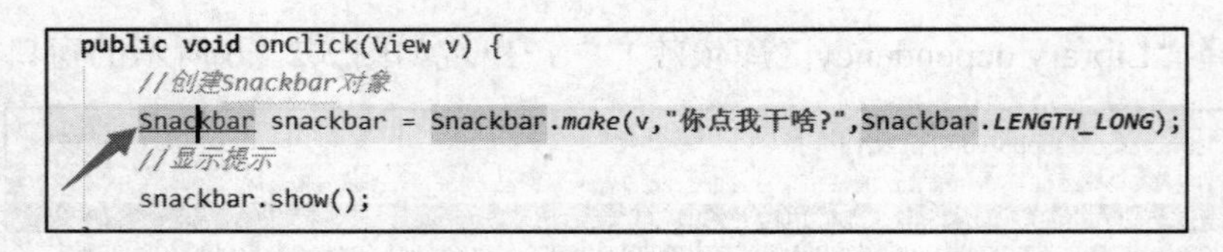

图 5.2.4.1

于是打开了 Snackbar 的源文件，如图 5.2.4.2 所示。

```
public final class Snackbar extends BaseTransientBottomBar<Snackbar> {

    /**
     * Show the Snackbar indefinitely. This means that the Snackbar will be displayed from
     * that is {@link #show() shown} until either it is dismissed, or another Snackbar is
     *
     * @see #setDuration
     */
    public static final int LENGTH_INDEFINITE = BaseTransientBottomBar.LENGTH_INDEFINITE;

    /**
     * Show the Snackbar for a short period of time.
     *
     * @see #setDuration
     */
    public static final int LENGTH_SHORT = BaseTransientBottomBar.LENGTH_SHORT;

    /**
     * Show the Snackbar for a long period of time.
     *
     * @see #setDuration
     */
    public static final int LENGTH_LONG = BaseTransientBottomBar.LENGTH_LONG;
```

图 5.2.4.2

你看了这三个表示时间的常量了吧?“LENGTH_INDEFINITE”表示永不自动关闭提示;“LENGTH_SHORT”表示短时间内就关闭提示;“LENGTH_LONG”表示比较长的时间之后才关闭提示。这个时间的长短到底是多久呢?自己体会一下吧，只可意会不可言传。

现在运行起 App，然后点“登录”按钮，出现如图 5.2.4.3 所示的效果。

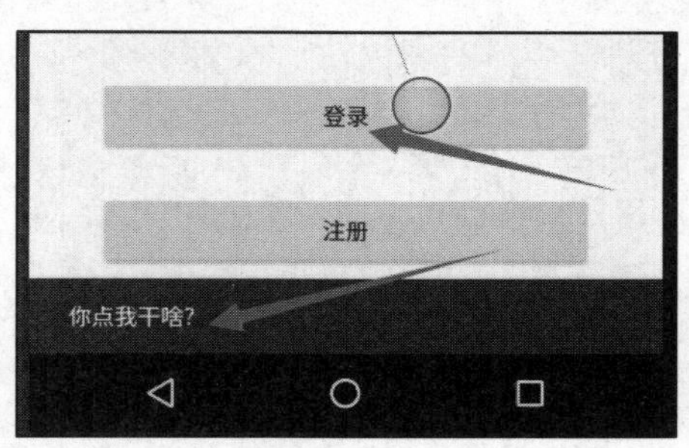

图 5.2.4.3

现在整个 Activity 类的代码是这样的:

```
public class MainActivity extends AppCompatActivity {

    @Override
    protected void onCreate(Bundle savedInstanceState) {
        super.onCreate(savedInstanceState);

        //从 layout 资源文件中加资控件并设置给 Activity。
        setContentView(R.layout.activity_main);

        //用 id 找到用户输入控件
        EditText editTextName = (EditText) findViewById(R.id.editTextName);
        //用代码设置它的提示
```

```
        editTextName.setHint("请输入用户名");

        //找到登录按钮
        Button buttonLogin = (Button) findViewById(R.id.buttonLogin);
        //添加侦听器，响应按钮的 click 事件
        buttonLogin.setOnClickListener(new View.OnClickListener() {
            @Override
            public void onClick(View v) {
                //创建 Snackbar 对象
                Snackbar snackbar = Snackbar.make(v,"我是登录按钮，你点我干啥?",
                        Snackbar.LENGTH_LONG);
                //显示提示
                snackbar.show();
            }
        });
    }
}
```

第 6 章

Activity导航

Activity 导航就是页面之间的切换。

我们现在有了一个登录页面，在这个页面上有“注册”按钮。一般的设计是点“注册”按钮进入注册页面，用户在注册页面注册成功后，返回登录页面进行登录，此时会把刚注册的用户名和密码填到相应的输入框中。下面我们就把这个典型的过程实现一下，同时演示如何实现页面导航。

6.1 创建注册页面

要创建注册页面，需要添加一个 Activity，过程如下：

首先，在 app 上点右键，弹出菜单，选择 new→Activity→Basic Activity，如图 6.1.1 所示。

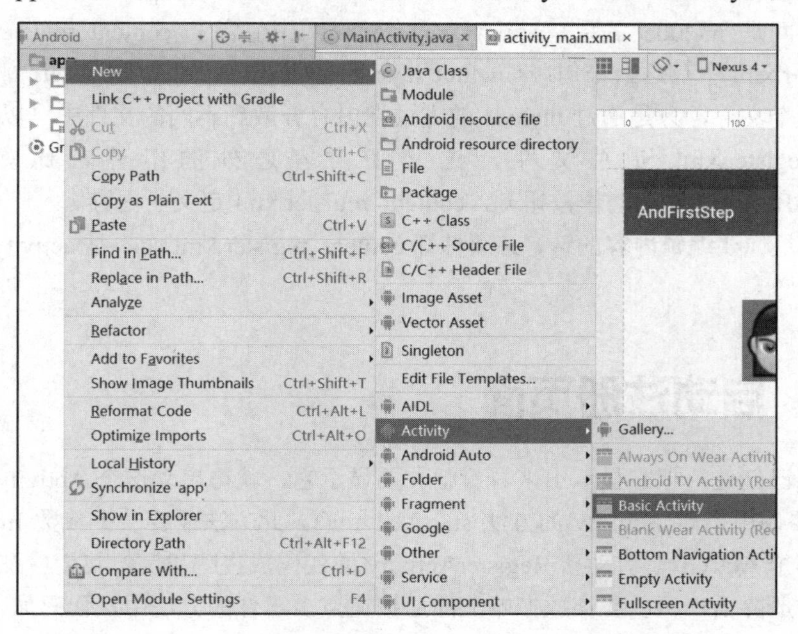

图 6.1.1

在创建 App 时，我们也创建了一个 Activity，当时选择的模板是“Empty Activity”，这次我们选择“Basic Activity”玩玩。Android Studio 会创建以下文件：

- java 组下的 RegisterActivity 类文件；
- Res/layout 组下的 activity_register.xml 和 content_register.xml 文件。

还在 Manifest 文件中增加了 RegisterActivity 的声明：

```
<activity
    android:name=".RegisterActivity"
    android:label="RegisterActivity"
    android:theme="@style/AppTheme.NoActionBar"></activity>
```

此时虽然创建了注册 Activity，但是运行时并不能看到它，因为我们需要写代码将它启动。

include layout 资源文件

由于我们这次选择的 Activity 模版是 Basic Activity，所以你会发现一个 Activity 对应两个 layout 文件，如图 6.1.1.1 所示。

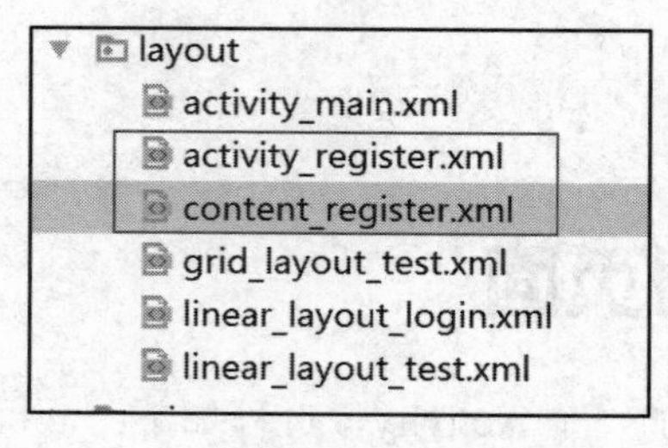

图 6.1.1.1

而它们之间是 include 关系，activity_register.xml 中包含了 content_register.xml，看源码 activity_register.xml 中有这么一句：<include layout="@layout/content_register" />。其实它们最终还是形成一个文件，只是通过 include 的方式把内容分散到不同的文件中，以易于维护。

activity_register.xml 是总文件，定义了内容之外的组件，比如 AppBar 和 FloatingActionButton（浮动动作按钮），content_register.xml 定义了内容。

注意！但是你要编辑内容的话，必须打开 content_register.xml 而不是 activity_register.xml。

6.2 启动注册页面

新的页面已创建，把它显示出来看看吧。要显示它，就得启动这个 Activity，要启动新的 Activity，需要调用当前 Activity 的方法 startActivity()。此方法需要一个参数 Intent，Intent 中指明要启动哪个 Activity。启动新 RegisterActivity 的代码放在哪里呢？我们应该在点击注册按钮时才启动注册界面，所以应该放在响应注册按钮点击事件的方法中，代码如下：

```
//找到注册按钮，为它设置点击事件侦听器
Button buttonRegister = (Button) findViewById(R.id.buttonRegister);
buttonRegister.setOnClickListener(new View.OnClickListener() {
    @Override
```

```
    public void onClick(View v) {
        //当注册按钮被执行时调用此方法
        //创建 Intent，指明要启动的 Activity
        Intent intent = new Intent(MainActivity.this,RegisterActivity.class);
        //启动 Activity
        startActivity(intent);
    }
});
```

这段代码应放在 MainActivity 类的 onCreate()方法中。

注意 Activity 不允许直接用 new 创建实例，只能请求系统帮我们创建。在 Intent 的构造方法中通过在第二个参数传入 Activity 的类对象（RegisterActivity.class）从而指明了要启动哪个 Activity。Intent 构造方法的第一个参数是一个 Context 对象，Activity 就是从 Context 派生，所以此处传入了当前 Activity 的实例，因为 onClick()方法属于内部类（从接口 View.OnClickListener 派生的匿名内部类），所以要使用外部类的实例，必须在 this 前加上外部类的类名（MainActivity.this）。

运行起来，点注册按钮，是不是注册界面出现了（如图 6.2.1 所示）？如何回到上一页面呢?点返回键啊，红箭头指的就是。

图 6.2.1

修改页面标题

不论是 MainActivity 还是 RegisterActivity，其 AppBar 上的标题都不够人性化，比如 RegisterActivity 的标题是“RegisterActivity”，我们改一下吧。这些字符串都放在资源文件 res/values/strings.xml 中，但我们直接去这个文件中找是比较麻烦的，因为我们不能确定哪个 String 资源被谁使用，所以我们应该顺藤摸瓜，先看 Activity 的标题使用的是哪个 String 资源。打开 Manifest 文件，如图 6.2.1.1 所示。

```
<application
    android:allowBackup="true"
    android:icon="@mipmap/ic_launcher"
    android:label="AndFirstStep"
    android:roundIcon="@mipmap/ic_launcher_round"
    android:supportsRtl="true"
    android:theme="@style/AppTheme">
    <activity
        android:name=".MainActivity"
        android:screenOrientation="portrait">
        <intent-filter>
            <action android:name="android.intent.action.MAIN" />

            <category android:name="android.intent.category.LAUNCHER" />
        </intent-filter>
    </activity>
    <activity
        android:name=".RegisterActivity"
        android:label="@string/title_activity_register"
        android:theme="@style/AppTheme.NoActionBar"></activity>
</application>
```

图 6.2.2

可以看到 activity 元素的属性“android:label”，就是它指定了 Activity 的标题，Application 也有这个属性，它指定的是 App 的名字，即显示在桌面上的 App 名字，如图 6.2.3 所示。

图 6.2.3

按着 Ctrl 键，在 activity 的 android:label 属性的值上点一下鼠标左键，就会打开 string.xml 文件，并显示字符串资源“title_activity_register”，如图 6.2.4 所示。

```
AndroidManifest.xml × strings.xml ×
Edit translations for all locales in the translations editor.
resources  string
1  <resources>
2      <string name="app_name">AndFirstStep</string>
3      <string name="title_activity_register">RegisterActivity</string>
4  </resources>
5
```

图 6.2.4

我把此字符串资源的值改为“注册”。

我们还要把 MainActivity 的标题改为“登录”，但是 MainAcitivity 的声明中没有“android:label”这个属性，没关系，添加一个即可，如图 6.2.5 所示。

```
    <activity
press Alt+Enter android:name=".MainActivity"
        android:label="@string/title_activity_login"
        android:screenOrientation="portrait">
        <intent-filter>
            <action android:name="android.intent.action.MAIN" />

            <category android:name="android.intent.category.LAUNCHER" />
        </intent-filter>
    </activity>
    <activity
        android:name=".RegisterActivity"
        android:label="@string/title_activity_register"
        android:theme="@style/AppTheme.NoActionBar"></activity>
```

图 6.2.5

我为它的 android:label 属性设置字符串资源 title_activity_login，但是这里显示红色，因为这个字符串资源并没有定义，我们可以手动去 string.xml 中添加它，也可以借助 IDE 帮我们创建。借助 IDE 的方式是：点左边的红色灯泡，也可以把光标放到红色字符之间，然后按下 Alt+Enter 键，此时出现菜单，让我们选择如何解决此问题，如图 6.2.6 所示。

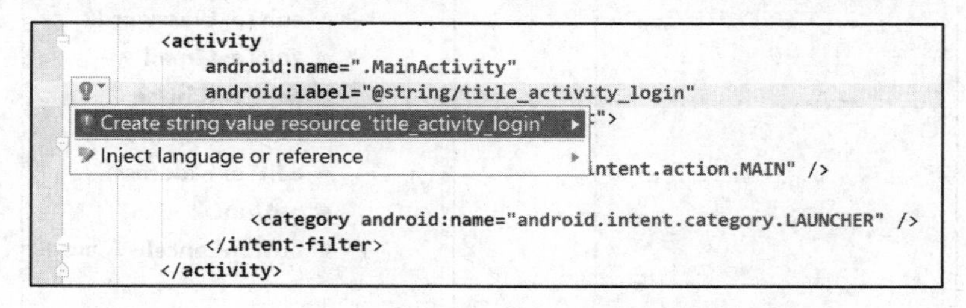

图 6.2.6

选第一个菜单项“Create stirng value resource'title_activity_login'(创建 String 值资源)”，出现资源创建对话框（图 6.2.7）。在 Resource value 中输入“登录”即可，其余不用动，点 OK 按钮。可以看到红色提示消失，字符串资源被创建。你可以去 string.xml 文件中查看是否多了新的字符串资源 title_activity_login。现在登录页面的标题如图 6.2.8 所示。

注册页面的标题如图 6.2.9 所示。

图 6.2.7

图 6.2.8

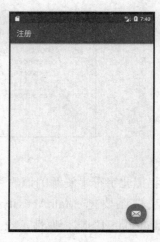

图 6.2.9

6.3 设计注册页面

注册页面一片光秃秃，我们搞一些控件，设计一个注册页面吧。用户注册时，可以输入：用户名、密码、Email、电话、性别、住址。设计界面如图 6.3.1 所示，控件树结构如图 6.3.2 所示。

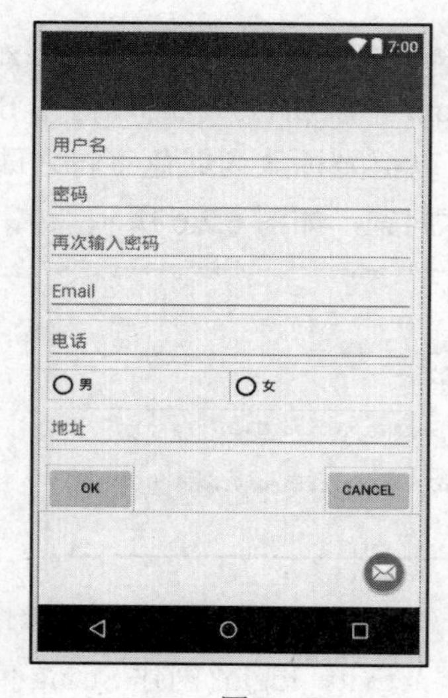

图 6.3.1

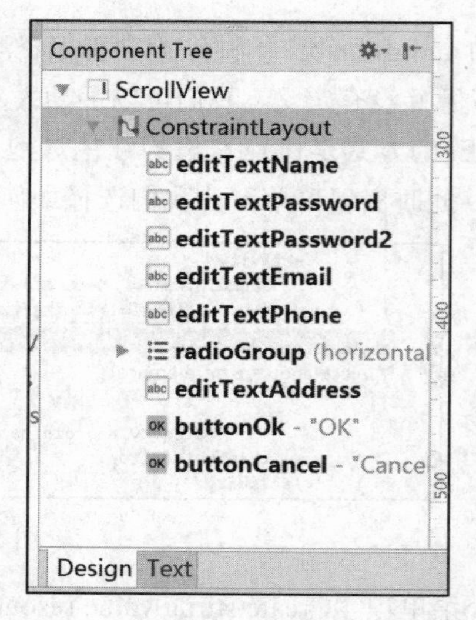

图 6.3.2

layout 源码（content_register.xml）如下：

```
<?xml version="1.0" encoding="utf-8"?>
<ScrollView xmlns:android="http://schemas.android.com/apk/res/android"
    xmlns:app="http://schemas.android.com/apk/res-auto"
    xmlns:tools="http://schemas.android.com/tools"
```

```
    android:layout_width="match_parent"
    android:layout_height="match_parent"
    app:layout_behavior="@string/appbar_scrolling_view_behavior"
    tools:context="niuedu.com.andfirststep.RegisterActivity"
    tools:showIn="@layout/activity_register">

    <android.support.constraint.ConstraintLayout
        android:layout_width="match_parent"
        android:layout_height="wrap_content">

        <EditText
            android:id="@+id/editTextName"
            android:layout_width="0dp"
            android:layout_height="wrap_content"
            android:layout_marginLeft="8dp"
            android:layout_marginRight="8dp"
            android:layout_marginTop="16dp"
            android:ems="10"
            android:hint="用户名"
            android:inputType="textPersonName"
            app:layout_constraintHorizontal_bias="0.0"
            app:layout_constraintLeft_toLeftOf="parent"
            app:layout_constraintRight_toRightOf="parent"
            app:layout_constraintTop_toTopOf="parent" />

        <EditText
            android:id="@+id/editTextPassword"
            android:layout_width="0dp"
            android:layout_height="wrap_content"
            android:layout_marginLeft="8dp"
            android:layout_marginRight="8dp"
            android:layout_marginTop="8dp"
            android:ems="10"
            android:hint="密码"
            android:inputType="textPassword"
            app:layout_constraintHorizontal_bias="0.0"
            app:layout_constraintLeft_toLeftOf="parent"
            app:layout_constraintRight_toRightOf="parent"
            app:layout_constraintTop_toBottomOf="@+id/editTextName" />

        <EditText
            android:id="@+id/editTextPassword2"
            android:layout_width="0dp"
            android:layout_height="wrap_content"
            android:layout_marginLeft="8dp"
            android:layout_marginRight="8dp"
            android:layout_marginTop="8dp"
            android:ems="10"
            android:hint="再次输入密码"
            android:inputType="textPassword"
```

```
        app:layout_constraintLeft_toLeftOf="parent"
        app:layout_constraintRight_toRightOf="parent"
        app:layout_constraintTop_toBottomOf="@+id/editTextPassword" />

    <EditText
        android:id="@+id/editTextEmail"
        android:layout_width="0dp"
        android:layout_height="wrap_content"
        android:layout_marginLeft="8dp"
        android:layout_marginRight="8dp"
        android:layout_marginTop="8dp"
        android:ems="10"
        android:hint="Email"
        android:inputType="textEmailAddress"
        app:layout_constraintLeft_toLeftOf="parent"
        app:layout_constraintRight_toRightOf="parent"
        app:layout_constraintTop_toBottomOf="@+id/editTextPassword2" />

    <EditText
        android:id="@+id/editTextPhone"
        android:layout_width="0dp"
        android:layout_height="wrap_content"
        android:layout_marginLeft="8dp"
        android:layout_marginRight="8dp"
        android:layout_marginTop="8dp"
        android:ems="10"
        android:hint="电话"
        android:inputType="phone"
        app:layout_constraintLeft_toLeftOf="parent"
        app:layout_constraintRight_toRightOf="parent"
        app:layout_constraintTop_toBottomOf="@+id/editTextEmail" />

    <RadioGroup
        android:id="@+id/radioGroup"
        android:layout_width="0dp"
        android:layout_height="wrap_content"
        android:layout_marginLeft="8dp"
        android:layout_marginRight="8dp"
        android:layout_marginTop="8dp"
        android:orientation="horizontal"
        app:layout_constraintHorizontal_bias="0.0"
        app:layout_constraintLeft_toLeftOf="parent"
        app:layout_constraintRight_toRightOf="parent"
        app:layout_constraintTop_toBottomOf="@+id/editTextPhone">

        <RadioButton
            android:id="@+id/radioButtonMale"
            android:layout_width="0dp"
            android:layout_height="wrap_content"
            android:layout_weight="1"
```

```
            android:text="男" />

        <RadioButton
            android:id="@+id/radioButtonFemale"
            android:layout_width="0dp"
            android:layout_height="wrap_content"
            android:layout_weight="1"
            android:text="女" />
    </RadioGroup>

    <EditText
        android:id="@+id/editTextAddress"
        android:layout_width="0dp"
        android:layout_height="wrap_content"
        android:layout_marginLeft="8dp"
        android:layout_marginRight="8dp"
        android:layout_marginTop="8dp"
        android:ems="10"
        android:hint="地址"
        android:inputType="textPostalAddress"
        app:layout_constraintLeft_toLeftOf="parent"
        app:layout_constraintRight_toRightOf="parent"
        app:layout_constraintTop_toBottomOf="@+id/radioGroup" />

    <Button
        android:id="@+id/buttonOk"
        android:layout_width="wrap_content"
        android:layout_height="wrap_content"
        android:layout_marginTop="16dp"
        android:text="OK"
        app:layout_constraintTop_toBottomOf="@+id/editTextAddress"
        android:layout_marginLeft="8dp"
        app:layout_constraintLeft_toLeftOf="parent" />

    <Button
        android:id="@+id/buttonCancel"
        android:layout_width="wrap_content"
        android:layout_height="wrap_content"
        android:text="Cancel"
        android:layout_marginTop="16dp"
        app:layout_constraintTop_toBottomOf="@+id/editTextAddress"
        android:layout_marginRight="8dp"
        app:layout_constraintRight_toRightOf="parent" />
  </android.support.constraint.ConstraintLayout>
</ScrollView>
```

可以看到我在最外面包了一个 ScrollView，使内容可以滚动，主要是因为界面中的控件比较多，在短屏幕上显示不全。

6.4 响应注册按钮进行注册

在 RegisterActivity 中，需响应 OK 按钮和 Cancel 按钮。点击取消时需关闭本 Activity 返回上一个页面（即 MainActivity），而点击 OK 按钮时，要做的工作就多一些了，这些工作包括：

（1） 取得各输入框中的数据；

（2） 注册用户（现在还做不了，没有后台服务器）；

（3） 设置返回数据；

（4） 关闭本 Activity。

Activity 要关闭自己，调用方法 finish()即可，当前 Activity 关闭后自然回到了前一个 Activity，即启动本 Activity 的那个 Activity。Activity 如果想把一些数据返回给启动自己的那个必须设置返回数据，才能在关闭时把数据传递给启动它的 Activity，设置返回数据的方法是 setResult()。取消按钮的响应代码如下：

```
//取得取消按钮
Button buttonCancel = (Button) findViewById(R.id.buttonCancel);
//响应取消按钮的点击事件
buttonCancel.setOnClickListener(new View.OnClickListener() {
    @Override
    public void onClick(View v) {
        //关闭当前 Activity
        RegisterActivity.this.finish();
    }
});
```

finish()是 Activity 的（也可能是它的父类的）实例方法，所以在内部类中要加上“外部类名.this”作为前缀。但是在非静态内部类中可以直接调用外部类的实例方法，于是 RegisterActivity.this.finish()可以直接写成 finish()。

但响应 OK 按钮的点击事件才是重点。代码如下：

```
//取得 OK 按钮
Button buttonOk = (Button) findViewById(R.id.buttonOk);
buttonOk.setOnClickListener(new View.OnClickListener() {
    @Override
    public void onClick(View v) {
        //获取控件
        EditText editTextName = (EditText) findViewById(R.id.editTextName);
        EditText editTextPassword = (EditText)
findViewById(R.id.editTextPassword);
        EditText editTextEmail = (EditText) findViewById(R.id.editTextEmail);
        EditText editTextPhone = (EditText) findViewById(R.id.editTextPhone);
        EditText editTextAddress = (EditText)
findViewById(R.id.editTextAddress);
        RadioGroup radioGroup = (RadioGroup) findViewById(R.id.radioGroup);
```

```
        //获取控件中的数据
        String name = editTextName.getText().toString();
        String password = editTextPassword.getText().toString();
        String email = editTextEmail.getText().toString();
        String phone = editTextPhone.getText().toString();
        String address = editTextAddress.getText().toString();
        boolean sex = false; //性别，我们设 true 代表男，false 代表女。默认为女。
        //获取单选按钮组中被选中的按钮的 ID
        int checkRadioId = radioGroup.getCheckedRadioButtonId();
        //如果这个 id 等于代表男的单选按钮的 id，则把 sex 置为 true
        if(checkRadioId == R.id.radioButtonMale){
            sex = true;
        }

        //注册
        //TODO：做好后台服务器后要实现此处代码

        //创建 Intent 对象，保存要返回的数据，我们只需返回用户名和密码即可
        Intent intent = new Intent();
        intent.putExtra("name",name);
        intent.putExtra("password",password);

        //设置要返回的数据，第一个参数是 SDK 中定义的常量，表示本 Activity 正确执行
        //第二个参数就是包含要返回的数据的 Intent 对象
        setResult(RESULT_OK,intent);

        //关闭当前的 Activity
        finish();
    }
});
```

这些代码应放在哪里呢？我们希望页面一出现，就能点击其中的按钮，所以对按钮的事件响应应在页面显示之前就搞定，当然是 onCreate()方法最适合了。所以上面两段代码应放在 RegisterActivity 的 onCreate()方法中，注意必须在 setContentView()之后哦。

在 Activity 之间传递数据用 Intent，不论是正向传递还是返回。Intent 中的数据是以 key-value 的形式存储，key 是一个字符串，Value 是值，值的类型必须是基本类型（如 int、float 等），也可以是字符串类（String），但其他的类不行。

运行一下，没问题，但是数据没有返回。其实我们现在做的还不够，要想返回数据，在启动注册 Activity 时，使用 startActivity()是不够滴。那如何做呢？下文分解。

6.5 获取页面返回的数据

MainActivity 要想获取 RegiserAcitivity 返回的数据，在启动 RegiserAcitivity 时必须使用方

法 startActivityForResult()而不是 startActivity()。打开 MainActivity 类，找到启动注册页面的地方：

```
//找到注册按钮，为它设置点击事件侦听器
Button buttonRegister = (Button) findViewById(R.id.buttonRegister);
buttonRegister.setOnClickListener(new View.OnClickListener() {
    @Override
    public void onClick(View v) {
        //当注册按钮被执行时调用此方法
        //创建Intent，指明要启动的Activity
        Intent intent = new Intent(MainActivity.this,RegisterActivity.class);
        //启动Activity
        startActivity(intent);
    }
});
```

将 startActivity(intent)改为 startActivityForResult(intent,123)。startActivityForResult()有两个重载的版本，我们使用其中一个，要求两个参数，一是 Intent 对象，二是一个请求码（请求码是一个整数）。它的作用是什么呢？它用于标志是哪个 Activity 返回了。因为我们可以在 MainActivity 中启动不同的 Activity，如果要取得它们返回的数据，必须区分是谁返回了，请求码就是用于区分它们的。

而要获取注册页面返回的数据，并不能主动去获取，只能被动获取，因为 MainActivity 并不知道注册页面什么时候关闭，只能等注册页面通知 MainActivity。这可能让你想起响应 Click 事件时设置侦听器的做法，这里不能设置 RegisterActivity 关闭时的侦听器，因为没有这样的 API，而是需要在 MainActivity 中重写父类的一个方法：

```
void onActivityResult(int requestCode, int resultCode, Intent data)
```

第一个参数是启动 Activity 时传入的请求码：

```
//启动Activity，要想获取被启动的Activity所返回的数据，需用此方法
//第二个参数叫请求码，是一个整数
startActivityForResult(intent,123);
```

第二个参数是被启动的 Activity 关闭前设置的结果码：

```
//设置要返回的数据，第一个参数是SDK中定义的常量，表示本Activity正确执行
//第二个参数就是包含要返回的数据的Intent对象
setResult(RESULT_OK,intent);
```

第三个参数是被启动的 Activity 返回前设置的数据：

```
//设置要返回的数据，第一个参数是SDK中定义的常量，表示本Activity正确执行
//第二个参数就是包含要返回的数据的Intent对象
setResult(RESULT_OK,intent);
```

在此方法中，先判断是哪个 Activity 返回，再把数据取出来，然后用日志输出了一下。代码如下：

```
//被我用 startActivityForResult() 启动的 Activity 返回时，就调用此方法
@Override
protected void onActivityResult(int requestCode, int resultCode, Intent data)
{
    if(requestCode == 123){
        //说明是注册页面返回了
        if(resultCode == RESULT_OK){
            //说明在注册页面中执行的逻辑成功了，从 data 中取出返回的数据
            String name = data.getStringExtra("name");
            String password = data.getStringExtra("password");
            //用日志的方式输出一下
            Log.i("testLogin","name = "+name+",password = "+password);
        }
    }
    //调用一下父类的实现
    super.onActivityResult(requestCode,resultCode,data);
}
```

6.5.1　避免常量重复出现

在运行代码之前，先优化一下代码，因为有一处很明显需要优化：启动注册 Activity 时的请求码是“123”，这个常量被用到了两次，为了避免出错，我们应把它定义成类的 final 型变量，而且由于此变量的值不会改变，也就没必要让它在不同的类的实例中各保持一份，所以把它置为 static，使它属于类而不是类的实例。所以我在 MainActivity 中定义一个 final 型变量 REGISTER_REQUEST_CODE，如下：

```
public class MainActivity extends AppCompatActivity {
    static final int REGISTER_REQUEST_CODE = 123;
```

在出现“123”的地方我都用这个变量来代替（都在 MainActivity 类中）：

```
//找到注册按钮，为它设置点击事件侦听器
Button buttonRegister = (Button) findViewById(R.id.buttonRegister);
buttonRegister.setOnClickListener((v) → {
        //当注册按钮被执行时调用此方法
        //创建Intent，指明要启动的Activity
        Intent intent = new Intent(MainActivity.this,RegisterActivity.class);
        //启动Activity，要想获取被启动的Activity所返回的数据，需用此方法
        //第二个参数叫请求码，是一个整数
        startActivityForResult(intent,REGISTER_REQUEST_CODE);
});
```

```
//被我用 startActivityForResult() 启动的Activity返回时，就调用此方法
@Override
protected void onActivityResult(int requestCode, int resultCode, Intent data) {
    if(requestCode == REGISTER_REQUEST_CODE){
```

同理，我们通过 Intent 传递用户名和密码时，key 的名字“name”和“password”也被多次使用，所以也有必要把它们搞成 final 型的变量。MainActivity 中：

```
//说明是注册页面返回了
if(resultCode == RESULT_OK){
    //说明在注册页面中执行的逻辑成功了，从data中取出返回的数据
    String name = data.getStringExtra(EXTRA_KEY_NAME);
    String password = data.getStringExtra(EXTRA_KEY_PASSWORD);
    //用日志的方式输出一下
    Log.i("testLogin","name = "+name+",password = "+password);
}
```

RegisterActivity 中：

```
//创建Intent对象，保存要返回的数据，我们只需返回用户名和密码即可
Intent intent = new Intent();
intent.putExtra(MainActivity.EXTRA_KEY_NAME,name);
intent.putExtra(MainActivity.EXTRA_KEY_PASSWORD,password);

//设置要返回的数据，第一个参数是SDK中定义的常量，表示本Activity正确执行
//第二个参数就是包含要返回的数据的Intent对象
setResult(RESULT_OK,intent);
```

这样做的最大好处是什么？其实这并不会提高程序的运行效率，但是提高了代码维护的效率，不用每次在用到的地方都输入常量，万一输错了呢？这不是自己挖坑吗？

6.5.2 日志输出

我们使用了 Log 类的方法来输出日志：

```
//用日志的方式输出一下
Log.i("testLogin","name = "+name+",password = "+password);
```

日志输出到哪里呢？如图 6.5.2.1 所示。

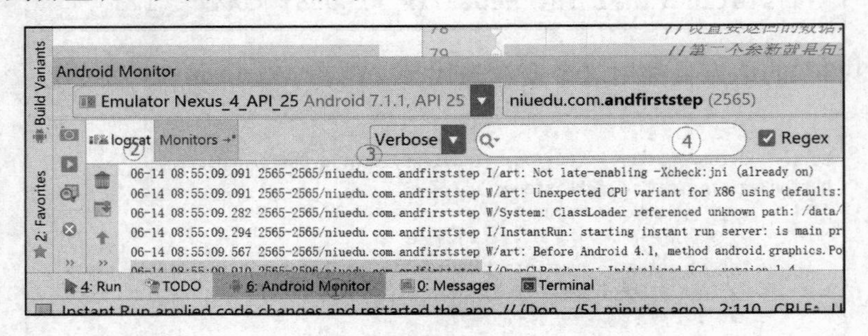

图 6.5.2.1

日志在 Android Monitor（监视）窗口中输出（图中下方标记 1 处）。可以看到日志总是一大堆，有不同的颜色。这些日志是你所连接的虚拟机或真实的设备中输出的。有 Android 系统输出的，也有 App 输出的。颜色代表级别，可以在标记 3 所示的组合框中选择级别。从高到低分别为：Verbose、Debug、Info、Warn、Error、Assert。并不是选哪个级别就只显示那个级别的日志，而是显示这个级别和低于这个级别的日志，比如你选了 Info，那么 Info、Warn、Error、Assert 级别的日志都会输出。

在代码中，可以调用 Log 的 Log.v()、Log.d()、Log.i()、Log.w()、Log.e()、Log.wtf()来输

出不同级别的日志。这六个方法都需要两个参数：第一个参数是一个字符串，叫作 tag（标记），就是所输出的志的“:”前的部分；第二个参数也是字串，就是“:”后面的内容。

且慢！竟然有方法名叫 wft ?这种事也能发生？吓得我赶紧查了一下 Android 的文档压压惊，原来 wft 是“What a Terrible Failure”的意思，嗯，这个名字还是很科学嘛。

标记 4 处的是一个搜索框，因为是实时搜索，所以更像一个过滤框，即在它里面输入的字符会立即起到对日志输出过滤的作用：仅包含过滤字符串的日志才会输出。测试一下，运行我们的 App，进入注册页面，在注册页面的用户名和密码框中输入名字和密码，然后点 OK 按钮，此时会回到登录页面，虽然在界面上看不到变化，但是 MainActivity 已经取得返回的数据并打印出来了。可以在监视窗口中看到 Log.i()所输出的日志，如图 6.5.2.2 所示。

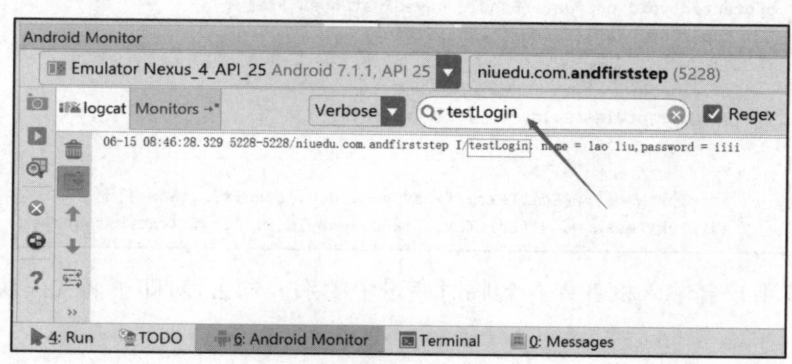

图 6.5.2.2

我把所输出的日志的 tag 作为过滤字符串之后，在窗口中就只剩下了我们输出的这一条日志了。我们可以看到 name 和 password 的值都得到了。

6.5.3　将返回的数据设置到控件中

要做的还没完。我们还要把注册页面返回的用户名和密码设置到登录页面的用户名和密码输入框中。此段代码当然应放在 onActivityResult()方法中，替换日志输出那句。但我们需要在此方法中获取用户名和密码两个控件。回头看一下 MainActivity 的 onCreate()方法中，已经获取过一次用户名控件了：

```
//用id找到用户输入控件
EditText editTextName = (EditText) findViewById(R.id.editTextName);
//用代码设置它的提示
editTextName.setHint("请输入用户名");
```

而此时在 onActivityResult()方法中又要重新获取，本来重复获取也没什么，但是组成界面的控件在内存中是一棵树，我们知道在树中查找节点是很耗时的，而 findViewById()显然是根据 ID 查找控件，所以这个方法的执行是耗时的，所以如果多处操作一个控件，应该用一个成员变量（也叫字段）把它保存下来。所以我们在 MainActivity 中添加两个变量：

```
public class MainActivity extends AppCompatActivity {
    static final int REGISTER_REQUEST_CODE = 123;
    static final String EXTRA_KEY_NAME = "name";
    static final String EXTRA_KEY_PASSWORD = "password";

    EditText editTextName;
    EditText editTextPassword;
```

然后在 Activity 的 onCreate()方法中，setContentView()被调用之后获取并保存下这两个控件：

```
protected void onCreate(Bundle savedInstanceState) {
    super.onCreate(savedInstanceState);

    //从Layout资源文件中加资控件并设置给Activity。
    setContentView(R.layout.activity_main);

    //获取用户名和密码输入控件
    editTextName = (EditText) findViewById(R.id.editTextName);
    editTextPassword = (EditText) findViewById(R.id.editTextPassword);
```

把原先获取用户名输入框并保存到临时变量中的那一句去掉，即下面代码块中红框所框的去掉：

```
//用id找到用户输入控件
EditText editTextName = (EditText) findViewById(R.id.editTextName);
//用代码设置它的提示
editTextName.setHint("请输入用户名");
```

然后在 onActivityResult()方法中加入以下两行：

```
//被我用 startActivityForResult() 启动的Activity返回时，就调用此方法
@Override
protected void onActivityResult(int requestCode, int resultCode, Intent data) {
    if(requestCode == REGISTER_REQUEST_CODE){
        //说明是注册页面返回了
        if(resultCode == RESULT_OK){
            //说明在注册页面中执行的逻辑成功了，从data中取出返回的数据
            String name = data.getStringExtra(EXTRA_KEY_NAME);
            String password = data.getStringExtra(EXTRA_KEY_PASSWORD);

            //将用户名和密码保存到相应的控件中
            editTextName.setText(name);
            editTextPassword.setText(password);
        }
    }
    //调用一下父类的实现
    super.onActivityResult(requestCode,resultCode,data);
}
```

运行试一下吧！在注册页面输入用户名和密码，点 OK 按钮，回到登录页面，是不是用户名和密码显示在相应的控件中了？

总结一下这个过程：

（1）　启动 Activity 时用方法 startActivityForResult()。
（2）　重写 onActivityResult()方法获取返回的数据。
（3）　用 setResult()设置返回数据。
（4）　用 request code 区分是哪个 Activity 返回了。
（5）　Activity 之间传递数据用 Intent。

6.6 Action Bar 上的返回图标

Action Bar，翻译为“动作栏”，但也有人把它称作“导航栏”、App Bar（那个人就是我）。不论是登录页面，还是注册页面，它们都有 Action Bar，即如图 6.6.1 红框所示。

图 6.6.1

Android 推荐我们在 Action Bar 上显示返回图标，位置就在 Action Bar 的最左边，也就是上图中的标题位置。点它时返回上一个页面（注意点它时做什么，由我们决定，我们当然是让它返回上一个页面了，并不是它默认就有此功能）。然而，默认下这个返回图标它是不显示的，我们需要写代码把它显示出来。

首先要明白，在入口页面，即登录页面（MainActivity）返回的话，其实是关闭 App。而在注册页面返回时是返回到登录页面。登录页面与注册页面实现 Action Bar 的方式不一样，所以我们都要演示一下。

6.6.1　原生 Action Bar 与 MaterailDesign Action Bar

登录页面与注册页面的 Action Bar 的区别在哪里呢？登录页面使用的是原生 Action Bar，而注册页面使用的是符合 Android 最新视觉设计思想 MaterailDesign 的自定义 Action Bar。对比一下两个 Activity 的 layout 文件，图 6.6.1.1 是登录页面的，其最外层是一个 ScrollView，它代表的是内容区，跟 ActionBar 无关，我们之所以能看到 ActionBar，是因为 Activity 自带了 ActionBar。图 6.6.1.2 所示是注册页面。

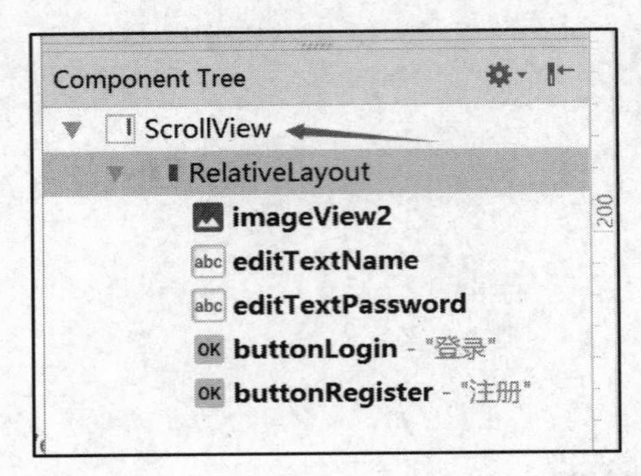

图 6.6.1.1

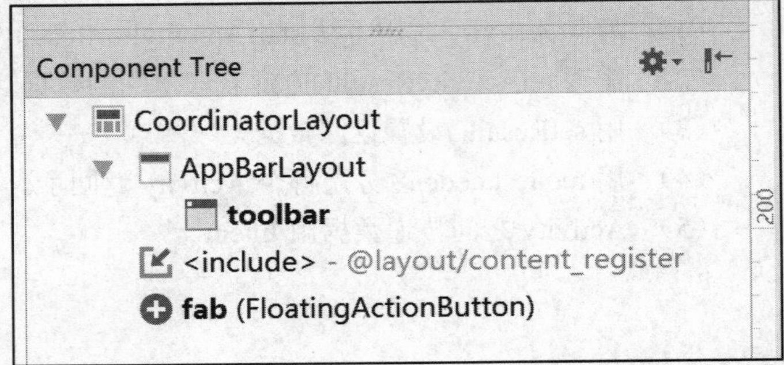

图 6.6.1.2

它的最外层是一个 CoordinatorLayout，先不要在意这个 Layout 的作用，你可以看到这个 Layout 包含了 AppBarLayout，其又包含了 ToolBar。我们在注册页面看到的 Action Bar，就是 ToolBar 控件。也就是说，注册页面中自己实现了一个 Action Bar，那么就需要把原生的 Action Bar 隐藏掉，否则就显示两个 ActionBar 了。如何隐藏呢? Android 已经为我们提供了非常简单的作法：使用 Theme。Android 使用哪种 theme 是在 Manifest 文件中定义的：

```
<application
    android:allowBackup="true"
    android:icon="@mipmap/ic_launcher"
    android:label="AndFirstStep"
    android:roundIcon="@mipmap/ic_launcher_round"
    android:supportsRtl="true"
    android:theme="@style/AppTheme">
    <activity
        android:name=".MainActivity"
        android:label="@string/title_activity_login"
        android:screenOrientation="portrait">
        <intent-filter>
            <action android:name="android.intent.action.MAIN" />

            <category android:name="android.intent.category.LAUNCHER" />
        </intent-filter>
    </activity>
    <activity
        android:name=".RegisterActivity"
        android:label="注册"
        android:theme="@style/AppTheme.NoActionBar"></activity>
</application>
```

application 也有 theme 属性，它决定了默认的 theme，如果 Activity 中不指定 theme 时，就使用 application 中所规定的。而 Activity 也可以单独设置 theme，会覆盖掉 application 的 theme。

默认的 theme “AppTheme”是显示原生 ActionBar 的，而 RegisterActivity 使用的 theme “AppTheme.NoActionBar”从名字就能看出是没有 ActionBar 的，即不显示原生的 ActionBar。所以 RegisterActivity 中利用特殊的 Layout 控件和 ToolBar 自定义了 ActionBar，这种方式符合 Android 最新的 UI 设计思想：MaterailDesgin。

6.6.2　登录页面显示返回图标

要想设置返回图标，需要先获得 ActionBar 对象。登录页面用的是 Android 原生的 ActionBar，所以只需调用方法 getSupportActionBar()即可获得 ActionBar 对象，然后就以搞它了。注意，Activity 还有个方法 getActionBar()，看起来也是获取 ActtionBar，但是，它是不能用的，因为我们在创建 Activity 时，使用了 Support 库中的类，有图为证（见图 6.6.2.1）。

```
import android.support.v7.app.AppCompatActivity;
import android.view.View;
import android.widget.Button;
import android.widget.EditText;

public class MainActivity extends AppCompatActivity {
    static final int REGISTER_REQUEST_CODE = 123;
    static final String EXTRA_KEY_NAME = "name";
    static final String EXTRA_KEY_PASSWORD = "password";
```

图 6.6.2.1

可以看到 MainActivity 从类 AppCompatActivity 派生，而 AppCompatActivity 属于 support 库。如果不使用 Support 库时，就要使用 getActionBar()获取 ActionBar 了。

至于如何搞出返回图标，见下面代码：

```
//从layout资源文件中加资控件并设置给Activity。
setContentView(R.layout.activity_main);

//获取Action bar
android.support.v7.app.ActionBar actionBar = this.getSupportActionBar();
//显示返回图标
actionBar.setDisplayHomeAsUpEnabled(true);
```

效果如图 6.6.2.2 所示。

图 6.6.2.2

如何响应对它的点击呢？并不是设置侦听器，而是需要在 Activity 类中重写父类的方法：onOptionsItemSelected()。代码如下：

```
@Override
public boolean onOptionsItemSelected(MenuItem item) {
    int id = item.getItemId();
    if (id == android.R.id.home) {
        //点了Action bar上的返回图标
```

```
        //提示一下用户：再点一次退出
        Snackbar snackbar = Snackbar.make(editTextName,
                "你再点我，我真要退出了！",
                Snackbar.LENGTH_LONG);
        //显示提示
        snackbar.show();
        return true;
    }

    return super.onOptionsItemSelected(item);
}
```

这个方法的参数是 MenuItem 类型，看名字是一个菜单项。其实这个方法就是用于响应菜单选择的。所以 ActionBar 上的返回图标其实也是一个菜单项，其 ID 是内置的，叫作 android.R.id.home。

我们获取菜单项的 ID，然后进行比较，如果是返回图标被选择了，就向用户发出提示。注意在这个方法中，当一个菜单项被响应后，应返回 true。

还有，注意 Snackbar.make()方法的第一个参数，是一个按钮，并不是想把提示显示在按钮中，而是会从按钮开始自动找一个合适的父控件来显示提示。

6.6.3 注册页面显示返回图标

在 RegisterActivity 的 onCreate()方法中，可以看到这两句：

```
@Override
protected void onCreate(Bundle savedInstanceState) {
    super.onCreate(savedInstanceState);
    setContentView(R.layout.activity_register);
    Toolbar toolbar = (Toolbar) findViewById(R.id.toolbar);
    setSupportActionBar(toolbar);
```

先获取 layout 中定义的 ToolBar，然后将这个 toolbar 设置成 Support Action Bar，既然把 ToolBar 模拟成了 Action Bar，那么我们是不是可以通过 getSupportActionBar()来获取 Action Bar？是不是可以通过调用 Action Bar 的 setDisplayHomeAsUpEnabled()方法显示出返回图标？是不是可以在方法 onOptionsItemSelected()中响应其选中事件？全对！

我们点击返回图标是要返回登录页面（MainActivity）的，所以应在响应其选中事件的方法中关掉当前 Activity，其处理方式跟 Cancel 按钮完全一样（此方法位于 RegisterActivity 中）：

```
@Override
public boolean onOptionsItemSelected(MenuItem item) {
    int id = item.getItemId();
    if (id == android.R.id.home) {
        //点了Action bar上的返回图标
        finish();
        return true;
    }

    return super.onOptionsItemSelected(item);
}
```

第 7 章 Theme

前面讲 Activity 的时候，讲到了 Theme。现在该到了弄清 theme 是什么的时候了。

Theme 也叫 Style，它们是相同的概念，只不过作用到 Activity 上就叫 theme，作用到控件上就叫 style。

Style/theme 中包含了一堆与控件或窗口的外观相关的属性，比如高、宽、空白大小、前景色、字体大小、字体颜色等。如果你玩过 HTML+CSS，你就知道 Style/Theme 就相当于 CSS，利用它实现了界面的内容与设计相分离的模式，layout 文件中定义了界面的内容，而 style 文件中定义了界面的外观。style 也是一种资源，它放在哪里呢？如图 7.1 所示。

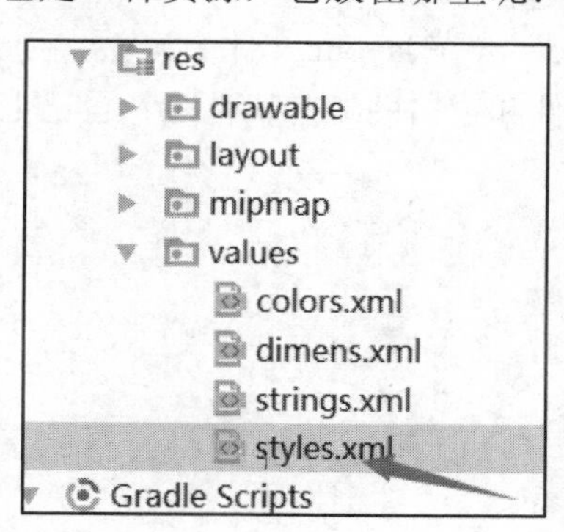

图 7.1

我的 styles.xml 中的内容如下：

```
<resources>
    <!-- Base application theme. -->
    <style name="AppTheme" parent="Theme.AppCompat.Light.DarkActionBar">
        <!-- Customize your theme here. -->
        <item name="colorPrimary">@color/colorPrimary</item>
        <item name="colorPrimaryDark">@color/colorPrimaryDark</item>
        <item name="colorAccent">@color/colorAccent</item>
    </style>

    <style name="AppTheme.NoActionBar">
        <item name="windowActionBar">false</item>
        <item name="windowNoTitle">true</item>
```

```
    </style>

    <style name="AppTheme.AppBarOverlay"
parent="ThemeOverlay.AppCompat.Dark.ActionBar" />
    <style name="AppTheme.PopupOverlay" parent="ThemeOverlay.AppCompat.Light"
/>
</resources>
```

此文件中定义了四个<style>元素。第一个 style 就是我们 Application 中指定的默认 theme（见 manifest 文件），name 属性定义它的名字“AppTheme”，<item>元素指明了这个 style 中定义了哪些与界面外观相关的属性。item 的 name 必须是某个控件或窗口的属性的名字，item 的内容根据所对应的属性不同而有不同的值，比如规定 colorPrimary（主要颜色）的 item，它的值“@color/colorPrimary”是一个颜色资源（以“@”开头表示用 ID 引用一个资源）。这个 style 如何起作用呢？如果把这个 style 应用到某个 Activity 中，如果这个 Activity 包含了某个控件，并且它具有叫作“colorPrimary”的属性，那么这个属性就被设为“@color/colorPrimary”所引用的颜色。如果没有控件具有此属性，那么此 item 就不起作用，当然也无害。

可以在某个已存在的 style 的基础上做少量改动而形成新的 style，作为基础的 style 就是爸爸。AppTheme 这个 style 的 parent 属性指定了它从那个已定义的 style 继承。

将 style 设置给 Activity 或 Application，要使用属性“android:theme”（在 manifest 文件中），设置给控件时，使用属性“style”（在 layout 文件中）。

可以在 style 文件中定义控件和窗口的哪些属性呢？自己上网查查吧。

第 8 章

Fragment

这是一个非常重要的组件！

Fragment 既像 Activity，又与 Activity 有很大差别，这不是几句话能讲清的。首先要记住的是，Fragment 也可以像 Activity 一样表示一个页面，但 Fragment 必须依靠 Activity 才能显示出来，即 Fragment 被 Activity 所包含。

实际上 Activity 与 Fragment 都不是那么简单就能定义的。因为这本书是面向零基础的初学者，所以不能一上来就全面解释各种东西，我只能给你一个具体的初步概念，随着后面的深入，你自己就对它们有全面的了解了。

Fragment 在很多方面与 Activity 相似，而 Fragment 是从 Android3.0 才出现的。注意，Fragment 并没有为 Android 系统提供比 Activity 更多的功能，那为什么又整出个 Frgament 呢?

8.1 弄巧成拙的 Activity

我一直认为 Android 中对 Activity 的设计有问题。先不要受惊，听我慢慢道来（以下纯粹个人观点！）。

Activity 被 Android 设计成一个非常独立的部件，并由此淡化了进程的概念。

Android 希望这样为用户提供功能：由多个 Activity 共同配合完成比较复杂的功能，而这些 Activity 可以来自不同的 App。比如说一个功能需要四步完成，那么就要有四个 Activity，可能其中第一个来自你的 App，而第二个是系统自带的某个 App 中的 Activity，第三个是其他人开发的 App 中的某个 Activity，第四个又是你自己 App 中的 Activity，而它们四个可以无缝结合。

因为 Activity 要被别人使用，所以在设计一个页面时，就不能只考虑仅满足自己 App 中的需求，而需要把 Activity 封装得很独立。这一点可以从 Activity 的启动方式和数据传递方式体现出来。就拿我们前面的登录页面与注册页面来讲，如果我们想从登录页面向注册页面传递数据，假设可以用 new 创建 Activity 实例，我们完全可以通过构造方法的参数向注册页面传递数据。但是，Adnroid 不允许！Activity 必须通过 Intent 启动（其实是由系统创建 Activity 实例），传递数据也必须通过 Intent。

然而在 Activity 之间传递数据时，即使不能用构造方法直接传递，也可以用静态变量传递嘛！还是拿登录与注册页面来说，它们俩都属于同一个进程无疑，它们俩当然可以访问 App 中的同一个静态变量了，但是，不要这样做！因为同一个 App 中的 Activity 也可以运行于不同的进程！你也可以在 Manifest 文件中配置某个 Activity 只运行在单独的进程中，即每次启动它，都需要启动一个新的 App 进程。

Android 要求 Activity 封装独立，除了满足这种极端的重用性要求外，还有一个原因就是节省内存。既然 Activity 是功能封闭的，那么 Android 系统可以随时杀死看不到的 Activity 来释放内存，等需要它重新显示时，系统先把它创建出来，再恢复它原来的样子。比如一个功能有三个页面：A、B、C，用户从 A 到 B 到 C 一步一步执行。显示 C 时，AB 是都看不到的，如果启动 C 时发现内存不够了，那么系统就把 A 和 B 杀死，杀死它们时会把它们的内容保存到硬盘上。而用户是感觉不出什么异样的，因为此时用户能看到 C 页面还活着。而当用户想返回上一个页面（也就是 B）时，系统会重新创建 B 并把 B 原来的内容恢复，这对用户来讲，完全感觉不出 B 是死而复生的。

现在明白为什么 Activity 不能被 new 出来了吧？必须由系统掌控 Activity 的生死；现在明白为什么 Activity 之间必须用 Intent 传递数据了吧？Activity 必须功能封闭；现在明白为什么 Activity 要在 manifest 文件中声明了吧？这样系统才能找到 Activity 的类，然后以反射的方式创建它。

看来这个设计好牛啊！果然开发者是高手。但是呢，有时看起来很美的东西，用起来并不美好。从其实际使用效果来讲，实在算得上是弄巧成拙：

- 第一，写一个 Activity 很麻烦，为了功能封闭，为了能满血复活，你要多做很多工作，有时其逻辑还很复杂，让人焦头烂额。
- 第二，使 Activity 的代码变臃肿，占用内存增多，占用 CPU 多。
- 第三，造成 Activity 生命周期复杂，令人讨厌。你上网查一下 Activity 的生命周期吧，要弄明白也够你头疼的。
- 第四，Activity 在切换时每次都被重新创建，执行大量代码，尤其恢复数据时要读硬盘（就是存储），造成界面反应慢，卡卡卡。
- 第五，你如果想到其他方面请补充。

实际上当初不搞这么高级，依然按照传统的以进程为中心的方式来设计 App，反而 Android 系统可能比现在的运行体验还要好一些：

- 第一，Activity 不用写那么复杂，如果 App 进程只要存在，App 中的 Activity 就不会被杀死，那么不用考虑 Activity 复活的问题，所以界面切换反应肯定要快得多。
- 第二，其生命周期逻辑也变得简单，处理代码也就少了，这本身就省内存，CPU 执行的代码也少了，省 CPU。
- 第三，内存不够怎么办？要记住 Android 系统不是单片机，而是跟 Windows 一样的高级操作系统，它是有虚拟内存（Linux 下叫交换分区）的，内存不可能不够用。如果物理内存不够用，后台的 Activity 会被交换到硬盘上的虚拟内存中，而不必杀死它。

即使要释放内存，可以杀后台进程嘛，不要杀 Activity。

- 第四，Activity 的重用怎么办 ？重用什么啊，少年你想多了。我的 Activity 才不想给别人使用，费那劲干嘛？而且我也不想用别人的 Activity，因为它们的配色、排版、使用模式可能跟我的设计差别很大，放在一起不和谐。
- 第五，至少可以让我用系统提供的 Activity 吧？这个可以啊，不用 Activity 的方式，系统也可以以其他方式提供给我们这些功能，比如一个类库的形式。

Android 系统占内存多，运行慢，经常卡，我认为其根本原因在于 Activity 的设计，而 Java 语言的影响并不大，因为 Google 已经把 Java 优化得不错了。虽然现在硬件都很强大了，内存也过剩，Android 卡的问题比原来少得多了，但是相同配置下，Android 还是比 iOS 和 WinPhone 系统要慢得多。

后来 Fragment 的出现，我认为是 Google 受不了 Activity 这种设计了，所以搞了个 Fragment。Android 系统并不是 Google 发明的，是从别人手里买的。

我认为 Fragment 主要就是提高页面间切换效率而出现的，虽然它也可以成为页面的一部分而不是总是点据整个页面。总之我感觉 Google 是推荐我们尽量使用 Fragment 来代替 Activity，我本人更是认为一个 App 尽量减少 Activity，各页面尽量由 Fragment 实现！下面我们就玩弄一下 Fragment。

8.2 使用 Fragment

我们只要在添加 Activity 时，选中 Fragment 项，Android Studio 就会自动产生一个带有 Fragment 的 Activity。现在让我们添加一个新的 Activity，命名为 TestFragmentActivity，首先在工程的 app 组上点出右键菜单，如图 8.2.1 所示。

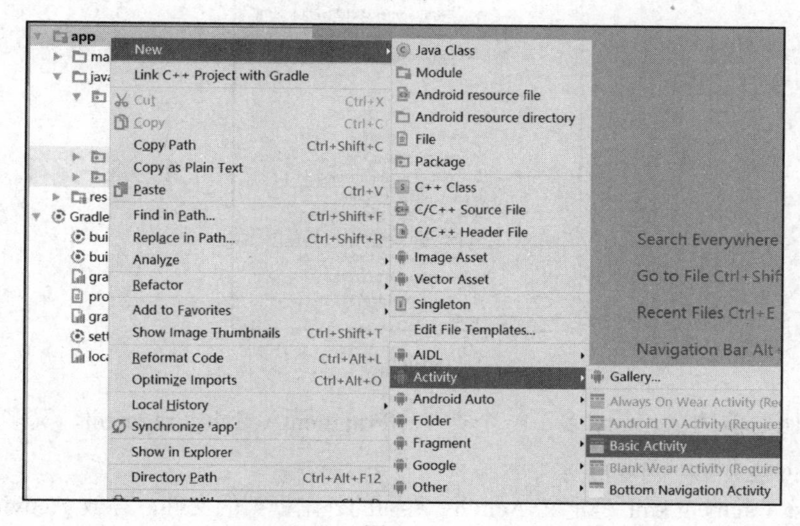

图 8.2.1

依然选择 Basic Activity 模板，因为它符合 Material Design，出现一个对话框，如图 8.2.2 所示。

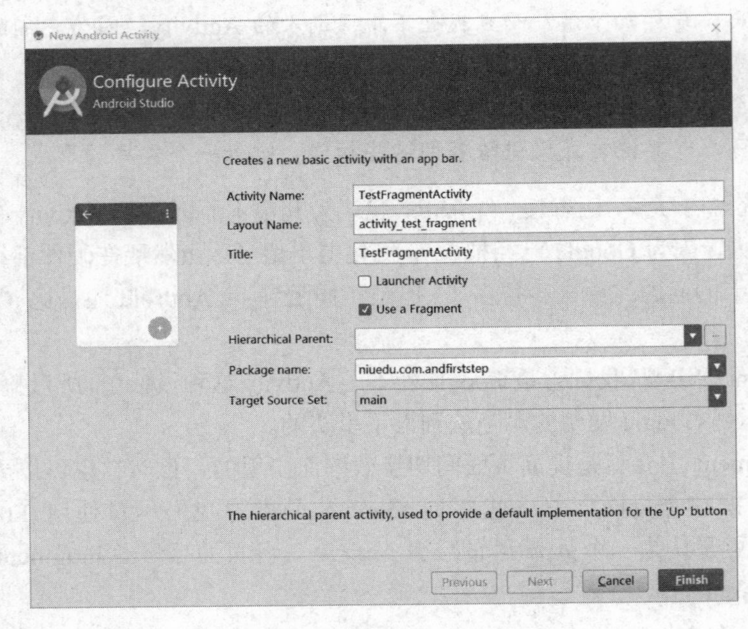

图 8.2.2

注意必须选中"Use a Fragment"项，点 Finish 后，Android Studio 自动为我们创建此 Activity 相关的文件，如图 8.2.3 所示。

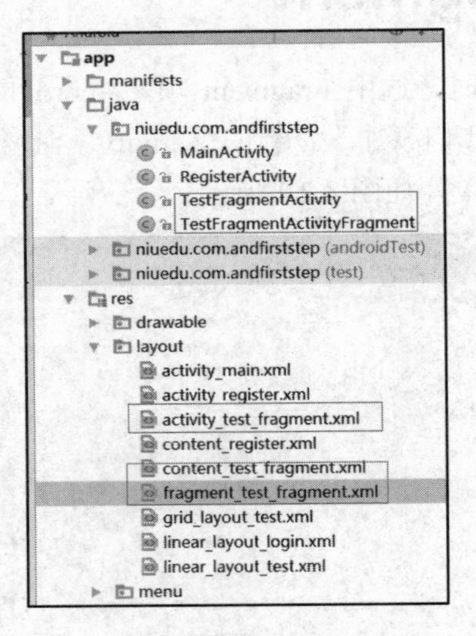

图 8.2.3

可以看到比之前的 Activity 多了一个类 TestFragmentActivityFragment，又多了一个 layout 文件 fragment_test_fragment.xml 。

activity_test_fragment.xml 是定义 Acitivty 界面的外围框架的文件，存放 Activity 内容部分的 layout 文件是 content_test_fragment.xml（被 activity_test_fragment.xml 所 include），其内容是：

```
<fragment xmlns:android="http://schemas.android.com/apk/res/android"
    xmlns:app="http://schemas.android.com/apk/res-auto"
    xmlns:tools="http://schemas.android.com/tools"
    android:id="@+id/fragment"
    android:name="niuedu.com.andfirststep.TestFragmentActivityFragment"
    android:layout_width="match_parent"
    android:layout_height="match_parent"
    app:layout_behavior="@string/appbar_scrolling_view_behavior"
    tools:layout="@layout/fragment_test_fragment" />
```

此文件只有一个元素<fragment>，它定义了一个 Fragment，<fragment>没有包含子元素。但预览时是能看到 Fragment 的内容的，因为“tools:layout”的存在，其值指向了另一个 layout 文件：fragment_test_fragment.xml，这个文件定义了 Fragment 的内容。注意前缀“tools”所修饰的属性只在设计时起作用，在运行时它并不起作用，运行时是用代码来关联 Fragment 与其 layout 文件的。见 Fragment 类的定义：

```
public class TestFragmentActivityFragment extends Fragment {
    public TestFragmentActivityFragment() {
    }
    @Override
    public View onCreateView(LayoutInflater inflater, ViewGroup container,
                             Bundle savedInstanceState) {
    //关联 Fragment 与 layout 文件
        return inflater.inflate(R.layout.fragment_test_fragment, container,
false);
    }
}
```

这是 Android Studio 自动为我们产生的代码，方法 onCreateView()是在显示 Fragment 之前调用的，应在此方法中创建 Fragment 的界面，如果要从 layout 文件中加载界面，必须使用传入的参数：“inflater”的方法 inflater()，此方法的第一个参数就是 layout 资源文件的 id。就是这一句在运行时把 Fragment 与其 layout 定义文件关联到一起。

再看一下 TestFragmentActivity 类：

```
public class TestFragmentActivity extends AppCompatActivity {
    @Override
    protected void onCreate(Bundle savedInstanceState) {
        super.onCreate(savedInstanceState);
        setContentView(R.layout.activity_test_fragment);
        Toolbar toolbar = (Toolbar) findViewById(R.id.toolbar);
        setSupportActionBar(toolbar);

        FloatingActionButton fab = (FloatingActionButton)
findViewById(R.id.fab);
        fab.setOnClickListener(new View.OnClickListener() {
            @Override
            public void onClick(View view) {
                Snackbar.make(view, "Replace with your own action",
Snackbar.LENGTH_LONG)
                        .setAction("Action", null).show();
            }
```

```
        });
    }
}
```

与不包含 Fragment 的 Activity 类相比也没有什么特殊的地方。其 layout 资源是 activity_test_fragment.xml，这个文件中 include 了 content_test_fragment.xml，所以 setContentView() 执行时，会创建出 Fragment，而 Fragment 在创建时又关联了 fragment_test_fragment.xml，于是你就在 Activity 的内容区看到了 fragment_test_fragment.xml 里面定义的内容。

Fragment 所占据整个内容区，此时 Fragment 就相当于一个页面，切换页面只需替换 Fragment 即可。ActionBar 属于 Activity，不属于 Fragment，所以各 Fragment 共享一个 ActionBar，我们可以在切换 Fragment 时改变 ActionBar 上的内容，这样就更像 Activity 切换了。下面我们就把登录页面和注册页面改用 Fragment 来实现。

8.3 改造登录页面

我们将把 MainActivity 作为各 Fragment 的宿主。

8.3.1 添加 layout 文件

当前的 MainActivity 只有一个 layout 文件（activity_main.xml）来定义它的内容，当我要使用 Fragment 的时候，由于 Fragment 占据了 Activity 的内容区，所以 Activity 的内容应移到 Fragment 的 layout 中，所以我为 Fragment 新建一个 layout 文件，然后把 activity_main.xml 的内容复制到新文件中。创建新 layout 资源文件的过程如下：

在 res 组上点出右键菜单，选择 new→Android resource file，如图 8.3.1.1 所示。

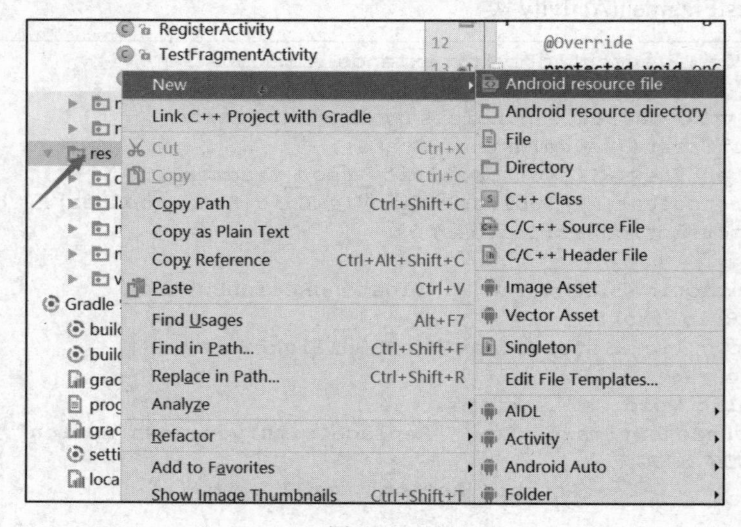

图 8.3.1.1

出现 New resource file 对话框，如图 8.3.1.2 所示。

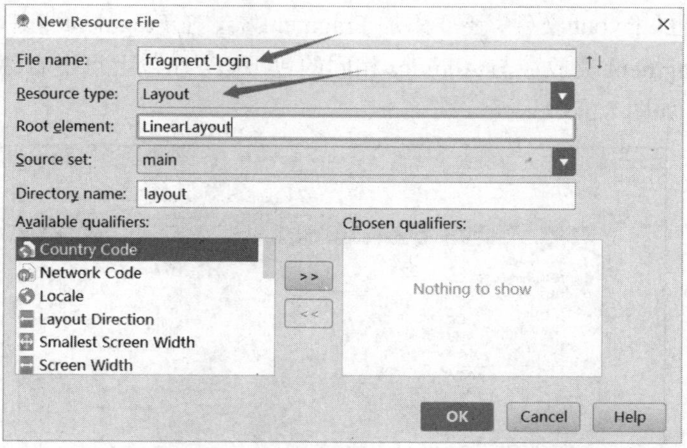

图 8.3.1.2

在 File name 字段输入“fragment_login”，在 Resource type 字符选择 Layout，其余不用动。至于 Root element（根元素）字段中是什么不重要，因为我们后面要重定义 layout 中的内容，点 OK，会在 res/layout/下创建出 fragment_login.xml 文件。

8.3.2　改变 layout 文件的内容

新 layout 文件创建后，将 activity_main.xml 的内容全部复制，粘贴到 fragment_login.xml 中替换现有内容。然后把 activity_main.xml 的内容改成这样：

```
<?xml version="1.0" encoding="utf-8"?>
<FrameLayout xmlns:android="http://schemas.android.com/apk/res/android"
    xmlns:app="http://schemas.android.com/apk/res-auto"
    xmlns:tools="http://schemas.android.com/tools"
    android:layout_width="match_parent"
    android:layout_height="match_parent"
android:id="@+id/fragment_container"
    tools:context="niuedu.com.andfirststep.MainActivity">

</FrameLayout>
```

现在只有一个 FrameLayout 而已，并且这个 layout 还充满了整个内容区。FrameLayout 有什么特点来？它的儿子们只能位于左上角，它适合多个 View 切换的场景。我们可以把一个 Fragment 嵌入到这个 FragmeLayout 中（实质上是运行时把 Fragment 的根 View 设置成了 FrameLayout 的儿子）。

当把新的 Fragment 嵌入到 FrameLayout 中而把旧的删除时，则完成了 Fragment 的切换。

注意这个 FrameLayout 有 id：fragment_layout，因为我们需要通过代码把 Fragment 放到它里面，需要操作它，所以它必须有 id。

8.3.3 添加 Fragment 类

有了 Fragment 的 layout 文件，还要添加 Fragment 类，在 Fragment 类中关联 layout 文件来创建界面。我把 Fragment 类放在与 Activity 相同的包下吧。在包上点出右键菜单，选择“New”→“Java Class”，如图 8.3.3.1 所示。

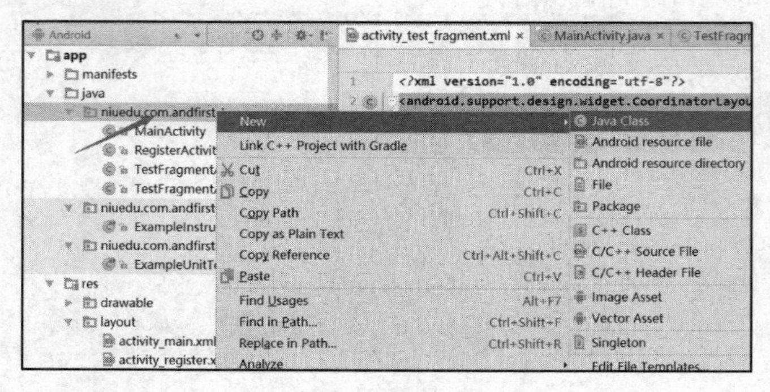

图 8.3.3.1

弹出创建类的对话框，像下图（如图 8.3.3.2 所示）这样填写内容。

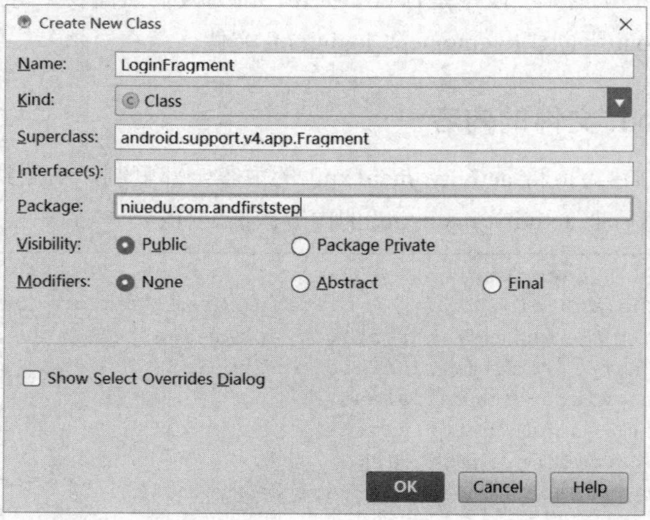

图 8.3.3.2

点 OK，Fragment 类被创建。在类中重写父类的方法 onCreateView()，在此方法中加载 fragment_layout.xml 中定义的界面：

```
public class LoginFragment extends Fragment {
    @Override
    public View onCreateView(LayoutInflater inflater, ViewGroup container,
                             Bundle savedInstanceState) {
        return inflater.inflate(R.layout.fragment_login, container, false);
    }
}
```

Fragment 的方法 onCreateView()在需要创建 Fragment 的界面时被调用，此时界面并没有被显示出来。注意 onCreateView()这个方法返回的是利用 Inflater 加载 layout 文件后创建的控件树的根控件，而不是像 Activity 一样利用 setContentView()把 layout 资源设置成自己的界面。前面我讲过，Activity 中放置 Fragment 时，其实放的是 Fragment 的根控件，就是这里返回的 View。我们在 Activity 中准备了一个 FrameLayout 来放置 Fragment，但是 Fragment 不会自动把自己放进去，需要写代码来完成。

在将 Fragment 放入 Activity 之前，我们还需要完成登录页面的业务逻辑，把 MainActivity 中与登录相关的代码移到 LoginFragment 中即可，首先将以下两个变量移到 LoginFragment 中：

```
EditText editTextName;
EditText editTextPassword;
再将 MainActivity 的 onCreate()方法中以下代码移到 LoginFragment 中：
//获取用户名和密码输入控件
editTextName = (EditText) findViewById(R.id.editTextName);
editTextPassword = (EditText) findViewById(R.id.editTextPassword);

//用 id 找到用户输入控件
editTextName = (EditText) findViewById(R.id.editTextName);
//用代码设置它的提示
editTextName.setHint("请输入用户名");

//找到登录按钮
Button buttonLogin = (Button) findViewById(R.id.buttonLogin);
//添加侦听器，响应按钮的 click 事件
buttonLogin.setOnClickListener(new View.OnClickListener() {
    @Override
    public void onClick(View v) {
        //创建 Snackbar 对象
        Snackbar snackbar = Snackbar.make(v,"你点我干啥?",
                Snackbar.LENGTH_LONG);
        //显示提示
        snackbar.show();
    }
});

//找到注册按钮，为它设置点击事件侦听器
Button buttonRegister = (Button) findViewById(R.id.buttonRegister);
buttonRegister.setOnClickListener(new View.OnClickListener() {
    @Override
    public void onClick(View v) {
        //当注册按钮被执行时调用此方法
        //创建 Intent，指明要启动的 Activity
        Intent intent = new Intent(MainActivity.this,RegisterActivity.class);
        //启动 Activity，要想获取被启动的 Activity 所返回的数据，需用此方法
        //第二个参数叫请求码，是一个整数
        startActivityForResult(intent,REGISTER_REQUEST_CODE);
    }
});
```

注意响应点击注册按钮的处理代码，不再以 Activity 作为注册页面，而是 Fragment，所以把启动 RegisterActivity 的代码删掉，这样 LoginFragment 的 onCreateView()方法代码如下：

```
@Override
public View onCreateView(LayoutInflater inflater, ViewGroup container,
                         Bundle savedInstanceState) {
    //加载 Fragment 的界面
    View v = inflater.inflate(R.layout.fragment_login, container, false);

    //获取用户名和密码输入控件
    editTextName = (EditText) v.findViewById(R.id.editTextName);
    editTextPassword = (EditText) v.findViewById(R.id.editTextPassword);

    //用 id 找到用户输入控件
    editTextName = (EditText) v.findViewById(R.id.editTextName);
    //用代码设置它的提示
    editTextName.setHint("请输入用户名");

    //找到登录按钮
    Button buttonLogin = (Button) v.findViewById(R.id.buttonLogin);
    //添加侦听器，响应按钮的 click 事件
    buttonLogin.setOnClickListener(new View.OnClickListener() {
        @Override
        public void onClick(View v) {
            //创建 Snackbar 对象
            Snackbar snackbar = Snackbar.make(v,"你点我干啥?",
                    Snackbar.LENGTH_LONG);
            //显示提示
            snackbar.show();
        }
    });

    //找到注册按钮，为它设置点击事件侦听器
    Button buttonRegister = (Button) v.findViewById(R.id.buttonRegister);
    buttonRegister.setOnClickListener(new View.OnClickListener() {
        @Override
        public void onClick(View v) {
            //当注册按钮被执行时调用此方法
        }
    });

    return v;
}
```

操作控件必须在控件被创建完成后，就是在 inflate()被调用之后。获取界面中某控件，使用 v.findViewById()，v 是界面控件树的根，这里是 fragment_login.xml 中的最外层元素 ScrollView。

再来看 MainActivity，其 onCreate()方法变成了这样：

```
@Override
protected void onCreate(Bundle savedInstanceState) {
    super.onCreate(savedInstanceState);

    //从 layout 资源文件中加资控件并设置给 Activity。
    setContentView(R.layout.activity_main);

    //获取 Action bar
    android.support.v7.app.ActionBar actionBar = this.getSupportActionBar();
    //显示返回图标
    actionBar.setDisplayHomeAsUpEnabled(true);
}
```

你还需要把 MainActivity 的 onActivityResult()方法删掉，因为我们不再启动 RegisterActivity，所以也不需要响应 Activity 返回事件了。现在把 MainActivity 的 onOptionsItemSelected()方法也改一下，最终 MainActivity 类的代码如下：

```
public class MainActivity extends AppCompatActivity {
    static final String EXTRA_KEY_NAME = "name";
    static final String EXTRA_KEY_PASSWORD = "password";

    @Override
    protected void onCreate(Bundle savedInstanceState) {
        super.onCreate(savedInstanceState);

        //从 layout 资源文件中加资控件并设置给 Activity。
        setContentView(R.layout.activity_main);

        //获取 Action bar
        android.support.v7.app.ActionBar actionBar =
this.getSupportActionBar();
        //显示返回图标
        actionBar.setDisplayHomeAsUpEnabled(true);
    }

    @Override
    public boolean onOptionsItemSelected(MenuItem item) {
        int id = item.getItemId();
        if (id == android.R.id.home) {
            //点了 Action bar 上的返回图标，现在什么也没做
            return true;
        }

        return super.onOptionsItemSelected(item);
    }
}
```

MainActivity 中已没有了登录逻辑代码。现在运行的话，只看到一片空白，因为它的内容区只是一个空的 FrameLayout，下面就把 LoginFragment 放到这个 FrameLayout 中。

8.3.4 将 Fragment 放到 Activity 中

我们需要在界面显示之前就把 Fragment 放到 Activity 中，所以在 MainActivity 的 onCreate() 中加入以下代码：

```
//将第一个 Fragment（即登录 Fragment）加入 Activity 中
FragmentManager fragmentManager = getSupportFragmentManager();
FragmentTransaction fragmentTransaction = fragmentManager.beginTransaction();
LoginFragment fragment = new LoginFragment();
fragmentTransaction.add(R.id.fragment_container, fragment);
fragmentTransaction.commit();
```

这段代码首先新建了一个 Fragment 的实例，这里要十分注意了，与 Activity 不同，Fragment 是可以被 new 出来的，那么它的实例我们也可以保存下来，只要对这个 Fragment 的引用存在，它就不会被销毁，所以我们可以控制 Fragment 的生死！

之后又获取了 Fragment 管理器，通过管理器开始了一个事务，然后通过事务将 Fragment 加入到 MainActivity 中指定的容器控件（FrameLayout）中，最后提交事务。所有对 Fragment 的添加、删除、替换等操作必须放在事务中。现在 MainActivity 的 onCreate()方法的代码如下：

```
@Override
protected void onCreate(Bundle savedInstanceState) {
    super.onCreate(savedInstanceState);

    //从 layout 资源文件中加资控件并设置给 Activity。
    setContentView(R.layout.activity_main);

    //获取 Action bar
    android.support.v7.app.ActionBar actionBar = this.getSupportActionBar();
    //显示返回图标
    actionBar.setDisplayHomeAsUpEnabled(true);

    //将第一个 Fragment（即登录 Fragment）加入 Activity 中
    FragmentManager fragmentManager = getSupportFragmentManager();
    FragmentTransaction fragmentTransaction =
fragmentManager.beginTransaction();
    LoginFragment fragment = new LoginFragment();
    fragmentTransaction.add(R.id.fragment_container, fragment);
    fragmentTransaction.commit();
}
```

运行一下 App，是不是登录页面又出现了？但现在点注册按钮不会出现注册页面，因为我们还需要创建一个注册 Fragment。

8.3.5 创建注册 Fragment

这回创建 Fragment 的方式与 LoginFragment 不同，这次我们借助 Android Studio 提供的工具把 Fragment 类和它对应的 layout 文件一起创建出来。过程如图 8.3.5.1 所示。

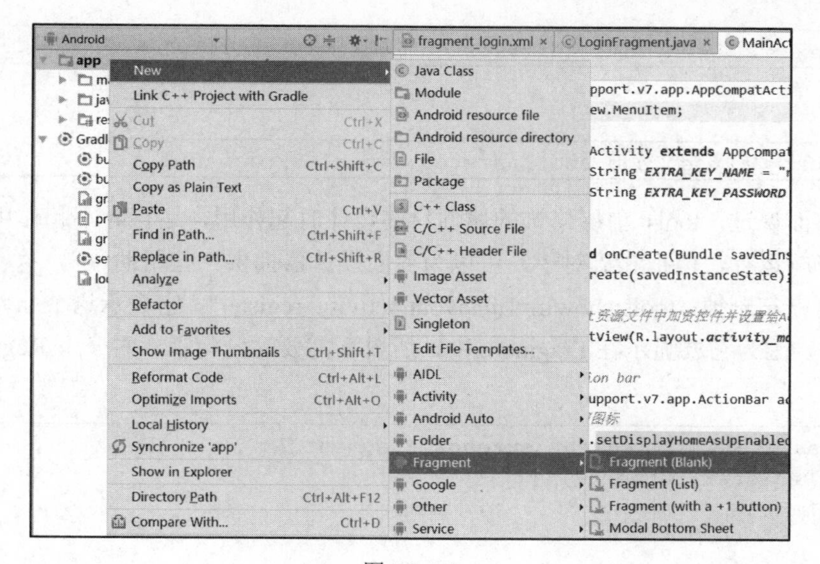

图 8.3.5.1

在 app 组上点出右键菜单，选择 New→Fragment→Fragment(Blank)，我们要创建一个 Blank（空白）Fragment。出现新建组件对话框，如图 8.3.5.2 所示。

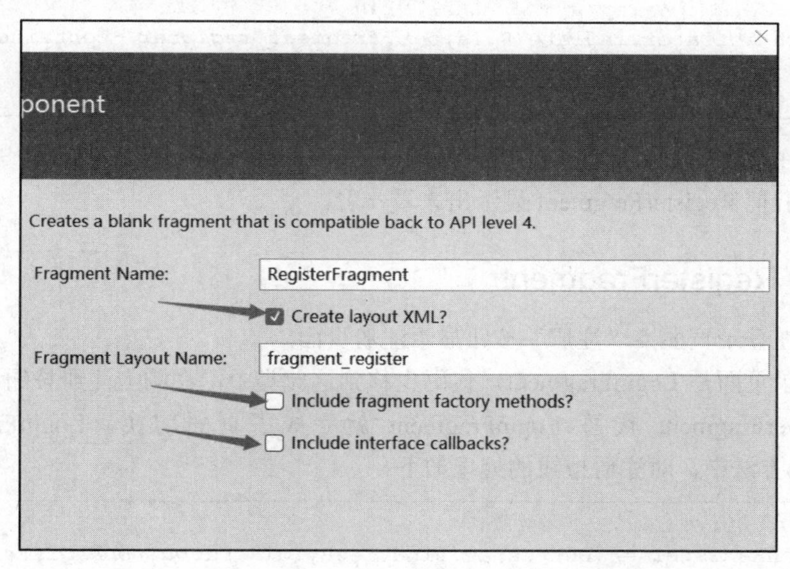

图 8.3.5.2

Fragment Name 字段填写 RegisterFragment，必须确保“Create layout XML”被选中，而“include fragment factory methods”和“include interface callbacks”不被选中，点 Finish 按钮。Gradle 经过一番努力，为我们添加了两个文件，一是 RegisterFragment 类，二是其 layout 文件 fragment_register.xml。

由于此 Fragment 是用来代替 RegisterActivity 的，所以我们可以把 RegisterActivity 的 layout 文件 content_register.xml 的内容全部复制到 fragment_register.xml 中，之后要改一个地方，把这一句：

```
tools:context="niuedu.com.andfirststep.RegisterActivity"
```

改为：

```
tools:context="niuedu.com.andfirststep.RegisterFragment"
```

还记得前面说过，tools 前缀修饰的属性只在设计时起作用，运行时不起作用，所以这里改不改都不影响运行，但把它搞对了，可以为界面设计器提供一些帮助。

还要把这一句删掉：tools:showIn="@layout/activity_register"，它表示这个 layout 显示在哪个 Activity 中，因为它要显示在 Fragment 中，所以不需要这一句了。看一下 RegisterFragment 类的内容吧：

```
public class RegisterFragment extends Fragment {
    public RegisterFragment() {
        // Required empty public constructor
    }

    @Override
    public View onCreateView(LayoutInflater inflater, ViewGroup container,
                             Bundle savedInstanceState) {
        // Inflate the layout for this fragment
        return inflater.inflate(R.layout.fragment_register, container, false);
    }
}
```

很简单。注意在 onCreateView()方法中，已经把 layout 文件与此 Fragment 进行了关联。

下一步我们把 RegisterFragment 显示出来看一看。

8.3.6 显示 RegisterFragment

依然需要在登录页面点“注册”按钮显示注册页面。

现在的登录页面是 LoginFragment，代码也移到这此类中，在响应注册按钮点击的侦听器中，用 RegisterFragment 代替 LoginFragment 就完成了页面切换。LoginFragment 类的 onCreateView()方法中，对注册按钮的处理如下：

```
//找到注册按钮，为它设置点击事件侦听器
Button buttonRegister = (Button) v.findViewById(R.id.buttonRegister);
buttonRegister.setOnClickListener(new View.OnClickListener() {
    @Override
    public void onClick(View v) {
        //当注册按钮被执行时调用此方法
        FragmentManager fragmentManager =
getActivity().getSupportFragmentManager();
        FragmentTransaction fragmentTransaction =
fragmentManager.beginTransaction();
        RegisterFragment fragment = new RegisterFragment();
        //替换掉 FrameLayout 中现有的 Fragment
        fragmentTransaction.replace(R.id.fragment_container, fragment);
```

```
        //将这次切换放入后退栈中，这样可以在点后退键时自动返回上一个页面
        fragmentTransaction.addToBackStack("login");
        fragmentTransaction.commit();
    }
});
```

现在可以运行 App 了，点注册按钮是不是进入了注册页面？按下后退键是不是回到了登录页面？但是，仅通过按返回键回到登录页面并不能满足我们，我们还想通过点 AppBar 上的返回图标返回上一个页面，这是下一节要讲的。

8.3.7　通过 AppBar 控制页面导航

首先注意，现在不论切换到哪个页面，Activity 并没有变，ActionBar 属于 Activity，所以 ActionBar 是同一个。还记得是哪个方法响应 ActionBar 上返回图标点击事件吗？是 Activity 的 onOptionsItemSelected()，在其中响应 android.R.id.home 菜单项即可。要想回到上一个 Fragment，我们只需要把当前的 Fragment 从后退栈中弹出即可。代码如下：

```
@Override
public boolean onOptionsItemSelected(MenuItem item) {
    int id = item.getItemId();
    if (id == android.R.id.home) {
        //点了Action bar上的返回图标
        FragmentManager fragmentManager = getSupportFragmentManager();
        fragmentManager.popBackStack();//从栈中弹出当前的Fragment
        return true;
    }

    return super.onOptionsItemSelected(item);
}
```

调用了方法 popBackStack()，将当前的 Fragment 弹出，就回到了上一个 Fragment。但前提是当初页面切换时，调用了方法 addToBackStack()。

当回到登录页面时，再点返回图标，此处代码依然被执行，然而由于加入登录 Fragment 时并没有调用方法 popBackStack()，所以此处代码虽被执行，但不起作用。

8.3.8　实现 RegisterFragment 的逻辑

跟 RegisterActivity 中的逻辑一样，点 Cancel 按钮时，忽略用户的输入，直接回到登录页面，点 OK 按钮时，执行注册逻辑（以后实现），然后返回登录页面，并且在登录页面中显示刚注册的用户名和密码。

在 RegisterFragment 类的方法中添加对 Cancel 按钮的响应，代码如下：

```
@Override
public View onCreateView(LayoutInflater inflater, ViewGroup container,
```

```
                    Bundle savedInstanceState) {
    //从 layout 文件创建界面
    View view = inflater.inflate(R.layout.fragment_register, container, false);
    //取得取消按钮
    Button buttonCancel = (Button) view.findViewById(R.id.buttonCancel);
    //响应取消按钮的点击事件
    buttonCancel.setOnClickListener(new View.OnClickListener() {
        @Override
        public void onClick(View v) {
            //关闭当前 Activity
            FragmentManager fragmentManager =
getActivity().getSupportFragmentManager();
            fragmentManager.popBackStack();//从栈中弹出当前的 Fragment
        }
    });
    return view;
}
```

可见响应 Cancel 按钮的代码，与点击 ActionBar 上的返回图标的处理方法相同。

下面在 Cancel 按钮的处理代码的最后面，“return view”这一句之前添加对 OK 按钮的响应：

```
//取得 OK 按钮
Button buttonOk = (Button) view.findViewById(R.id.buttonOk);
buttonOk.setOnClickListener(new View.OnClickListener() {
    @Override
    public void onClick(View v) {
        //获取控件
        EditText editTextName = (EditText) view.findViewById(R.id.editTextName);
        EditText editTextPassword = (EditText)
view.findViewById(R.id.editTextPassword);
        EditText editTextEmail = (EditText)
view.findViewById(R.id.editTextEmail);
        EditText editTextPhone = (EditText)
view.findViewById(R.id.editTextPhone);
        EditText editTextAddress = (EditText)
view.findViewById(R.id.editTextAddress);
        RadioGroup radioGroup = (RadioGroup) view.findViewById(R.id.radioGroup);

        //获取控件中的数据
        String name = editTextName.getText().toString();
        String password = editTextPassword.getText().toString();
        String email = editTextEmail.getText().toString();
        String phone = editTextPhone.getText().toString();
        String address = editTextAddress.getText().toString();
        boolean sex = false; //性别，我们设 true 代表男，false 代表女。默认为女。
        //获取单选按钮组中被选中的按钮的 ID
        int checkRadioId = radioGroup.getCheckedRadioButtonId();
        //如果这个 id 等于代表男的单选按钮的 id，则把 sex 置为 true
        if(checkRadioId == R.id.radioButtonMale){
```

```
            sex = true;
        }

        //注册
        //TODO：做好后台服务器后要实现此处代码

        //注册完成后，将用户名和密码保存到Activity中。
        MainActivity activity = (MainActivity) getActivity();
        if(activity != null){
            activity.userName = name;
            activity.password = password;
        }

        //回到上一个页面
        FragmentManager fragmentManager =
getActivity().getSupportFragmentManager();
        fragmentManager.popBackStack();//从栈中弹出当前的Fragment
    }
});
```

响应代码中，前面部分跟 RegisterAcitivity 中相同，取得控件，取得用户输入的值，进行注册。然而，注册完成后的处理就不一样了，因为此时不能再设置 Activity 的返回数据了。但怎样在一个 Fragment 关闭时把数据传给另一个 Fragment 呢?如果不考虑 Fragment 与 Activity 之间的低耦合问题的话就很简单：在 RegisterFragment 关闭之前将数据保存到它所在的 Activity（也就是 MainActivity）中，然后在 LoginFragment 被在显示之前从 MainActivity 取得数据，设置到相应的控件中即可。可以看到代码中，我们取得了 Fragment 所在的 MainActivity 的实例，然后把用户名和密码设置给了它的两个变量 userName 和 password，所以我们要在 MainActivity 类中添加两个实例变量（非静态变量）：

```
//保存刚注册的用户名和密码
String userName;
String password;
```

可能有读者要问了，为啥不直接把用户名和密码赋给 LoginFragment 呢? 你真想那样做，也可以，因为虽然现在 MainActivity 中包含的是 RegisterFragment，但是 LoginFragment 并没有死翘翘，但你需要在 MainActivity 中保存下对 LoginFragment 的引用，才能在 RegisterFragment 中访问它。

保存用户名和密码的值完成了，那如何在 LoginFragment 中将保存的用户名和密码读出来呢?

8.3.9　LoginFragment 中读出用户名和密码

当返回 LoginFragment 时，会重新创建 Fragment 的界面，会调用它的方法 onCreateView()，我们可以在此方法中，把 MainActivity 的 userName 和 password 的值赋给相应控件，如下所示。

```
//用id找到用户输入控件
```

```
editTextName = (EditText) v.findViewById(R.id.editTextName);
//用代码设置它的提示
editTextName.setHint("请输入用户名");

//如果用户名和密码非空，则赋给相应控件
MainActivity activity = (MainActivity) getActivity();
if(activity != null) {
    if(activity.userName != null) {
        editTextName.setText(activity.userName);
    }
    if(activity.password != null){
        editTextPassword.setText(activity.password);
    }
}
```

注意代码中我们进行了判断，如果用户名和密码为null，就不向控件赋值，这样就保证第一次显示LoginFragment时，用户名和密码输入控件为空，而从RegisterFragment返回时，用户名和密码输入控件就有值了。

8.3.10 Fragment 的生命周期

生命周期指的是一个对象从创建到销毁过程中经历的不同的阶段，每个阶段有不同的状态。为了在进入每个阶段后能执行一些我们自定义的逻辑，父类中都提供了回调方法供我们Override，这些回调方法叫作生命周期方法，之所以说它们是回调，因为它们是由我们实现，但不被我们调用，而是被系统调用。

当一个Fragment被添加到Activity时，要调用哪些生命周期方法呢？拿LoginFragment为例，在它被添加到Activity时，依次执行这几个回调方法：onAttach()→onCreate()→onCreateView()。onAttach()表示Fragment被附加到了Activity上，onCreate()表示Fragment被创建完成，onCreateView()表示要创建Fragment的界面。与Activity比较起来，值得关注的差别就是：Activity的onCreate()中需要加载界面，而Fragment必须在onCreateView()中加载界面。

在Fragment切换过程中会执行哪些生命周期方法呢？在RegisterFragment替换LoginFragment的过程中，只执行了LoginFragment的onDestroyView()，即LoginFragment的界面被销毁掉了。当从RegisterFragment返回到LoginFragment时，LoginFragment的onCreateView()被重新执行，于是其界面被重新创建。

再看一下Fragment的销毁过程，拿RegisterFragment来说，当从它返回LoginFragment时，会先执行它的onDestroyView()，再执行onDestroy()，再执行onDetach()，然后被销毁了。注意，从LoginFragment切换到RegisterFragment时，我们将这个替换过程加入到了后退栈中，于是LoginFragment需要保持在内存中，准备随时返回到它的页面，所以LoginFragment并没有与Activity Detach。

因为LoginFragment的onCreateView()在界面切换时一定会被执行，所以我们上一节选择在此方法中加载新注册的用户名和密码。

好了，运行一下试试。进入登录页面后，点“注册”进入注册页面，在注册页面输入用户

名和密码，点 OK 按钮，回到登录页面。此时应该在登录页面的用户名和密码控件中显示刚注册的用户名和密码。但是……可能结果让你震惊，注册的用户名和密码并没有显示出来！天啊！我们错在哪里？好像完全没错啊！这么诡异的问题，到底怎么引起的呢？下节分解！

8.3.11 Fragment 状态保存与恢复

Fragment 生命周期的回调函数还有好多没讲。现在再讲两个方法：

```
public void onViewStateRestored(@Nullable Bundle savedInstanceState) ;
public void onSaveInstanceState(Bundle outState);
```

确切地说这两个方法不属于生命周期回调方法，但它们的确又参与到了生命周期的过程中。onViewStateRestored()在 onCreateView()之后被调用，其作用是给你个机会恢复界面销毁前控件的内容（比如文本输入控件的内容）；onSaveInstanceState()在 Fragment 被销毁时调用，用于保存控件中的内容到硬盘中，它们两个相互配合，在 onSaveInstanceState()中保存控件的内容，然后在 onViewStateRestored()中赋给相应的控件的相应属性。如果我们不 Override 这两个方法，它们的默认实现是对具有 id 的控件进行内容的记录和恢复。如果你实现了自定义控件，可能就需要重写这两个方法以保存自定义数据。

注意这两个方法的调用并不是对称的，每次调用完 onCreateView()之后，onViewStateRestored()一定会被调用，但 onSaveInstanceState()只有在 Fragment 被系统杀死时才被调用。其实这两个方法在 Activity 中也有！就是为了应付 Activity 被悄悄杀死再悄悄复活而设立的（让用户感觉不到界面的变化）。不论是 Activity，还是 Fragment，只要没有被销毁，即使界面被销毁了，由于其各种变量依然存在，重建界面时可以直接把变量的值赋给控件，所以不用保存其状态。但一旦被销毁，重新创建时要想恢复之前的界面的内容，必须在销毁前就把相关内容保存下来（保存到硬盘上）。

总之，由于 Fragment 在 onCreateView()之后必然会调用 onViewStateRestored()，所以我们在 onCreateView()中为控件所赋的值在 onViewStateRestored()中被覆盖了，这就是在 LoginFragment 中以下代码不起作用的原因：

```
//如果用户名和密码非空，则赋给相应控件
MainActivity activity = (MainActivity) getActivity();
if(activity != null) {
    if (activity.userName != null) {
        editTextName.setText(activity.userName);
    }
    if (activity.password != null) {
        editTextPassword.setText(activity.password);
    }
}
```

怎么改进呢?很简单，重写 onViewStateRestored()，把这堆代码移到 onViewStateRestored()中：

```
@Override
public void onViewStateRestored(@Nullable Bundle savedInstanceState){
    super.onViewStateRestored(savedInstanceState);
```

```
        //如果用户名和密码非空，则赋给相应控件
        MainActivity activity = (MainActivity) getActivity();
        if(activity != null) {
            if (activity.userName != null) {
                editTextName.setText(activity.userName);
            }
            if (activity.password != null) {
                editTextPassword.setText(activity.password);
            }
        }
    }
```

再运行试试吧，是不是问题已解决?

8.3.12 总结

现在，已经把登录和注册功能移到 Fragment 中了，MainActivity 的角色发生了转变，成了页面容器，而 RegisterActivity 已不被使用，删除之。同时 MainActivity 中的常量"EXTRA_KEY_NAME"和"EXTRA_KEY_PASSWORD"由于不再需要在 Activity 之间传递数据而无用，删除之。删除 RegisterActivity 类的同时，不要忘记删掉它关联的资源，有 activity_register.xml 和 content_register.xml，还有 values/strings.xml 中的这一条：

```
<string name="title_activity_register">注册</string>。
```

还没完，打开 AndroidMainifest.xml，删掉此元素：

```
<activity
    android:name=".RegisterActivity"
    android:label="@string/title_activity_register"
    android:theme="@style/AppTheme.NoActionBar" />
```

现在，MainActivity 的代码如下：

```
public class MainActivity extends AppCompatActivity {

    //保存刚注册的用户名和密码
    String userName;
    String password;

    @Override
    protected void onCreate(Bundle savedInstanceState) {
        super.onCreate(savedInstanceState);

        //从 layout 资源文件中加资控件并设置给 Activity。
        setContentView(R.layout.activity_main);

        //获取 Action bar
        android.support.v7.app.ActionBar actionBar =
this.getSupportActionBar();
```

```
        //显示返回图标
        actionBar.setDisplayHomeAsUpEnabled(true);

        //将第一个 Fragment（即登录 Fragment）加入 Activity 中
        FragmentManager fragmentManager = getSupportFragmentManager();
        FragmentTransaction fragmentTransaction =
fragmentManager.beginTransaction();
        LoginFragment fragment = new LoginFragment();
        fragmentTransaction.add(R.id.fragment_container, fragment);
        fragmentTransaction.commit();
    }

    @Override
    public boolean onOptionsItemSelected(MenuItem item) {
        int id = item.getItemId();
        if (id == android.R.id.home) {
            //点了 Action bar 上的返回图标
            FragmentManager fragmentManager = getSupportFragmentManager();
            fragmentManager.popBackStack();//从栈中弹出当前的 Fragment
            return true;
        }

        return super.onOptionsItemSelected(item);
    }
}
```

LoginFragment 的代码如下：

```
public class LoginFragment extends Fragment {
    EditText editTextName;
    EditText editTextPassword;

    @Override
    public View onCreateView(LayoutInflater inflater, ViewGroup container,
                             Bundle savedInstanceState) {
        //加载 Fragment 的界面
        View v = inflater.inflate(R.layout.fragment_login, container, false);

        //获取用户名和密码输入控件
        editTextName = (EditText) v.findViewById(R.id.editTextName);
        editTextPassword = (EditText) v.findViewById(R.id.editTextPassword);

        //用 id 找到用户输入控件
        editTextName = (EditText) v.findViewById(R.id.editTextName);
        //用代码设置它的提示
        editTextName.setHint("请输入用户名");

        //找到登录按钮
        Button buttonLogin = (Button) v.findViewById(R.id.buttonLogin);
        //添加侦听器，响应按钮的 click 事件
        buttonLogin.setOnClickListener(new View.OnClickListener() {
```

```
            @Override
            public void onClick(View v) {
                //创建 Snackbar 对象
                Snackbar snackbar = Snackbar.make(v,"你点我干啥?",
                        Snackbar.LENGTH_LONG);
                //显示提示
                snackbar.show();
            }
        });

        //找到注册按钮，为它设置点击事件侦听器
        Button buttonRegister = (Button) v.findViewById(R.id.buttonRegister);
        buttonRegister.setOnClickListener(new View.OnClickListener() {
            @Override
            public void onClick(View v) {
                //当注册按钮被执行时调用此方法
                FragmentManager fragmentManager =
getActivity().getSupportFragmentManager();
                FragmentTransaction fragmentTransaction =
fragmentManager.beginTransaction();
                RegisterFragment fragment = new RegisterFragment();
                //替换掉 FrameLayout 中现有的 Fragment
                fragmentTransaction.replace(R.id.fragment_container, fragment);
                //将这次切换放入后退栈中，这样可以在点后退键时自动返回上一个页面
                fragmentTransaction.addToBackStack("login");
                fragmentTransaction.commit();
            }
        });

        return v;
    }

    @Override
    public void onViewStateRestored(@Nullable Bundle savedInstanceState){
        super.onViewStateRestored(savedInstanceState);

        //如果用户名和密码非空，则赋给相应控件
        MainActivity activity = (MainActivity) getActivity();
        if(activity != null) {
            if (activity.userName != null) {
                editTextName.setText(activity.userName);
            }
            if (activity.password != null) {
                editTextPassword.setText(activity.password);
            }
        }
    }
}
```

RegisterFragment 代码如下：

```
public class RegisterFragment extends Fragment {
    public RegisterFragment() {
        // Required empty public constructor
    }

    @Override
    public View onCreateView(LayoutInflater inflater, ViewGroup container,
                             Bundle savedInstanceState) {
        // Inflate the layout for this fragment
        final View view = inflater.inflate(R.layout.fragment_register, container,
false);
        //取得取消按钮
        Button buttonCancel = (Button) view.findViewById(R.id.buttonCancel);
        //响应取消按钮的点击事件
        buttonCancel.setOnClickListener(new View.OnClickListener() {
            @Override
            public void onClick(View v) {
                //关闭当前Activity
                FragmentManager fragmentManager =
getActivity().getSupportFragmentManager();
                fragmentManager.popBackStack();//从栈中弹出当前的Fragment
            }
        });

        //取得OK按钮
        Button buttonOk = (Button) view.findViewById(R.id.buttonOk);
        buttonOk.setOnClickListener(new View.OnClickListener() {
            @Override
            public void onClick(View v) {
                //获取控件
                EditText editTextName = (EditText)
view.findViewById(R.id.editTextName);
                EditText editTextPassword = (EditText)
view.findViewById(R.id.editTextPassword);
                EditText editTextEmail = (EditText)
view.findViewById(R.id.editTextEmail);
                EditText editTextPhone = (EditText)
view.findViewById(R.id.editTextPhone);
                EditText editTextAddress = (EditText)
view.findViewById(R.id.editTextAddress);
                RadioGroup radioGroup = (RadioGroup)
view.findViewById(R.id.radioGroup);

                //获取控件中的数据
                String name = editTextName.getText().toString();
                String password = editTextPassword.getText().toString();
                String email = editTextEmail.getText().toString();
                String phone = editTextPhone.getText().toString();
                String address = editTextAddress.getText().toString();
                boolean sex = false; //性别，我们设true代表男，false代表女。默认为女。
```

```
            //获取单选按钮组中被选中的按钮的 ID
            int checkRadioId = radioGroup.getCheckedRadioButtonId();
            //如果这个 id 等于代表男的单选按钮的 id，则把 sex 置为 true
            if(checkRadioId == R.id.radioButtonMale){
                sex = true;
            }

            //注册
            //TODO：做好后台服务器后要实现此处代码

            //注册完成后，将用户名和密码保存到 Activity 中。
            MainActivity activity = (MainActivity) getActivity();
            if(activity != null){
                activity.userName = name;
                activity.password = password;
            }

            //回到上一个页面
            FragmentManager fragmentManager =
getActivity().getSupportFragmentManager();
            fragmentManager.popBackStack();//从栈中弹出当前的 Fragment
        }
    });

    return view;
  }
}
```

8.4 对话框

我们经常看到某些 App 的主页面上按下返回键时会出现对话框，询问我们是否真的退出。实现这个功能的原理很简单：响应返回键，在其中显示对话框，对话框上有“退出”、“取消”之类的按钮，点“退出”时 finish()当前 Activity，点“取消”时啥也不做。问题是，如何显示对话框？答案是使用 DialogFragment 类。

首先要知道 DialogFragment 是一个 Fragment，它必须依附 Activity 而起作用。要使用它，必须从它派生一个子类，在子类中重写 onCreateDialog()方法，在此方法中创建真正的 Dialog。实际上，DialogFragment 是 Dialog 的一个容器，我们看到的对话框，是 Dialog 提供的，而 Dialog 通过依附在 Fragment 中，可以自动配合 Activity 的生命周期。下面就创建一个询问是否退出的对话框。

8.4.1 创建子类

首先从 DialogFragment 派生一个子类。我们把这个类作为 MainActivity 的内部类吧。在

MainActivity 类中添加以下代码：

```
public static class ExitDialogFragment extends DialogFragment {
    //重写父类的方法，在此方法中创建 Dialog 对象并返回
    @Override
    public Dialog onCreateDialog(Bundle savedInstanceState) {
        // Use the Builder class for convenient dialog construction
        AlertDialog.Builder builder = new AlertDialog.Builder(getActivity());
        //创建对话框之前，设置一些对话框的配置或数据
        //设置对话框中显示的主内容
        builder.setMessage(R.string.exit_or_not)
                //设置对话框中的正按钮以及按钮的响应方法，指相当于 OK，YES 之类的按钮
                .setPositiveButton(R.string.ok, new
DialogInterface.OnClickListener() {
                    public void onClick(DialogInterface dialog, int id) {
                        //退出当前的 Activity
                        getActivity().finish();
                    }
                })
                //设置对话框中的负按钮以及按钮的响应方法，指相当于取消之类的按钮
                .setNegativeButton(R.string.cancel, new
DialogInterface.OnClickListener() {
                    public void onClick(DialogInterface dialog, int id) {
                        //用户点了取消，什么也不干
                    }
                });
        //创建对话框并返回它
        return builder.create();
    }
}
```

这一堆代码定义了 DialogFragment 的子类，并重写的父类的方法 onCreateDialog()，在此方法中创建了 Dialog 的一个子类 AlertDialog 的一个实例并返回。这段代码在书写时，可能需要 import 多个类，注意有些类在不同的包中都存在，比如类 DialogFragment，有以下选择，如图 8.4.1.1 所示。

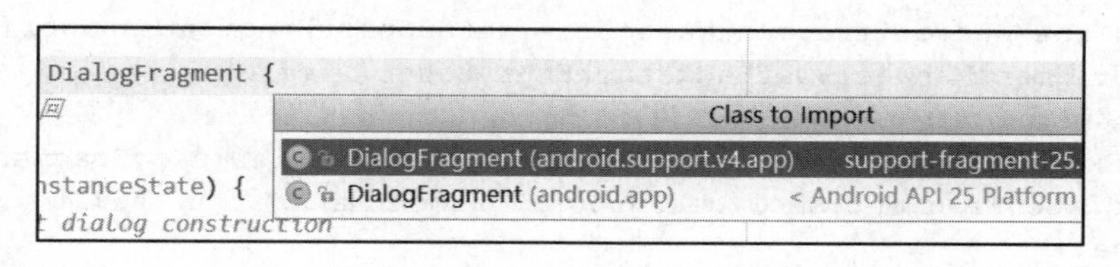

图 8.4.1.1

注意你要选带有“support”的包。因为我们使用的 Activity 就是 support 库中的，有图为证，如图 8.4.1.2 所示。

```
import android.support.v7.app.AppCompatActivity;
import android.view.MenuItem;

public class MainActivity extends AppCompatActivity {
```

图 8.4.1.2

反正就是看到带有“support”的包时，就选择它。还有，R.string.ok 和 R.string.cancel 两个常量，代表的是字符串资源，你需要自己添加这两个字符串（快捷键 Alt+enter）。你可能还注意到这个类是 static 的，这是因为 Fragment 的子类作为内部类时，必须是 static 类。

8.4.2 显示对话框

要显示对话框很简单：创建 DialogFragment 对象，调用其方法 show()，代码如下：

```
ExitDialogFragment dialogFragment = new ExitDialogFragment();
dialogFragment.show(getSupportFragmentManager(), "exit");
```

问题是在哪里执行这段代码。我们希望在主页面中点返回键时执行这段代码，需要响应返回键，我们已经在 MainActivity 中响应了返回键，现在的逻辑是从后退栈中弹出上一个 Fragment，当然这只有处于 RegisterFragment 页面时起作用，在 LoginFragment 页面时不起作用。在处于 LoginFragment 页面时，应显示出对话框。我们首先要确定当前页面是不是 LoginFragment，我们可以为 MainActivity 添加一个字段，在页面切换时用它记录下当前是哪个页面处于显示状态（在 Fragment 的 onCreateView()方法中设置这个字段的值），这种方法可以做到万无一失，但是封装性不佳。但还有更简单一点的做法：查看到前后退栈中是否有条目，如果没有，说明退回到了最初的页面（LoginFragment）了，就应该显示询问是否退出的对话框了，就用这个办法吧，修改 MainActivity 的 onOptionsItemSelected()方法如下：

```
@Override
public boolean onOptionsItemSelected(MenuItem item) {
    int id = item.getItemId();
    if (id == android.R.id.home) {
        //点了 Action bar 上的返回图标
        FragmentManager fragmentManager = getSupportFragmentManager();
        if(fragmentManager.getBackStackEntryCount() == 0){
            //如果后退栈空了，则说明回到了最初页面，显示退出提示对话框
            ExitDialogFragment dialogFragment = new ExitDialogFragment();
            dialogFragment.show(getSupportFragmentManager(), "exit");
        }else {
            //从后退栈中弹出当前的 Fragment
            fragmentManager.popBackStack();
        }
        //处理过的条目必须返回 true
        return true;
    }
    return super.onOptionsItemSelected(item);
}
```

现在运行 App，在登录页面点 AppBar 上的返回图标，是不是出现了对话框?如图 8.4.2.1 所示。

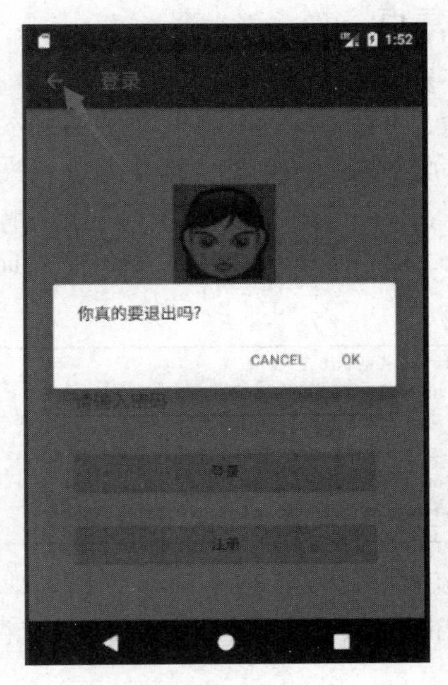

图 8.4.2.1

但是，当你按返回键时，却不会出现此对话框，而是直接把 Activity 隐藏了。这是个问题，如何解决呢？下节分解。

8.4.3　响应返回键

对按键的响应，是在 Activity 中做的。Activty 类中已实现了方法 onKeyDown()，对键的按下进行了默认处理。我们要响应按键实现自己的处理，就需要重写此方法，在此方法中判断当前页面是不是登录页面，若是，则弹出退出提示对话框，否则就按默认方式处理，如何按默认方式处理呢？调用父类的实现即可：

```
@Override
public boolean onKeyDown(int keyCode, KeyEvent event){
    FragmentManager fragmentManager = getSupportFragmentManager();
    if(fragmentManager.getBackStackEntryCount() == 0){
        //如果后退栈空了，则说明回到了最初页面，显示退出提示对话框
        ExitDialogFragment dialogFragment = new ExitDialogFragment();
        dialogFragment.show(getSupportFragmentManager(), "exit");
        return true;
    }else {
        //执行默认的操作
        return super.onKeyDown(keyCode,event);
    }
}
```

完成，收功！现在运行 App 试试吧。

8.4.4 取消输入控件的焦点

可能你还对一件事感到不爽：每次进入登录界面时，都会弹出软键盘。这是因为最上面的文本输入控件默认获得了焦点，于是触发了软键盘。但这真的令人讨厌！Android 系统又来自作聪明，人类明明不喜欢这样嘛！我们想输入的时候自己点出来，不想的时候就别出来。

怎么解决这个问题呢？只需要取消输入框默认获得焦点的特性即可。打开登录 Fragment 的 UI 定义文件 fragment_login.xml，以源码的形式打开，把 RelativeLayout 元素的属性更改如下：

```
<RelativeLayout
    android:layout_width="match_parent"
    android:layout_height="wrap_content"
    android:layout_gravity="center_vertical"
    android:focusable="true"
    android:focusableInTouchMode="true">
```

增加了两个属性，必须同时具有这两个属性才能获取焦点。此处是把焦点给了 RelativeLayout 这个容器，这样的话文本输入控件就不能默认获得焦点了。

第 9 章 菜 单

Android App 中的菜单是这个样子，如图 9.1 所示。

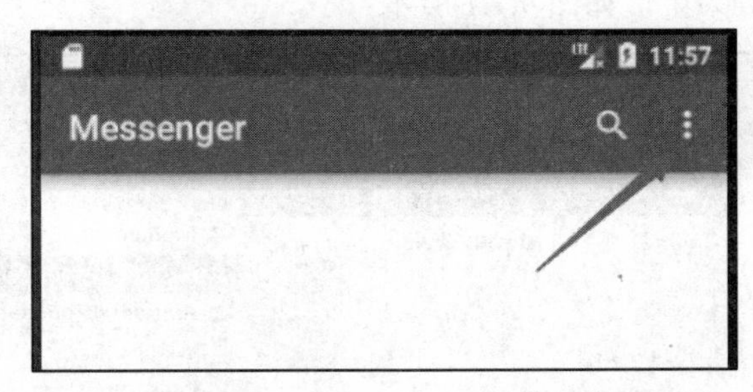

图 9.1

点箭头所指的三个点，才出现菜单，如图 9.2 所示。

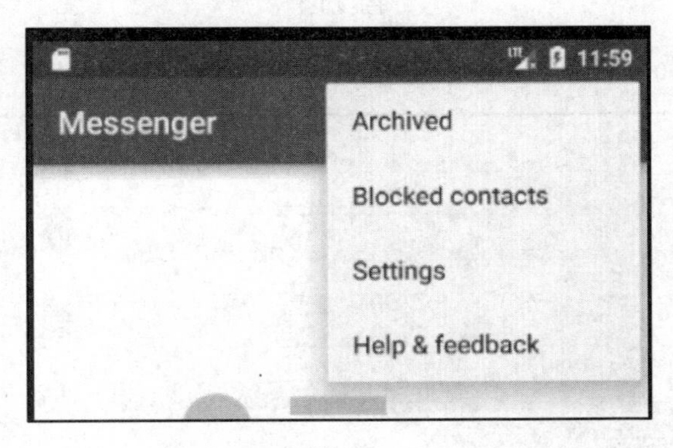

图 9.2

在前面，我们在响应 App Bar 上的后退图标的点击时，重写了 Activity 的方法 onOptionsItemSelected()，这个方法就是用于响应菜单项的选择的，也就是说 App Bar 上的后退图标其实是被当做菜单项来处理的。但是，实现了这个方法并不能让菜单出现，实现 Activity 的另一个方法 onCreateOptionsMenu()才能让菜单显示出来，需要显示菜单时，它会被系统调用，我们必须在这个方法中创建菜单。你要搞清楚一点：不是我们响应点击事件然后把菜单显示出来，而是系统去做，我们要做的是写出创建菜单的代码。也就是说，显示什么样的菜单由我们决定，而何时把菜单显示出来由系统决定。总之，实现 onCreateOptionsMenu()，显示菜单，实现 onOptionsItemSelected()，响应菜单项。

下面我们首先实现 onCreateOptionsMenu()方法。这个方法有一个参数“Menu menu”，它就是要显示的菜单，我们创建出菜单项之后，要把菜单项添加到这个菜单里面。菜单项如何创建呢？当然我们可以使用代码创建菜单项，即创建类 MenuItem 的实例，但是有更好的办法，就是添加一个菜单资源，在资源中添加菜单项，这就可以可视化地设计菜单。

下面我们就添加一个菜单资源。

9.1 添加菜单资源

在 app 组上点出右键菜单，如图 9.1.1 所示。

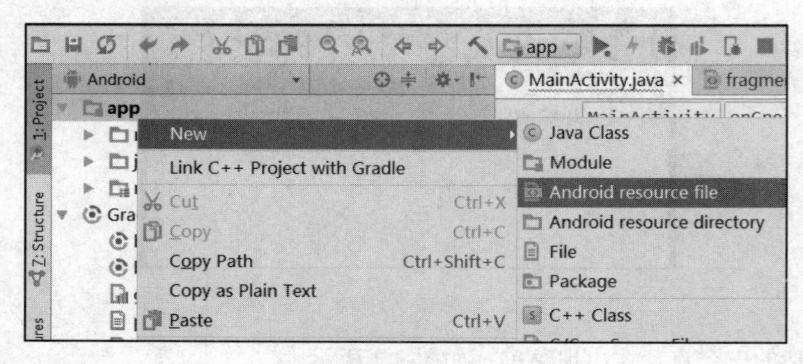

图 9.1.1

选择“Android resource file”，出现创建资源对话框，如图 9.1.2 所示。

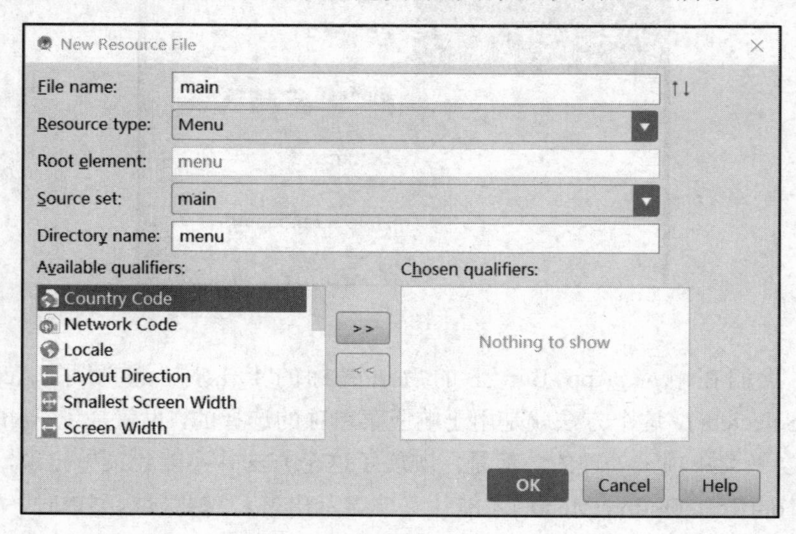

图 9.1.2

参照图 9.1.2 去填，“File name”中填“main”，这是资源文件的名字，你可以改成你喜欢的，“Resource type（资源类型）”这一项必须选 Menu，其余不变，点 OK，菜单资源被添加，如图 9.1.3 所示。

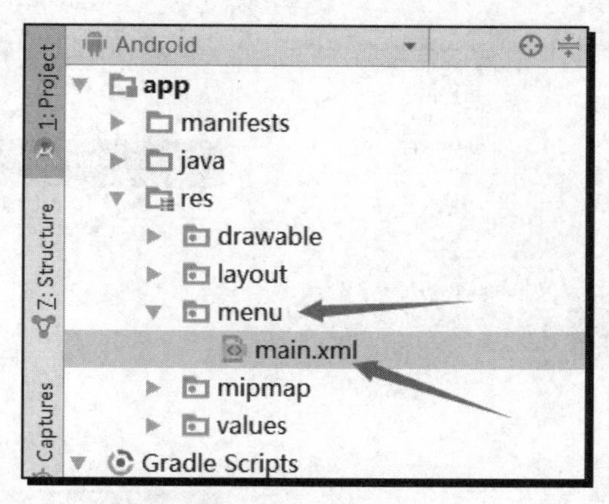

图 9.1.3

在上图中，可以看到工程文件树的 res 中多了一个组 menu，其下有一个文件 main.xml。打开这个文件就可以看到菜单设计界面，如图 9.1.4 所示。

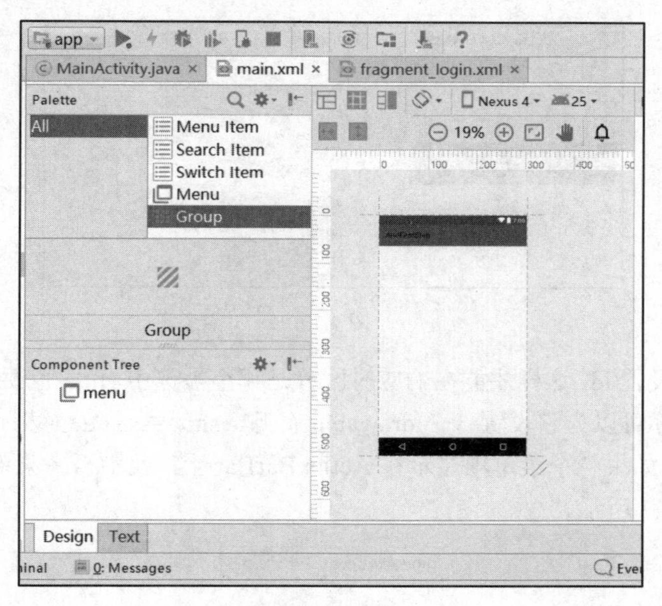

图 9.1.4

看起来跟界面设计器差不多，我也不必多介绍了，以看官你的智慧肯定一看就明白。

组件树中默认已经有了一个 menu，代表一个菜单，我们需要做的就是向它里面添加菜单项。拖一个“Menu Item”到 menu 中，注意不要往组件树里拖，拖不进去，往预览图中拖，如图 9.1.5 所示。

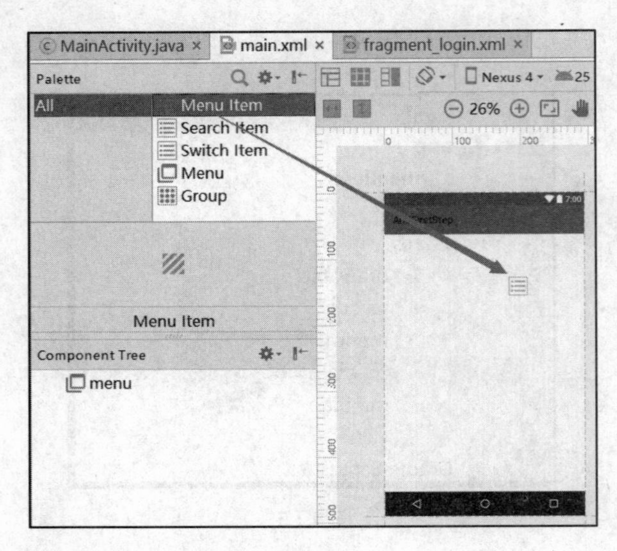

图 9.1.5

添加菜单项之后，就可以选中它，在属性编辑器中对它进行编辑，如图 9.1.6 所示。

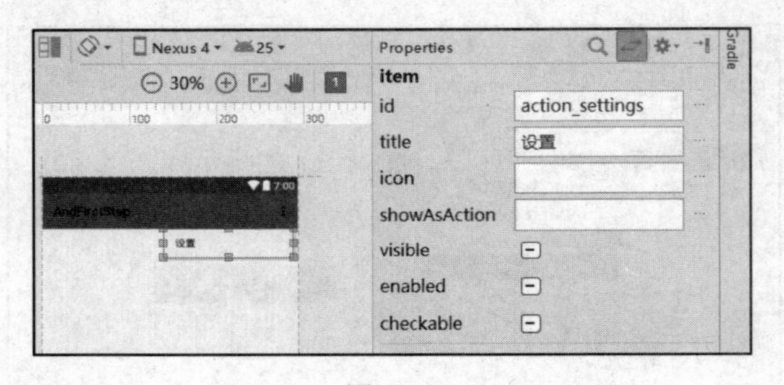

图 9.1.6

必须为菜单项设置 id，这样才能在响应时区分是哪个被选中，title 也要设置正确的值。icon 是菜单项的图标，你可以为它设置一个 drawable 资源。showAsAction 表示是否将这个菜单项放到 ActionBar 上，如果一个菜单项显示在 ActionBarBar 上，就不再在菜单中显示了，其值有以下选项，如图 9.1.7 所示。

图 9.1.7

- never 表示永远不，这是默认值。
- ifRoom 表示 App Bar 只要有空件，就放到 App Bar 上。

- always 表示永远放在 App Bar 上，不管有没有空间。
- withText 表示菜单项的文本与图标一起显示。
- collapseActionView 表示菜单项如果是一个复杂控件时，把这个控件收缩起来。

res/menu/main.xml 这个文件的内容是这样的：

```
<?xml version="1.0" encoding="utf-8"?>
<menu xmlns:app="http://schemas.android.com/apk/res-auto"
   xmlns:android="http://schemas.android.com/apk/res/android">
   <item
       android:id="@+id/action_settings"
       android:title="设置" />
</menu>
```

下一步要把菜单创建出来。

9.2 重写 onCreateOptionsMenu()

代码如下，请仔细看注释：

```
@Override
public boolean onCreateOptionsMenu(Menu menu) {
    //获取用于从资源创建菜单的工具
    MenuInflater inflater = getMenuInflater();
    //从资源创建菜单，传入 menu 表示把创建出来的菜单项放到 menu 中。
    inflater.inflate(R.menu.main, menu);
    //返回 true，菜单就会被显示，否则不显示
    return true;
}
```

此时再运行 App，是不是能看到菜单了?如图 9.2.1 所示。

点击图标出现菜单，如图 9.2.2 所示。

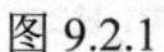

图 9.2.1

图 9.2.2

9.3 嵌套菜单

所谓嵌套菜单，指的是某个菜单项对应的是一个子菜单，如图 9.3.1 所示。

点“子菜单”这一项后，出现子菜单，如图 9.3.2 所示。

子菜单中只有一项，上图中灰色的字是这个子菜单的名字。如何显示这样的子菜单呢？首先你需要添加一个菜单项，将其 Title 设置为字符串“子菜单”，如图 9.3.3 所示。

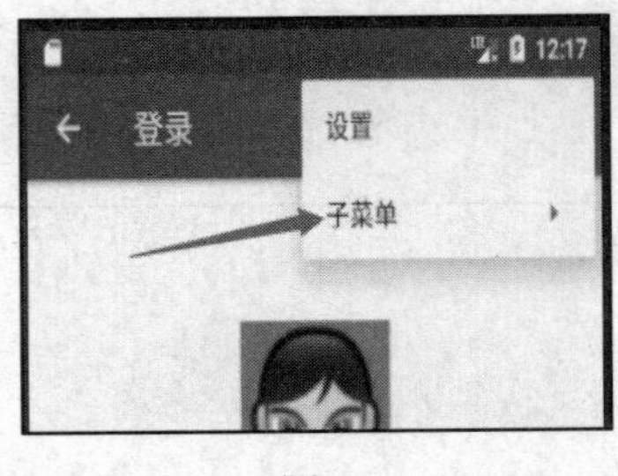

图 9.3.1

图 9.3.2

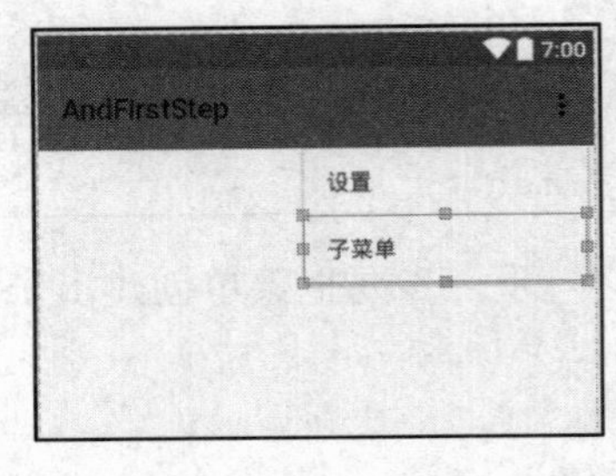

图 9.3.3

然后拖一个“Menu”，放到这个新加菜单项上，如图 9.3.4 所示。

注意要往控件树中的菜单项上拖，不要往预览里拖。反正在我写此文时，菜单设计器还不是很完美，你可以多试几种方式，得到想要的结果就算 OK，也许当你用的时候已经没 bug 了。放到菜单项上之后是这样子，如图 9.3.5 所示。

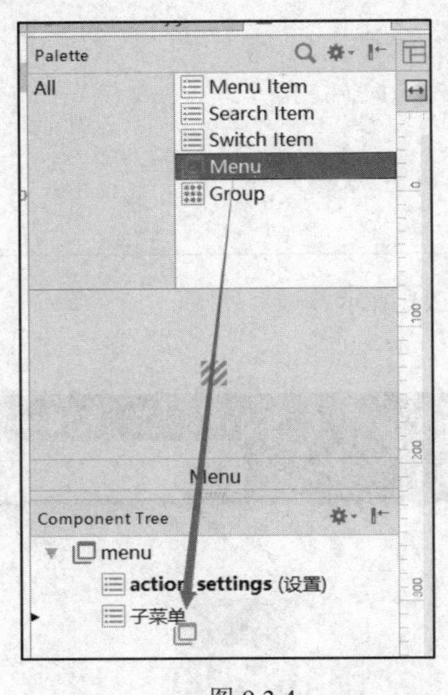

图 9.3.4

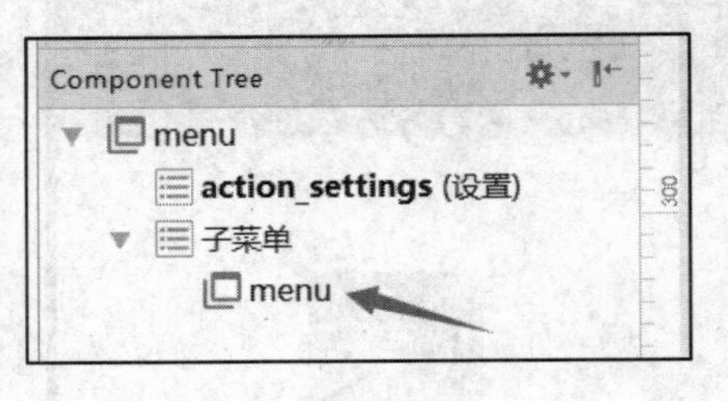

图 9.3.5

menu 就是一个子菜单，需要往它里面添加菜单项，拖一个 Menu Item 给它吧，但是不行，拖不进去！应该还是有 bug，试了多种方式不行，只能祭大招了，直接改代码，如图 9.3.6 所示。

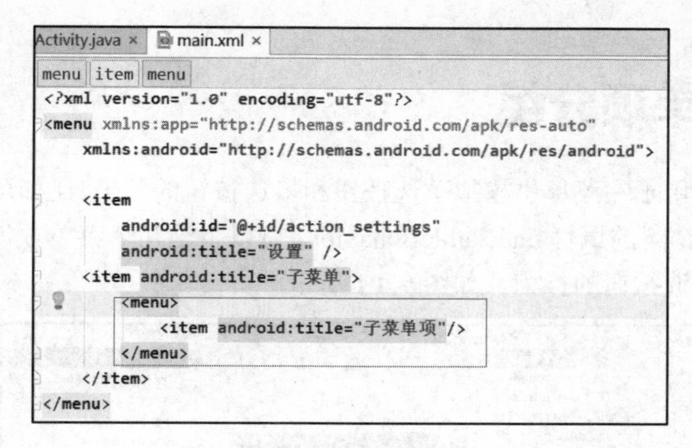

```
<?xml version="1.0" encoding="utf-8"?>
<menu xmlns:app="http://schemas.android.com/apk/res-auto"
    xmlns:android="http://schemas.android.com/apk/res/android">

    <item
        android:id="@+id/action_settings"
        android:title="设置" />
    <item android:title="子菜单">
        <menu>
            <item android:title="子菜单项"/>
        </menu>
    </item>
</menu>
```

图 9.3.6

在设计器中看起来这样，如图 9.3.7 所示。

图 9.3.7

选中这个新加的子菜单项，设置它的 ID，如图 9.3.8 所示。

Properties	
item	
id	action_submenu_item
title	子菜单项
icon	
showAsAction	
visible	⊟
enabled	⊟
checkable	⊟

图 9.3.8

完工，运行看看效果吧。

9.4 菜单项分组

菜单项分组主要用于在菜单中模拟单选按钮和多选按钮的效果，比如可以把多个菜单项加入同一个组，设置这个组的属性 checkableBehavior，可以将这几个菜单项设置成单选按钮的行为，也可以设置成多选按钮的行为，如图 9.4.1 所示。

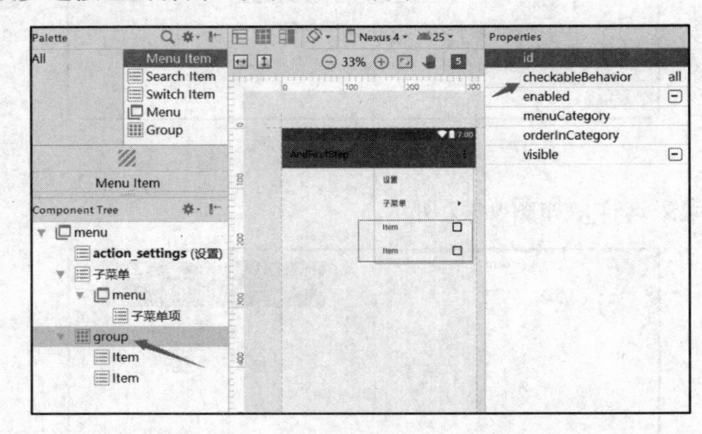

图 9.4.1

由于不常用，就不详细讲了，请读者自行上网搜索学习。

9.5 响应菜单项

前面讲过，响应菜单项应该在方法 onOptionsItemSelected()中，我们已经在 MainActivity 类中实现了它。现在要做的是在其中添加对新增加的菜单项的响应，废话少说，直接上代码：

```
@Override
public boolean onOptionsItemSelected(MenuItem item) {
    int id = item.getItemId();
    if (id == android.R.id.home) {
        //点了 Action bar 上的返回图标
        FragmentManager fragmentManager = getSupportFragmentManager();
        if(fragmentManager.getBackStackEntryCount() == 0){
            //如果后退栈空了，则说明回到了最初页面，显示退出提示对话框
            ExitDialogFragment dialogFragment = new ExitDialogFragment();
            dialogFragment.show(getSupportFragmentManager(), "exit");
        }else {
            //从后退栈中弹出当前的 Fragment
            fragmentManager.popBackStack();
        }

        //处理过的条目必须返回 true
```

```
        return true;
    }else if(id==R.id.action_settings){
        //选了设置菜单项，显示一条提示信息
        Snackbar.make(findViewById(R.id.fragment_container),
                "你选了设置",
                Snackbar.LENGTH_LONG).show();
    }else if(id == R.id.action_submenu_item){
        //选了子菜单下的子菜单项，显示一条提示信息
        Snackbar.make(findViewById(R.id.fragment_container),
                "你选了子菜单项",
                Snackbar.LENGTH_LONG).show();
    }

    return super.onOptionsItemSelected(item);
}
```

在方法中增加了对“设置”菜单项和“子菜单”菜单项的判断和处理，判断方式就是通过菜单项 id 进行比较。对它们的响应是简单的显示提示信息。显示提示信息用了一个叫作 Snackbar 的类。让我们花一点点时间学习一下这个类的用法：调用 Snackbar 的静态方法 make()创建一个 Snackbar 对象。向 make()传入三个参数：第一个参数是一个 View，提示信息就显示在它或它的父 View 上面，第二个参数是信息内容，第三个参数是信息显示的时间，我们传入的是“LENGTH_LONG”，一看就知道是长时间显示。之后调用 Snackbar 对象的方法 show()把提示信息显示出来，效果如图 9.5.1 所示。

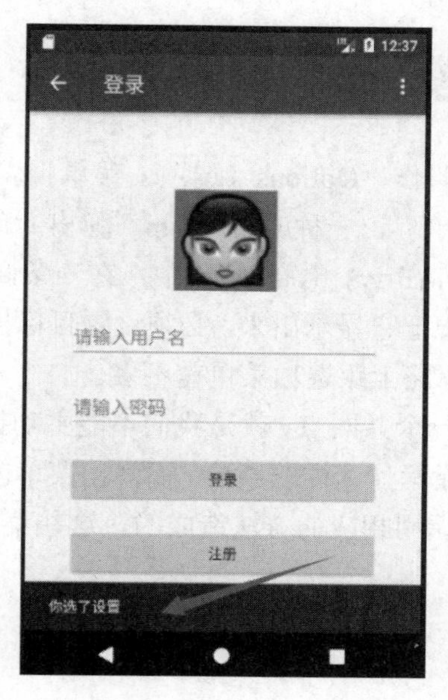

图 9.5.1

当我选择“设置”菜单项时，Snackbar 便出现，它是出现在底部的一个长条，过一段时间就会自动消失，这个时间的长短就是由 make()的第三个参数决定的。

注意：其实 Snackbar 显示时所在的控件并不一定是 make()的第一个参数传入的 View。事

情的经过是这样的：make()方法内部会查看传入的 View 是否合适。比如你传入的是一个很小的 Button，在它上面是不可能显示一个长条，所以会查看 Button 的爸爸，如果它爸爸不合适再查看它的爷爷，直到找到一个合适的 View，Snackbar 就显示在它上面。

Snackbar 取代了传统的显示提示类 Toast。然而 Snackbar 也不是 Android SDK 核心库中的类，而是 Design 库中的，所以要添加对 Design 库的依赖：implementation 'com.android.support:support-v4:27.+'。现在的依赖项是这样的：

```
dependencies {
    implementation fileTree(include: ['*.jar'], dir: 'libs')
    implementation 'com.android.support:appcompat-v7:27.+'
    implementation 'com.android.support.constraint:constraint-layout:1.1.0'
    implementation 'com.android.support:design:27.+'
implementation 'com.android.support:support-v4:27.+'
    testImplementation 'junit:junit:4.12'
    androidTestImplementation 'com.android.support.test:runner:1.0.1'
    androidTestImplementation
'com.android.support.test.espresso:espresso-core:3.0.1'
}
```

注意版本号，我的是 27.+，当你读此文时，此版本号应该又更新了，切不可随意填，要参考一下 Support 库的版本，与它一样就没问题。

9.6 其他菜单类型

前面讲的菜单有个名字，叫作"Options（选项）菜单"。其实，还有两种不同的菜单，一种叫"Context（上下文）菜单"，一种叫"Popup（弹出）菜单"。

上下文菜单是什么样呢？你在一个电商 App 中，在一条商品上长按，可能会出现菜单，这个菜单就是上下文菜单。要想把它显示出来，必须设置目标控件支持上下文菜单，然后还要重写 Activity 中有关的方法，思路上跟选项菜单差不多。

选项菜单和上下文菜单有一个共同点，就是我们不能主动把它们呈现出来。它们如何出现我们决定不了，我们只能决定显示什么样的菜单。而弹出菜单就不一样了，我们可以决定它如何显示，因为它的呈现是我们调用相应的方法造成的，这些菜单不常用，所以我就不细讲了。

第 10 章 动　画

动画是提高视觉感受的有力手段，所以必须学会 Android 动画！当然了，不愿学的话你可以略过去。

10.1 动画原理

所有系统或开发库中，动画实现的原理都一样：即重复每隔一段时间改变一下界面这个动作。当间隔时间很短时，比如 30 毫秒改变一次，那么界面的改变对人眼来说就很快了，人眼就感觉到界面动起来了，间隔时间越短人眼感觉动画越顺滑。

既然知道了这个原理，我们完全可以用定时器自己实现动画。先说一下定时器是什么。定时器在各系统中都存在，使用它可以设定在某个时间点执行某种动作，或从现在开始计时，多长时间之后执行某种动作，或每间隔一段时间反复执行某种动作。对应定时器的类叫 Timer。使用定时器时，要告诉 Timer 对象执行什么动作（即代码），间隔多长时间执行，是否重复等信息。下面代码用于启动一个定时器，从现在起 10 毫秒后开始执行一个动作，然后每隔 30 毫秒重复这行这个动作：

```
//开启定时器
//创建一个定时器对象
Timer timer=new Timer();
//创建一个 TimerTask 对象，要执行的代码就包在它里面
TimerTask timerTask = new TimerTask() {
    @Override
    public void run() {
        //定时器中要执行的代码
        //取得当前的时间
        Date date=new Date();
        Log.i("timetest",date.toString());
    }
};
//启用这个定时器
timer.schedule(timerTask,10,30);
```

这个定时器执行的动作就是在日志中输出当前的时间。这段代码放在哪里呢？放在哪里都

行，我放在了 MainActivity 的 onCreate()方法中，这样 App 一启动时就开始执行了，有图 10.1.1 为证：

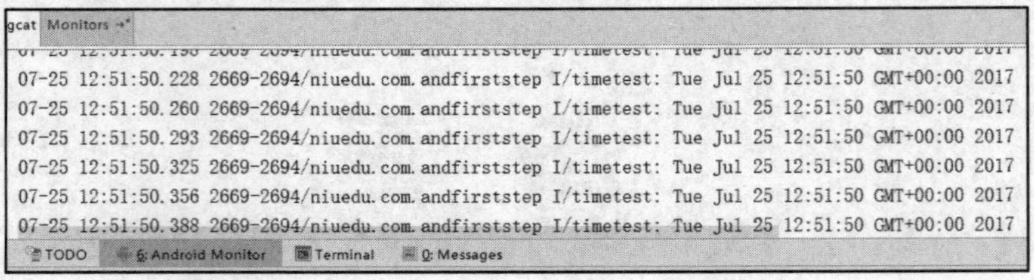

```
gcat  Monitors
07-25 12:51:50.228 2669-2694/niuedu.com.andfirststep I/timetest: Tue Jul 25 12:51:50 GMT+00:00 2017
07-25 12:51:50.260 2669-2694/niuedu.com.andfirststep I/timetest: Tue Jul 25 12:51:50 GMT+00:00 2017
07-25 12:51:50.293 2669-2694/niuedu.com.andfirststep I/timetest: Tue Jul 25 12:51:50 GMT+00:00 2017
07-25 12:51:50.325 2669-2694/niuedu.com.andfirststep I/timetest: Tue Jul 25 12:51:50 GMT+00:00 2017
07-25 12:51:50.356 2669-2694/niuedu.com.andfirststep I/timetest: Tue Jul 25 12:51:50 GMT+00:00 2017
07-25 12:51:50.388 2669-2694/niuedu.com.andfirststep I/timetest: Tue Jul 25 12:51:50 GMT+00:00 2017
TODO   6: Android Monitor   Terminal   0: Messages
```

图 10.1.1

如果我们把输出日志的代码改为改变一个控件的位置的代码，那么就让这个控件动起来了。由于涉及多线程，而现在又没讲多线程，所以我就不演示此功能了，但是我们可以借此先研究一下创建一个动画所需要的数据：

- 动谁？
- 动哪里？比如位置？角度？缩放……（别想多了）
- 动多长时间？
- 动一下还是重复动？重复动的话，一次执行完，下一次是否需要反向动？还有，重复多少次？
- 怎么动法？匀速?还是先快后慢?还是……

记住上面这些动画相关的要素，就容易理解动画 API 的使用了。

10.2 三种动画

Android 中提供了三种动画，View（视图）动画、property（属性）动画和 Drawable 动画。View 动画是 Android 早期就出现的，现在依然可用的传统创建动画的方式。属性动画是新出现的方式。Android 希望我们尽量使用属性动画，但是 View 动画也不会被废弃，因为在某些情况下，只能使用 View 动画。Drawable 动画是对多个 Drawable 对象（你现在可认为是图片）进行动画，这跟放电影一样，它没有前面两种复杂，一般用不到，本书就不讲了，请自行研究。

你可能还会看到 layout 动画或转场动画等不同名词，这些动画都是利用 View 动画或 property 动画为某种过程提供了动画效果，它们与 View 动画和 property 动画不是一个层次的概念。

10.3 View 动画

在我们的登录页面中有一个头像，我们就动一下这个头像吧，我先让它转起来。在动它之前先给它设置一个有意义的 id，如图 10.3.1 所示。

Properties	
ID	imageViewHead
layout_width	100dp
layout_height	100dp
ImageView	
srcCompat	@drawable/female
contentDescription	
background	@color/colorAccent
scaleType	none

图 10.3.1

还要为它建立对应的成员变量，并让变量指向这个控件。所以你需要在 LoginFragment 类中添加字段："ImageView imageView ;"，然后在 onCreateView()中添加这一句：

```
imageView = (ImageView) v.findViewById(R.id.imageViewHead);
```

然后就可以放心大胆地动它了，少说废话，直接上代码：

```
//创建一个旋转动画（动哪里?动角度）
RotateAnimation animation =new RotateAnimation(0.0f, 360f);
//设置重复模式,REVERSE 的意思是动完一次后接着反向动（如何重复）
animation.setRepeatMode(Animation.REVERSE);
//设置持续时间,1000 毫秒（动多长时间）
animation.setDuration(1000);
//设置重复次数
animation.setRepeatCount(10);
//启动动画（动谁?动 imageView）
imageView.startAnimation(animation);
```

这段代码是创建了一个旋转动画，然后应用到图像控件上，图像控件就转起来了。把这段代码放到哪里呢？放到 onCreateView()中不合适，因为 onCreateView()中只是加载控件，还没有把根控件放到 Activity 中容器中（即 FragmentLayout，见 activity_main.xml），所以动画不能起作用。我们放到响应登录按钮的方法中吧，在这里没问题：

```
buttonLogin.setOnClickListener(new View.OnClickListener() {
    @Override
    public void onClick(View v) {
        //创建 Snackbar 对象
        Snackbar snackbar = Snackbar.make(v,"你点我干啥?",
```

```
            Snackbar.LENGTH_LONG);
        //显示提示
        snackbar.show();

        //创建一个旋转动画（动哪里?动角度）
        RotateAnimation animation =new RotateAnimation(0.0f, 180f);
        //设置重复模式,REVERSE 的意思是动完一次后接着反向动（如何重复）
        animation.setRepeatMode(Animation.REVERSE);
        //设置持续时间,1000 毫秒（动多长时间）
        animation.setDuration(1000);
        //设置重复次数
        animation.setRepeatCount(10);
        //启动动画（动谁?动 imageView）
        imageView.startAnimation(animation);
    }
});
```

运行，点一下“登录”按钮，你会发现除了显示一条提示信息外，头像也动了起来，如图10.3.2 所示。

图 10.3.2

可以看到转得很诡异，其实是以图像的左上角为轴进行旋转，转完半圈（180 度）后不再继续转，而是反向转半圈。一般都不想这样转，而以图像中心点为轴进行旋转，这也不难，下回分解。

10.3.1 绕着中心转

那我们就再改一下动画吧。改哪里呢？改动画对象的创建方式，即调用另一个构造方法。当前的构造方法有两个参数，第一个是动画开始角度，第二个是动画结束角度，下面改为这样：

```
RotateAnimation animation =new RotateAnimation(0.0f, 180f,
        Animation.RELATIVE_TO_SELF, 0.5f,
        Animation.RELATIVE_TO_SELF, 0.5f);
```

这个构造方法增加了四个参数，前两个参数是开始角度和结束角度，第四个参数是旋转轴心在 X 坐标上的位置，第三个参数是第四个参数的类型，我们传入的是“relative to self（相对于自己）”，即这个轴心的 X 坐标是相对于图像自己来说的，0 表示最左边，1 表示最右边，那么 0.5 就是中心；后两个参数跟这两个一致，只是表示的是 Y 坐标。

现在再运行 App 看看，是不是正常转了？如果你仔细观察的话，还会发现每次旋转都是从慢到快再到慢，而不是匀速。决定这种行为的是插值函数，利用它可以做出各种有意思的行为。

10.3.2 不要反向转

但是，转一圈再倒着转回来让人不爽，转完一圈继续同一方向转才好嘛，如何改动呢？注意动画设置中的这一句：animation.setRepeatMode(Animation.***REVERSE***);，它用于设置重复模式，reverse 是反向的意思，如果不要反向，那你可以把这句去掉。也可以把这个参数改为 Animation.RESTART，但此时变成了转半圈后一下变到原始角度然后再转半圈，这更不爽了。怎么改才能变成在沿同一方向不停地转呢？你可能想到了，把旋转角度改为 360 度：

```
RotateAnimation animation =new RotateAnimation(0.0f, 360f,
        Animation.RELATIVE_TO_SELF, 0.5f,
        Animation.RELATIVE_TO_SELF, 0.5f);
```

此时可以连续同方向转了，但是由于先慢再快再慢的行为，两次动画之间还是有明显的停顿，要解决这个问题，我们只要把旋转速度改为匀速即可，改变方式很简单，增加下面一句调用：

```
animation.setInterpolator(new LinearInterpolator());
```

Interpolator 是插值的意思，Linear 是线性的意思。我们创建动画时只指定了开始值和结束值，根据前面讲的原理，每隔一段很短的时间就需要重新画控件，画控件时要得到它当前的旋转角度，这个角度需要根据开始值和结束值以及当前播放时间占总动画时间的比率计算出来，如何计算呢？如果是匀速动就比较容易，只需用当前时间与总时间的比率乘上总旋转角度就计算出来了，这种匀速算法叫作线性插值。但默认可不是匀速，而是先慢后快再慢，那么就需要用一个正弦函数来计算插值，总之它们叫作插值函数，就是来帮助计算中间值的。现在再运行看一下吧，是不是旋转变成了匀速？以下是其他类型的插值函数，你可以试试它们，可能会出现很有意思的效果：

- AccelerateDecelerateInterpolator：在动画开始与结束的地方速率改变比较慢，在中间的时候加速；
- AccelerateInterpolator：在动画开始的地方速率改变比较慢，然后开始加速；
- AnticipateInterpolator：开始的时候向后然后向前甩；
- AnticipateOvershootInterpolator：开始的时候向后然后向前甩一定值后返回最后的值；
- BounceInterpolator：动画结束的时候弹起；
- CycleInterpolator：动画循环播放特定的次数，速率改变沿着正弦曲线；
- DecelerateInterpolator：在动画开始的地方快然后慢；

- LinearInterpolator：以常量速率改变；
- OvershootInterpolator：向前甩一定值后再回到原来位置。

10.3.3 举一反三

玩过了旋转动画，其他的动画怎么创建以及设置，以看官你的智慧肯定能轻松推出来。下面简单列举一下其他类型的动画。

- 移动位置（TranslateAnimation）
  - 在创建动画对象时应该就需要指定开始位置和结束位置。
  - 重复模式指定为反向时应该移到结束位置后再反向移回来。
  - 默认动画应是先慢后快再慢。
  - 设置为线性插值后应是匀速移动。
- 缩放（ScaleAnimation）
  - 在创建动画对象时应该需要指定开始缩放比例和结束缩放比例。
  - 还可以指定仅在 X 轴上动（宽窄变化）或仅在 Y 轴上动（高矮变化）或 XY 轴同时动。
  - 在重复模式指定为反向时会从大到小再从小到大这样来回变。
  - 默认动法应是先慢后快再慢。
  - 设置为线性插值后应是匀速变大变小。
- 改变透明度（AlphaAnimation）
  - 在创建动画对象时需要指定透明度的开始值和结束值。
  - 重复模式指定为反向时，会在消失和显现之间来回变化，如果配上音乐，会有一种闹鬼的感觉。
  - 隐现过程也可以通过插值函数控制其速度变化曲线，但似乎人眼感觉不出差别。

10.3.4 动画组

有时你可能需要多个动画同时播放，而你又想对这些动画进行统一控制，比如所有动画都用同一个插值函数，所有动画都延迟一段时间执行等等，这就要用到动画组。

动画组是类 AnimationSet 的实例，它可以包含多个动画对象，同时它自己又具有一个普通动画对象的所有功能，也就是通过它可以把一堆动画当作一个动画来操作。下面是代码示例：

```
//创建一个旋转动画（动哪里?动角度）
RotateAnimation animation =new RotateAnimation(0.0f, 360f,
        Animation.RELATIVE_TO_SELF, 0.5f,
        Animation.RELATIVE_TO_SELF, 0.5f);
//设置重复模式,REVERSE 的意思是动完一次后接着反向动（如何重复）
animation.setRepeatMode(Animation.RESTART);
//设置持续时间,1000 毫秒（动多长时间）
animation.setDuration(1000);
//设置重复次数
```

```
animation.setRepeatCount(10);
//设置为匀速动画，默认是先慢后快再慢。（如何动?保持同一速度）
animation.setInterpolator(new LinearInterpolator());

//创建一个缩放动画，在X和Y坐轴上都是从0.5到1.5.
ScaleAnimation scaleAnimation=new ScaleAnimation(0.5f,1.5f,0.5f,1.5f);
scaleAnimation.setRepeatMode(Animation.REVERSE);
scaleAnimation.setDuration(2000);
//设置动画次数为永不停止
scaleAnimation.setRepeatCount(animation.INFINITE);

//创建动画对象，参数表示是否所有动画共享同一个插值函数
AnimationSet animationSet=new AnimationSet(false);
animationSet.addAnimation(animation);
animationSet.addAnimation(scaleAnimation);

//启动动画（动谁?动imageView）
imageView.startAnimation(animationSet);
```

上面代码中，除了原来的旋转动画，又创建了一个缩放动画，然后把这两个动画加到animationSet中，注意最后imageView启动动画是通过动画组，而不是某个动画。还要注意缩放动画的重复次数是INFINITE（无尽的），即不停息。运行看看吧，这两个动画结合后，这个头像的行为变得很怪异。

10.4 属性动画

属性动画所用到的类与视图动画不同，但实际上它们的实现原理是一样的，在操作动画时要考虑的因素也完全一样，我们下面就用属性动画的API把前面的动画重新实现一遍。

注意一个问题，视图动画类叫作XXXXAnimation，而属性动画的类叫XXXXAnimator。

10.4.1 旋转动画

首先弄一个旋转动画，还是旋转登录页面上那个头像。但是在这之前，我先把操作视图动画的代码移到一个方法中，这个新建的方法是：public void testViewAnimation()。然后再新建一个方法public testPropertyAnimator()，把属性动画代码放在其中，并且在响应登录按钮的方法中调用它：

```
public void testPropertyAnimator(){
    //创建一个旋转动画
    ObjectAnimator rotateAnimator =
ObjectAnimator.ofFloat(imageView,"rotation",0.f,180.f);
    rotateAnimator.setDuration(1000);
    rotateAnimator.setRepeatCount(10);
    rotateAnimator.setRepeatMode(ValueAnimator.REVERSE);
```

```
rotateAnimator.setInterpolator(new LinearInterpolator());
    rotateAnimator.start();
}
```

让我对比着视图动画来讲。创建动画时只使用一个类：ObjectAnimator 。我们使用了它的静态工厂方法 ofFloat()来创建一个动画对象，这个方法表示动画的值由 float 型数据表示。还有很多其他工厂方法，比如 ofArgb()，你应该能想到这个动画的值由 ARGB 型数表示，它是什么，颜色嘛。再回到这个旋转动画，我们为 ofFloat()传入了 4 个参数，第一个是要动的控件，第二个是要动的属性，改变旋转属性的值不就是让它转吗？那这个属性的名字是如何得到的呢？我怎么知道要动的控件有没有这个属性呢？这很好办，你只要看一下目标控件的 Setter 方法就行，如图 10.4.1.1 所示。

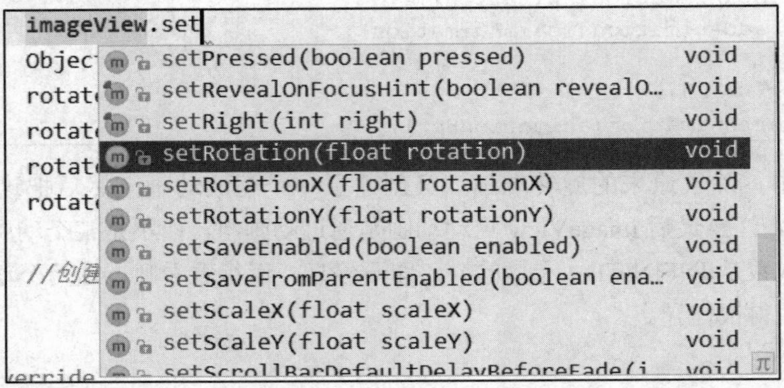

```
imageView.set
Objec   setPressed(boolean pressed)                     void
rotate  setRevealOnFocusHint(boolean revealO…           void
rotate  setRight(int right)                             void
rotate  setRotation(float rotation)                     void
rotate  setRotationX(float rotationX)                   void
        setRotationY(float rotationY)                   void
        setSaveEnabled(boolean enabled)                 void
//创建  setSaveFromParentEnabled(boolean ena…           void
        setScaleX(float scaleX)                         void
        setScaleY(float scaleY)                         void
verride setScrollBarDefaultDelayBeforeFade(i            void
```

图 10.4.1.1

后面的方法就不必多说了，最后一条语句是启动动画，由于前面已指定了要动的控件，所以这里直接调用动画对象的 start()的方法即可。运行 App 看看吧，是不是点登录按钮后图像以自己的中心点为转轴来回转？

属性动画 API 是被推荐使用的，它是吸收视图动画经验后改进的，不论要动一个控件的什么地方，动画的创建代码都很一致，而且几乎可以动控件的所有属性。但是我提出一个问题，能不能让图像转的时候，以它的左上角为转轴？似乎不大好弄吧。

10.4.2 动画组

属性动画也支持动画组，见下面的代码：

```
public void testPropertyAnimator(){
    //创建一个旋转动画
    ObjectAnimator rotateAnimator =
ObjectAnimator.ofFloat(imageView,"rotation",0.f,180.f);
    rotateAnimator.setDuration(1000);
    rotateAnimator.setRepeatCount(2);
    rotateAnimator.setInterpolator(new LinearInterpolator());
    rotateAnimator.setRepeatMode(ValueAnimator.REVERSE);
```

```
    //创建一个缩放动画，X 轴
    ObjectAnimator scaleAnimatorX =
ObjectAnimator.ofFloat(imageView,"scaleX",0.5f,1.5f);
    scaleAnimatorX.setDuration(1000);
    scaleAnimatorX.setRepeatCount(10);
    scaleAnimatorX.setRepeatMode(ValueAnimator.REVERSE);

    //创建一个缩放动画，y 轴
    ObjectAnimator scaleAnimatorY =
ObjectAnimator.ofFloat(imageView,"scaleY",0.5f,1.5f);
    scaleAnimatorY.setDuration(1000);
    scaleAnimatorY.setRepeatCount(10);
    scaleAnimatorY.setRepeatMode(ValueAnimator.REVERSE);

    //创建一个动画组
    AnimatorSet animatorSet= new AnimatorSet();
    animatorSet.play(scaleAnimatorX).with(scaleAnimatorY).
after(rotateAnimator);
    animatorSet.start();
}
```

因为要放到动画组中，所以旋转动画的 start()方法不再被调用，并且又创建了两个缩放动画，我们无法在 ImageView 中找到一个叫作 setScale()的属性，只能找到 setScaleX()和 setScaleY()这两个属性，所以我们需要创建两个动画实现横向和纵向上同时缩放。注意这里创建动画组时所用的类，不是 AnimationSet 了，而是 AnimatorSet。把动画加到动画组中不再是 add()，而是 play()、with()、before()、after()之类的方法，设置几个动画之间的播放顺序时就像写作文，比如这里表达的是“播放 scaleAnimatorX 与 scaleAnimatorY 在 rotateAnimator 之后”。所以当你运行 App 时，看到头像先转几下，转完后再忽大忽小不停歇。

当然创建控件动画的 API 不止讲的这些，还有其他的方式，但它们都是基于视图动画或属性动画的一些变形而已，讲不讲的没意思，本书以传授原理为目的，而不是做成一个大而全的手册，所以就不讲了。互联网就是最好的手册，如果感兴趣，自己上网查去吧。

现在整个 LoginFragment 类的样子是这样的：

```
package niuedu.com.andfirststep;
import android.animation.AnimatorSet;
import android.animation.ObjectAnimator;
import android.animation.ValueAnimator;
import android.os.Bundle;
import android.support.annotation.Nullable;
import android.support.design.widget.Snackbar;
import android.support.v4.app.Fragment;
import android.support.v4.app.FragmentManager;
import android.support.v4.app.FragmentTransaction;
import android.view.LayoutInflater;
import android.view.View;
import android.view.ViewGroup;
import android.view.animation.Animation;
import android.view.animation.AnimationSet;
```

```
import android.view.animation.LinearInterpolator;
import android.view.animation.RotateAnimation;
import android.view.animation.ScaleAnimation;
import android.widget.Button;
import android.widget.EditText;
import android.widget.ImageView;

public class LoginFragment extends Fragment {
    EditText editTextName;
    EditText editTextPassword;
    ImageView imageView ;

    @Override
    public View onCreateView(LayoutInflater inflater, ViewGroup container,
                        Bundle savedInstanceState) {
        //加载 Fragment 的界面
        View v = inflater.inflate(R.layout.fragment_login, container, false);

        //获取用户名和密码输入控件
        editTextName = (EditText) v.findViewById(R.id.editTextName);
        editTextPassword = (EditText) v.findViewById(R.id.editTextPassword);
        imageView = (ImageView) v.findViewById(R.id.imageViewHead);

        //用 id 找到用户输入控件
        editTextName = (EditText) v.findViewById(R.id.editTextName);
        //用代码设置它的提示
        editTextName.setHint("请输入用户名");

        //找到登录按钮
        Button buttonLogin = (Button) v.findViewById(R.id.buttonLogin);
        //添加侦听器，响应按钮的 click 事件
        buttonLogin.setOnClickListener(new View.OnClickListener() {
            @Override
            public void onClick(View v) {
                //创建 Snackbar 对象
                Snackbar snackbar = Snackbar.make(v,"你点我干啥?",
                        Snackbar.LENGTH_LONG);
                //显示提示
                snackbar.show();

                testPropertyAnimator();
            }
        });

        //找到注册按钮，为它设置点击事件侦听器
        Button buttonRegister = (Button) v.findViewById(R.id.buttonRegister);
        buttonRegister.setOnClickListener(new View.OnClickListener() {
            @Override
            public void onClick(View v) {
                //当注册按钮被执行时调用此方法
                FragmentManager fragmentManager =
getActivity().getSupportFragmentManager();
                FragmentTransaction fragmentTransaction =
fragmentManager.beginTransaction();
                RegisterFragment fragment = new RegisterFragment();
```

```
            //替换掉 FrameLayout 中现有的 Fragment
            fragmentTransaction.replace(R.id.fragment_container, fragment);
            //将这次切换放入后退栈中，这样可以在点后退键时自动返回上一个页面
            fragmentTransaction.addToBackStack("login");
            fragmentTransaction.commit();
        }
    });

    return v;
}

//测试视图动画
public void testViewAnimation(){
    //创建一个旋转动画（动哪里?动角度）
    RotateAnimation animation =new RotateAnimation(0.0f, 360f,
            Animation.RELATIVE_TO_SELF, 0.5f,
            Animation.RELATIVE_TO_SELF, 0.5f);
    //设置重复模式,REVERSE 的意思是动完一次后接着反向动（如何重复）
    animation.setRepeatMode(Animation.RESTART);
    //设置持续时间,1000 毫秒（动多长时间）
    animation.setDuration(1000);
    //设置重复次数
    animation.setRepeatCount(10);
    //设置为匀速动画，默认是先慢后快再慢。（如何动?保持同一速度）
    animation.setInterpolator(new LinearInterpolator());

    //创建一个缩放动画，在 X 和 Y 坐轴上都是从 0.5 到 1.5.
    ScaleAnimation scaleAnimation=new ScaleAnimation(0.5f,1.5f,0.5f,1.5f);
    scaleAnimation.setRepeatMode(Animation.REVERSE);
    scaleAnimation.setDuration(2000);
    //设置动画次数为永不停止
    scaleAnimation.setRepeatCount(animation.INFINITE);

    //创建动画对象，参数表示是否所有动画共享同一个插值函数
    AnimationSet animationSet=new AnimationSet(false);
    animationSet.addAnimation(animation);
    animationSet.addAnimation(scaleAnimation);
    animationSet.setStartOffset(1000);

    //启动动画（动谁?动 imageView）
    imageView.startAnimation(animationSet);
}

//测试属性动画
public void testPropertyAnimator(){
    //创建一个旋转动画
    ObjectAnimator rotateAnimator =
ObjectAnimator.ofFloat(imageView,"rotation",0.f,180.f);
    rotateAnimator.setDuration(1000);
    rotateAnimator.setRepeatCount(2);
    rotateAnimator.setInterpolator(new LinearInterpolator());
    rotateAnimator.setRepeatMode(ValueAnimator.REVERSE);

    //创建一个缩放动画，X 轴
    ObjectAnimator scaleAnimatorX =
```

```
ObjectAnimator.ofFloat(imageView,"scaleX",0.5f,1.5f);
        scaleAnimatorX.setDuration(1000);
        scaleAnimatorX.setRepeatCount(10);
        scaleAnimatorX.setRepeatMode(ValueAnimator.REVERSE);

        //创建一个缩放动画，y轴
        ObjectAnimator scaleAnimatorY =
ObjectAnimator.ofFloat(imageView,"scaleY",0.5f,1.5f);
        scaleAnimatorY.setDuration(1000);
        scaleAnimatorY.setRepeatCount(10);
        scaleAnimatorY.setRepeatMode(ValueAnimator.REVERSE);

        //创建一个动画组
        AnimatorSet animatorSet= new AnimatorSet();
        animatorSet.play(scaleAnimatorX).with(scaleAnimatorY).
after(rotateAnimator);
        animatorSet.start();
    }

    @Override
    public void onViewStateRestored(@Nullable Bundle savedInstanceState){
        super.onViewStateRestored(savedInstanceState);

        //如果用户名和密码非空，则赋给相应控件
        MainActivity activity = (MainActivity) getActivity();
        if(activity != null) {
            if (activity.userName != null) {
                editTextName.setText(activity.userName);
            }
            if (activity.password != null) {
                editTextPassword.setText(activity.password);
            }
        }
    }
}
```

10.5 动画资源

我们可不可以像设计界面那样，在资源文件中定义好一个动画，然后把它应用到控件上呢？因为我们想尽可能地做到代码与设计分离。告诉你一个好消息：这当然可以！下面我们就在XML文件中定义上面的动画组，当然首先要添加一个资源，如图10.5.1、图10.5.2所示。

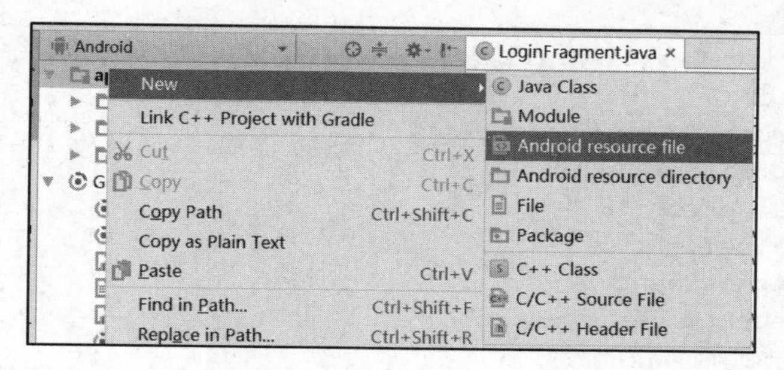

图 10.5.1

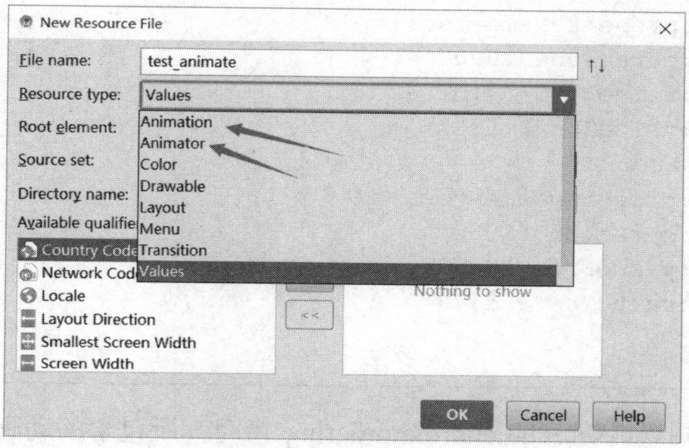

图 10.5.2

资源文件名叫“test_animate”，资源类型里有两个都是动画，一个是 Animation，一个是 Animator。可能聪明的你已经看出来了，这两个名字正好对应 ViewAnimation 和 ObjectAnimator，我们选择属性动画吧，视图动画资源与之大同小异。点 OK 后创建如图 10.5.3 所示的文件。

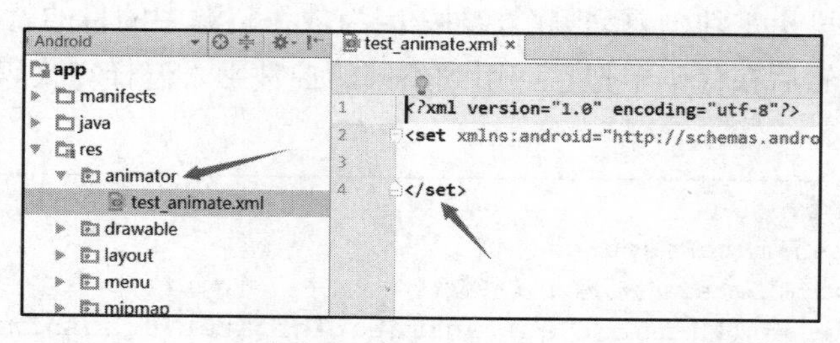

图 10.5.3

注意，在 res 下多了一个文件夹“animator”，动画资源文件位于此文件夹下面。如果我们选择创建视图动画时，会创建叫作“anim”的文件夹。XML 文件的内容默认定义了根元素“set”，它表示动画组，所以 Android Studio 希望我们使用动画组来定义动画，这其实也没什么问题，因为即使你只想定义一个动画，动画组里放一个动画也没问题啊。当然你如果只定义一个动画，完全可以不用动画组。下面我们向动画组中添加动画，直接上代码：

```
<?xml version="1.0" encoding="utf-8"?>
<set xmlns:android="http://schemas.android.com/apk/res/android"
```

```
    android:ordering="sequentially"><!--各动画按定义顺序依次播放-->
    <objectAnimator
        android:propertyName="rotation"
        android:duration="1000"
        android:valueFrom="0f"
        android:valueTo="180f"
        android:repeatCount="10"
        android:repeatMode="restart"/>
    <!--横缩放和纵缩放同时进行-->
    <set android:ordering="together">
        <objectAnimator
            android:propertyName="scaleX"
            android:duration="1000"
            android:valueFrom="0.5f"
            android:valueTo="1.5f"/>
        <objectAnimator
            android:propertyName="scaleY"
            android:duration="1000"
            android:valueFrom="0.5f"
            android:valueTo="1.5f"/>
    </set>
</set>
```

代码中，外层动画组（set）的 android:ordering 指明其所包含的动画们是同时执行还是依次执行，当前值是“sequentially”，表示顺序执行。最外层动画组元素中包含了两个元素：一个旋转动画和另一个动画组。这个子动画组中又包含了两个元素，一个横向缩放动画，一个纵向缩放动画，且这两个动画的执行顺序是“together”同时执行。总的来说就是定义了三个动画，第一个先执行，完成后两个一起开始执行，跟我们用纯代码定义的一样。对于 XML 代码就不做过多解释了，对比 Java 代码很容易就看明白了。

注意你不能在这里指定动画要动哪个控件，因为放在资源中的目的就是提供重用性，你可以定义复杂的动画，然后在代码中把它应用到不同的控件上，怎样在代码中使用动画资源呢？见下面代码：

```
//从资源加载动画并播放
private void testAnimateResource() {
    //利用 AnimatorInflater 从资源加载动画
    AnimatorSet set = (AnimatorSet) AnimatorInflater.loadAnimator(
            getContext(), R.animator.test_animate);
    //资源中并没有指定动画要应用到哪个控件上，所以在这里指定。
    set.setTarget(imageView);
    set.start();
}
```

代码没什么可解释的。如果你感觉看不明白，其实是很可能你在读源码时犯了一个错误，看代码一定要“观其大略，不求甚解”，即不要太追求细节，理解其流程和每一步的目的是第一位的，否则你就学得很慢。为什么呢？这个理论说起来可就牛了，所以我就不说了，因为“牛”理论都是说不清楚的，你自己体会吧。

10.6 Layout 动画

前面讲了半天控件动画，那我想问一句，你能不能在向一个 Layout 控件中添加子控件时也使用动画呢？当然到现在为止我们还没有动态向 Layout 中添加或删除过控件，因为我们都是在资源文件中定义 Layout 的子控件，要想动态添加或删除，需要用 Java 代码实现。

10.6.1 向 Layout 控件添加子控件

我们首先玩一下动态向 Layout 控件中添加子控件。就拿 LoginFragment 中的 RelativeLayout 来实验吧。现在它里面有图像、用户名、密码等构成登录功能的核心控件们，我们用代码再创建一个按钮，然后添加到 RelativeLayout 中。

因为要在代码中操作 RelativeLayout，所以先为它指定一个 id，就叫“layout”吧。然后在 LoginFragment 类中添加保存它的变量：“RelativeLayout layout;”，再在 onCreateView()中获取这个控件并保存到变量中：“layout = (RelativeLayout) v.findViewById(R.id.layout);”，然后就可以调用 layout.addView()来添加子控件了。但是你需先要创建一个子控件嘛，我们创建一个 Button，然后添加到 layout 中，代码如下：

```
//测试 Layout 动画
void testLayoutAnimate(){
    //创建一个新按钮
    Button btn=new Button(getContext());
    //设置它显示的文本
    btn.setText("我是被动态添加的");
    //创建一个排版参数对象
    RelativeLayout.LayoutParams layoutParams = new RelativeLayout.LayoutParams(
            ViewGroup.LayoutParams.WRAP_CONTENT,
            ViewGroup.LayoutParams.WRAP_CONTENT);
    //把应用这个 LayoutParams（排版参数）的控件放在注册按钮的下面
    layoutParams.addRule(RelativeLayout.BELOW,R.id.buttonRegister);
    //左边与注册按钮对齐
    layoutParams.addRule(RelativeLayout.ALIGN_START,R.id.buttonRegister);
    //右边也与注册按钮对齐
    layoutParams.addRule(RelativeLayout.ALIGN_END,R.id.buttonRegister);
    //设置外部空白，参数分别为左，上，右，下，实际效果是设置顶部与相临控件相距
    //24 个像素，注意这里的单位不是 dp。
    layoutParams.setMargins(0,24,0,0);
    //将这个排版参数应用到新建的按钮中
    btn.setLayoutParams(layoutParams);
    //将按钮加到 RelativeLayout 中
    layout.addView(btn);
}
```

可以看到向一个 layout 控件中添加子控件并不是那么简单，因为你还要考虑它的怎样摆放，设置一个控件的排版方式需要用到 LayoutParams 这个内部类，各 Layout 类中都有这个内

部类，因为不同的 Layout 类有不同的排版参数要设置。我们依然在点击登录按钮时调用此方法：

```
buttonLogin.setOnClickListener(new View.OnClickListener() {
    @Override
    public void onClick(View v) {
        testLayoutAnimate();
    }
});
```

运行 App，你会发现在点击登录按钮后，最下面出现一个新的按钮，同时会引起其他控件位置的变化，如图 10.6.1.1 所示。

图 10.6.1.1

当然，现在还没有动画效果，下面添加动画效果。其实很简单，你只需在 layout 资源文件中为 RelativeLayout 添加一个属性：android:animateLayoutChanges="true"。再次运行 App，点登录按钮时依然会添加新按钮，但是此时就能看到动画了：先是现有的按钮往上移，为新按钮空出空间，然后新按钮才出现，它出现的过程也有一个从无到有的动画。

属性 animateLayoutChanges 的意思是“动画排版改变”，它为 true 时，就使用默认动画，就是现在我们看到的。但是，我们还不满足，我们希望玩一些不同的动画，比如让一个控件出现时“浪”一点。那么我们就需要自定义排版动画，下节分解。

10.6.2 ViewGroup

在自定义排版动画之前，大家要明确一个概念：ViewGroup。

它是一个类，这个类属于控件类，但这种控件类的特点是可以容纳多个子控件。实际上能包含子控件的控件们都是从 ViewGroup 派生的，而 ViewGroup 又是从 View 派生的，所以 ViewGroup 依然是控件。各种 Layout 控件能包含子控件，因为它们就是从 ViewGroup 派生的，

ScrollView 也能包含子控件，它也是从 ViewGroup 派生的，后面要讲的列表控件 ListView 和 RecyclerView 也是从 ViewGroup 派生的。所有从 ViewGroup 派生的类都支持排版动画。

排版动画是在 ViewGroup 中子控件的排版变化时发生的，比如添加或删除子控件时。因为一下就显示出来让人感觉一惊一乍的，所以要加入动画的过程，从而做一个有修养的 App。

首先要搞明白 ViewGroup 排版动画的原理。一个控件在 ViewGroup 中出现或消失时，这个显示或消失的过程要有动画，同时它还影响到了其他控件的位置，他们的位置变化也要有动画。你要告诉 ViewGroup 这些不同的变化所执行的动画。所以，你最多可以为 ViewGroup 设置五个动画对象，分别是对应：

- CHANGE_APPEARING：当某个控件出现时，其他控件们执行的动画。
- CHANGE_DISAPPEARING：当某个控件消失时，其他控件们执行的动画。
- APPEARING：某个控件出现时执行的动画。
- DISAPPEARING：某个控件消失时执行的动画。
- CHANGING：控件出现或消失之外的原因引起的排版变化时执行的动画。

你可以不必设置所有变化所对应的动画，不设置就用默认动画。注意这些动画不一定都能起作用，比如 CHANGE_APPEARING 和 CHANGE_DISAPPEARING 在大部分 ViewGroup 控件中就不起作用。

要想设置这些动画给 ViewGroup，首先你需要创建对应的动画对象，然后把动画对象设置给一个 LayoutTransition 对象，然后把 LayoutTransition 对象设置给 ViewGroup。注意给排版用的动画，只能是属性动画，而不是视图动画。下节我们就用代码实现一下。

10.6.3　设置排版动画

先上代码：

```
void testLayoutAnimate(){
    //创建一个新按钮
    Button btn=new Button(getContext());
    //设置它显示的文本
    btn.setText("我是被动态添加的");
    //创建一个排版参数对象
    RelativeLayout.LayoutParams layoutParams = new RelativeLayout.LayoutParams(
            ViewGroup.LayoutParams.WRAP_CONTENT,
            ViewGroup.LayoutParams.WRAP_CONTENT);
    //把应用这个 LayoutParams（排版参数）的控件放在注册按钮的下面
    layoutParams.addRule(RelativeLayout.BELOW,R.id.buttonRegister);
    //左边与注册按钮对齐
    layoutParams.addRule(RelativeLayout.ALIGN_START,R.id.buttonRegister);
    //右边也与注册按钮对齐
    layoutParams.addRule(RelativeLayout.ALIGN_END,R.id.buttonRegister);
    //设置外部空白，参数分别为左，上，右，下，实际效果是设置顶部与注册按钮相距
    //24 个像素，注意这里的单位不是 dp 了。
    layoutParams.setMargins(0,24,0,0);
```

```
    //将这个排版参数应用到新建的按钮中
    btn.setLayoutParams(layoutParams);

    //==============设置 Layout 动画==================
    LayoutTransition transition = new LayoutTransition();
    //当一个控件出现时，我希望它是的大小变化有动画
    //利用 AnimatorInflater 从资源加载动画
    AnimatorSet set = (AnimatorSet) AnimatorInflater.loadAnimator(
            getContext(), R.animator.test_animate);
    //设置控件出现时的动画
    transition.setAnimator(LayoutTransition.APPEARING,set);
    //设置一个控件出现时，其他控件位置改变动画的持续时间
    transition.setDuration(LayoutTransition.CHANGE_APPEARING,4000);
    //将包含动画的 LayoutTransition 对象设置到 ViewGroup 控件中
    layout.setLayoutTransition(transition);
    //==============================================
    //将按钮加到 RelativeLayout 中
    layout.addView(btn);
}
```

在方法 testLayoutAnimate() 中增加了设置动画的代码。可以看到依然使用了 test_animate.xml 这个动画资源，把动画应用到了控件出现时。如此一来，新按钮的出现过程变得相当的不正经，你可以运行 App 体验一下。我们还把其他子控件移动位置的时长设置成了 4000 毫秒，此时你可以看到新按钮一边风骚地出现，其他的控件一边给它腾位置。注意，只要在代码中为 ViewGroup 设置了 LayoutTransition，就可以把 XML 中为控件添加的属性 animateLayoutChanges 去掉了。如图 10.6.3.1 所示。

图 10.6.3.1

10.7 转场动画

前面讲了好多种动画，那我问个问题，能不能利用所学的动画搞出两个 Activity 切换时的动画？或两个 Fragment 切换时的动画 ？其实你是搞不出来的，因为 Activity 或 Fragment 都不是控件。那么它们之间的切换动画创建方式就不同，而且这种动画叫转场动画。

实际上 Activity 的切换默入已经使用了转场动画，这个凡是用 Android 系统的人都有体会，而 Fragment 的切换默认是没有动画的。那么我们就为 Fragment 的切换添加转场动画。

10.7.1 使用默认转场动画

启用默认转场动画，需要为控制 Fragment 切换的对象开启一些设置。找到切换 Fragment 的代码，在哪里呢？在 LoginFragment 的注册按钮响应方法中。

要启用默认动画，只需一句代码，如下：

```
buttonRegister.setOnClickListener(new View.OnClickListener() {
    @Override
    public void onClick(View v) {
        //当注册按钮被执行时调用此方法
        FragmentManager fragmentManager =
getActivity().getSupportFragmentManager();
        FragmentTransaction fragmentTransaction =
fragmentManager.beginTransaction();
        RegisterFragment fragment = new RegisterFragment();
        //替换掉 FrameLayout 中现有的 Fragment
        fragmentTransaction.replace(R.id.fragment_container, fragment);
        //将这次切换放入后退栈中，这样可以在点后退键时自动返回上一个页面
        fragmentTransaction.addToBackStack("login");
        //设置 Fragment 间的转场动画，使用默认动画
        fragmentTransaction.setTransition(FragmentTransaction.
TRANSIT_FRAGMENT_OPEN);
        fragmentTransaction.commit();
    }
});
```

这一句：fragmentTransaction.setTransition(FragmentTransaction.TRANSIT_FRAGMENT_OPEN); 就为 Fragment 切换增加了动画功能。不仅仅去时有动画，回来时也有动画。fragmentTransaction 就是负责 Fragment 切换的，所以通过它启用动画。参数是四个常量值，代表了系统内置的各种转场动画：

- TRANSIT_NONE：没有动画。
- TRANSIT_FRAGMENT_OPEN：打开动画。
- TRANSIT_FRAGMENT_CLOSE：关闭动画。
- TRANSIT_FRAGMENT_FADE：渐入淡出动画。

不论你设置了哪种动画，去和回自动反着来，这个一试就知道，马上运行 App 看看吧，别忘了点注册按钮才会切换到注册页面。

10.7.2 自定义转场动画

我们不是那么容易满足，我们想与众不同。可不可以自定义转场动画呢？当然没问题！FragmentTransaction 有两个重载方法：

```
FragmentTransaction setCustomAnimations(@AnimRes int enter,@AnimRes int exit);
FragmentTransaction setCustomAnimations(@AnimRes int enter,@AnimRes int exit,
@AnimRes int popEnter, @AnimRes int popExit);
```

看名字就知道，这个方法用于设置自定义动画。假设从 A 切换到 B，参数 enter 是进入 B 时的动画，参数 exit 是退出 A 时的动画。如果只设置了这两个动画，那么在从 B 返回 A 时就没有动画。如果还设置了参数 popEnter 和 popExit，那么从 B 返回 A 时，A 执行 popEnter，B 执行 popExit。

注意参数前的注解@AnimRes，它并不是参数的一部分，它是用于提高 IDE 的感知能力的，同时也是给人看的，根据其名字可以判断出它修饰的参数是一个动画资源，而且这个动画必须是 View 动画，AnimRes 是 Anim Resource 的缩写，View 动画放在 anim 组下，所以我们就知道向方法中传入的必须是 View 动画。实际上我们的判断没错，我们使用的是 Support 库中的 Fragment，它支持的转场动画必须是 View 动画，这样才能与低版本系统兼容。由于存在这个注解，你在代码中向此方法传入的如果不是 View 动画资源，IDE 就会提示错误。

我们应使用有四个参数的方法，因为我们有去有回，所以需先准备四个动画资源。我想做这样的动画：进入的页面旋转着由小变大出现，离开的页面从左向右移走，返回时离开的页面旋转着由大变小消失，进入的页面从右向左移出来，对应的动画资源分别是 in_anim1.xml、in_anim2.xml、out_anim1.xml、out_anim2.xml，先添加它们。在项目树的根上点出右键菜单，选择创建资源文件，前面讲过多次了，此处不再叨叨，如图 10.7.2.1 所示。

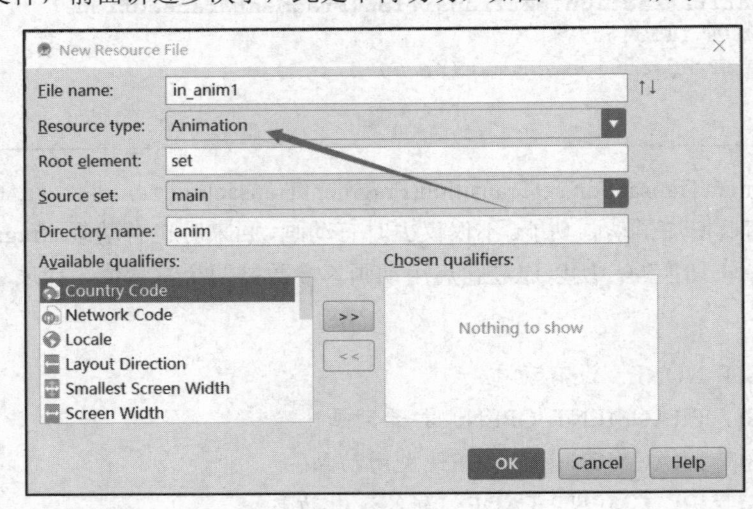

图 10.7.2.1

注意资源类型要选 Animation 而不是 Animator，因为 Animation 是 View 动画。创建之后，在 res 下出现了 anim 组，其下有四个资源文件，如图 10.7.2.2 所示。

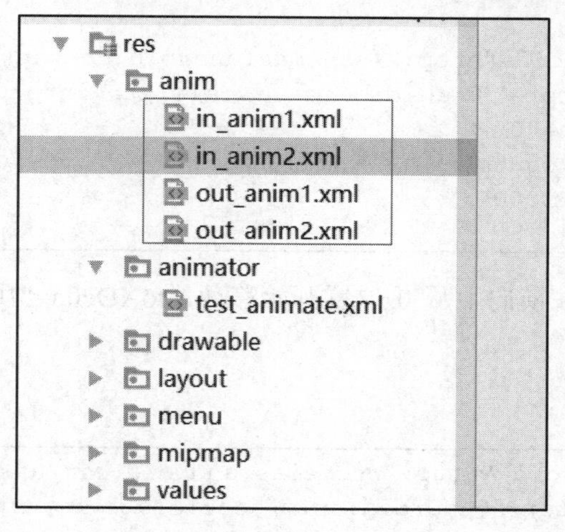

图 10.7.2.2

- in_anim1.xml 是从登录页面进入注册页面时，注册页面要执行的动画。
- out_anim1.xml 是从登录页面进入注册页面时，登录页面执行的动画。
- in_anim2.xml 是从注册页面返回登录页面时，登录页面要执行的动画。
- out_anim2.xml 是从注册页面返回登录页面时，注册页面要执行的动画。

（1）in_anim1.xml：

```
<?xml version="1.0" encoding="utf-8"?>
<set xmlns:android="http://schemas.android.com/apk/res/android"
    android:interpolator="@android:anim/decelerate_interpolator">
    <!--转一圈-->
    <rotate
        android:fromDegrees="0"
        android:toDegrees="360"
        android:pivotX="50%"
        android:pivotY="50%"
        android:duration="1000" />
    <!--从小变大-->
    <scale
        android:fromXScale="0.0"
        android:toXScale="1.0"
        android:fromYScale="0.0"
        android:toYScale="1.0"
        android:pivotX="50%"
        android:pivotY="50%"
        android:duration="1000"
        android:fillBefore="false" />
</set>
```

属性 android:interpolator 指定了插值函数，decelerate_interpolator 是先加速再减速的函数。

（2）out_anim1.xml:

```
<?xml version="1.0" encoding="utf-8"?>
<!--位移动画-->
<translate xmlns:android="http://schemas.android.com/apk/res/android"
    android:interpolator="@android:anim/accelerate_interpolator"
    android:fromXDelta="0"
    android:toXDelta="100%p"
    android:duration="1000">
</translate>
```

fromXDelta="0"表示在横向上从 0 位置开始移动，toXDelta="100%p"表示移动 100%宽度的距离，即向右移动。

（3）in_anim2.xml:

```
<translate xmlns:android="http://schemas.android.com/apk/res/android"
    android:interpolator="@android:anim/accelerate_interpolator"
    android:fromXDelta="100%p"
    android:toXDelta="0"
    android:duration="1000">
</translate>
```

向左移动。

（4）out_anim2.xml:

```
<set xmlns:android="http://schemas.android.com/apk/res/android"
    android:interpolator="@android:anim/decelerate_interpolator">
    <!--反向转一圈-->
    <rotate
        android:fromDegrees="0"
        android:toDegrees="-360"
        android:pivotX="50%"
        android:pivotY="50%"
        android:duration="1000" />
    <!--从大变小-->
    <scale
        android:fromXScale="1.0"
        android:toXScale="0.0"
        android:fromYScale="1.0"
        android:toYScale="0.0"
        android:pivotX="50%"
        android:pivotY="50%"
        android:duration="1000"
        android:fillBefore="false" />
</set>
```

也可以为登录页面的初次出现添加动画。登录 Fragment 是第一个被添加的，它是被 add 上的，如图 10.7.2.3 所示。

```
//将第一个Fragment（即登录Fragment）加入Activity中
FragmentManager fragmentManager = getSupportFragmentManager();
FragmentTransaction fragmentTransaction = fragmentManager.beginTransaction();
LoginFragment fragment = new LoginFragment();
fragmentTransaction.add(R.id.fragment_container, fragment);
fragmentTransaction.commit();
```

图 10.7.2.3

但你依然可以在 add 之前设置动画。代码如下：

```
FragmentManager fragmentManager = getSupportFragmentManager();
FragmentTransaction fragmentTransaction = fragmentManager.beginTransaction();
LoginFragment fragment = new LoginFragment();
//设置 Fragment 间的转场动画，使用自定义动画，必须放在 Fragment 改变操作之前
fragmentTransaction.setCustomAnimations(R.anim.in_anim1,R.anim.out_anim1);
fragmentTransaction.add(R.id.fragment_container, fragment);
fragmentTransaction.commit();
```

再次运行你的 App，你会看到登录页面华丽丽的登场过程。

第 11 章 自定义控件

我想再为登录界面增加一个效果：圆形头像，如图 11.1 所示。

图 11.1

就是不论什么样的图像，我都把它剪切成圆形，然后外面再套个圈。到现在为止，Android SDK 中自带的 View 还没有一个能显示这种效果，所以只能自己搞，这就需要创建一个"Custom View"。

但实际上 Android 提供了一个帮助显示圆形图像的类，叫作 RoundedBitmapDrawable，但是它只能显示圆形图像，不能套圈。这个类用起来也不难，首先是创建 RoundedBitmapDrawable 的实例，调用其构造方法时需要传入一个 Bitmap 实例，然后设置它的圆角半径即可。代码如下：

```
RoundedBitmapDrawable roundedBitmapDrawable =
        RoundedBitmapDrawableFactory.create(getResources(), bitmap);
roundedBitmapDrawable.setCornerRadius(100);
```

我们可以尝试用它把登录页面的人头改成圆的，注意无法在界面设计器中使用这个类，所以必须通过代码使用它。代码如下：

```
//获取头像控件
ImageView imageView=v.findViewById(R.id.imageViewHead);
//从 Drawable 资源获取 Bitmap，实际上是把图像文件解码后创建 Bitmap 对象
Bitmap src = BitmapFactory.decodeResource(getResources(), R.drawable.female);
//创建 RoundedBitmapDrawable 对象
RoundedBitmapDrawable roundedBitmapDrawable =
        RoundedBitmapDrawableFactory.create(getResources(), src);
//设置圆角半径（根据实际需求）
roundedBitmapDrawable.setCornerRadius(100);
//将 Drawable 设置给 ImageView 控件，这会覆盖掉在界面设计器中的设置的图像
imageView.setImageDrawable(roundedBitmapDrawable);
```

把这段代码放在页面显示之前比较好，所以放在了 LoginFragment 的 onCreateView()方法中。运行 App，效果如图 11.2 所示。可以看到图像被明显的剪切成了圆形，但是效果并不好，

如果找一个有背景的图像，效果就明显了，比如图 11.3。

图 11.2

图 11.3

最终效果如图 11.4 所示。由于图像太大，而我们现在把圆角的半径设置为 100，所以这个图像只是圆角而不是一个圆，当把圆角半径设置为图像边长的一半时，就成了圆，比如我把圆角半径设置成 400 时，效果如图 11.5 所示。

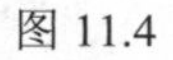

图 11.4

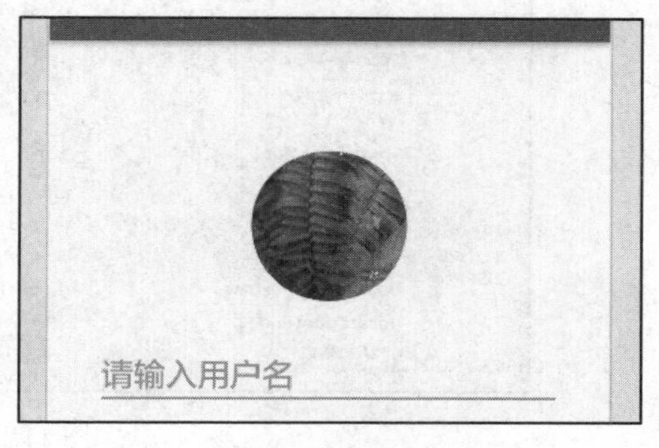

图 11.5

如果你不知道一个图像的大小，你也可以通过代码获取这个图像的宽或高，如果图像不是方形，就取最小的边长然后除以 2 作为圆角半径即可。你仔细看圆的边缘的话，发现有锯齿存在，你可以加入反锯齿特效，代码如下：

```
//设置圆角半径（根据实际需求）
roundedBitmapDrawable.setCornerRadius(400);
//设置反锯齿
roundedBitmapDrawable.setAntiAlias(true);
```

但是，我们最终想要的是套一个圈的圆形图像，所以我们还要研究一下自定义控件。

11.1 创建一个 Custom View

创建一个 Custom View（自定义控件），需要直接或间接从类 View 派生一个子类，然后 Override 父类中的一些方法，以实现不同的行为或外观。但是，如果仅仅这样做，那么这个类只适合在代码中使用，不能在界面构建器中使用。如果要在界面设计器中使用，你需要实现一个特殊的构造方法。Android Studio 为我们提供了创建自定义控件的向导，使用这个向导，创建出来的控件类就可以在界面设计器中使用。下面我们就创建一个 Custom View。

在项目树的根上点出右键菜单，选择 new→UI Component→Custom View ，如图 11.1.1 所示。

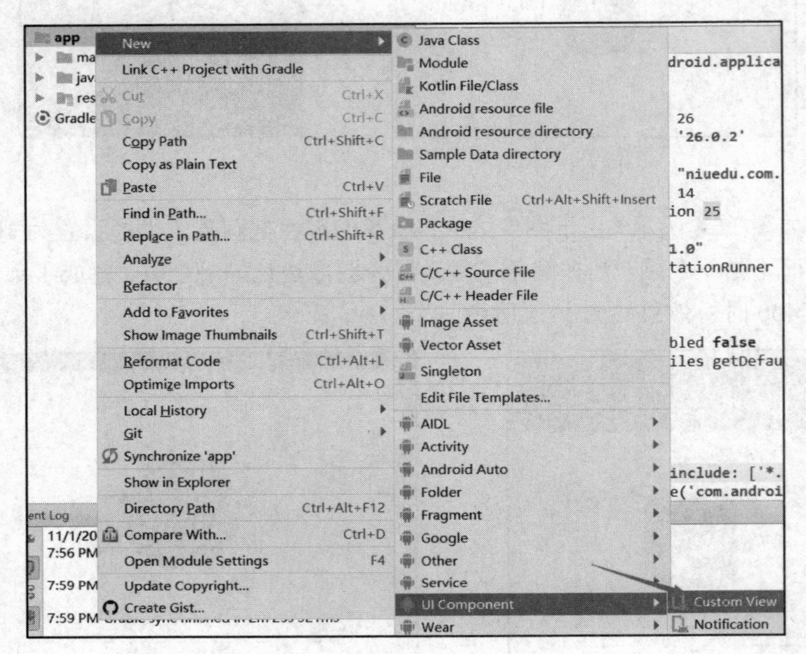

图 11.1.1

出现一个对话框，在其中配置类名、包名等，如图 11.1.2 所示。

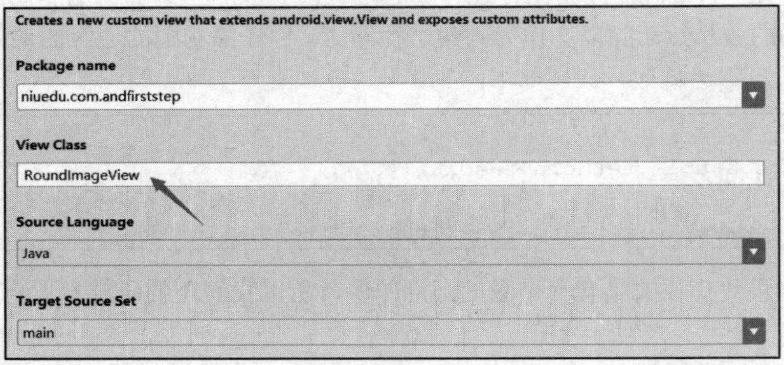

Creates a new custom view that extends android.view.View and exposes custom attributes.

Package name

niuedu.com.andfirststep

View Class

RoundImageView

Source Language

Java

Target Source Set

main

图 11.1.2

我为 Custom View 类取名 RoundImageView，点 Finish。此时会创建多个文件，首先是类文件，如图 11.1.3 所示。其次是 res/layout/sample_round_image_view.xml，接着是 res/values/attrs_round_image_view.xml。这两个文件的作用后面再讲，我们先研究一下类。

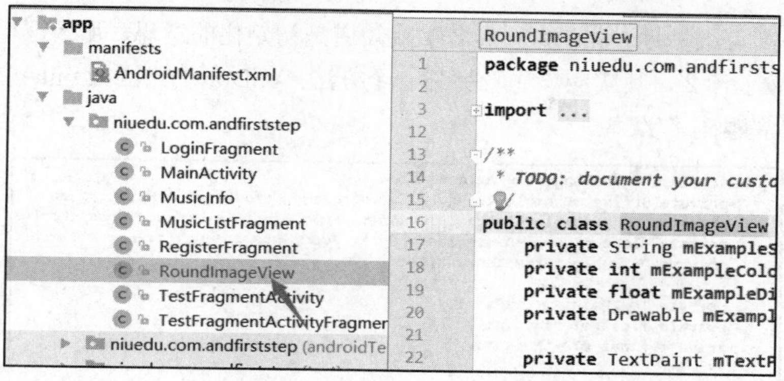

图 11.1.3

11.2 Custom View 类

下面讲一下这个类的重要的几个点。

11.2.1　构造方法

我们的焦点应集中在构造方法上。在图 11.2.1.1 中有三个构造方法，最上面是一个最基本的，如果不在界面构建器中使用这个 View，那有这一个就够了。第二个是在界面构建器中使用时被调用。你可以想像一下，在界面设置器中我们可以为 View 指定很多属性，在运行时最终还是会调用构造方法来创建 View 的实例，那么问题来了，我们设置的那些属性是怎么传入的呢?通过 setter 方法吗？不对，因为很多属性并没有对应的 setter 方法，那么是通过什么呢?就是通过构造方法的参数：AttributeSet attrs。第三个构造方法什么时候用呢？由你决定，反正界面构建器中用不到它，它的第三个是参数 defStyle 比较让人迷惑，这里稍微解释一下：它是一个 style 资源的 id，这个 Style 中规定了 View 的一些外观属性的默认值。比如下面这个 style 资源定义了 Button 这种 View 的一些默认属性：

```
<style name="Widget.Holo.Button" parent="Widget.Button">
    <item
name="android:background">@android:drawable/btn_default_holo_dark</item>
    <item
name="android:textAppearance">?android:attr/textAppearanceMedium</item>
    <item
name="android:textColor">@android:color/primary_text_holo_dark</item>
    <item name="android:minHeight">48dip</item>
    <item name="android:minWidth">64dip</item>
</style>
```

构造方法是干什么用的？当然是初始化对象用的，注意看这三个构造方法，都调用了同一个方法：init()。因为它们三个里面要做的工作都差不多，所以提取到了这部分代码到一个单独的方法中，以提高可维护性。init()，一看名字就知道是初始化的意思，那么这里面究竟做了什么呢?要明白它做了什么，其实应该先看另外一个方法：onDraw()，因为 init()中做的事情基本都是为 onDraw()的执行作准备。

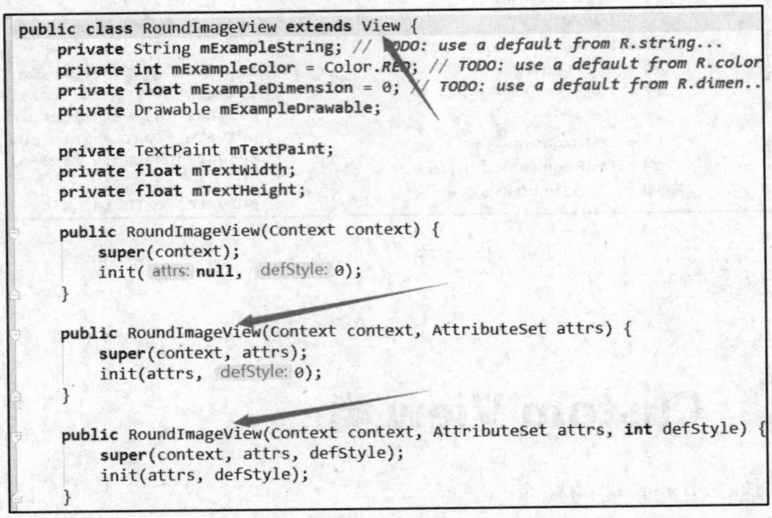

```
public class RoundImageView extends View {
    private String mExampleString; // TODO: use a default from R.string...
    private int mExampleColor = Color.RED; // TODO: use a default from R.color
    private float mExampleDimension = 0; // TODO: use a default from R.dimen..
    private Drawable mExampleDrawable;

    private TextPaint mTextPaint;
    private float mTextWidth;
    private float mTextHeight;

    public RoundImageView(Context context) {
        super(context);
        init( attrs: null,  defStyle: 0);
    }

    public RoundImageView(Context context, AttributeSet attrs) {
        super(context, attrs);
        init(attrs,  defStyle: 0);
    }

    public RoundImageView(Context context, AttributeSet attrs, int defStyle) {
        super(context, attrs, defStyle);
        init(attrs, defStyle);
    }
```

图 11.2.1.1

11.2.2 onDraw()方法

像这种 onXXX()名字的方法叫作回调方法。所谓回调方法，就是你写的但自己不用而是被别人调用的方法。比如这个 onDraw()，它的意思是当“画”的时候调用，画什么呢？画控件的外观啊，控件长什么样就是这个方法决定的，那么这个方法被谁调用呢？被 Android 系统调用，Android 系统感到需要重新画这个控件的时候就调用它。那什么时候 Android 系统才感觉需要重新画一个控件呢？比如一个控件被别的控件挡住了，遮挡物离开时；再比如当你按下一个按钮，它要显示“按下”的状态时；再再比如你改变了一个控件中的文本内容时；再再再……

这个方法长这样：protected void onDraw(Canvas canvas)，有一个参数 canvas，画布的意思，也就是说要画出控件的外观，就在这个画布上画。在此要多说一句，回调函数能不能自己调用呢？能！在语法上绝对没问题，但是这个 onDraw()就不能自己调用，主要是参数的问题，参数 canvas 是根据系统信息创建出来的，它里面有太多的信息，我们自己构建的话容易出问题。还有调用的时间，这个方法每次调用都会引起重新画控件，这个过程比较耗时，所以不应该在不必要的时候随便调用它。实际上如果你真的要重新画控件的话，应该调用方法 invalidate()发出一个请求，而不是直接调用 onDraw()。

下面先看一下这个控件的外观，如图 11.2.2.1 所示。

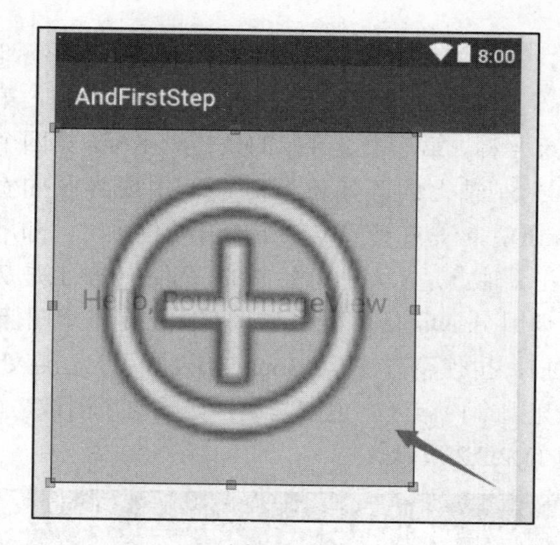

图 11.2.2.1

注意这是在预览中的样子，跟真实运行时也没有什么差别。中间显示文本，也显示了一个图像，其背景为灰色。下面我们看一下怎样在 onDraw()方法里画出这样的外观的。代码如下：

```
@Override
protected void onDraw(Canvas canvas) {
    super.onDraw(canvas);

    //获取控件的上下左右padding，用于计算内容所处的区域
    int paddingLeft = getPaddingLeft();
    int paddingTop = getPaddingTop();
    int paddingRight = getPaddingRight();
    int paddingBottom = getPaddingBottom();

    //计算出内容的宽和高
    int contentWidth = getWidth() - paddingLeft - paddingRight;
    int contentHeight = getHeight() - paddingTop - paddingBottom;

    //在画布上画出文本，位于控件的中央
    canvas.drawText(mExampleString,
            paddingLeft + (contentWidth - mTextWidth) / 2,
            paddingTop + (contentHeight + mTextHeight) / 2,
            mTextPaint);

    //在控件的中央画出图像，因为是最后画的，所以覆盖在文本上面
    if (mExampleDrawable != null) {
        mExampleDrawable.setBounds(paddingLeft, paddingTop,
                paddingLeft + contentWidth, paddingTop + contentHeight);
        mExampleDrawable.draw(canvas);
    }
}
```

首先是获取控件的上下左右的 Padding（空白距离），以计算内容区范围。下面确实用它

来计算了内容区的宽和高，那么控件的内容（文本、图像等）在显示时就不能超出这个范围。然后在画布 canvas 上画出了文本。drawText()这个方法有四个参数，第一个是要画的字符串，第二个是画文字开始处的 x 坐标，第三个是开始的处的纵坐标，第四个是一个画笔对象。要注意的是，在计算画文本的 x 轴上的开始位置时，使用内容区的宽度减去了文本的宽度(contentWidth – **mTextWidth**)，但是在计算 y 轴上的开始位置时，却用了加：(contentHeight + **mTextHeight**)，这是因为在 x 轴上是从左边开始画的，而在 y 轴上是从底部开始画的，这样就使文字居于中了。最后，调用 drawable 对象（这里实际上是一个图像）的 draw()方法，将自己画在了画布上。在画之前，也使用方法 setBounds()设置了自己应处的位置和大小，从传入的参数看，这个图像会填充整个内容区，也就是说，如果这个图像与内容区的长宽比不一样，那这个图像会变形，如图 11.2.2.2 所示。

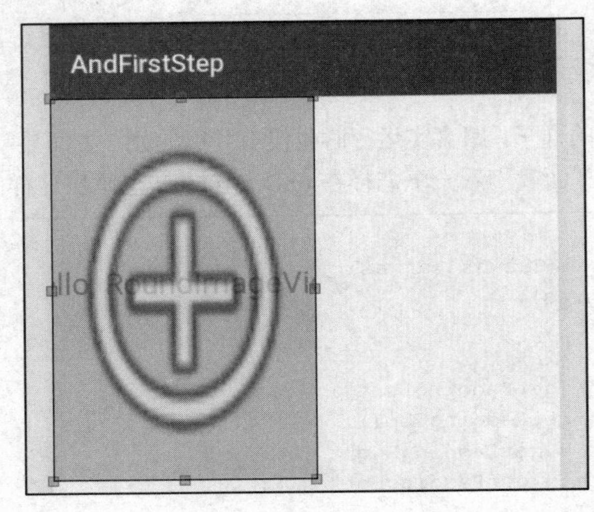

图 11.2.2.2

onDraw()里的第一句就是调用父类的 onDraw()，这个很重要，一般情况下是必须这样做的。

看起来这个方法并不复杂。但是，我们依然有很多些疑问，比如，调用 getPaddingXXX()方法为什么会获取到 Padding 的值，mExampleString 和 mExampleDrawable 是从哪里传进来的？文本的宽度 mTextWidth 和高度 mTextHeight 是怎么计算出来的？画笔 mTextPaint 是个什么东西？为什么要用它？在哪里创建的？欲知迷底，请看下节。

11.2.3 init()方法

我们的自定义控件类中，很多变量的值都来自界面构建器中指定的属性，比如 Padding、宽度、高度、mExampleString,mExampleDrawable，如图 11.2.3.1 所示。

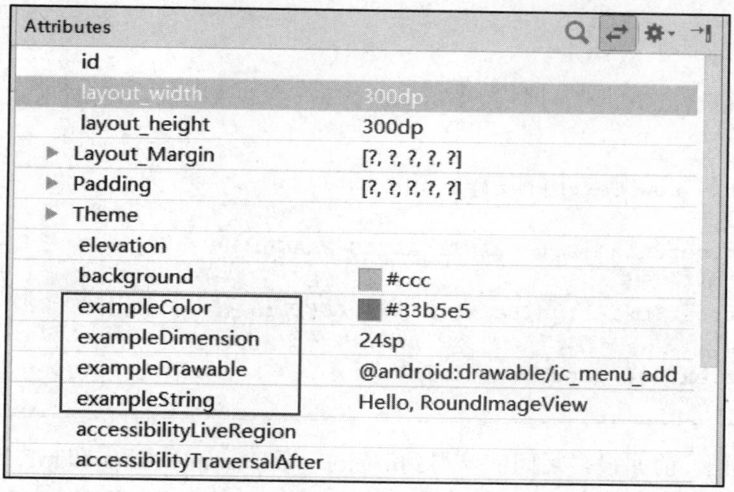

Attributes	
id	
layout_width	300dp
layout_height	300dp
▶ Layout_Margin	[?, ?, ?, ?, ?]
▶ Padding	[?, ?, ?, ?, ?]
▶ Theme	
elevation	
background	#ccc
exampleColor	#33b5e5
exampleDimension	24sp
exampleDrawable	@android:drawable/ic_menu_add
exampleString	Hello, RoundImageView
accessibilityLiveRegion	
accessibilityTraversalAfter	

图 11.2.3.1

这些属性都通过构造方法的“attrs”参数传给了控件，那些内置的属性，比如 layout_width、Padding、background 等会在父类的代码中取出并保存：

```
public RoundImageView(Context context, AttributeSet attrs) {
    super(context, attrs);
    init(attrs, defStyle: 0);
}
```

所以当你调用 getPaddingXXX()、getWidth()时会获取到有效的值。而非内置属性（见红框内框的那几个），就只能我们自己处理了。这几个自定义属性是怎么来的呢？这个下节再讲，我们先看一下初始化方法中做了什么：

```
private void init(AttributeSet attrs, int defStyle) {
    //准备获取自定义属性的值
    final TypedArray a = getContext().obtainStyledAttributes(
            attrs, R.styleable.RoundImageView, defStyle, 0);

    //获取自定义属性的值，获取文本
    mExampleString = a.getString(R.styleable.RoundImageView_exampleString);
    //获取文本的颜色
    mExampleColor =
a.getColor(R.styleable.RoundImageView_exampleColor,mExampleColor);
    //获取文本的字体大小
    mExampleDimension =
a.getDimension(R.styleable.RoundImageView_exampleDimension,
            mExampleDimension);

    if (a.hasValue(R.styleable.RoundImageView_exampleDrawable)) {
        //获取图像
        mExampleDrawable =
a.getDrawable(R.styleable.RoundImageView_exampleDrawable);
        //这个是为了支持 View 的动画
        mExampleDrawable.setCallback(this);
```

```
    }

    //释放一些资源
    a.recycle();
    //创建画文本的画笔
    mTextPaint = new TextPaint();
    //设置平滑效果
    mTextPaint.setFlags(Paint.ANTI_ALIAS_FLAG);
    //设置文字的对齐方式
    mTextPaint.setTextAlign(Paint.Align.LEFT);
    //设置文本画笔的其他属性，同时取得文本的宽和高
    invalidateTextPaintAndMeasurements();
}
```

看到以上代码，前面很多疑问应该得到解答了。mExampleString 和 mExampleDrawable 都是通过 attrs 传进来的，放在一个 TypedArray 里，我们可以通过其资源 id 从 TypedArray 里取出来。同时传进来的还有 mExampleDimension 和 mExampleColor，这两个被用来设置 mTextPaint 的属性，见 invalidateTextPaintAndMeasurements()方法：

```
private void invalidateTextPaintAndMeasurements() {
    //设置字体大小
    mTextPaint.setTextSize(mExampleDimension);
    //设置文字的颜色
    mTextPaint.setColor(mExampleColor);
    //根据已设置的属性，计算 mExampleString 中的文本的实际宽度
    mTextWidth = mTextPaint.measureText(mExampleString);
    //根据已设置的属性，计算 mExampleString 中的文本的实际高度
    Paint.FontMetrics fontMetrics = mTextPaint.getFontMetrics();
    mTextHeight = fontMetrics.bottom;
}
```

为什么这个方法要单独拿出来呢？因为这段代码要在其他地方多次用到，比如在设置文本时，因为文本的内容变了，所以需要重新计算文本的宽和高，所以需要重新调用这段代码。

初始化方法在构造方法中被调用，所以只执行一次，而 onDraw()可能被执行多次，于是我们在初始化方法中就准备好在 onDraw()中要使用的东西，而不是在 onDraw()中现用现准备，这样就提高了 onDraw()的执行效率。

11.2.4 自定义属性

现在再来研究一下自定义属性是如何搞出来的。如果只想在代码中创建控件的话，用不着为控件创建自定义属性，所以创建自定义属性纯粹是为了能在界面构建器中使用。

要创建自定义，需要在 res/values 下增加一个 XML 文件，在其中定义自定义属性的名字和值的类型，在利用向导创建自定义控件类时，自动为我们增加了这个文件：attrs_round_image_view.xml，这就省下我们自己创建了。这个文件的内容如下：

```
<resources>
    <declare-styleable name="RoundImageView">
        <attr name="exampleString" format="string" />
        <attr name="exampleDimension" format="dimension" />
        <attr name="exampleColor" format="color" />
        <attr name="exampleDrawable" format="color|reference" />
    </declare-styleable>
</resources>
```

最外层元素是“resources”，固定写法，跟字符串和 style 等资源一样，实际上它们可以放在一起，不过为了让人容易理解，一般就把不同类型的资源放在不同的文件中了。这个文件中的资源类型是“declare-styleable”，为了能在其他地方引用这个资源，它必须有名字，这里的名字叫“RoundImageView”，与我们的类名相同，其实这不是必需的，也就是说这个资源与使用它的类没有关联关系，这个资源并不是只能被类 RoundImageView 使用。“declare-styleable”的每一个子元素叫“attr”（attribute 的缩写），这让我们联想到了 RoundImageView()的构造方法的参数。每个 attribute 都有名字，这些名字正是我们在界面设计器中为 RoundImageView 指定的自定义属性的名字，如图 11.2.4.1 所示。

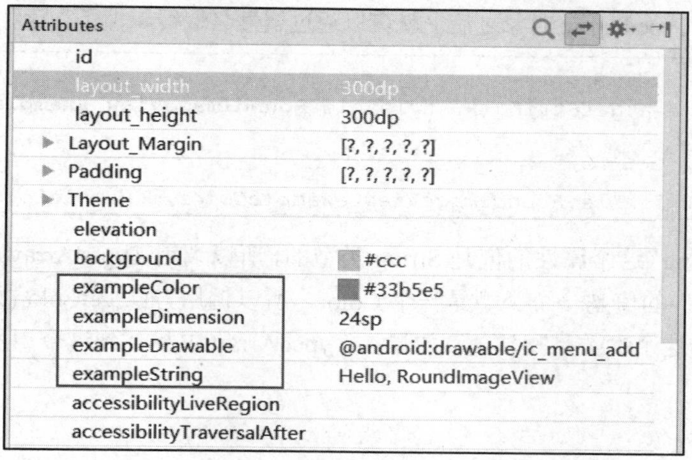

Attributes	
id	
layout_width	300dp
layout_height	300dp
▶ Layout_Margin	[?, ?, ?, ?, ?]
▶ Padding	[?, ?, ?, ?, ?]
▶ Theme	
elevation	
background	#ccc
exampleColor	#33b5e5
exampleDimension	24sp
exampleDrawable	@android:drawable/ic_menu_add
exampleString	Hello, RoundImageView
accessibilityLiveRegion	
accessibilityTraversalAfter	

图 11.2.4.1

attribute 的值的类型由属性“format”指定，string 是字符串；dimension 是数字（这个数字表示距离）；color 是一个颜色，比如“#ccc”；reference 表示引用，引用就是一个对象。如果可以在几种类型之间选择，在类型之间加“|”即可。比如“color|reference”表示可以是一个颜色也可以是一个引用，可以看到 exampleDrawabled 的值类型就是“color|reference”，我们为自定义控件的这个属性传入了一个图像的引用：“@android:drawable/ic_menu_add”。

自定义属性已添加，那如何使用它呢？首先你要在 layout 文件中为你的控件指这些属性的值。注意这些属性并不会自动出现在你的自定义控件的属性编辑器中，你需要在源码中手动添加，如下：

```
<niuedu.com.andfirststep.RoundImageView
    android:layout_width="300dp"
    android:layout_height="300dp"
    android:background="#ccc"
    app:exampleColor="#33b5e5"
    app:exampleDimension="24sp"
    app:exampleDrawable="@android:drawable/ic_menu_add"
    app:exampleString="Hello, RoundImageView" />
```

当你手动添加之后，在属性编辑器中也就能看到了。添加之后，你就可以在代码中随时把这些属性的值取出来了。我们的代码中是在 init()方法中取出来的。我们知道参数是通过 attrs 这个参数传进来的，在 init()中首先做的就是从 attrs 取得一个 TypedArray 对象：

```
final TypedArray a = getContext().obtainStyledAttributes(
   attrs, R.styleable.RoundImageView, defStyle, 0);
```

这个方法有四个参数：第一个参数不用解释了；第二个是 styleable 资源的 id，指向了我们在 attrs_round_image_view.xml 中定义的资源 RoundImageView，这样后面才能通过自定义属性的名字取得其值，如果没有这个参数，只可以取得内置的属性的值，无法访问自定义的属性；第三个参数是自定义属性的默认值的资源 ID；第四个参数是包含 View 的某些属性的默认值的资源 id，后两个一般用不到。有了 TypedArray 对象之后，就可以通过属性名取得属性了，比如：

```
//获取自定义属性的值，获取文本
mExampleString = a.getString(R.styleable.RoundImageView_exampleString);
//获取文本的颜色
mExampleColor =
a.getColor(R.styleable.RoundImageView_exampleColor,mExampleColor);
```

“exampleString”这个属性的值是 String 类型的，所以调用 TypedArray 的 getString()方法，而“exampleColor”的值是一个类型是一个 Color，所以调用方法 getColor()取得其值，注意其后还有一个参数，这个参数是默认值，如果在 TypedArray 中找不到这个属性，就返回默认值。

11.2.5 作画

有些看官可能对计算机作画很陌生，这里稍微介绍一下。

首先要记住，程序显示出的样子，是程序自己画出来的。当然作画的代码是你写的，由于你调用了系统提供给你的 API，让你减少了很多工作，但也造成了你与别人长的差不多，比如 Windows 系统中的窗口程序。程序总是在内存中先把画画完，然后把整张图传到显卡的显存中，一旦传到显存中，就会在屏幕上看到。注意实际显卡在显示之前，还要将图像合并一下，因为同一时刻作画的不止你一个程序，比如同时可以看到多个窗口。上面的窗口要盖住下面的窗口，所以显卡就要根据谁在上谁在下合并这些图像，合并后再显示。当然你感觉不出这个过程，因为显卡一秒钟刷新至少 60 次以上，当你用鼠标拖着一个窗口游走时，这个作画并显示的过程在不停地快速反复执行。

所有有图形界面的操作系统，都提供了作画用的 API。所以你可以用代码画一条直线、一个矩形、一个椭圆、一个正圆、一个三角形，或画一个贝塞尔曲线，还可以用一种颜色填充一个封闭的图像，比如矩形或圆等。你填充时还可以以颜色渐变的方式，玩过 Photoshop 的人肯定熟悉这些玩法。

因为画图时要先画到内存中，所以就需要一块内存，这块内存就是画布（Canvas），所以 View 类的 onDraw()方法传入了一个参数 canvas，它是与当前 View 所关联的，是供我们作画的一块内存（当然实际上不仅是内存这么简单了，你先把它理解为一块内存吧），如果你作的画超出了 View 的实际范围，那就看不到超出的部分了，所以作画时应取得 View 的 Width 和 Height，并考虑 Padding（内部空白）。

再回头看一下 onDraw()里面的代码，你应该能注意到，画文字和画图像的 API 差别很大，画文字需要准备一支笔（paint），实际上这支画笔不是仅仅用来画文字的，它还可以画线条（直线或曲线），画各种形状，你还可以设置这支笔的参数，比如颜色、线条粗细、是否开启抗锯齿（即平滑效果），由于要画文字，所以这里还设置了字体大小、文字的对齐方式等。下面我们用这种笔画一个形状，比如为自定义控件增加边框，这很简单，我们只需要画一个比控件小一个像素的矩形即可。在 onDraw()方法的最后增加下面几句：

```
//设置笔的线条粗一点
mTextPaint.setStrokeWidth(10.0f);
//设置笔只画线条不填充
mTextPaint.setStyle(Paint.Style.STROKE);
//画一个比控件只小一个像素的框，作为控件的边界
canvas.drawRect(new Rect(1,1,getWidth()-2,getHeight()-2),mTextPaint);
```

执行效果如图 11.2.5.1 所示。

注意不必运行 App，在界面设计器的预览中就能看到效果，但是，如果你改了代码，想看到效果必须编译一下，如图 11.2.5.2 所示。

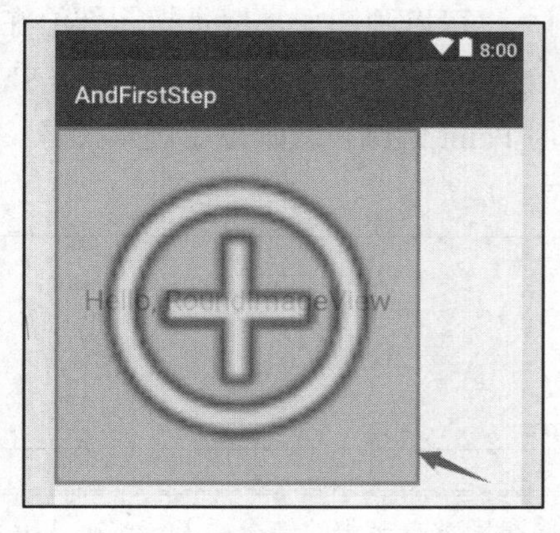

图 11.2.5.1

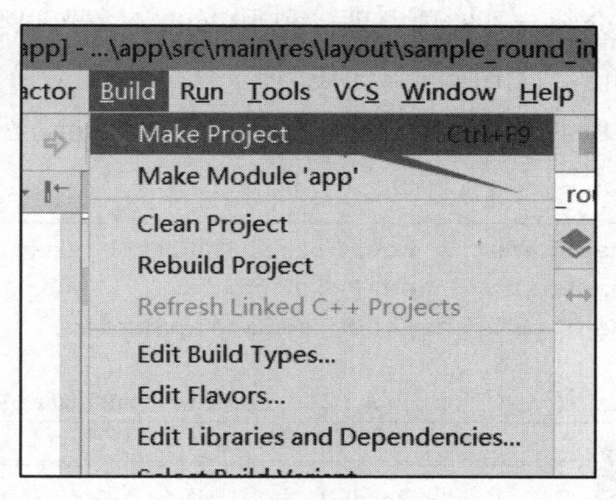

图 11.2.5.2

11.3 创建圆形图像控件

很多登录界面上的图像都是圆形的，如图 11.3.1 所示。

图 11.3.1

控件显示为圆形，圆之外的图像被剪切掉。注意系统中的的图像控件 ImageView，当前是做不到这个效果的，所以我们只能自己搞一个出来。我们前面创建的自定义控件叫作 RoundImageView，就是为现在做准备的。下面我们就改进一下这个类，让它能显示圆形图像。

有个地方还得多说一句，RoundImageView 是直接从 View 派生的，而不是从 ImageView 派生的，那为什么不从 ImageView 派生呢？我们的控件不也是要显示图像吗？原因是这样的，可以从 ImageView 派生，但是更麻烦，因为 ImageView 内部已经处理了图像的显示，还支持图像的显示模式，是否居中，还有它特有的 Getter 和 setter，我们如果接管了图像绘制的话就需要自己实现这些需求，以及那些 Getter 和 Setter，很麻烦，而同时，从 View 派生来显示图像也不算难，因为现在就能显示了，而且我们只需要把图像显示在中央即可，也不必支持拉伸，所以经过我严密的福尔摩斯式的推理，断定还是从 View 派生更好。

先介绍一下实现原理：利用 Paint 对象可以画圆，也可以画图像，但是把图像绘在一个圆的范围内，超出圆的部分被切掉，并不是那么简单，这要用到一个东西，即着色器（Shader）。利用图像创建着色器，把着色器设置给 Paint，然后用 Paint 画圆，就画出了圆形图像。过程大致如下：

```
mBitmapShader = new BitmapShader(bitmap ,...);
mBitmapPaint = new Paint();
mBitmapPaint.setShader(mBitmapShader);
...
canvas.drawCircle(x, y, radius, mBitmapPaint);
```

着色器是 OpenGL 中用于图像处理的组件，要想了解着色器，请参看 OpenGL 2.0+的开发手册。

我们将画圆形图像的 Paint 字段定为 mBitmapPaint，但我们除了画图像外，还要在其外面画一个圆圈，所以需要再准备一个 Paint，命名为 mBorderPaint。这个 Paint 就不需要设置着色器了，只要提前准备好这两个 Paint，在 onDraw()中这样做：

```
@Override
protected void onDraw(Canvas canvas) {
    if(mDrawable == null){
        return;
    }
    //画边框
    canvas.drawCircle(getWidth() / 2f, getHeight() / 2f, mBorderRadius,
mBorderPaint);
    //画图像
    canvas.drawCircle(getWidth() / 2f, getHeight() / 2f, mDrawableRadius,
mBitmapPaint);
}
```

主要是利用了这两个 Paint 在画布上画了两个圆。mDrawable 是在界面构建器中为此控件设置的图像，在 init()方法中已取出。drawCircle()（画圆）方法有四个参数，第一个是圆心的 x 坐标，第二个是圆心的 y 坐标，第三个是圆的半径，第四个是要使用的画笔。图像和边框都要在控件中居中，所以圆心都是控件的中心点。在执行 onDraw()之前，我们需要准备好 mBorderPaint（边框画笔）、mBorderRadius（边框半径）、mBitmapPaint（图像画笔）、mDrawableRadius（图像半径）。下面对这四个变量做一下解释。

- mBorderRadius

边框是紧贴着控件的边缘来画的，所以根据控件的大小来计算 mBorderRadius。在控件的宽和高中取一个最小的，然后除以 2：

```
mBorderRadius = Math.min((getHeight() - mBorderStrokeWidth) / 2f,
        (getWidth() - mBorderStrokeWidth) / 2f);
```

这里使用了数学函数 min()，它返回两个参数中最小的一个。

- mDrawableRadius

图像需要画在边框内，所以其半径要小一点，小多少呢？要空出边框线的位置，所以应是边框线的宽度 mBorderStrokeWidth，同时，还要考虑内部空白 Padding，于是计算这个值的代码是这样的：

```
RectF drawableRect = new RectF(mBorderStrokeWidth+paddingLeft,
        mBorderStrokeWidth+paddingTop,
        getWidth() - mBorderStrokeWidth-paddingRight,
        getHeight() - mBorderStrokeWidth-paddingBottom);
//计算画圆形位图所用的半径
mDrawableRadius = Math.min(drawableRect.height() / 2f,drawableRect.width() /
2f);
```

首先创建了一个矩形对象 drawableRect，RectF 是用于存储矩形的参数的：

```
public class RectF implements Parcelable {
    public float left;
    public float top;
    public float right;
    public float bottom;
```

Rect 是 Rectangle 的简写，后面带的 F 表示其变量类形都是 float 型的。其构造方法需要四个参数，对应其四个成员变量：矩形 x 上的左边位置、y 上的顶部位置、x 上的右边位置、y 上的底部位置。可以看到在计算这四个位置时，考虑了 padding 的因素。getWidth()是获取控件的宽，getHeight()是获取控件的高。至于 mBorderStrokeWidth 的值，很简单，从 attrs 中传进来的，是我们自定义的属性。

- mBorderPaint

这支画笔很简单，在初始化时作了如下处理：

```
//创建画边框的画笔
mBorderPaint = new Paint();
//只画线不填充
mBorderPaint.setStyle(Paint.Style.STROKE);
//画边框需要平滑效果
mBorderPaint.setFlags(Paint.ANTI_ALIAS_FLAG);
//设置边框的颜色
mBorderPaint.setColor(mBorderColor);
//设置边框的线条粗细
mBorderPaint.setStrokeWidth(mBorderStrokeWidth);
```

剩下的就是在 onDraw()中使用它了。

- mBitmapPaint

这个画笔的主要特点是需要一个着色器，而这个着色器是由要画的位图创建的：

```
//创建着色器，第二和第三个参数指明了图像的平铺模式，可以参考 Windows 背景的平铺模式
//这设置成不平铺
mBitmapShader = new BitmapShader(bitmap, Shader.TileMode.CLAMP,
Shader.TileMode.CLAMP);
//创建画位图的画笔
mBitmapPaint = new Paint();
//把着色器设置给画笔
mBitmapPaint.setShader(mBitmapShader);
```

剩下的也是在 onDraw()中使用它了。

调用着色器的构造方法时，传入的第一个参数 bitmap 是一个位图对象，它也是通过 attrs 中传进来的。但是 attrs 传进来的是一个 Drawable 对象，由 Drawable 转成 bitmap 并不是那么简单，下面我们详细解释一下。

11.3.1　将 Drawable 转成 Bitmap

Bitmap 就是位图，也叫栅格图，它里面保存的是图像的所有像素，一个像素由多个字节表示。像素是什么？像素其实就是颜色，那如何表示颜色呢？我们都知道三原色：红绿蓝，只要这三原色每个有不同的深度，混合起来就能混出不同的颜色。在计算机中也一样，一个颜色也是由三原色组成的，一般一个原色占一个字节，按 RGB（红绿蓝）顺序排列，三个字节一起组成一个颜色，这每个原色在计算机中叫作一个通道，每个通道的值都是 0 到 255，三个通道各取不同的值进行组合（混色），能混出多少种颜色呢？你自己算吧（反正是真彩色没错）。所有通道的值都是 0 时，这个颜色就是纯黑。如果都是 FF，这个颜色就是纯白。如果 R 通道是 0 而其余两个通道都是 FF，就为纯红。纯绿和纯蓝自己推导吧。如果三个通道的值都相同的话，就是某种程度的灰色。那透明色是什么？透明其实不是一种颜色，仅用 RGB 三通道是不能表示透明的，所以一般用四个通道表示一个颜色：ARGB，A（Alpha）就是用于表示透明程度的，也占一个字节，值越小越透明，为 0 时完全透明，为 255 时完全不透明。我们前面所使用的图像（如图 11.3.1.1 所示）都属于位图，虽然这两个 png 文件中的像素并不是如上面所说的方式表示的，但实际上是因为 png 文件是位图压缩后的形式，解码后放在内存中的图像数据就变成了上面所说的那样。所以，我们常见的图像格式如 png、jpg、gif 等都属于位图。

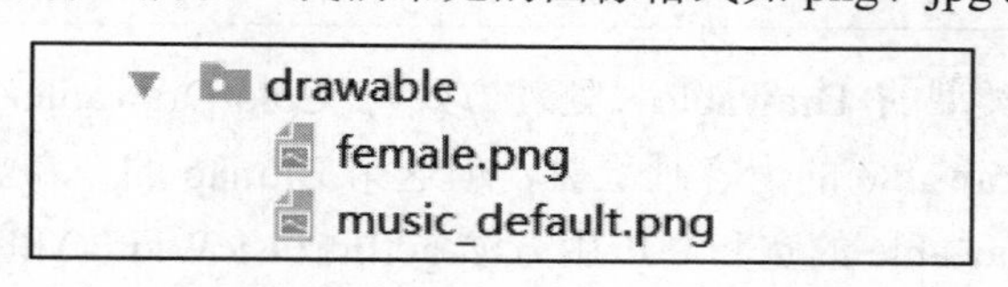

图 11.3.1.1

与位图相对的另一种图像是矢量图。与位图不同，矢量图里存的是如何画出一副图的代码，而不是各像素的颜色，显示矢量图其实就是执行代码把它画出来，这样带来的好处是缩放时不失真，坏处是不能表现太复杂的图像（不是不能，是太难弄，而且显示的时候也很慢），一般只显示比较简单的线条、形状，或它们的组合。Android 的 Drawable 资源对这两种图像都支持（矢量图后面会讲），但是 Drawable 所代表的东西不限于图像，能被绘制的东西都成为 Drawable，比如颜色，所以要区分 Drawable 与图像这两种概念之间的区别。

我们为控件自定义了一个属性，叫作“drawable”，用于在界面构建器中设置要显示的东西：

```
<attr name="drawable" format="color|reference" />
```

从 format 的值可以看到，这个属性不但可以传入图像，也可以传入颜色。注意 Bitmap 类与 Drawable 类是不同的，不能以类型转换的方式把 Drawable 对象转成 Bitmap。

如果传入的就是一个图像，那在内存中就是一个 BitmapDrawable 类型的实例，此时直接调用 BitmapDrawable 的方法 getBitmap()即可得到 Bitmap：

```
if (drawable instanceof BitmapDrawable) {
    //判断对象类型，如果传入的是一个位图 Drawable，直接获取位图并返回
    return ((BitmapDrawable) drawable).getBitmap();
}
```

注意此时 Bitmap 宽和高就是所传入图像的宽和高。

而当传入的是一个颜色而不是图像时，在内存中就是一个 ColorDrawable 实例，转换 Bitmap 就稍微复杂点，需要先创建一个 Bitmap 的实例，然后创建一个画布（Canvas），然后将 ColorDrawable 画到这个画布上，因为画布关联了位图，所以实际上就画到了位图上。注意此时创建的 Bitmap 的宽和高只需占一个像素即可，因为这个 Bitmap 是用来创建着色器的，着色器被设置到 Paint 中，Paint 在画圆时，会对着色器进行缩放以适应要画的圆的大小，由于只有一种颜色，所以任它怎么缩放也无影响。代码如下：

```
if (drawable instanceof ColorDrawable) {
    //如果是一个颜色，则创建一个宽和高都是一个像素的 Bitmap,
    //指定其颜色空间是 ARGB 四通道，每个通道占 8 个字节。
    bitmap = Bitmap.createBitmap(1, 1, Bitmap.Config.ARGB_8888);
}
//位图中必须要有 drawable 中的图案，所以用位图创建画布,
//把 drawable 画到画布上，实际上就画到了位图上
Canvas canvas = new Canvas(bitmap);
//设置绘画的区域，绘制不会超过这个区域
drawable.setBounds(0, 0, canvas.getWidth(), canvas.getHeight());
drawable.draw(canvas);
```

传入的如果是其他类型的 Drawable，处理方式与 ColorDrawable 类似，需要先创建一个 Bitmap 实例，然后把 Drawable 的内容画上去，但这个 Bitmap 的宽和高必须与 Drawalbe 实际的宽和高相同。获取 Drawable 的宽和高可用方法 getIntrinsicWidth()和 getIntrinsicHeight()。代码如下：

```
bitmap = Bitmap.createBitmap(
        drawable.getIntrinsicWidth(),
        drawable.getIntrinsicHeight(),
        Bitmap.Config.ARGB_8888);
//位图中必须要有 drawable 中的图案，所以用位图创建画布,
//把 drawable 画到画布上，实际上就画到了位图上
Canvas canvas = new Canvas(bitmap);
//设置绘画的区域，绘制不会超过这个区域
drawable.setBounds(0, 0, canvas.getWidth(), canvas.getHeight());
drawable.draw(canvas);
```

从 Drawable 转换出来的位图，会用来创建着色器，着色器被设置给 mBitmapPaint 画圆形图，但是在画圆形图时，目标区域与 Bitmap 本是的大小和宽高比可能是不同的，所以要进行缩放，这就是需要对着色器进行变换，就要用到变换矩阵，下面仔细来研究一下如何创建这个矩阵。

11.3.2 变换矩阵

在 OpenGL 中，图像的缩放、变色、移位等都叫变换，这些变换是对图像中每个像素进行了一定的运算。比如移位，因为是三维空间，要把图像从 A(x1,y1,z1)坐标移到 B 坐标(x2,y2,z2),

就是把图像的每个顶点（比如三角形有三个顶点，六面体有八个顶点）的 x 、y 、z 上的值加减某个值，因为有三个分量，所以都是以矩阵的形式表示，于是要进行变换就要准备一个矩阵。当然我们是二维变换，不是三维的，但是矩阵是一样的，只不过变换时 z 坐标不变。

我们要进行的变换是缩放和位移，并且我们还要保持图像的宽高比，并且要居中，所以我们要考虑容纳图像的矩形与图像大小之间的关系以进行图像缩放比例的计算。代码如下：

```
float scale;
float dx = 0;//图像在 x 轴上开始的位置
float dy = 0;//图像在 y 轴上开始的位置

//三维变换矩阵，用于计算图像的缩放和位移
Matrix mShaderMatrix = new Matrix();
mShaderMatrix.set(null);
//计算图像需要缩放的比例，我们要保证图像根据其外围框的大小和长宽比进行按比例缩放
if (mBitmapWidth * drawableRect.height() < drawableRect.width() * mBitmapHeight)
{
    //如果图像的宽大于外围框的宽，则图像缩放后的高度变成跟外围框高度相同，
    //然后按比例计算图像缩放后的宽度
    scale = drawableRect.height() / (float) mBitmapHeight;
    //因图像比外围框窄，所以计算 X 轴上图像的开始位置
    dx = (drawableRect.width() - mBitmapWidth * scale) * 0.5f;
} else {
    //如果图像的宽小于外围框的宽，则图像缩放后的宽度变成跟外围框宽度相同，
    //然后按比例计算图像缩放后的高度
    scale = drawableRect.width() / (float) mBitmapWidth;
    //因图像比外围框宽，所以计算 y 轴上图像的开始位置
    dy = (drawableRect.height() - mBitmapHeight * scale) * 0.5f;
}

//设置位图在 X 轴和 y 轴的缩放比例
mShaderMatrix.setScale(scale, scale);
//设置位图在 x 轴和 y 轴上的位移，以保证图像居中
mShaderMatrix.postTranslate(
      (int) (dx + 0.5f) + mBorderStrokeWidth,
      (int) (dy + 0.5f) + mBorderStrokeWidth);

//将变换矩阵设置给着色器
mBitmapShader.setLocalMatrix(mShaderMatrix);
```

11.3.3　自定义属性的改动

对原先的一自定义属性作了改动，现在的自定义属性如下：

```
<resources>
    <declare-styleable name="RoundImageView">
        <attr name="borderWidth" format="dimension" />
        <attr name="borderColor" format="color" />
        <attr name="drawable" format="color|reference" />
    </declare-styleable>
</resources>
```

borderWidth 是线条宽度，borderColor 是线条颜色，drawable 是要画成圆形的图像。现在我们把登录页面的头像改为使用这个类，如图 11.3.3.1 所示。

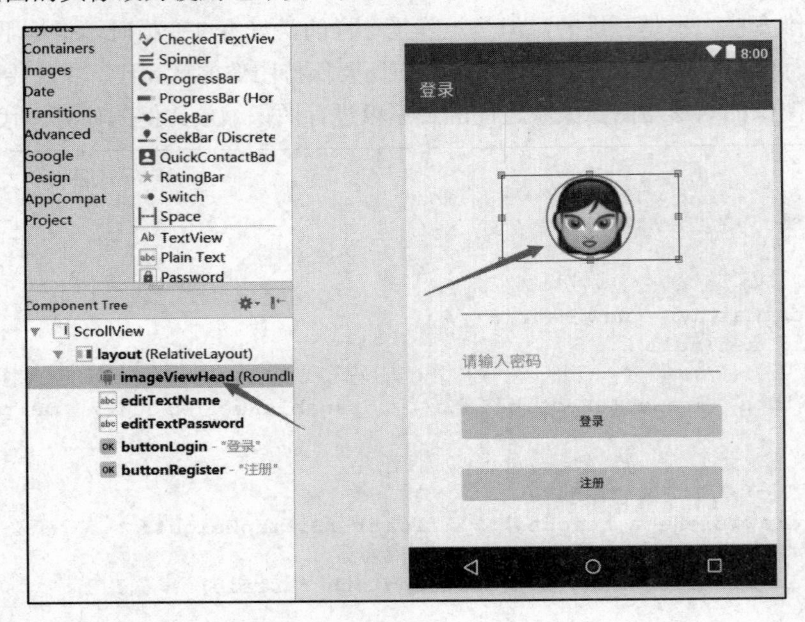

图 11.3.3.1

layout 中使用自定义控件的代码如下：

```
<niuedu.com.andfirststep.RoundImageView
    android:id="@+id/imageViewHead"
    android:layout_width="200dp"
    android:layout_height="100dp"
    android:layout_alignParentTop="true"
    android:layout_centerHorizontal="true"
    android:layout_marginTop="24dp"
    app:borderColor="@android:color/holo_green_dark"
    app:borderWidth="2sp"
    app:drawable="@drawable/female"/>
```

此时会产生一个运行时错误，原因是在 LoginFragment 中获取了这个控件：

```
//获取用户名和密码输入控件
editTextName = (EditText) v.findViewById(R.id.editTextName);
editTextPassword = (EditText) v.findViewById(R.id.editTextPassword);
imageView = (ImageView)v.findViewById(R.id.imageViewHead);
```

但这个控件被我们改成了 RoundImageView，而不再是一个 ImageView，所以此处的类型转换不再合适，imageView 这个字段的类型也不再合适：

```
public class LoginFragment extends Fragment {
    EditText editTextName;
    EditText editTextPassword;
    ImageView imageView ;
    RelativeLayout layout;
```

我们可以把类型改为 RoundImageView 或 View。

11.3.4 类的所有代码

```
public class RoundImageView extends View {
    private int mBorderColor = Color.RED;
    //要显示的图像
    private Drawable mDrawable;

    //图像的宽
    private int mBitmapWidth;
    //图像的高
    private int mBitmapHeight;
    //画圆形图像时，半径的位置
    private float mDrawableRadius;
    //画边框时，半径的位置
    private float mBorderRadius;
    //边框的宽度
    private float mBorderStrokeWidth=1f;

    //着色器，这是画出圆形图像的关键
    private BitmapShader mBitmapShader;

    //用于画出圆形图像的画笔
    private Paint mBitmapPaint;
    //用于画出图像边界面的画笔
    private Paint mBorderPaint;


    public RoundImageView(Context context) {
        super(context);
        init(null, 0);
    }

    public RoundImageView(Context context, AttributeSet attrs) {
        super(context, attrs);
        init(attrs, 0);
    }

    public RoundImageView(Context context, AttributeSet attrs, int defStyle) {
        super(context, attrs, defStyle);
        init(attrs, defStyle);
    }
```

```
//初始化
private void init(AttributeSet attrs, int defStyle) {
    //准备获取自定义属性的值
    final TypedArray a = getContext().obtainStyledAttributes(
            attrs, R.styleable.RoundImageView, defStyle, 0);

    //获取文本的颜色
    mBorderColor = a.getColor(
            R.styleable.RoundImageView_borderColor,
            mBorderColor);
    //获取边框的宽度（像素）
    mBorderStrokeWidth = a.getDimension(
            R.styleable.RoundImageView_borderWidth,
            mBorderStrokeWidth);

    if (a.hasValue(R.styleable.RoundImageView_drawable)) {
        //获取图像
        mDrawable = a.getDrawable(R.styleable.RoundImageView_drawable);
    }

    //不再需要从 attrs 获取属性值了，及时释放一些资源
    a.recycle();

    if(mDrawable != null) {
        //从 Drawable 对象获取 Bitmap 对象。用于创建 BitmapShader
        //Drawable 只是 Android SDK 对于可绘制对象的封装，
        //底层的图像绘制使用的是 Bitmap（位图或光栅图）
        Bitmap bitmap = getBitmapFromDrawable(mDrawable);
        if(bitmap==null){
            return;
        }

        //保留下图像的宽和高
        mBitmapWidth = bitmap.getWidth();
        mBitmapHeight = bitmap.getHeight();

        //创建着色器，第二和第三个参数指明了图像的平铺模式，
  //可以参考 Windows 背景的平铺模式
        //这设置成不平铺
        mBitmapShader = new BitmapShader(bitmap,
   Shader.TileMode.CLAMP,
   Shader.TileMode.CLAMP);

        //创建画位图的画笔
        mBitmapPaint = new Paint();
        //把着色器设置给画笔
        mBitmapPaint.setShader(mBitmapShader);

        //创建画边框的画笔
```

```
            mBorderPaint = new Paint();
            //只画线不填充
            mBorderPaint.setStyle(Paint.Style.STROKE);
            //画边框需要平滑效果
            mBorderPaint.setFlags(Paint.ANTI_ALIAS_FLAG);
            //设置边框的颜色
            mBorderPaint.setColor(mBorderColor);
            //设置边框的线条粗细
            mBorderPaint.setStrokeWidth(mBorderStrokeWidth);
        }
    }


    @Override
    protected void onDraw(Canvas canvas) {
        //super.onDraw(canvas);
        if(mDrawable == null){
            return;
        }

        //画背景
        canvas.drawCircle(getWidth() / 2f,
                getHeight() / 2f, mBorderRadius, mBorderPaint);
        //画图像
        canvas.drawCircle(getWidth() / 2f,
                getHeight() / 2f, mDrawableRadius, mBitmapPaint);
    }


    public Drawable getDrawable() {
        return mDrawable;
    }

    public void setDrawable(Drawable drawable){
        mDrawable = drawable;
        //从Drawable对象获取Bitmap对象。用于创建BitmapShader
        Bitmap bitmap = getBitmapFromDrawable(mDrawable);
        //保留下图像的宽和高
        mBitmapWidth = bitmap.getWidth();
        mBitmapHeight =bitmap.getHeight();

        //重新计算位图着色器的变换矩阵
        updateShaderMatrix();
        //发出通知，强制系统重新绘制控件（图像都变了，当然要重新绘制了）
        invalidate();
    }

    //从Drawable获取Bitmap
    private Bitmap getBitmapFromDrawable(Drawable drawable) {
        if (drawable == null) {
```

```
        return null;
    }

    if (drawable instanceof BitmapDrawable) {
        //判断对象类型，如果传入的是一个位图 Drawable，直接获取位图并返回
        return ((BitmapDrawable) drawable).getBitmap();
    }

    //如果不是位图图像（参考 res/drawable 下的各种资源），处理就复杂一点
    try {
        Bitmap bitmap;

        if (drawable instanceof ColorDrawable) {
            //如果是一个颜色，则创建一个宽和高都是一个像素的 Bitmap，
            //指定其颜色空间是 ARGB 四通道，每个通道占 8 个字节。
            bitmap = Bitmap.createBitmap(1, 1, Bitmap.Config.ARGB_8888);
        } else {
            //如果是其他类型的 Drawable，则创建一个与它同样大小的位图
            bitmap = Bitmap.createBitmap(
                    drawable.getIntrinsicWidth(),
                    drawable.getIntrinsicHeight(),
                    Bitmap.Config.ARGB_8888);
        }

        //位图中必须要有 drawable 中的图案，所以用位图创建画布，
        //把 drawable 画到画布上，实际上就画到了位图上
        Canvas canvas = new Canvas(bitmap);
        //设置绘画的区域，绘制不会超过这个区域
        drawable.setBounds(0, 0, canvas.getWidth(), canvas.getHeight());
        drawable.draw(canvas);
        return bitmap;
    } catch (OutOfMemoryError e) {
        //如果内存不够用，返回 null
        return null;
    }
}

//计算位图的变换矩阵
private void updateShaderMatrix() {
    //获取控件的上下左右 padding，用于计算内容所处的区域
    int paddingLeft = getPaddingLeft();
    int paddingTop = getPaddingTop();
    int paddingRight = getPaddingRight();
    int paddingBottom = getPaddingBottom();

    //计算边框的半径，边框是按控件的最外围来画的
    mBorderRadius = Math.min((getHeight() - mBorderStrokeWidth) / 2f,
            (getWidth() - mBorderStrokeWidth) / 2f);

    //位图所在的外围框，位图不能超出这个矩形，
```

```
        //这个矩形应在控件的边框内，同时还要考虑 padding 的大小
        RectF drawableRect = new RectF(mBorderStrokeWidth+paddingLeft,
                mBorderStrokeWidth+paddingTop,
                getWidth() - mBorderStrokeWidth-paddingRight,
                getHeight() - mBorderStrokeWidth-paddingBottom);
        //计算画圆形位图所用的半径
        mDrawableRadius = Math.min(drawableRect.height() / 2f,
                drawableRect.width() / 2f);

        float scale;
        float dx = 0;//图像在 x 轴上开始的位置
        float dy = 0;//图像在 y 轴上开始的位置

        //三维变换矩阵，用于计算图像的缩放和位移
        Matrix mShaderMatrix = new Matrix();
        mShaderMatrix.set(null);
        //计算图像需要缩放的比例，我们要保证图像根据其外围框的大小和长宽比进行按比例缩放
        if (mBitmapWidth * drawableRect.height() < drawableRect.width() *
mBitmapHeight) {
            //如果图像的宽大于外围框的宽，则图像缩放后的高度变成跟外围框高度相同，
            //然后按比例计算图像缩放后的宽度
            scale = drawableRect.height() / (float) mBitmapHeight;
            //因图像比外围框窄，所以计算 X 轴上图像的开始位置
            dx = (drawableRect.width() - mBitmapWidth * scale) * 0.5f;
        } else {
            //如果图像的宽小于外围框的宽，则图像缩放后的宽度变成跟外围框宽度相同，
            //然后按比例计算图像缩放后的高度
            scale = drawableRect.width() / (float) mBitmapWidth;
            //因图像比外围框宽，所以计算 y 轴上图像的开始位置
            dy = (drawableRect.height() - mBitmapHeight * scale) * 0.5f;
        }

        //设置位图在 X 轴和 y 轴的缩放比例
        mShaderMatrix.setScale(scale, scale);
        //设置位图在 x 轴和 y 轴上的位移，以保证图像居中
        mShaderMatrix.postTranslate(
                (int) (dx + 0.5f) + mBorderStrokeWidth,
                (int) (dy + 0.5f) + mBorderStrokeWidth);

        //将变换矩阵设置给着色器
        mBitmapShader.setLocalMatrix(mShaderMatrix);
    }

    @Override
    protected void onSizeChanged(int w, int h, int oldw, int oldh) {
        super.onSizeChanged(w, h, oldw, oldh);

        updateShaderMatrix();
    }
}
```

第 12 章 RecyclerView

我们最终要模仿出一个 QQApp。

参考一下 QQ，其主页面显示的是三个 Tab 页面，三个页面分别是“消息”“联系人”和“动态”。这三个页面中都使用了共同的控件：列表控件。列表控件在各种 App 中随处可见，是 Android 中非常重要的一个控件。

原始的列表控件类是 ListView，新的列表控件类是 RecyclerView。两者的基本用法差别不大，RecylerView 的使用更复杂一点，在功能上 RecyclerView 比 ListView 强大一些，所以我们选择 RecyclerView 讲解，搞懂后再学习 ListView 也会毫无障碍。

12.1 基本用法

首先记住一点：Android 中，除了各种 layout 控件，只要是能包含多个子控件的，其所显示的子控件的数量和子控件的内容都是通过 Adapter（适配器）提供的。通过引入 Adapter，这些控件具备了显示与数据分离的架构。

RecyclerView 中的一个条目就是一个子控件，但子控件的内容是什么、子控件如何响应事件，RecyclerView 完全不关心。RecyclerView 只负责显示其子控件，排列其子控件，滚动其子控件。也就是说 RecyclerView 只实现管理多个条目，至于每条显示什么，它不管。那么，它不管谁管呢？交由 Adapter 管，实际上每个子控件是由 Adapter 创建的，也是 Adatper 设置了每条的内容。

RecyclerView 与 Adapter 之间的关系是这样的：RecyclerView 在显示一条之前，先调用 Adapter 的某个方法获取总条数；再调用 Adapter 的某个方法创建这个条目的子控件，再调用 Adapter 的某个方法将这一条目要显示的数据设置到子控件中。但这些方法是需要我们实现的，所以最终是我们决定 RecyclerView 中的条目数和条目内容。所以 RecyclerView 最基本的用法就是：

（1）从 Adapter 派生一个子类，实现其中的方法。

（2）将 Adpater 的实例设置给 RecyclerView，RecyclerView 就能调用 Adpater 中的方法。

以上基本用法完全适用于 ListView！

下面我们就用各种方法玩一下这个 RecyclerView。

12.2 显示多条简单数据

先从最简单的开始，显示多条文本。

12.2.1　添加新页面

根据前面所说的基本用法，我们应从 Adpater 派生一个子类。但在这之前，我们需要把显示列表的页面创建出来。添加一个新的 Fragment，如图 12.2.1.1 所示。

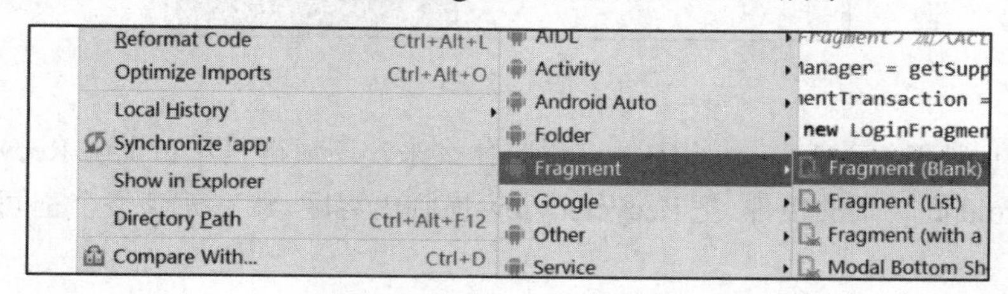

图 12.2.1.1

选择 Fragment(Blank)项吧，我们使用一个空白 Fragment，自行添加控件。这个页面将来要用于显示音乐列表，所以把它叫作 MusicListFragment，如图 12.2.1.2 所示。

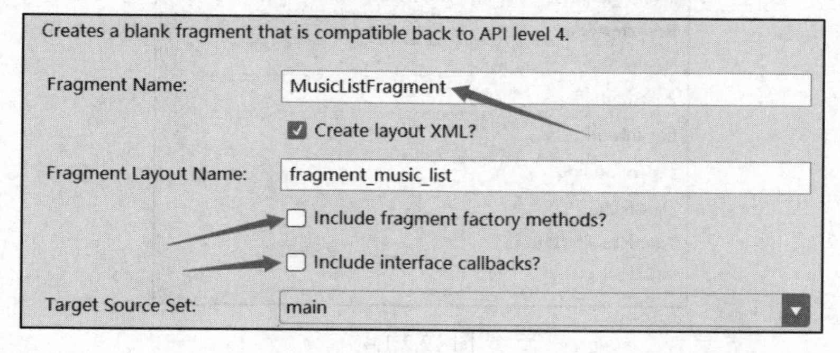

图 12.2.1.2

注意不要选中“Include fragment factory methods（包含工厂方法）”和“Include interface callback（包含回调接口）”，前面讲过原因，我们并不想让 Fragment 与 Activity 解耦，所以就不需要这两样东西，如果真需要，我们可以手工创建之。

增加了两个文件：MusicListFragment.java 和 layout/fragment_music_list.xml。修改 layout 资源文件，添加 RecyclerView 控件，如图 12.2.1.3 所示。

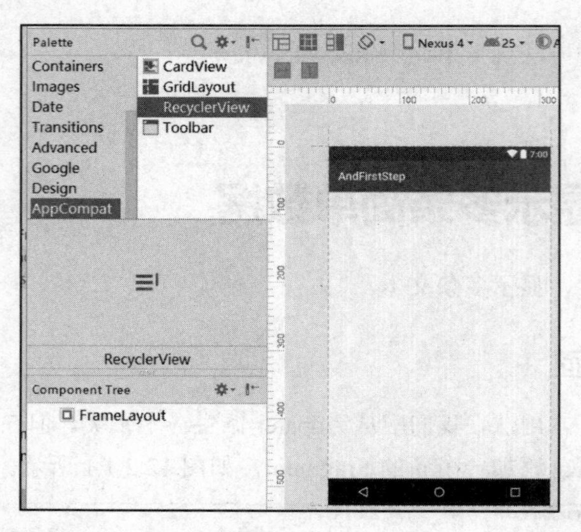

图 12.2.1.3

RecyclerView 在 AppCompat 组中，这说明什么来？还记得吗？它说明 RecyclerView 是一个能兼容 Android 低版本的控件。把 RecyclerView 拖到内容区，让它充满整个空间，如图 12.2.1.4 所示。

Properties	
ID	musicListView
layout_width	match_parent
layout_height	match_parent
RecyclerView	
scrollbars	
listitem	
background	
clipToPadding	
clipChildren	
Favorite Attributes	
visibility	none

图 12.2.1.4

在属性编辑器中可以看到，默认下这个控件就是充满整个空间的（match_parent）。我把它的 ID 设置成了“musicListView”，因为我们要在代码中操作它。如何显示这个页面呢？登录成功之后就显示，所以我们修改登录按钮响应方法，显示音乐列表页面：

```
//添加侦听器，响应按钮的 click 事件
buttonLogin.setOnClickListener(new View.OnClickListener() {
    @Override
    public void onClick(View v) {
        FragmentManager fragmentManager =
getActivity().getSupportFragmentManager();
        FragmentTransaction fragmentTransaction =
fragmentManager.beginTransaction();
```

```
        MusicListFragment fragment = new MusicListFragment();
        //使用默认转场动画

fragmentTransaction.setTransition(FragmentTransaction.TRANSIT_FRAGMENT_OPEN)
;
        //替换掉 FrameLayout 中现有的 Fragment
        fragmentTransaction.replace(R.id.fragment_container, fragment);
        //将这次切换放入后退栈中，这样可以在点后退键时自动返回上一个页面
        fragmentTransaction.addToBackStack("music_list");
        fragmentTransaction.commit();
    }
});
```

12.2.2　创建 Adapter 子类

在类 MusicListFragment 中，创建一个 private 内部类，叫作 MyAdapter，它从 RecyclerView.Adapter 派生，可以看到使用的是 RecyclerView 类内部的 Adapter 类。注意 Adapter 类存在多个，因为能容纳子控件的这些控件们，给它们提供数据的方式不一样，所以都需要有自己的 Adpater 类，内部类当然是一个好选择，名字可以相同，一看就知道是做什么用的。

注意 RecyclerView.Adapter 是一个范型类：

```
public static abstract class Adapter<VH extends ViewHolder> {
```

在使用它的时候，需要传入一个类型作为范型参数，即尖括号里规定的类型。VH extends ViewHolder 表示这个类型必须是一个从 ViewHolder 派生出来的类。所以我们实际上在创建 Adapter 的子类之前，需要先定义一个 ViewHolder 的子类。那么我们创建一个叫作 MyViewHolder 的子类，作为 MusicListFragment 的内部类：

```
private class MyViewHolder extends RecyclerView.ViewHolder{
    public MyViewHolder(View itemView) {
        super(itemView);
    }
}
```

派生类很简单，只需要实现一个构造方法即可，而且构造方法内其实也没做什么处理。

它的名字叫 ViewHolder，它就是用来 Hold 住 View 的，View 指的是条目控件。下面就可以创建 Adapter 类了，把 MyViewHoler 类传给范型参数。其定义如下：

```
private class MyAdapter extends RecyclerView.Adapter<MyViewHolder>{
    @Override
    public MyViewHolder onCreateViewHolder(ViewGroup parent, int viewType) {
        return null;
    }
    @Override
    public void onBindViewHolder(MyViewHolder holder, int position) {

    }
```

```
    @Override
    public int getItemCount() {
        return 0;
    }
}
```

从这个类派生，至少实现三个方法，这三个方法叫回调方法，因为是由我们实现而由别人调用，所以叫回调方法。是被谁调用呢? RecyclerView 嘛！前面讲过了。它们的作用分别是：

- onCreateViewHolder()是当 RecyclerView 需要创建一行的控件时调用，在方法内要创建一行所用的控件并返回这个控件；
- onBindViewHolder()是当 RecyclerView 需要为某一行绑定数据时调用，在方法内为这一行的控件设置这一行应显示的内容；
- getItemCount()是当 RecyclerView 需要知道一共要显示多少行时调用，在方法内需要返回行数。

下面分别实现这三个方法：

（1）实现 onCreateViewHolder()

```
@Override
public MyViewHolder onCreateViewHolder(ViewGroup parent, int viewType) {
    TextView textView = new TextView(getContext());
    MyViewHolder viewHolder = new MyViewHolder(textView);
    return viewHolder;
}
```

这个方法返回对应行的控件，现在一行很简单，就是显示一条文本，那么一个文本控件就够了，所以首先创建了一个文本控件，然后又创建了 ViewHolder 对象，把文本控件放到了 ViewHolder 中。RecyclerView 实际上感兴趣的是控件，但你必须用一个 ViewHolder 来 hold 它。

（2）实现 onBindViewHolder()

```
@Override
public void onBindViewHolder(MyViewHolder holder, int position) {
    TextView textView = (TextView)holder.itemView;
    if(position==0){
        textView.setText("我是第 1 行");
    }else if(position==1){
        textView.setText("我是第 2 行");
    }else if(position==2){
        textView.setText("我是第 3 行");
    }
}
```

这个方法用于为每行设置不同的数据。所以我们先从传入的 holder 中取出 View，它就是在 onCreateViewHolder()中创建的那个 View，然后根据参数 position 来确定要设置的是第几行，不同的行设置不同的文本。

为什么不在创建某一行的控件时就设置不同的值呢？这是为了重用控件，节省内存。行控件重用是这样进行的：如果页面中能显示 10 行（这取决于你每一行的高度），那么这 10 行中每一行都是不同的 View 实例，但是列表控件的内容都是可以滚动的，如果它有 30 行的话，那么就有 20 行是看不到的，只需要有 10 个行控件就够用了，当滚动时，移出显示区的行控件被回收，移入显示区的行不会再创建新控件，而是利用回收的控件，重新设置其内容，这就是绑定。

（3）实现 getItemCount()

```
@Override
public int getItemCount() {
    return 3;
}
```

很简单，就返回 3，表示共有 3 行。注意这个数不能随意写，必须与 onBindViewHolder()配合，那里面处理了 0、1、2 三个 position，此处必须对应起来。

Adapter 准备好了，还需要加 Adapter 的实例设置给 RecyclerView 才行。

12.2.3　设置 RecyclerView

在 MusicListFragment 类中为 RecyclerView 添加对应的成员变量：

```
public class MusicListFragment extends Fragment {
    private RecyclerView musicListView;
```

在 onCreateView()中获取 RecyclerView 并设置它，代码如下：

```
@Override
public View onCreateView(LayoutInflater inflater, ViewGroup container,
                         Bundle savedInstanceState) {
    // Inflate the layout for this fragment
    View view= inflater.inflate(R.layout.fragment_music_list, container,
false);

    musicListView = (RecyclerView) view.findViewById(R.id.musicListView);
    musicListView.setLayoutManager(new LinearLayoutManager(getContext()));
    musicListView.setAdapter(new MyAdapter());

    return view;
}
```

可以看到在加载 layout 资源后，把最外层的控件保存在变量 view 中，然后我们通过 view 获取到 RecyclerView，然后为它设置了 LayoutManager 和适配器。此处出现个新东西：LayoutManager，它是 layout 管理器，用于决定子控件的排列方式。实际上把 RecyclerView 仅仅看作列表控件就太肤浅了，因为它不仅能按行来排列子控件，它还可以按栅格的方式排列子控件们，而这仅仅设置不同的 LayoutManager 即可。我们现在设置的是 LinearLayoutManager（线性管理器），它使得子控件按行排列，当你改为 GridLayoutManager 时，就以栅格形式显示。先运行一下 App，看一下线性管理器的效果，如图 12.2.3.1 所示。再改成栅格管理器：

```
musicListView.setLayoutManager(new GridLayoutManager(getContext(),2));
```

创建栅格管理器时参数增多了，增加的这个参数表示列数，我们设置为 2 列，效果如图 12.2.3.2 所示。

图 12.2.3.1

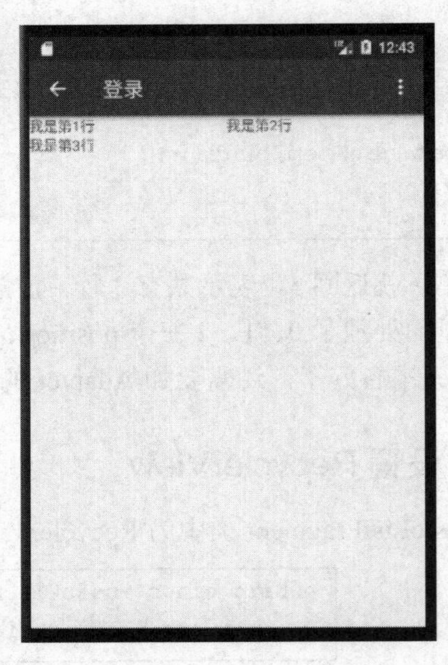

图 12.2.3.2

怎么样？RecyclerView 很牛吧？因为后面我们主要演示列表的形式，所以我们把 LayoutManager 再恢复成 LinearLayoutManager 。

12.2.4 用集合保存数据

在实际的项目中，我们不可能像 onBindViewHolder()中那样用 if 去判断当前的 position。比如有一千条数据，我们难道要写一千个 if 判断？正确的做法应该是用集合来保存数据。因为有顺序，所以最好用 Array 或 List 来保存数据，又由于大多数情况下数据是可变的，所以 List 得的最多。下面我们也改为用 List 来保存各行的数据：private List<String> data = new ArrayList<>(); ，这个集合对象应放在哪里呢？根据经验，放在 RecyclerView 所在的类最合适，就是 MusicListFragment 类。

我们向它添加一些字符串作为每行的内容：

```
public MusicListFragment() {
    data.add("我是第 0 行");
    data.add("我是第 1 行");
    data.add("我是第 2 行");
```

```
    data.add("我是第 3 行");
    data.add("我是第 4 行");
    data.add("我是第 5 行");
}
```

因为应该在为 RecyclerView 设置 Adapter 之前就准备好数据，所以我干脆把上面这段代码放到了 Fragment 的构造方法中了。下一步，改造 Adapter 的回调方法，把 List 与 RecyclerView 关联起来……改造完了，代码如下：

```
private class MyAdapter extends RecyclerView.Adapter<MyViewHolder>{
    @Override
    public MyViewHolder onCreateViewHolder(ViewGroup parent, int viewType) {
        TextView textView = new TextView(getContext());
        MyViewHolder viewHolder = new MyViewHolder(textView);
        return viewHolder;
    }

    @Override
    public void onBindViewHolder(MyViewHolder holder, int position) {
        TextView textView = (TextView)holder.itemView;
        String text = data.get(position);
        textView.setText(text);
    }

    @Override
    public int getItemCount() {
        return data.size();
    }
}
```

onBindViewHolder()方法发生了改变，在设置某行的数据时，不再需要用 if 去比较行号，而是直接根据行号从数组（data）中取出对应的字符串。getItemCount()方法也发生了改变，返回的数量不再是一个常量，而是由数组（data）决定。注意此 data 这个变量，它是 MusicListFragment 的字段，但是由于 MyAdapter 是 MusicListFragment 的非静态内部类，所以可以直接使用外部类的非静态变量。

12.3 让子控件复杂起来

前面演示 RecyclerView 中每一条的内容太简单。而我们见到的 App 中，每一条都很复杂，比如图 12.3.1 所示的例子。

下面就让我们的列中的每一条也复杂起来。要显示复杂的内容，必须数组中的数据也足够复杂。我们想在每行中显示音乐信息，每条音乐信息包括歌手图片、歌手名、歌曲名、播放次数。而且我们希望用户点歌手图标时，显示此歌手的信息以及它的歌曲，而在歌手图标之外点击时，进入歌曲播放页面，开始播放歌曲。

图 12.3.1

12.3.1 创建条目的 Layout 资源

每一行都这么复杂，如果用代码创建行控件中的子控件，要摆放好控件们的位置是相当麻烦，那么能不能在 layout 资源中设计行的布局呢？当然可以！马上创建一个 layout 资源，命名为“music_list_item.xml”，设计其界面如图 12.3.1.1 所示。

图 12.3.1.1

注意这个图虽然看起来是一个手机页面，但里面的资源仅仅是用于列表控件的一条的。界面编辑器并不知道我们要用到什么地方，所以就按一个手机屏幕的样式显示预览。

行 Layout 中，左边是一个图片控件，右边由三行控件组成，上面是 TextView，显示歌手名字；中间是 TextView，显示歌曲名；下面是 RatingBar，显示受追捧程度。要实现这样的 Layout，有多种方案。可以使用 RelativeLayout 直接包含这四个控件，设置它们之间的相对位置；也可以用 ConstraintLayout；但是我感觉最容易达成的方式是使用多个 LinearLayout 的组合。组合方式是这样的，如图 12.3.1.2 所示。

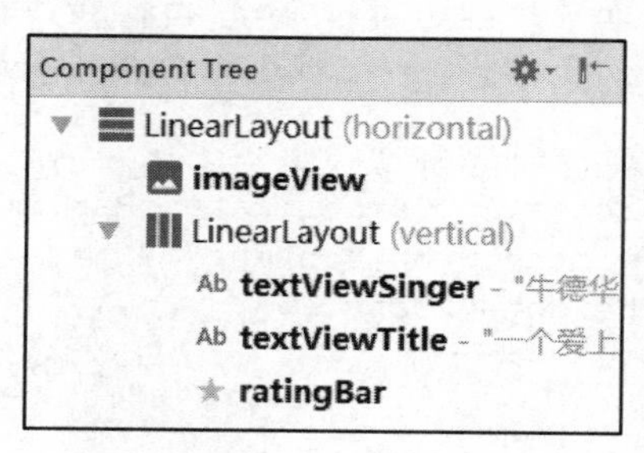

图 12.3.1.2

最外层是一个横向的 LinearLayout，它包含一个图像和一个纵向的 LinearLayout，这个纵向的 LinearLayout 又包含了歌手名、歌曲名、星级评价三个控件。但是，你还要设置一下各控件的属性，使它们排列美观。layout 文件的代码如下：

```
<?xml version="1.0" encoding="utf-8"?>
<LinearLayout xmlns:android="http://schemas.android.com/apk/res/android"
    xmlns:app="http://schemas.android.com/apk/res-auto"
    android:layout_width="match_parent"
    android:layout_height="wrap_content"
    android:orientation="horizontal">

    <ImageView
        android:id="@+id/imageView"
        android:layout_width="100dp"
        android:layout_height="100dp"
        app:srcCompat="@drawable/music_default" />

    <LinearLayout
        android:layout_width="match_parent"
        android:layout_height="match_parent"
        android:orientation="vertical">

        <TextView
            android:id="@+id/textViewSinger"
            android:layout_width="wrap_content"
            android:layout_height="wrap_content"
            android:text="牛德华"
            android:textAppearance="@style/TextAppearance.AppCompat.Large"
            android:textColor="@android:color/holo_purple" />
```

```
    <TextView
        android:id="@+id/textViewTitle"
        android:layout_width="match_parent"
        android:layout_height="0dp"
        android:layout_weight="1"
        android:gravity="center_vertical"
        android:text="一个爱上浪嫚的人"
        android:textAppearance="@style/TextAppearance.AppCompat.Medium"
        android:textColor="@android:color/holo_blue_dark" />

    <RatingBar
        android:id="@+id/ratingBar"
        style="@style/Widget.AppCompat.RatingBar.Small"
        android:layout_width="wrap_content"
        android:layout_height="20dp"
        android:rating="2" />
  </LinearLayout>
</LinearLayout>
```

我们做了以下工作：

- 图像控件的宽和高都固定成了 100dp，这样不论实际图像的大小和宽高比，都以按比例拉伸的方式显示，使各行的图像大小看起来比较一致。
- 最外层的 LinearLayout 其宽充满整个父控件，但是其高由子控件的高度之和决定，其实是由图像控件决定，因为它最高。
- 纵向 LinearLayout 其宽为配匹父控件，由于同一行被图像控件占了一部分，所以它就充满了剩余的空间。纵向上充满了父控件。
- 纵向 LinearLayout 中的三个控件，上面的靠上，下面的靠下，中间剩余空间被中间控件充满。要做到这种排版，中间控件的 layout_weight（比重）需为 1，上下两个控件需有明确的高度，那么它们有吗?有，都是由内容决定（wrap_content）。注意如果对一个控件设置了 layout_weight，那么它的宽或高需为 0dp，到底该设置宽还是高需看此控件在横向 LinearLayout 还是纵向 LinearLayout 中。
- Ratingbar 的小星星必须用 style 属性去设置它的大小。
- 剩余各控件的属性自己玩玩就知道什么意思了，这里不再解释。

12.3.2 应用条目 Layout 资源

定义好了每一行的 layout 资源，如何把这个资源利用起来呢？相信你已经想到了，Adapter 类的回调方法 onCreateViewHolder()是用于创建并返回行控件的，我们只要在其中利用 layout 资源创建出行控件并返回即可。代码如下：

```
public MyViewHolder onCreateViewHolder(ViewGroup parent, int viewType) {
    LayoutInflater inflater = getLayoutInflater(null);
    View view = inflater.inflate(R.layout.music_list_item,parent,false);
```

```
    MyViewHolder viewHolder = new MyViewHolder(view);
    return viewHolder;
}
```

这个方法内加载了行 Layout 资源，创建出控件，然后把控件包在 ViewHoler 中返回。创建控件使用了 LayoutInflater 实例，但是这个对象不是 new 出来的，而是使用 Fragment 的方法 getLayoutInflater()获取的。LayoutInflater 的方法 inflate()根据 Layout 资源来创建控件，它的第一个参数是 layout 资源，第二个参数是创建的控件的父控件，第三个参数是 Boolean 型，为 true 时表示创建出来的控件会放到父控件中，若为 false 则不会，但是 parent 参数中包含了控件的排版参数（LayoutParams）。需要注意的是，我们第三个参数传入了 false，如果你传入 true，那是不可以的，会引起问题的。

我想提出一个问题，inflate()方法返回的 View 是谁呢？我直接回答吧：它是行控件树中最外面那个，也就是横向的 LinearLayout。

你还要修改一个方法：onBindViewHolder()，原先绑定 TextView 的做法已不适用，清除它的内容即可：public void onBindViewHolder(MyViewHolder holder, int position) { }。至于另一个方法 getItemCount()，只是决定行数，不用改它。现在运行试试吧，是不是登录后出现了如图 12.3.2.1 所示的界面？

图 12.3.2.1

看起来还不错，但是感觉两处不足挺明显。一处是图片与文字内容靠得太近，一处是行之间没有分界线。第一个不足好解决，只需要为纵向 LinearLayout 设置左边的外空白即可，如图 12.3.2.2 所示。

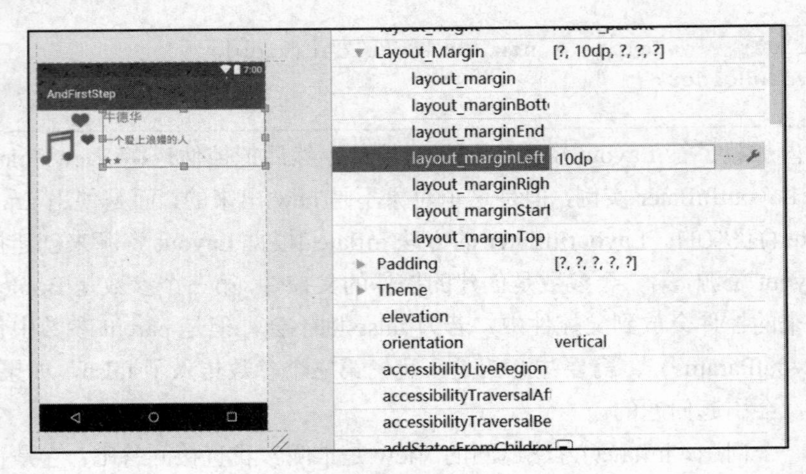

图 12.3.2.2

另一个不足就不好解决了，后事如何，下节分解。

12.3.3 明显区分每一行

可能你首先想到的是在每行之间显示一条线，但其实有更简单的办法：使用 CardView。可以在这里找它，如图 12.3.3.1 所示。

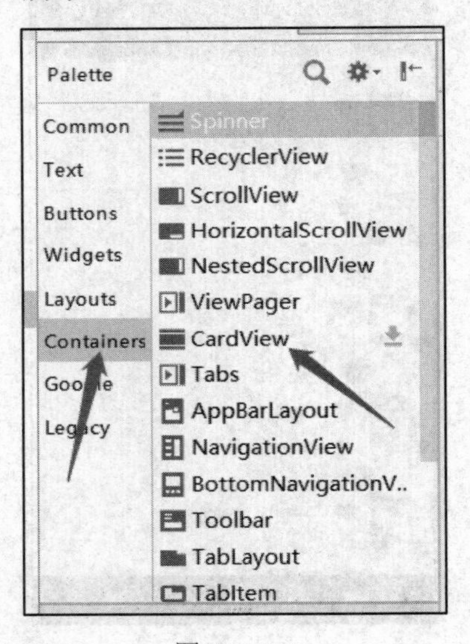

图 12.3.3.1

你把它拖到 Layout 的控件树中，随意放个地方。这一步会触发 Android Studio 提示你添加包含 CardView 的库依赖，如果不这样添加，你就要手动添加，如下（build.gradle 文件中）：

```
implementation 'com.android.support:cardview-v7:27.+'
```

至于版本号，因为你在看此书时，此库的版本肯定升级了。

实际上我们不能随意放置 CardView，我们应把它作为一行最外层的容器。怎么弄呢？只能直接改源码了，修改后如下：

```
<?xml version="1.0" encoding="utf-8"?>
<android.support.v7.widget.CardView
xmlns:android="http://schemas.android.com/apk/res/android"
    xmlns:app="http://schemas.android.com/apk/res-auto"
    android:layout_width="match_parent"
    android:layout_height="wrap_content">

    <LinearLayout
        android:layout_width="match_parent"
        android:layout_height="wrap_content"
        android:orientation="horizontal">
    ... ... ... ... ... ... ...
    </LinearLayout>
</android.support.v7.widget.CardView>
```

可以看到原来最外层的元素成了 CardView 的儿子，而且把 xmlns 属性移到了最外层元素上。CardView 只能有一个儿子，所以还需要一个原来的 LinearLayout 包含其他控件。需要注意的是 CardView 的高度也应该由内容决定。还没完，你还要给 CardView 设置一些属性，如图 12.3.3.2 所示。

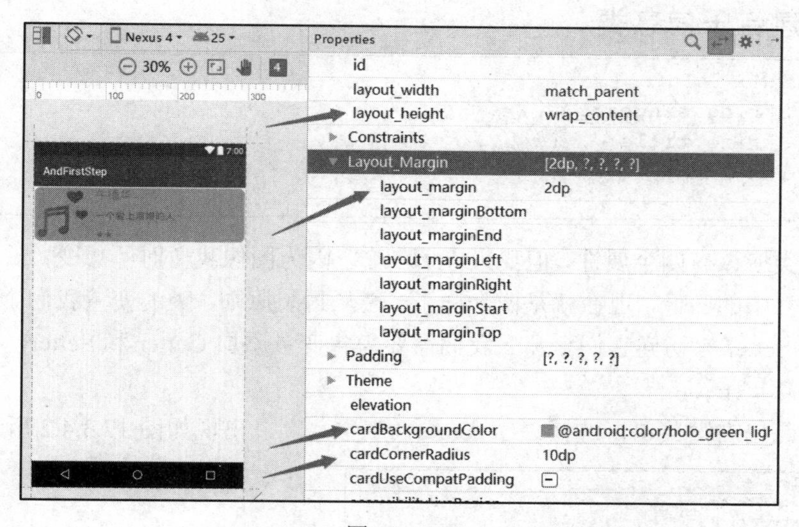

图 12.3.3.2

- Layout_margin：使得行之间有空白（上、下、左、右都有）。
- cardBackgroundColor：设置 CardView 的背景色。
- cardCornerRadius：设置 CardView 的四角为圆角，指定圆角的半径为 10dp。

运行看看效果吧，如图 12.3.3.3 所示。

图 12.3.3.3

现在还剩下的最大问题是每行的内容都一样，现在大家都知道，要改变这个问题，需要实现 Adapter 的 onBindViewHolder()方法。但是我们还要先改变一下提供数据的数组，让它的每一项都复杂起来，以适应行控件。那么需要创建一个类，数组的每一项都是这个类的实例。后事如何，下节分解。

12.3.4　创建音乐信息类

```
public class MusicInfo {
    private String singer;//歌手名
    private String title;//歌曲名
    private int like;//星级
}
```

本来这个类应该有四个属性，但我只弄了三个，因为图像我暂时不想变，后面会用专门的库操作列表控件中的图像，现在就是做个样子。遵从封装原则，类的变量我们全置为私有，然后用 Getter 和 Setter 来访问它们。那么我们需要为各变量添加 Getter 和 Setter，不用一个个添加，如图 12.3.4.1 所示。

在类名上点出右键菜单，选择“Generate（产生）”，出现如图 12.3.4.2 所示的菜单。

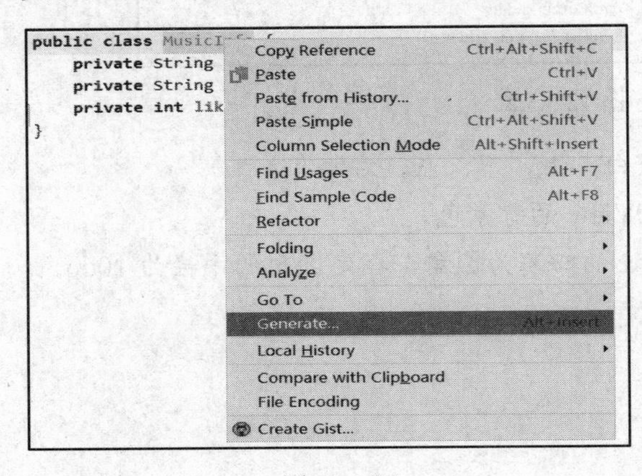

图 12.3.4.1

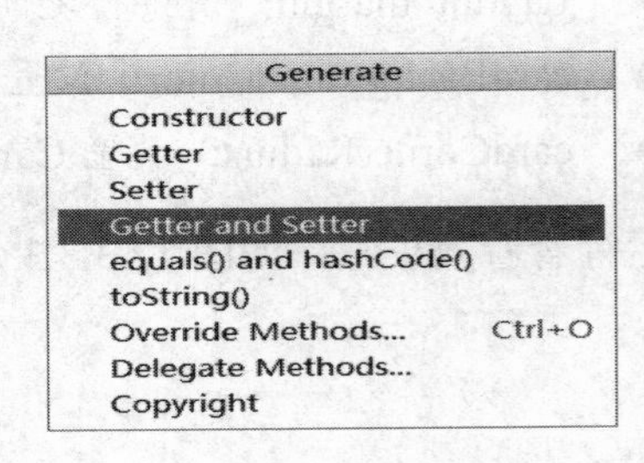

图 12.3.4.2

选择“Getter and Setter”，如图 12.3.4.3 所示。

按下 Shift 键，然后用鼠标选中三个成员变量，点 OK，然后，一堆 Getter 和 Setter 出现了，于是，这三个变量就成了属性。我们还希望在创建音乐信息对象时就把这三个属性的值传给它，那么就需要创建构造方法，也不用自己写，在类上点出右键菜单，点“Generate”，如图 12.3.4.4 所示。

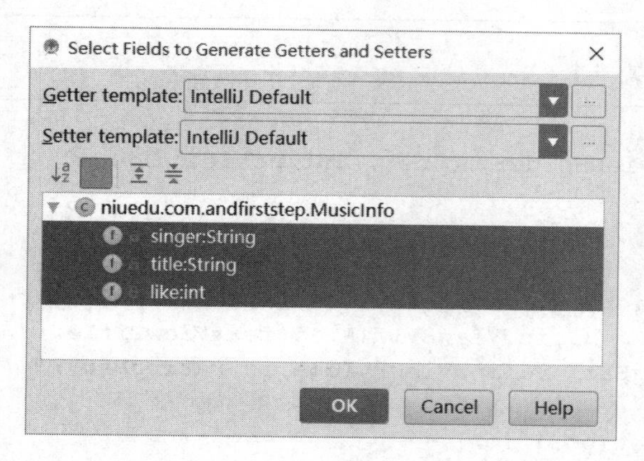

图 12.3.4.3

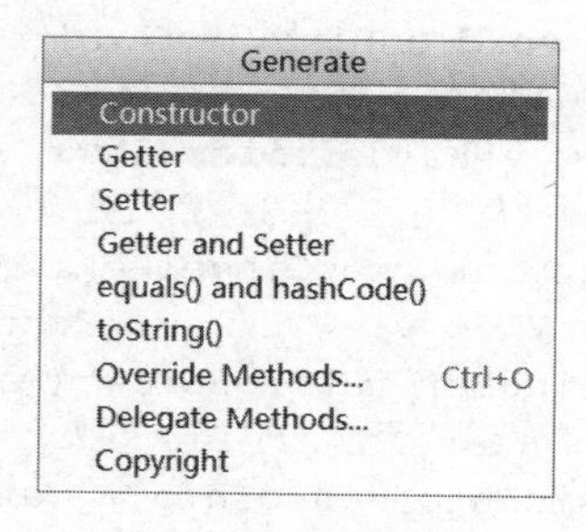

图 12.3.4.4

选择“Constructor（构造器）”，如图 12.3.4.5 所示。

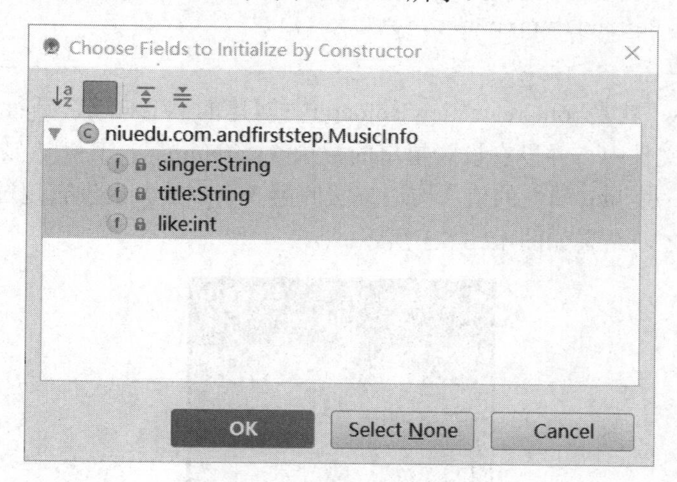

图 12.3.4.5

按下 Shift，选中所有成员变量（需要谁有对应的构造方法参数，就选谁），点 OK，于是一个构造方法出现了。

12.3.5 使用音乐信息类

存放列表数据的 List 中，每一项都要变成 MusicInfo 的实例，所以 List 变量的定义改为：

```
private List<MusicInfo> data = new ArrayList<>(); 为这个数组填充数据的代码也要改一下：
public MusicListFragment() {
```

```
    data.add(new MusicInfo("马云云","踩蘑菇的小姑娘",4));
    data.add(new MusicInfo("贝克汗脚","我是真的还想再借五百元",2));
    data.add(new MusicInfo("杰克孙","一行白鹭上西天",2));
    data.add(new MusicInfo("牛德华","一个爱上浪嫚的人",2));
    data.add(new MusicInfo("王钢烈","菊花残",5));
    data.add(new MusicInfo("罗金凤","一天到晚游泳的驴",4));
}
```

Adapter 类的绑定数据的方法也要改一下：

```
@Override
public void onBindViewHolder(MyViewHolder holder, int position) {
    //获取要绑定数据的行的控件
    View v=holder.itemView;
    //获取行中显示各种数据的控件
    TextView viewSinger = (TextView) v.findViewById(R.id.textViewSinger);
    TextView viewTitle= (TextView) v.findViewById(R.id.textViewTitle);
    RatingBar ratingBar = (RatingBar) v.findViewById(R.id.ratingBar);
    //获取这一行对应的 List 项
    MusicInfo musicInfo = data.get(position);
    //将数据设置到对应的控件中
    viewSinger.setText(musicInfo.getSinger());
    viewTitle.setText(musicInfo.getTitle());
    ratingBar.setRating(musicInfo.getLike());
}
```

Holder.itemView 就是 onCreateViewHolder()中创建的 View，它是行的根 View。注意 RatingBar，在资源文件中，并没有设置星星的数量（starNum），其默认显示 5 个，而我们创建的歌曲信息对象，其 like 属性的值（构造方法的第 3 个参数）也没有超过 5，所以能正确地显示出星级，运行之，结果如图 12.3.5.1 所示。

图 12.3.5.1

12.4 增删改

只显示没意思，我们还需要能对列表进行增删改。

12.4.1　增加一条

首先回忆一下，列表控件的内容是谁提供的？是 Fragment 类中的 List 变量 data。实际上要增加一条，必须先在 data 中增加一条，然后通知 RecyclerView 刷新内容，于是 RecyclerView 就重新调用 Adapter 的方法，重新创建子控件并显示。

但首先我们得有触发这个功能的机制，那就增加一个菜单项吧，当用户选择此菜单项时，在最后增加一条音乐信息。那还是先增加菜单项吧。一说到增加菜单项，可能你首先想到的是找到 Activity 的菜单资源文件，在其中增加新的菜单项。这当然毫无问题，但是其实 Fragment 也可以有自己的菜单资源，创建自己的菜单。但是，Fragment 的菜单却不会替换 Activity 的菜单，而是当显示这个 Fragment 时，Fragment 的菜单追加到 Activity 的菜单中。

Fragment 类中也有 onCreateOptionsMenu()和 onOptionsItemSelected()方法，其代码的作用与 Activity 中相同。我们需要再添加一个菜单资源，如图 12.4.1.1 所示。

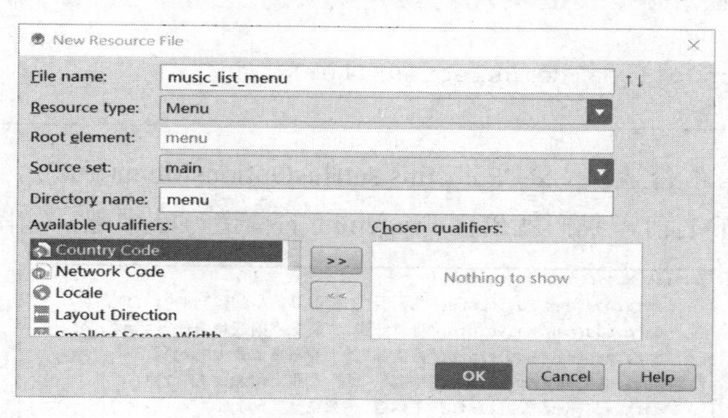

图 12.4.1.1

向菜单中添加一个 Item，并设置其 id 和标题，如图 12.4.1.2 所示。

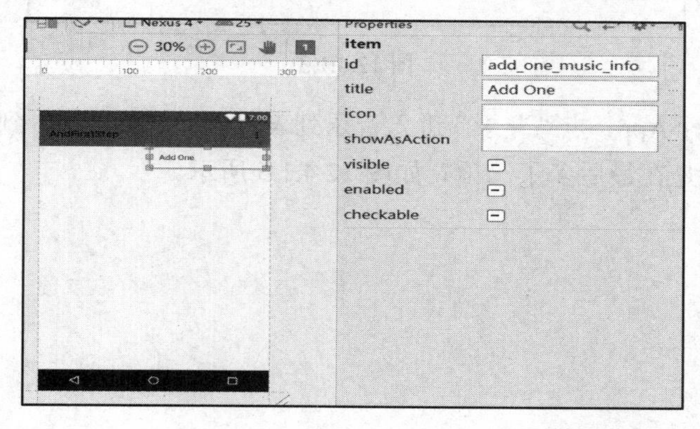

图 12.4.1.2

实现 onCreateOptionsMenu()，加载此菜单：

```
@Override
public void onCreateOptionsMenu(Menu menu, MenuInflater inflater) {
    //从资源创建菜单
    inflater.inflate(R.menu.music_list_menu, menu);
    //别忘了调用父类的方法
    super.onCreateOptionsMenu(menu,inflater);
}
```

实现 onOptionsItemSelected()，响应此菜单：

```
@Override
public boolean onOptionsItemSelected(MenuItem item){
    //响应本 Fragment 中的菜单项的选择
    int id = item.getItemId();
    if(id == R.id.add_one_music_info){
        //向列表添加一项
        MusicInfo musicInfo = new MusicInfo("新歌手","一首新歌",1);
        data.add(musicInfo);
        //利用 Adapter 通知 RecyclerView，刷新数据
        musicListView.getAdapter().notifyDataSetChanged();
        return true;//返回 true 表示此菜单项被响应了
    }
    return super.onOptionsItemSelected(item);
}
```

设置此属性，才能显示菜单：this.setHasOptionsMenu(true);，这一句必须放在 onCreateOptionsMenu()之前，我们就放在 Fragemnt 的构造方法中吧，如图 12.4.1.3 所示。

```
public MusicListFragment() {
    data.add(new MusicInfo("马云云","踩蘑菇的小姑娘",4));
    data.add(new MusicInfo("贝克汗脚","我是真的还想再借五百元",2));
    data.add(new MusicInfo("杰克孙","一行白鹭上西天",2));
    data.add(new MusicInfo("牛德华","一个爱上浪嫚的人",2));
    data.add(new MusicInfo("王钢烈","菊花残",5));
    data.add(new MusicInfo("罗金凤","一天到晚游泳的驴",4));

    //不调用这一句，Fragment的菜单显示不出来
    this.setHasOptionsMenu(true);
}
```

图 12.4.1.3

完成，收功！运行 App，点“登录”进入音乐列表页面，点菜单，看到了吗？如图 12.4.1.4 所示。选中它，是不是在最后多了一项？如图 12.4.1.5 所示。

图 12.4.1.4　　　　图 12.4.1.5

12.4.2　其他操作

- 增加多条

与增加一条一样，先在 List 中增加多条数据，然后通知 RecyclerView 刷新。

- 插入

与增加一条一样，先在 List 中插入数据，然后通知 RecyclerView 刷新。

- 删除

与增加一条一样，先在 List 中删除数据，然后通知 RecyclerView 刷新。

12.5 局部刷新

前面对列表的改变，看起来非常容易。但是，其实这样做效率不高。因为我们不论改变的是一条还是多条，都让 RecyclerView 刷新了全部数据。为什么这样说呢，你是否注意了这一句代码：

```
musicListView.getAdapter().notifyDataSetChanged();
```

翻译方法的名字就是“通知数据集改变了”，数据集指的是所有的数据。Adapter 还提供了更多的通知方法，能适应各种情况，如图 12.5.1 所示。

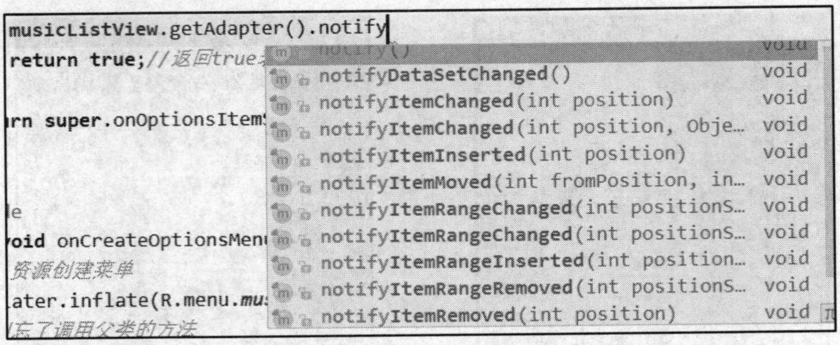

```
musicListView.getAdapter().notify
return true;//返回true
rn super.onOptionsItem
    notify()                                         void
    notifyDataSetChanged()                           void
    notifyItemChanged(int position)                  void
    notifyItemChanged(int position, Obje…            void
    notifyItemInserted(int position)                 void
    notifyItemMoved(int fromPosition, in…            void
    notifyItemRangeChanged(int positionS…            void
    notifyItemRangeChanged(int positionS…            void
    notifyItemRangeInserted(int position…            void
    notifyItemRangeRemoved(int positionS…            void
    notifyItemRemoved(int position)                  void
le
oid onCreateOptionsMen
资源创建菜单
later.inflate(R.menu.mu
/东了调用父类的方法
```

图 12.5.1

这么多通知方式！看名字基本就能猜出其作用，如通知条目改变（Changed）、条目插入（Inserted）、条目移动位置（Moved）。方法名中包含“Item”的只影响一条，包含“ItemRanged”的影响多条，但它们必须是相临的。

我们把前面增加一个 item 的代码做一下修改，改为在 data 的第 1 条的后面插入新的音乐信息，首先还是操作 data，然后再通知 RecyclerView。代码如下：

```
@Override
public boolean onOptionsItemSelected(MenuItem item){
    //响应本 Fragment 中的菜单项的选择
    int id = item.getItemId();
    if(id == R.id.add_one_music_info){
        //向列表添加一项
        MusicInfo musicInfo = new MusicInfo("新歌手","一首新歌",1);
        data.add(1,musicInfo);
        //利用 Adapter 通知 RecyclerView，刷新刚插入的一条数据
        musicListView.getAdapter().notifyItemInserted(1);
        return true;//返回 true 表示此菜单项被响应了
    }
    return super.onOptionsItemSelected(item);
}
```

注意上面代码中向 data 中添加数据的语句和通知 RecyclerView 的语句，尤其是参数中条目的序号，都是 1，这里必须一致。

其余操作的通知请自行实验。

12.6 运行效率优化

虽然现在 RecyclerView 看起来运行正常，但是其隐含着重大的问题：运行效率不佳！如果代码运行效率低，就会造成 CPU 耗电严重，缩短设备使用时间，并且设备发热明显，因此会增加地球的资源损耗，提高大气温度，造成全球变暖，生物灭绝，这是一个有正义感的程序员绝对无法容忍的！所以我们要优化代码！

要优化代码，首先得找出哪里效率低。最简单的思路，就是我们应注意那些耗时的方法们，

尽量减少它们的执行次数。你找到它们了吗？其实就是 findViewById()。控件有父子关系，在内存中是一棵树，根据 ID 查找一个节点的话，需要遍历控件树，这个运算是非常慢的，所以要注意 findViewById()的调用。经仔细研究，发现它真的有问题，注意观察 MyAdpter 的 onBindViewHolder()方法，其中就有 findViewById()的调用，而 onBindViewHolder()是会被多次调用的，每次一个 Item 显示之前，都会调用一次 onBindViewHolder()，这包括在 Item 滚出屏幕再滚回来时，所以 onBindViewHolder()是可能被频繁调用的。findViewById()的调用仅仅是为了获取控件，如果我们能把获取到的控件保存下来，在 onBindViewHolder()中直接使用是不是就 OK 了？那如何保存呢？保存在哪里呢？此时，ViewHoler 就派上用场了，它就是专门用于 hold View 的。

首先修改 ViewHoler 类，为它添加三个字段，用于保存三个控件，然后再于构造方法中取得控件并保存在相应的字段中，其代码变为这样：

```
private class MyViewHolder extends RecyclerView.ViewHolder{
    TextView viewSinger ;
    TextView viewTitle;
    RatingBar ratingBar;

    public MyViewHolder(View itemView) {
        super(itemView);
        viewSinger=(TextView) itemView.findViewById(R.id.textViewSinger);
        viewTitle=(TextView) itemView.findViewById(R.id.textViewTitle);
        ratingBar=(RatingBar) itemView.findViewById(R.id.ratingBar);
    }
}
```

现在，只要创建 ViewHolder 对象，就完成了查找变保存下这三个控件的动作，然后在 onBindViewHolder()中使用它们即可，代码如下：

```
@Override
public void onBindViewHolder(MyViewHolder holder, int position) {
    //获取这一行对应的 List 项
    MusicInfo musicInfo = data.get(position);
    //将数据设置到对应的控件中
    holder.viewSinger.setText(musicInfo.getSinger());
    holder.viewTitle.setText(musicInfo.getTitle());
    holder.ratingBar.setRating(musicInfo.getLike());
}
```

12.7 响应 item 选择

我们在使用各种 App 时，经常会有这种操作：点击选择一条，进入新的页面显这条的详细信息。要实现这样的功能，必须响应一条的点击事件。一说到响应事件，首先你应该想到侦听器。RecyclerView 中有没有叫作类似“setOnItemClickListener()”的方法呢？很不幸，没有，那怎么办呢？天无绝人之路，我们可以为一条 Item 的根控件设置事件侦听。但是，在哪里写设置代码呢？必须在能取得条目控件的地方，而且最好是在它刚被创建出来时，这样在点击它时，它才能响应。那最合适的位置就是 Adaper 的回调方法 onCreateViewHoler()。以下是代码实现，如图 12.7.1 所示。

```
@Override
public MyViewHolder onCreateViewHolder(ViewGroup parent, int viewType) {
    LayoutInflater inflater = getLayoutInflater(null);
    View view = inflater.inflate(R.layout.music_list_item,parent,false);
    //让行的根View响应点击事件来实现选择一行的效果
    view.setOnClickListener(new View.OnClickListener() {
        @Override
        public void onClick(View v) {
            //取出当前行的信息，显示出来
            Snackbar.make(v, "你选了一行", Snackbar.LENGTH_LONG).show();
        }
    });
    MyViewHolder viewHolder = new MyViewHolder(view);
    return viewHolder;
}
```

图 12.7.1

现在运行的话，点一条，出现提示，如图 12.7.2 所示。

图 12.7.2

但是，这太 Low 了，我们还应该取出所选 Item 的信息。取得所选 Item 的信息就是根据 RecyclerView 中的 Item 找到对应的 data 中 Item，只要取得 RecyclerView 中 Item 的序号即可。取得其序号，必须借助 ViewHolder。所以我们应该把设置侦听器的代码移到 ViewHolder 类中，就容易使用 ViewHolder 对象了。这段代码放到 ViewHolder 的构造方法中即可，代码如下：

```
public MyViewHolder(View itemView) {
    super(itemView);
    viewSinger=(TextView) itemView.findViewById(R.id.textViewSinger);
```

```
    viewTitle=(TextView) itemView.findViewById(R.id.textViewTitle);
    ratingBar=(RatingBar) itemView.findViewById(R.id.ratingBar);

    //让行的根 View 响应点击事件来实现选择一行的效果
    itemView.setOnClickListener(new View.OnClickListener() {
        @Override
        public void onClick(View v) {
            //取出当前行的信息，显示出来
            int position = getAdapterPosition();
            MusicInfo musicInfo = data.get(position);
            Snackbar.make(v, "你选了第"+position+"行,歌名是：
"+musicInfo.getTitle(),
                    Snackbar.LENGTH_LONG).show();
        }
    });
}
```

在这段代码中，我们调用了 ViewHolder 的方法 getAdapterPosition()获取到当前 Item 对应的适配器中数据的位置，也就是 data 中 Item 的位置，这里是关键。如图 12.7.3 所示。

图 12.7.3

12.8 显示不同类型的行

我们经常会在一些 App 中看到列表形式显示的内容，但是各行之间的 layout 并不相同，比如图 12.8.1 所示例子。

图 12.8.1

要实现这样的效果，肯定需要准备多个 Item layout 资源，而且后台存储数据的 List 的各 item 也不是同一个类的实例，因为不同的行显示的可能不是同一种类型的数据。我们需要根据 List 的 Item 的类型显示不同的 Layout，同时绑定不同的控件。下面让我们一步步实现这个效果。

12.8.1 添加新 Item 数据类

首先我们添加一个类，保存 Item 的数据，区别于 MusicInfo。这个类叫 Advertising（广告），它是我们在音乐列表中插入的广告，它只有两个字段，一是广告商，二是广告内容，源码如下：

```
//在列表控件中显示广告
public class Advertising {
   private String advertiser;//广告主
   private String content; //广告内容

   public Advertising(String advertiser, String content) {
      this.advertiser = advertiser;
      this.content = content;
   }

   public String getAdvertiser() {
      return advertiser;
   }

   public void setAdvertiser(String advertiser) {
      this.advertiser = advertiser;
   }

   public String getContent() {
```

```
        return content;
    }

    public void setContent(String content) {
        this.content = content;
    }
}
```

我们创建一个广告类实例，插入到后台数据“data”中，但在此之前，需要把 data 的类型改一下，因为它里面存的数据不仅是 MusicInfo 一种了，还要有 Advertising，需要将其范型参数改为两个类共同的父类，只能是 Object 了：private List<Object> data = new ArrayList<>();，下面再添加 Advertising 对象就没问题了：

```
data.add(new MusicInfo("马云云","踩蘑菇的小姑娘",4));
data.add(new MusicInfo("贝克汗脚","我是真的还想再借五百元",2));
data.add(new MusicInfo("杰克孙","一行白鹭上西天",2));
//插入一条广告
data.add(new Advertising("蓝翔","中国航天人才的摇蓝指定生产厂家"));
data.add(new MusicInfo("牛德华","一个爱上浪嫚的人",2)); //如有不适，敬请谅解
data.add(new MusicInfo("王钢烈","菊花残",5));
data.add(new MusicInfo("罗金凤","一天到晚游泳的驴",4));
```

数据准备好了，下一步添加广告 item 对应的 layout 资源。

12.8.2　添加 Item Layout

添加 layout 资源的过程不再叨叨了，如图 12.8.2.1 所示。

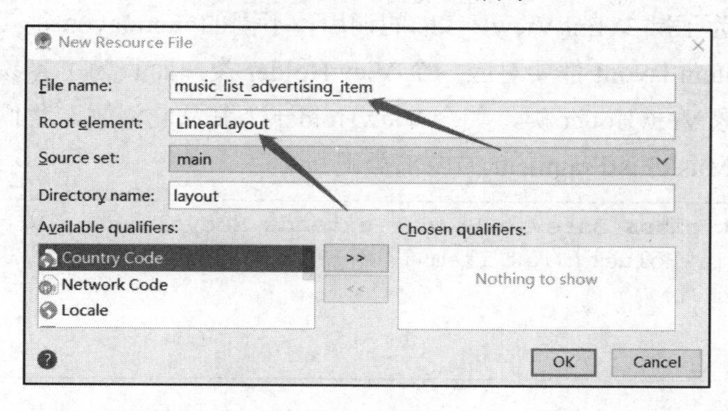

图 12.8.2.1

layout 很简单，就是两个 TextView，预览如图 12.8.2.2 所示。

图 12.8.2.2

其源码如下：

```
<?xml version="1.0" encoding="utf-8"?>
<LinearLayout xmlns:android="http://schemas.android.com/apk/res/android"
   android:layout_width="match_parent"
   android:layout_height="wrap_content"
   android:orientation="horizontal">

   <TextView
      android:id="@+id/textViewAdvertiser"
      android:layout_width="wrap_content"
      android:layout_height="wrap_content"
      android:layout_marginRight="10dp"
      android:text="广告主"
      android:textSize="18sp" />

   <TextView
      android:id="@+id/textViewContent"
      android:layout_width="wrap_content"
      android:layout_height="wrap_content"
      android:layout_weight="1"
      android:text="内容" />
</LinearLayout>
```

下一步干什么呢？下一步还不能修改 Adapter 的代码，而是需要创建新的 ViewHolder 类。

12.8.3 创建新的 ViewHolder 类

ViewHolder 是为了减少 findViewById()的调用，不同的 item layout，其包含的子控件也不相同，所以每一个 item layout 都要对应一个 ViewHolder 类，而且为了容易扩展，一般会创建一个作为基类的抽像 ViewHoder 类，其余 ViewHolder 类都从它派生，我们也这样做吧，先创建基类，依然作为 MusicListFragment 的内部类吧：

```
private abstract class BaseViewHolder extends RecyclerView.ViewHolder{
   public BaseViewHolder(View itemView) {
      super(itemView);
   }
}
```

可以看到，现在也没有什么实质性的内容。下面修改原先的 ViewHolder 类 MyViewHolder（注意加粗的地方）：

```
private class MyViewHolder extends BaseViewHolder{
   TextView viewSinger ;
   TextView viewTitle;
   RatingBar ratingBar;

   public MyViewHolder(View itemView) {
      super(itemView);
```

```
        viewSinger=(TextView) itemView.findViewById(R.id.textViewSinger);
        viewTitle=(TextView) itemView.findViewById(R.id.textViewTitle);
        ratingBar=(RatingBar) itemView.findViewById(R.id.ratingBar);

        //让行的根 View 响应点击事件来实现选择一行的效果
        itemView.setOnClickListener(new View.OnClickListener() {
            @Override
            public void onClick(View v) {
                //取出当前行的信息，显示出来
                int position = getAdapterPosition();
                MusicInfo musicInfo = (MusicInfo)data.get(position);
                Snackbar.make(v, "你选了第"+position+"行,歌名是:
"+musicInfo.getTitle(),
                        Snackbar.LENGTH_LONG).show();
            }
        });
    }
}
```

再创建 Advertising Item 对应的 ViewHolder 类 AdvertisingViewHolder：

```
private class AdvertisingViewHolder extends BaseViewHolder{
    //显示广告主的名字
    TextView textViewAdvertiser;
    //显示广告内容
    TextView textViewContent;
    public AdvertisingViewHolder(View itemView) {
        super(itemView);
        textViewAdvertiser = itemView.findViewById(R.id.textViewAdvertiser);
        textViewContent = itemView.findViewById(R.id.textViewContent);
    }
}
```

MyAdapter 类中用到 MyViewHolder 的地方都要改为 BaseViewHolder，比如 MyAdapter 定义时所传入的范型参数，改为这样：private class MyAdapter extends RecyclerView.Adapter<BaseViewHolder>，onCreateViewHolder() 的定义改为 public BaseViewHolder onCreateViewHolder(ViewGroup parent, int viewType)，onBindViewHolder()的定义改为 public void onBindViewHolder(BaseViewHolder holder, **int** position)。

下一步改写 Adapter 的代码，根据 data 中 Item 的类型，显示不同的 layout 以及绑定不同的控件。

12.8.4 区分不同的 View Type

RecyclerView 中使用 View Type 区分不同的 Item 的 layout，前面的例子中只有一种 item layout，所以不需要区分。

onCreateViewHolder()的第二个参数就是要创建的 Item 的 View Type，我们需要在 onCreateViewHolder()中判断它的值，根据不同的值使用对应的 item layout 资源创建 Item View。

但是，它的值是什么呢？它的值是由我们自己决定的，我们需要 Override 另一个方法，在其中决定各 Item 对应的 View Type 的值，这个方法是 getItemViewType()，它的实现如下：

```
@Override
public int getItemViewType(int position) {
    //根据参数 position，返回每行对应的 ViewType 的值，为了方便
    //我们直接将行 layout 的 ID 做为 ViewType 的值
    if(data.get(position) instanceof MusicInfo){
        //这条对应的数据是 MusicInfo
        return R.layout.music_list_item;
    }else{
        //这条对应的信息是 Advertising
        return R.layout.music_list_advertising_item;
    }
}
```

在 onCreateViewHolder()中根据不同的 View Type 加载不同的 layout：

```
@Override
public BaseViewHolder onCreateViewHolder(ViewGroup parent, int viewType) {
    LayoutInflater inflater = getLayoutInflater(null);
    //viewType 就是 layout 的 id
    View view=inflater.inflate(viewType, parent, false);
    BaseViewHolder viewHolder;
    if(viewType==R.layout.music_list_item) {
        viewHolder = new MyViewHolder(view);
    }else{
        viewHolder = new AdvertisingViewHolder(view);
    }
    return viewHolder;
}
```

代码中判断 viewType 的值，创建了不同的 ViewHolder 类。下一步修改 onBindViewHolder()，判断每条数据的类型，进行不同的绑定。代码如下：

```
@Override
public void onBindViewHolder(BaseViewHolder viewHolder, int position) {
    //获取这一行对应的 List 项
    Object item = data.get(position);
    if(item instanceof MusicInfo) {
        //将数据设置到对应的控件中
        MusicInfo musicInfo = (MusicInfo) item;
        MyViewHolder vh = (MyViewHolder) viewHolder;
        vh.viewSinger.setText(musicInfo.getSinger());
        vh.viewTitle.setText(musicInfo.getTitle());
        vh.ratingBar.setRating(musicInfo.getLike());
    }else{
        Advertising advertising= (Advertising) item;
        AdvertisingViewHolder vh= (AdvertisingViewHolder) viewHolder;
        vh.textViewAdvertiser.setText(advertising.getAdvertiser());
```

```
        vh.textViewContent.setText(advertising.getContent());
    }
}
```

运行 App，进入主页面，是否看到这样的效果?如图 12.8.4.1 所示。

图 12.8.4.1

到此为止，RecyclerView 的主要玩法介绍完了。后面会大量使用它，也会展示更多的玩法。

第 13 章 模仿QQApp界面

我们的 App 最终要实现聊天功能。现在我们已掌握了构建复杂界面的技术，那么我们先把 QQ 界面模仿出来，然后再增加实质的聊天功能吧。

整体来说，QQApp 的大多数页面在顶部都具有 Action Bar，然而，实际上那并不是一个真的 ActionBar，而是用 View 模拟出来的。

13.1 创建新的 Android 项目

新建一个 Android 工程，名字叫 QQApp，支持的最低版本你随便，我选的 4.4，在添加 Activity 的那一步，我选择了“Empty Activity”，在下一步中一定要选择“Backwords Compatibility（向后兼容，即兼容低版本）”，我保留了 Acitivty 的名字为 MainActivity（这是 App 中添加的第一个 Activity）。

13.2 设计登录页面

首先注意，各页面都是 Fragment！

13.2.1 创建登录 Fragment

下面先创建登录 Fragment，如图 13.2.1.1 所示。

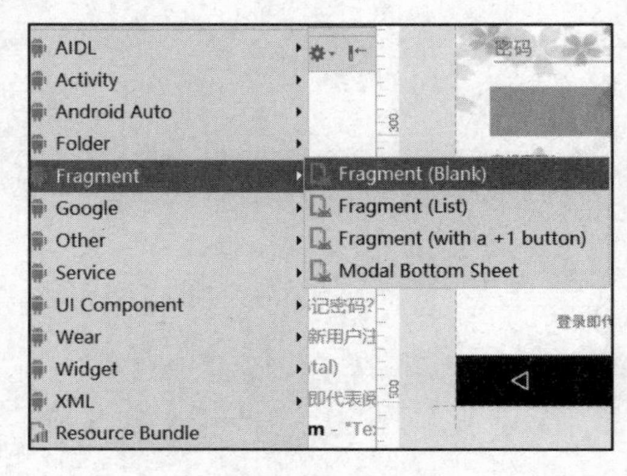

图 13.2.1.1

创建一个空的 Fragment，取名 LoginFragment，同时要创建 layout 文件，如图 13.2.1.2 所示。

Creates a blank fragment that is compatible back to API level 4.	
Fragment Name:	LoginFragment
	☑ Create layout XML?
Fragment Layout Name:	fragment_login
	☐ Include fragment factory methods?
	☐ Include interface callbacks?
Target Source Set:	main

图 13.2.1.2

下面把 LoginFragment 显示在 MainActivity 中。由于 MainActivity 的 layout 文件中，根 View 默认是 ConstraintLayout，而作为 Fragment 容器的 Layout 用 FragmentLayout 比较好，所以将 ConstraintLayout 改为 FragmentLayout，activity_main.xml 内容如下：

```
<?xml version="1.0" encoding="utf-8"?>
<FrameLayout xmlns:android="http://schemas.android.com/apk/res/android"
    xmlns:app="http://schemas.android.com/apk/res-auto"
    xmlns:tools="http://schemas.android.com/tools"
    android:id="@+id/fragment_container"
    android:layout_width="match_parent"
    android:layout_height="match_parent"
    tools:context="niuedu.com.qqapp.MainActivity">
</FrameLayout>
```

在 Activity 启动时就将 Fragment 加入到 Activity 中（MainActivity 类中）：

```
@Override
protected void onCreate(Bundle savedInstanceState) {
    super.onCreate(savedInstanceState);
    setContentView(R.layout.activity_main);

    //将 LoginFragment 加入，作为首页
    FragmentManager fragmentManager = getSupportFragmentManager();
    FragmentTransaction fragmentTransaction =
fragmentManager.beginTransaction();
    LoginFragment fragment = new LoginFragment();
    fragmentTransaction.add(R.id.fragment_container, fragment);
    fragmentTransaction.commit();
}
```

我们还要将 Activity 的 ActionBar 去掉，去掉的方法是修改 Activity 的 theme，在 Manifest 文件中可以看到 Activity 的 theme，如下：

```
<application
    android:allowBackup="true"
    android:icon="@mipmap/ic_launcher"
    android:label="@string/app_name"
    android:roundIcon="@mipmap/ic_launcher_round"
```

```
    android:supportsRtl="true"
    android:theme="@style/AppTheme">
    <activity android:name=".MainActivity">
        <intent-filter>
            <action android:name="android.intent.action.MAIN" />
            <category android:name="android.intent.category.LAUNCHER" />
        </intent-filter>
    </activity>
</application>
```

但 Activity 并没有设置 theme 属性，它便使用了 Application 的 theme 设置：android:theme="@style/AppTheme"。在 res/values/styles.xml 文件中定义了 AppTheme 这个 style，内容是这样的：

```
<!-- Base application theme. -->
<style name="AppTheme" parent="Theme.AppCompat.Light.DarkActionBar">
    <!-- Customize your theme here. -->
    <item name="colorPrimary">@color/colorPrimary</item>
    <item name="colorPrimaryDark">@color/colorPrimaryDark</item>
    <item name="colorAccent">@color/colorAccent</item>
</style>
```

我们将 style 元素的“parent”属性的值改为“Theme.AppCompat.Light.NoActionBar”，Activity 就没有 Action Bar 了。

13.2.2 设计登录界面

QQApp 的登录页面（LoginFragment）是图 13.2.2.1 所示的这个样子。也可能你看此文时，QQ 又变样了，我只能模仿当前的样子。

图 13.2.2.1

实现要点概述：

- 此页面是一个 Fragment。
- 使用 ConstraintLayout。
- 背景是一张图片。
- 所有控件都是半透明的。

详细制作步骤：

（1）找一张背景图片（最好是 PNG），放在 res/drawable 下。

（2）制作左上角企鹅图片（最好是 PNG），我是在这个地址搜到并下载的：http://www.easyicon.net 。

（3）拖入 QQ 号输入框，加 layout 约束。

（4）在 QQ 号输入框的右边放置一个 TextView，设置其 text 为特殊字符“∨”，设置其 layout 约束。

（5）拖入密码输入框，设置其约束。

（6）拖入按钮，设置其 text 为“登录”，设置背景色为淡蓝，设置其约束。

（7）拖入两个 TextView，设置其 text 为忘记密码和新用户登录，设置其约束。

（8）在最下面拖入一个横向的 LinearLayout，加入两个 TextView，分别设置其 text 为“登录即代表阅读并同意”和“服务条款”，设置其 Layout，设置第二个 TextView 的颜色为淡蓝色。

（9）除了最上面的 QQ 图标和文字，下面所有的控件都要设置为并透明，即 alpha 属性为 0.7。

难点：

主要是 QQ 号输入框看起来比较花哨，因其右边有个下拉箭头，当点这个箭头时，会弹出以前登录过的 QQ 号和头像。看起来似乎箭头是这个输入框的一部分，其实不是，它是另外一个控件，只是把它放到了输入框里面。我们需要响应这个箭头的点击事件，在其中弹出类似于菜单的控件，并在其中列出登录过的 QQ 号和头像。

13.2.3　UI 代码

下面是 LoginFragment 的界面设计源码，其 layout 资源是 fragment_layout.xml，内容为：

```
<android.support.constraint.ConstraintLayout
xmlns:android="http://schemas.android.com/apk/res/android"
    xmlns:app="http://schemas.android.com/apk/res-auto"
    xmlns:tools="http://schemas.android.com/tools"
    android:layout_width="match_parent"
    android:layout_height="match_parent"
    android:background="@drawable/bg1"
    tools:context="niuedu.com.qqapp.LoginFragment">
    <ImageView
```

```
        android:id="@+id/imageView"
        android:layout_width="wrap_content"
        android:layout_height="wrap_content"
        android:layout_marginLeft="20dp"
        android:layout_marginTop="40dp"
        app:layout_constraintLeft_toLeftOf="parent"
        app:layout_constraintTop_toTopOf="parent"
        app:srcCompat="@drawable/qq"
        android:layout_marginStart="20dp" />
    <TextView
        android:id="@+id/textView"
        android:layout_width="wrap_content"
        android:layout_height="wrap_content"
        android:layout_marginLeft="8dp"
        android:fontFamily="casual"
        android:text="QQ"
        android:textColor="@android:color/white"
        android:textSize="36sp"
        android:textStyle="bold"
        app:layout_constraintBottom_toBottomOf="@+id/imageView"
        app:layout_constraintLeft_toRightOf="@+id/imageView"
        app:layout_constraintTop_toTopOf="@+id/imageView"
        android:layout_marginStart="8dp" />
    <EditText
        android:id="@+id/editTextQQNum"
        android:layout_width="0dp"
        android:layout_height="wrap_content"
        android:layout_marginLeft="32dp"
        android:layout_marginRight="32dp"
        android:layout_marginTop="40dp"
        android:alpha="0.8"
        android:ems="10"
        android:hint="QQ 号/手机号/邮箱"
        android:inputType="textPersonName"
        app:layout_constraintLeft_toLeftOf="parent"
        app:layout_constraintRight_toRightOf="parent"
        app:layout_constraintTop_toBottomOf="@+id/imageView"
        app:layout_constraintHorizontal_bias="0.0"
        android:layout_marginStart="32dp"
        android:layout_marginEnd="32dp" />
    <EditText
        android:id="@+id/editTextPassword"
        android:layout_width="0dp"
        android:layout_height="wrap_content"
        android:layout_marginTop="11dp"
        android:alpha="0.8"
        android:ems="10"
        android:hint="密码"
        android:inputType="textPassword"
        app:layout_constraintHorizontal_bias="1.0"
```

```
        app:layout_constraintLeft_toLeftOf="@+id/editTextQQNum"
        app:layout_constraintRight_toRightOf="@+id/editTextQQNum"
        app:layout_constraintTop_toBottomOf="@+id/editTextQQNum" />
    <Button
        android:id="@+id/buttonLogin"
        android:layout_width="0dp"
        android:layout_height="wrap_content"
        android:layout_marginTop="15dp"
        android:alpha="0.7"
        android:background="@android:color/holo_blue_light"
        android:text="登录"
        app:layout_constraintHorizontal_bias="0.0"
        app:layout_constraintLeft_toLeftOf="@+id/editTextQQNum"
        app:layout_constraintRight_toRightOf="@+id/editTextQQNum"
        app:layout_constraintTop_toBottomOf="@+id/editTextPassword" />
    <TextView
        android:id="@+id/textViewHistory"
        android:layout_width="wrap_content"
        android:layout_height="wrap_content"
        android:layout_marginBottom="8dp"
        android:layout_marginRight="8dp"
        android:text="∨"
        app:layout_constraintBottom_toBottomOf="@+id/editTextQQNum"
        app:layout_constraintRight_toRightOf="@+id/editTextQQNum"
        app:layout_constraintTop_toTopOf="@+id/editTextQQNum"
        android:layout_marginEnd="8dp" />
    <TextView
        android:id="@+id/textViewForget"
        android:layout_width="wrap_content"
        android:layout_height="wrap_content"
        android:layout_marginTop="16dp"
        android:text="忘记密码?"
        android:textColor="@android:color/holo_blue_dark"
        app:layout_constraintLeft_toLeftOf="@+id/buttonLogin"
        app:layout_constraintTop_toBottomOf="@+id/buttonLogin" />
    <TextView
        android:id="@+id/textViewRegister"
        android:layout_width="wrap_content"
        android:layout_height="wrap_content"
        android:layout_marginTop="16dp"
        android:text="新用户注册"
        android:textColor="@android:color/holo_blue_dark"
        app:layout_constraintRight_toRightOf="@+id/buttonLogin"
        app:layout_constraintTop_toBottomOf="@+id/buttonLogin" />
    <LinearLayout
        android:layout_width="wrap_content"
        android:layout_height="wrap_content"
        app:layout_constraintBottom_toBottomOf="parent"
        android:layout_marginBottom="24dp"
        android:layout_marginRight="8dp"
```

```
        app:layout_constraintRight_toRightOf="parent"
        android:layout_marginLeft="8dp"
        app:layout_constraintLeft_toLeftOf="parent">
        <TextView
            android:id="@+id/textView4"
            android:layout_width="match_parent"
            android:layout_height="wrap_content"
            android:text="登录即代表阅读并同意" />
        <TextView
            android:id="@+id/textView5"
            android:layout_width="match_parent"
            android:layout_height="wrap_content"
            android:text="服务条款"
            android:textColor="@android:color/holo_blue_light"/>
    </LinearLayout>
</android.support.constraint.ConstraintLayout>
```

现在运行的话，App 应该是这样子的，如图 13.2.3.1 所示。

图 13.2.3.1

13.2.4　显示登录历史

要完成这个功能，需要使用本地存储，记录下每次登录成功的 QQ 号，然后在需要显示时根据历史记录创建菜单项。但本地存储这部分知识现在还没讲，所以我就显示固定的几条历史。

但是，要完全模仿 QQApp 这里的效果不是那么简单，因为在弹出历史记录菜单时，这个菜单盖住了从它开始的位置一直到屏幕最底部的所有空间。就是说从密码输入框开始下面所有的控件都看不到了，而同时这个菜单还是半透明的，效果如图 13.2.4.1 所示。

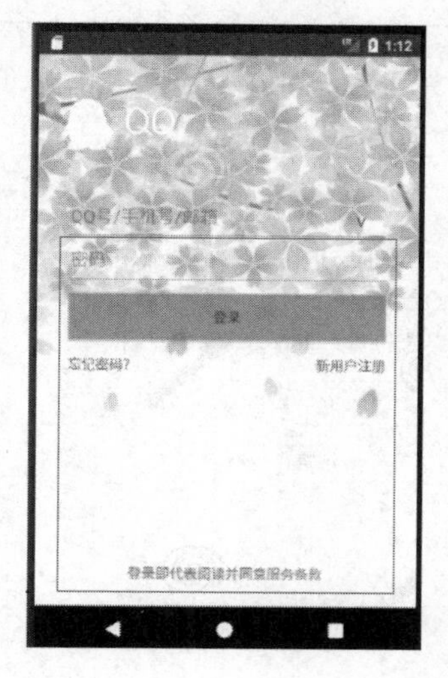

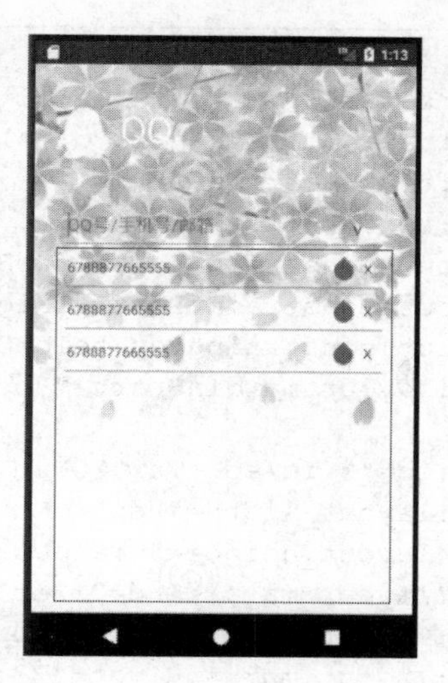

图 13.2.4.1

要实现此效果，需要把 QQ 号输入框下的部分内容单独拿出来，即两图中红框标出的部分。要为这块区域准备两个子页面，这两个子页面互相替换，即显示一个时，另一个隐藏。根据各子页面中控件的排版特点，第一个子页面的根 View 应为 ConstraintLayout，第二个子页面的根 View 为纵向的 LinearLayout。默认显示第一个子页面。这两个子页面还得有一个容器，这个容器当然应占据整个子页面的位置，容纳子页面，最适合做这个容器的控件是 FrameLayout，所以我们需要改进 fragment_layout.xml 的内容，改成这样：

```
<android.support.constraint.ConstraintLayout
xmlns:android="http://schemas.android.com/apk/res/android"
    xmlns:app="http://schemas.android.com/apk/res-auto"
    xmlns:tools="http://schemas.android.com/tools"
    android:layout_width="match_parent"
    android:layout_height="match_parent"
    android:background="@drawable/bg1"
    tools:context="niuedu.com.qqapp.LoginFragment">

    <ImageView
        android:id="@+id/imageView"
        android:layout_width="wrap_content"
        android:layout_height="wrap_content"
        android:layout_marginLeft="20dp"
        android:layout_marginTop="40dp"
        app:layout_constraintLeft_toLeftOf="parent"
        app:layout_constraintTop_toTopOf="parent"
        app:srcCompat="@drawable/qq"
        android:layout_marginStart="20dp" />
    <TextView
        android:id="@+id/textView"
        android:layout_width="wrap_content"
        android:layout_height="wrap_content"
        android:layout_marginLeft="8dp"
```

```
        android:fontFamily="casual"
        android:text="QQ"
        android:textColor="@android:color/white"
        android:textSize="36sp"
        android:textStyle="bold"
        app:layout_constraintBottom_toBottomOf="@+id/imageView"
        app:layout_constraintLeft_toRightOf="@+id/imageView"
        app:layout_constraintTop_toTopOf="@+id/imageView"
        android:layout_marginStart="8dp" />
    <EditText
        android:id="@+id/editTextQQNum"
        android:layout_width="0dp"
        android:layout_height="wrap_content"
        android:layout_marginEnd="32dp"
        android:layout_marginLeft="32dp"
        android:layout_marginRight="32dp"
        android:layout_marginStart="32dp"
        android:layout_marginTop="40dp"
        android:alpha="0.8"
        android:ems="10"
        android:hint="QQ 号/手机号/邮箱"
        android:inputType="textPersonName"
        app:layout_constraintHorizontal_bias="0.0"
        app:layout_constraintLeft_toLeftOf="parent"
        app:layout_constraintRight_toRightOf="parent"
        app:layout_constraintTop_toBottomOf="@+id/imageView" />
    <TextView
        android:id="@+id/textViewHistory"
        android:layout_width="wrap_content"
        android:layout_height="wrap_content"
        android:layout_marginRight="16dp"
        android:layout_marginTop="12dp"
        android:padding="5dp"
        android:text="V"
        app:layout_constraintRight_toRightOf="@+id/editTextQQNum"
        app:layout_constraintTop_toTopOf="@+id/editTextQQNum" />
    <FrameLayout
        android:layout_width="0dp"
        android:layout_height="0dp"
        app:layout_constraintBottom_toBottomOf="parent"
        app:layout_constraintHorizontal_bias="0.0"
        app:layout_constraintLeft_toLeftOf="@+id/editTextQQNum"
        app:layout_constraintRight_toRightOf="@+id/editTextQQNum"
        app:layout_constraintTop_toBottomOf="@+id/editTextQQNum"
        app:layout_constraintVertical_bias="0.0">
        <LinearLayout
            android:id="@+id/layoutHistory"
            android:layout_width="match_parent"
            android:layout_height="match_parent"
            android:orientation="vertical"
```

```
    android:visibility="invisible"></LinearLayout>

<android.support.constraint.ConstraintLayout
    android:id="@+id/layoutContext"
    android:layout_width="match_parent"
    android:layout_height="match_parent">
    <EditText
        android:id="@+id/editTextPassword"
        android:layout_width="0dp"
        android:layout_height="wrap_content"
        android:alpha="0.8"
        android:ems="10"
        android:hint="密码"
        android:inputType="textPassword"
        app:layout_constraintHorizontal_bias="0.0"
        app:layout_constraintLeft_toLeftOf="parent"
        app:layout_constraintRight_toRightOf="parent"
        app:layout_constraintTop_toTopOf="parent" />
    <Button
        android:id="@+id/buttonLogin"
        android:layout_width="0dp"
        android:layout_height="wrap_content"
        android:layout_marginTop="13dp"
        android:alpha="0.7"
        android:background="@android:color/holo_blue_light"
        android:text="登录"
        app:layout_constraintLeft_toLeftOf="parent"
        app:layout_constraintRight_toRightOf="parent"
        app:layout_constraintTop_toBottomOf="@+id/editTextPassword" />
    <TextView
        android:id="@+id/textViewForget"
        android:layout_width="wrap_content"
        android:layout_height="wrap_content"
        android:layout_marginTop="16dp"
        android:text="忘记密码?"
        android:textColor="@android:color/holo_blue_dark"
        app:layout_constraintLeft_toLeftOf="@+id/buttonLogin"
        app:layout_constraintTop_toBottomOf="@+id/buttonLogin" />
    <TextView
        android:id="@+id/textViewRegister"
        android:layout_width="wrap_content"
        android:layout_height="wrap_content"
        android:layout_marginTop="16dp"
        android:text="新用户注册"
        android:textColor="@android:color/holo_blue_dark"
        app:layout_constraintRight_toRightOf="@+id/buttonLogin"
        app:layout_constraintTop_toBottomOf="@+id/buttonLogin" />
    <LinearLayout
        android:layout_width="wrap_content"
        android:layout_height="wrap_content"
```

```
            android:layout_marginBottom="24dp"
            android:layout_marginEnd="8dp"
            android:layout_marginLeft="8dp"
            android:layout_marginRight="8dp"
            android:layout_marginStart="8dp"
            app:layout_constraintBottom_toBottomOf="parent"
            app:layout_constraintLeft_toLeftOf="parent"
            app:layout_constraintRight_toRightOf="parent">
            <TextView
                android:id="@+id/textView4"
                android:layout_width="match_parent"
                android:layout_height="wrap_content"
                android:text="登录即代表阅读并同意" />
            <TextView
                android:id="@+id/textView5"
                android:layout_width="match_parent"
                android:layout_height="wrap_content"
                android:text="服务条款"
                android:textColor="@android:color/holo_blue_light" />
        </LinearLayout>
    </android.support.constraint.ConstraintLayout>
  </FrameLayout>
</android.support.constraint.ConstraintLayout>
```

注意，现在在 QQ 号输入框下面是 FrameLayout。它有两个儿子，一个是 id 为 layoutHistory 的 LinearLayout，另一个是 id 为 layoutContext 的 ConstraintLayout，它们就是两个子页面。注意 layoutHistory 的 visibility 是 invisible，即不可见，这样就造成初始时只显示 layoutContext 的内容。当用户点击登录框右边的下拉箭头（即 textViewHistory）时，隐藏 layoutContext，显示 layoutHistory。我们用 layoutHistory 作为历史菜单项的容器，菜单项应该是动态创建的，我们应该为每个菜单项搞一个单独的 layout 资源文件，从它创建出菜单项控件，加入到 layoutHistory 中。那为什么不使用真正的菜单（Menu）呢?原因很简单，因为用 Menu 搞不出来（至少我搞不出来）。下一节就设计历史菜单项。

13.2.5 设计历史菜单项

增加一个 layout 资源，文件名叫“login_history_item.xml”。其根 View 是一个横向的 LinearLayout，左边是一个 TextView 显示 QQ 号，右边是一个删除图标，其左边紧靠它的是一个 QQ 头像图片，代码如下：

```
<?xml version="1.0" encoding="utf-8"?>
<LinearLayout xmlns:android="http://schemas.android.com/apk/res/android"
   xmlns:app="http://schemas.android.com/apk/res-auto"
   xmlns:tools="http://schemas.android.com/tools"
   android:layout_width="match_parent"
   android:layout_height="41dp"
   android:gravity="center_vertical"
   app:cardElevation="0dp">
```

```
    <TextView
        android:id="@+id/textView2"
        android:layout_width="0dp"
        android:layout_height="wrap_content"
        android:layout_weight="1"
        android:text="6788877665555" />
    <ImageView
        android:id="@+id/imageView2"
        android:layout_width="wrap_content"
        android:layout_height="wrap_content"
        app:srcCompat="?android:attr/textSelectHandle" />
    <TextView
        android:id="@+id/textViewDelete"
        android:layout_width="wrap_content"
        android:layout_height="wrap_content"
        android:layout_marginLeft="10dp"
        android:layout_marginRight="8dp"
        android:text="X" />
</LinearLayout>
```

13.2.6 实现显示历史的代码

响应 QQ 号输入框右边的下拉箭头的点击事件，在 LoginFragment 的 onCreateView()方法中，找到控件 textViewHistory 并且为它设置侦听器：

```
@Override
public View onCreateView(LayoutInflater inflater, ViewGroup container,
                   Bundle savedInstanceState) {
    // Inflate the layout for this fragment
    View v = inflater.inflate(R.layout.fragment_login, container, false);

    //响应下拉箭头的点击事件，弹出登录历史记录菜单
    v.findViewById(R.id.textViewHistory).setOnClickListener(new
View.OnClickListener() {
        @Override
        public void onClick(View view) {
        }
    });
    return v;
}
```

在 onClick()方法中，我们要创建菜单项，加入到 layoutHistory 控件中，然后显示 layoutHistory 控件并且隐藏 layoutContext 控件。所以首先我们要取得两页面的 layout 控件才能操作它们。为了方便使用，我们在 LoginFragment 中增加两个字段（就是成员变量）：

```
public class LoginFragment extends Fragment {
    private ConstraintLayout layoutContext;//正常内容部分，是一个ConstraintLayout
    private LinearLayout layoutHistory;//历史菜单部分，是一个 LinearLayout
...
```

```
}
```

在 onCreateView()中取得它们，在 onClick()中使用它们：

```
@Override
public View onCreateView(LayoutInflater inflater, ViewGroup container,
                    Bundle savedInstanceState) {
    // Inflate the layout for this fragment
    View v = inflater.inflate(R.layout.fragment_login, container, false);

    layoutContext = v.findViewById(R.id.layoutContext);
    layoutHistory = v.findViewById(R.id.layoutHistory);

    //响应下拉箭头的点击事件，弹出登录历史记录菜单
    v.findViewById(R.id.textViewHistory).setOnClickListener(new
View.OnClickListener() {
        @Override
        public void onClick(View view) {
            layoutContext.setVisibility(View.INVISIBLE);
            layoutHistory.setVisibility(View.VISIBLE);
            //创建 3 条历史记录菜单项，添加到 layoutHistory 中
            View layoutItem = getActivity().getLayoutInflater().inflate(
R.layout.login_history_item,null);
            layoutHistory.addView(layoutItem);
            layoutItem = getActivity().getLayoutInflater().inflate(
R.layout.login_history_item,null);
            layoutHistory.addView(layoutItem);
            layoutItem = getActivity().getLayoutInflater().inflate(
R.layout.login_history_item,null);
            layoutHistory.addView(layoutItem);
        }
    });
    return v;
}
```

运行一下，点几下那个下拉图标，效果是不是如图 13.2.6.1 所示这样？菜单是出来了，但效果不对呀！效果应该是图 13.2.6.2 所示这样的。

图 13.2.6.1

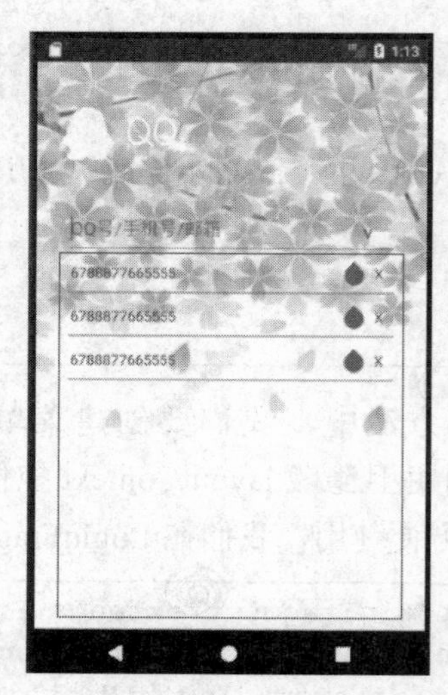

图 13.2.6.2

那就继续改进。怎么改呢?我们需要为菜单之间画出分割线，我们还要保证菜单项们的高度与 QQ 号输入框的高度一样，我们还需要保证 QQ 号输入框的下边界线与菜单项的分割线样子完全一样。这么多要求如何满足呢？定制菜单项根控件的背景！但是，在定制背景之前，我们需要先学习一种新的 Drawable 资源：selector，它是专门用于设置控件背景的。

13.2.7　selector 资源

不要被它的名字所迷惑，记住它是一种 Drawable。但它为什么叫 selector 呢？其中带有选择的意味。因为 Android 的控件可以有多种状态：enable、disable、focus 等，如何在视觉上体现出这些状态呢？使用不同的背景是个好办法。你应该已经注意到了，为控件设置背景必须用 drawable 对象，可以是图片，也可以是颜色。用图片作背景可以搞出各种效果，这肯定没问题，但是制作这些状态图片很费劲啊，而且控件是可大可小的，图片跟着缩放后可能效果就不好了。于是 Android 为我们提供了叫作 selector 的 drawable，专门作背景，来解决上面的问题。

我们创建一个 drawable 资源，作为 QQ 号输入框背景的 selector 定义文件，如图 13.2.7.1 所示。

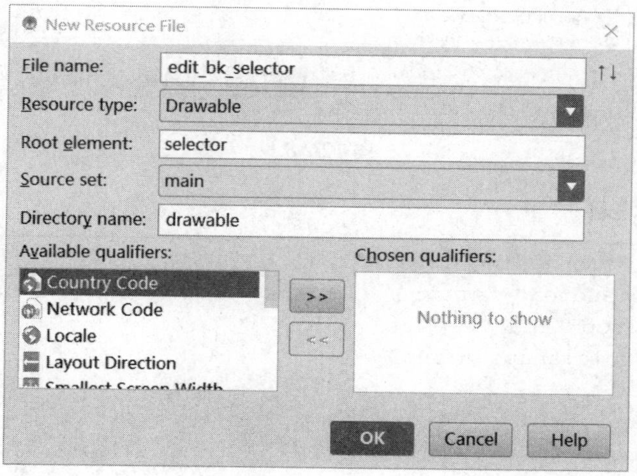

图 13.2.7.1

注意“Root element”这一条的值需为 selector。文件内容如下：

```
<?xml version="1.0" encoding="utf-8"?>
<selector xmlns:android="http://schemas.android.com/apk/res/android">
    <item android:state_focused="true"
android:drawable="@drawable/edit_bk_normal" />
    <item android:state_focused="false"
android:drawable="@drawable/edit_bk_normal" />
</selector>
```

它包含了两个 item，每个 item 有两个属性“state_focused”和“drawable”，第一个属性表示对应的状态，第二个属性表示此状态下使用的 Drawable。这两个 item 指定了控件在有焦点和无焦点时使用的 drawable，由于我们的控件在有焦点和无焦点时没差别，所以都使用了同一个 Drawable “edit_bk_mormal”。这个 drawable 并不是一个图片文件，而是一个叫作“layer_list”的 drawable 资源。layer_list 又是什么呢？肯定是用它提供了背景图像，那它是图片吗？

13.2.8 layer_list 资源

我们先创建这个 layer_list 资源，如图 12.2.8.1 所示。

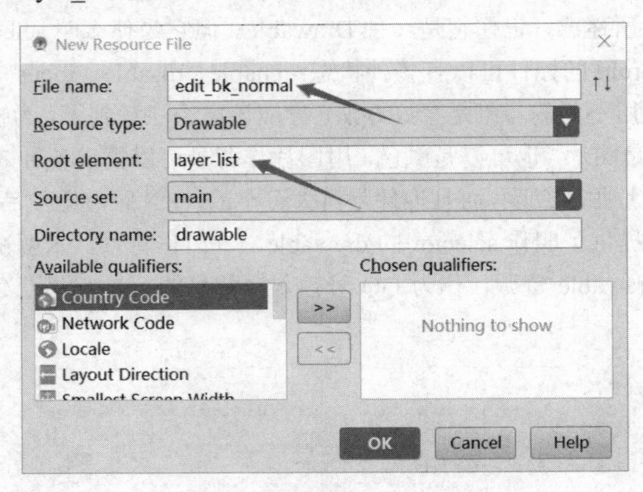

图 12.2.8.1

然后把源码改成这样：

```
<?xml version="1.0" encoding="utf-8"?>
<layer-list xmlns:android="http://schemas.android.com/apk/res/android" >
    <item android:top="40dp">
        <shape android:shape="line" >
            <stroke
                android:width="1px"
                android:color="#FF000000" />
            <padding
                android:bottom="10dp"
                android:left="2dp"
                android:right="2dp"
                android:top="10dp" />
        </shape>
    </item>
</layer-list>
```

从字面上来理解，layer_list 是层列表的意思，其可以包含多个<item>，一个 item 就是一层。每一层是一个图像，各层图像按顺序上下摆放，上面覆盖下面，重叠组合出最终效果。但我们看到<item>中并没有引用图像，而是定义了<shape>，shape 是一个形状，实际上它定义了一幅图。但这种图叫作矢量图，与图像文件中的图不一样（图像文件这样的图叫栅格图），矢量图里存的是如何画出一副图的代码，而不是图中每个像素的颜色，显示矢量图其实就是执行代码把图画出来，这样带来的好处是缩放时不失真，坏处是不能表现太复杂的图像（不是不能，是太难弄，显示的时候也很慢），一般只显示比较简单的线条、形状或它们的组合。我们的输入框只需要在底部显示一直线，这就很适合用矢量图。

这个<shape>中包含了两个元素<stroke>和<padding>，stroke 定义了一条线，说明了其宽和颜色，而 padding 决定了这个线条的位置。默认情况下，线画出来后位于控件纵向的中央，我通过在 padding 中设置 top 和 bottom 的值把它移到了控件的底部。

13.2.9　定制控件背景

drawable 们定义好了，把它们用作控件的背景吧。首先设置成 QQ 号输入框的背景：

background	@drawable/edit_bk_selector

其实历史菜单项也应该使用这个背景，使用了这个背景之后可以保证这些菜单项变得与 QQ 号输入框高度一致并且有相同的分割线，如图 13.2.9.1 所示。

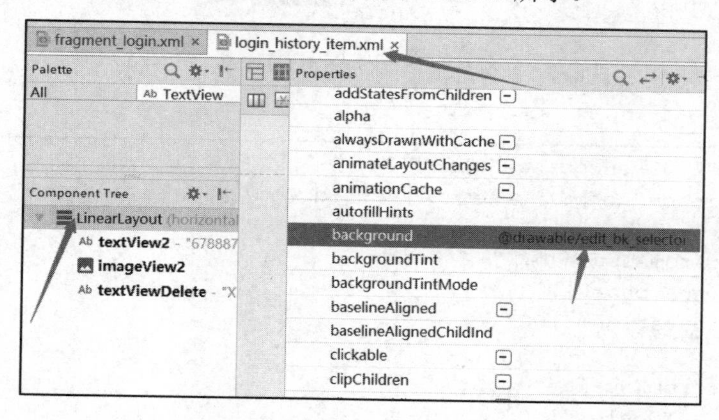

图 13.2.9.1

运行 App，看看效果吧，如图 13.2.9.2 所示。

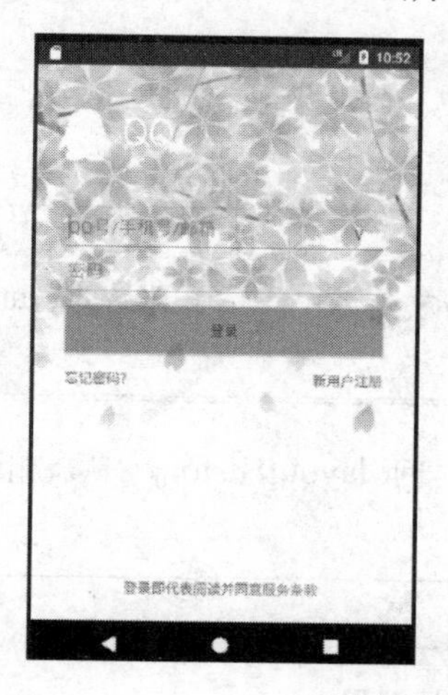

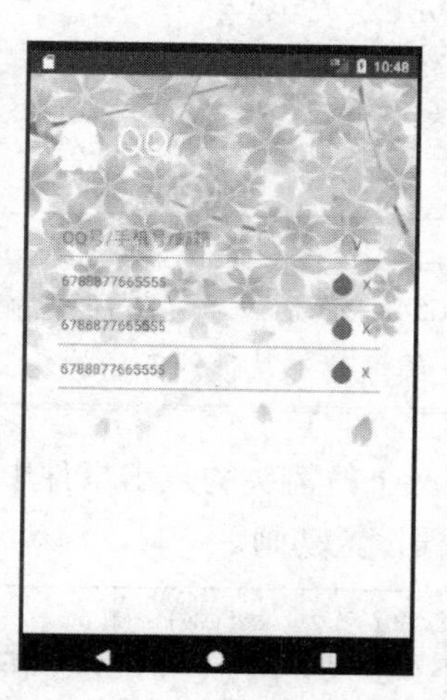

图 13.2.9.2

13.2.10　动画显示菜单

QQApp 中显示历史菜单时是有动画的，我们也不能少。虽然 Android 推荐使用属性动画，但是属性动画满足不了我们的需求，所以创建一个 View 动画，如图 13.2.10.1 所示。

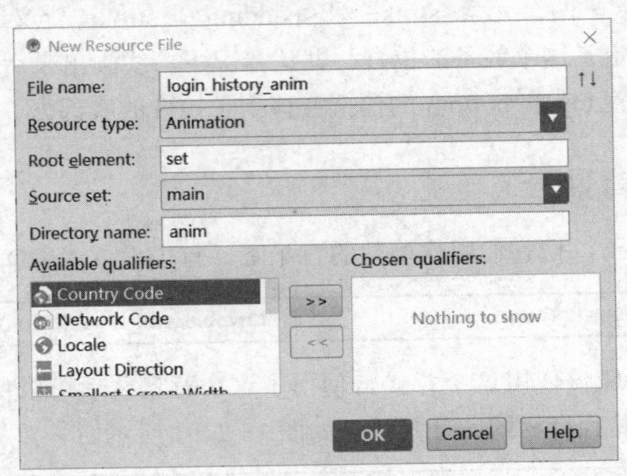

图 13.2.10.1

源码如下：

```
<?xml version="1.0" encoding="utf-8"?>
<set xmlns:android="http://schemas.android.com/apk/res/android">
    <alpha
        android:fromAlpha="0.0"
        android:toAlpha="1.0"
        android:duration="100" />
    <scale
        android:fromXScale="0.5"
        android:toXScale="1.0"
        android:fromYScale="0.5"
        android:toYScale="1.0"
        android:pivotX="50%"
        android:pivotY="0%"
        android:duration="100"
        android:fillBefore="false" />
</set>
```

android:pivotX="50%"表示在横向上的缩放是出中心位置开始的，android:pivotY="0%"表示在纵向上的缩放是从顶部开始的。

使用动画：在响应下拉箭头的点击事件中，向 layoutHistory 中添加历史菜单项之后，为 layoutHistory 显示过程设置动画。

```
public void onClick(View view) {
    layoutContext.setVisibility(View.INVISIBLE);
    layoutHistory.setVisibility(View.VISIBLE);
```

```
    //创建两条历史记录菜单项，添加到 layoutHistory 中
    View layoutItem= getActivity().getLayoutInflater().inflate(
R.layout.login_history_item,null);
    layoutHistory.addView(layoutItem);
    layoutItem=
getActivity().getLayoutInflater().inflate(R.layout.login_history_item,null);
    layoutHistory.addView(layoutItem);
    layoutItem=
getActivity().getLayoutInflater().inflate(R.layout.login_history_item,null);
    layoutHistory.addView(layoutItem);

    //使用动画显示历史记录
    AnimationSet set = (AnimationSet) AnimationUtils.loadAnimation(
            getContext(), R.anim.login_history_anim);
    layoutHistory.startAnimation(set);
}
```

运行 App，是不是登录历史的显示时有动画了？

13.2.11　让菜单消失

当点击菜单项之外的区域，都应该让菜单消失，即隐藏 layoutHistory，显示 layoutContext。这如何实现呢？我的意思是简单的实现，因为如果你不怕麻烦的话，可以为所有可能点击到的控件设置点击响应侦听器，在其中切换两个控件。但不用这么麻烦也可以做到，实际上你只要为最外层的控件设置侦听器即可。最外层的控件是谁呢？当然是 Fragment 的根 View 了，参看下面代码：

```
public View onCreateView(LayoutInflater inflater, ViewGroup container,
                         Bundle savedInstanceState) {
    // Inflate the layout for this fragment
    View v = inflater.inflate(R.layout.fragment_login, container, false);
```

我们为它设置侦听器：

```
//当点击菜单项之外的区域时，把历史菜单隐藏
v.setOnClickListener(new View.OnClickListener() {
    @Override
    public void onClick(View view) {
        if(layoutHistory.getVisibility()==View.VISIBLE){
            layoutContext.setVisibility(View.VISIBLE);
            layoutHistory.setVisibility(View.INVISIBLE);
        }
    }
});
```

在其中先判断当前是否显示了历史菜单，如果是，就切换两个页面。这段代码应放在 LoginFragment 的界面初始化方法中：

```
public View onCreateView(LayoutInflater inflater, ViewGroup container,
                    Bundle savedInstanceState) {
```

```
    // Inflate the layout for this fragment
    View v = inflater.inflate(R.layout.fragment_login, container, false);
    layoutContext = v.findViewById(R.id.layoutContext);
    layoutHistory = v.findViewById(R.id.layoutHistory);
    //响应下拉箭头的点击事件，弹出登录历史记录菜单
    v.findViewById(R.id.textViewHistory).setOnClickListener(new
View.OnClickListener() {
        @Override
        public void onClick(View view) {
            layoutContext.setVisibility(View.INVISIBLE);
            layoutHistory.setVisibility(View.VISIBLE);

            //创建 3 条历史记录菜单项，添加到 layoutHistory 中
            for(int i=0;i<3;i++) {
                View layoutItem = getActivity().getLayoutInflater().inflate(
             R.layout.login_history_item, null);
                layoutHistory.addView(layoutItem);
            }

            //使用动画显示历史记录
            AnimationSet set = (AnimationSet) AnimationUtils.loadAnimation(
                    getContext(), R.anim.login_history_anim);
            layoutHistory.startAnimation(set);
        }
    });
    //当点击菜单项之外的区域时，把历史菜单隐藏
    v.setOnClickListener(new View.OnClickListener() {
        @Override
        public void onClick(View view) {
            if(layoutHistory.getVisibility()==View.VISIBLE){
                layoutContext.setVisibility(View.VISIBLE);
                layoutHistory.setVisibility(View.INVISIBLE);
            }
        }
    });
    return v;
}
```

需要注意的是创建菜单项的地方，我改成了用 for 循环来创建三个菜单项。

但是，还有问题，现在在菜单项上点击时也会隐藏历史菜单，这不对头，我们应该把菜单项中的 QQ 号取出来设置到输入框中，如何处理呢?下节分解。

13.2.12 响应选中菜单项

我们需响应菜单项的点击，在响应方法中把 QQ 号取出并设置到输入框中。把侦听器设置到菜单项的根 View 中，代码如下：

```
//响应菜单项的点击，把它里面的信息填到输入框中。
layoutItem.setOnClickListener(new View.OnClickListener() {
```

```
    @Override
    public void onClick(View view) {
        editTextQQNum.setText("123384328943894893");
        layoutContext.setVisibility(View.VISIBLE);
        layoutHistory.setVisibility(View.INVISIBLE);
    }
});
```

注意本应把菜单项中的 QQ 号取出来再设置到输入框中，但是我没有，我只是随便设置了一堆数字进去，因为我们是做原型嘛，实际的功能后面再做。

editTextQQNum 是 QQ 号输入框，我们把它创建为 LoginFragment 的成员变量：

```
public class LoginFragment extends Fragment {
    private ConstraintLayout layoutContext;//正常内容部分，是一个Cor
    private LinearLayout layoutHistory;//历史菜单部分，是一个LinearL
    private EditText editTextQQNum;//QQ号输个框
```

并在界面初始化时取得它：

```
public View onCreateView(LayoutInflater inflater, ViewGroup container,
                         Bundle savedInstanceState) {
    // Inflate the layout for this fragment
    View v = inflater.inflate(R.layout.fragment_login, container, false);

    layoutContext = v.findViewById(R.id.layoutContext);
    layoutHistory = v.findViewById(R.id.layoutHistory);
    editTextQQNum = v.findViewById(R.id.editTextQQNum);
```

下面是 onCreateView()的全部代码：

```
public View onCreateView(LayoutInflater inflater, ViewGroup container,
                         Bundle savedInstanceState) {
    // Inflate the layout for this fragment
    View v = inflater.inflate(R.layout.fragment_login, container, false);
    layoutContext = v.findViewById(R.id.layoutContext);
    layoutHistory = v.findViewById(R.id.layoutHistory);
    editTextQQNum = v.findViewById(R.id.editTextQQNum);

    //响应下拉箭头的点击事件，弹出登录历史记录菜单
    v.findViewById(R.id.textViewHistory).setOnClickListener(new
View.OnClickListener() {
        @Override
        public void onClick(View view) {
            layoutContext.setVisibility(View.INVISIBLE);
            layoutHistory.setVisibility(View.VISIBLE);
            //创建两条历史记录菜单项，添加到 layoutHistory 中
            for(int i=0;i<3;i++) {
                View layoutItem = getActivity().getLayoutInflater().inflate(
            R.layout.login_history_item, null);
                //响应菜单项的点击，把它里面的信息填到输入框中。
                layoutItem.setOnClickListener(new View.OnClickListener() {
                    @Override
```

```
                public void onClick(View view) {
                    editTextQQNum.setText("123384328943894893");
                    layoutContext.setVisibility(View.VISIBLE);
                    layoutHistory.setVisibility(View.INVISIBLE);
                }
            });
            layoutHistory.addView(layoutItem);
        }
        //使用动画显示历史记录
        AnimationSet set = (AnimationSet) AnimationUtils.loadAnimation(
                getContext(), R.anim.login_history_anim);
        layoutHistory.startAnimation(set);
    }
});
//当点击菜单项之外的区域时，把历史菜单隐藏
v.setOnClickListener(new View.OnClickListener() {
    @Override
    public void onClick(View view) {
        if(layoutHistory.getVisibility()==View.VISIBLE){
            layoutContext.setVisibility(View.VISIBLE);
            layoutHistory.setVisibility(View.INVISIBLE);
        }
    }
});
return v;
}
```

现在运行 App，可以发现历史菜单的显示与隐藏以及选中后的行为都没问题了。但是你是否注意到有个地方很有意思，我们只设置 Fragment 的根 View 的 Click 侦听器时，点击某个菜单项，执行的是根 View 的响应代码。此时事件是菜单项先收到的，但菜单项把事件最终传给了对此事件有侦听器的某个祖宗；而当为菜单项设置了 Click 侦听器时，点击菜单项，执行的就是菜单项的侦听器，并且根 View 的侦听器不再被执行，这说明了什么？说明只要设置了侦听器，此事件不再被传递给父辈。所以，一个控件的某个事件发生后，事件是可以被传递的，传递是有路由算法的。最基本的规则就是：如果一个控件未处理收到的事件，就向祖宗传递，直到找到一个能处理此事件的祖宗，一旦事件被某个控件处理，就不再传递；如果直到最后也没有找到控件处理，就把此事件扔掉。

登录完成了，下面研究主页面。

13.3 QQ 主页面设计

最终要设计成如图 13.3.1 所示这个样子。

消息
QQ看点
最新潮流范: 和陌生人签了保密协议
腾讯新闻
13岁女孩瘫痪 只因刚出生时1个吻
群助手
群通知

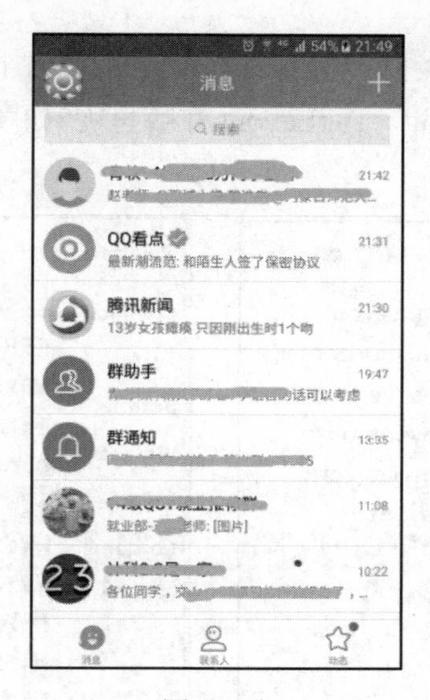

图 13.3.1

先分析一下。首先说上面的导航栏（蓝色部分），前面已经说过，它不是真正的 ActionBar。最下面是一个 Tab 栏，中间是一个分页控件（ViewPager）。当我选择不同的 Tab 项时，中间的页面发生切换，同时导航栏中间的标题和右边的图标会变，但看起来导航栏本身并没有变。所以我们对这个页面的设计方案是：

- 上面一个横向 LinearLayout 作导航栏。
- 下面一个 TabLayout 作 Tab 栏。
- 中间一个 ViewPager 容纳各子页面。

ViewPager 是一种可以容纳多个 View 的控件，但它与 layout 控件不同，它某个时刻只能显示其中一个 View，另一个 View 显示时，当前的就隐藏，每个 View 相当于一个页面，这就是它名字的由来。它是非常适合做我们主内容区的容器的，并且它经常与 TabLayout 相互配合实现 Tab 翻页效果。

但是，我们首先要把这个页面对应的 Fragment 创建出来。所以，先创建一个新的 Fragment，命名为 MainFragment，如图 13.3.2 所示。

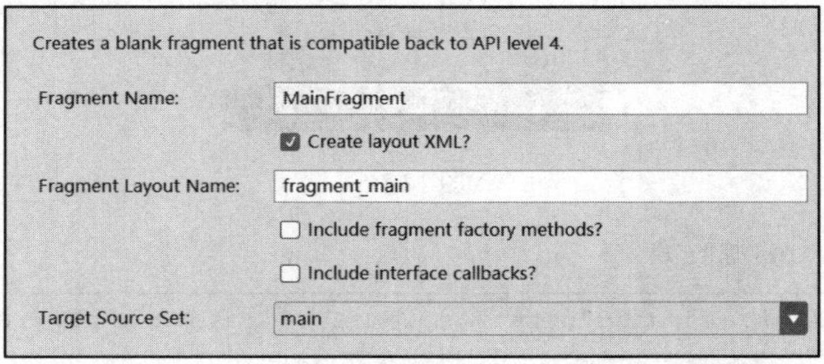

Creates a blank fragment that is compatible back to API level 4.
Fragment Name:
MainFragment
Create layout XML?
Fragment Layout Name:
fragment_main
Include fragment factory methods?
Include interface callbacks?
Target Source Set:
main

图 13.3.2

下面先把 MainFragment 的 UI 搭起来。因整个页面是上下结构的，所以最外层放一个纵向的 LinearLayout，上面放一个横向的 LinearLayout，设置它的高度为 50dp，中间放一个 ViewPager，下面放一个 TabLayout。TabLayout 在哪里呢?如图 13.3.3 所示，ViewPager 的藏身之处如图 13.3.4 所示。

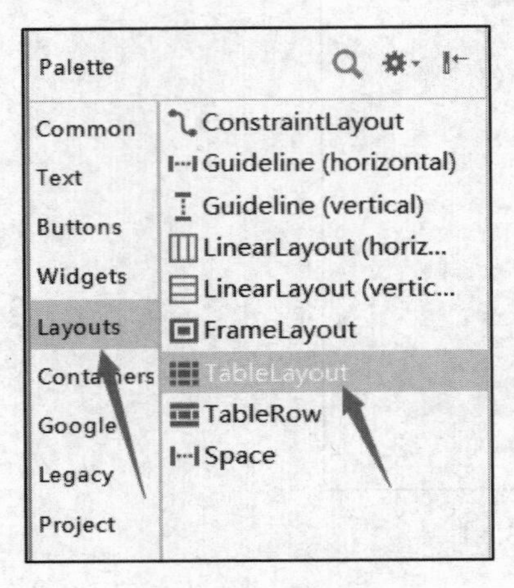

图 13.3.3

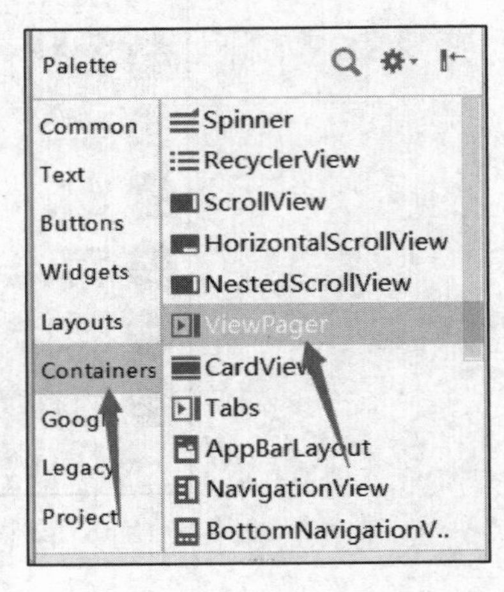

图 13.3.4

把 TabLayout 的高度也设为 54dp。为了让 ViewPager 占据中间所有空间并正确显示 TabLayout，需把 ViewPager 的 layout_height 置为 0dp，然后把它的 layout_weight 置为 1 。预览界面看起来如图 13.3.5 所示。

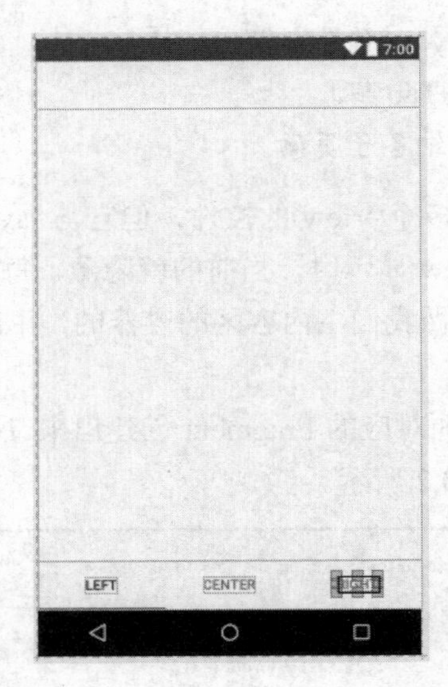

图 13.3.5

Fragment_main.xml 源码如下：

```
<LinearLayout xmlns:android="http://schemas.android.com/apk/res/android"
    xmlns:tools="http://schemas.android.com/tools"
    android:layout_width="match_parent"
    android:layout_height="match_parent"
    android:orientation="vertical"
```

```
    tools:context="niuedu.com.qqapp.MainFragment">
    <!--导航栏-->
    <LinearLayout
        android:layout_width="match_parent"
        android:layout_height="50dp"
        android:orientation="horizontal">
    </LinearLayout>
    <!--主内容区-->
    <android.support.v4.view.ViewPager
        android:id="@+id/viewPager"
        android:layout_width="match_parent"
        android:layout_height="0dp"
        android:layout_weight="1" />
    <!--Tab 控件-->
    <android.support.design.widget.TabLayout
        android:layout_width="match_parent"
        android:layout_height="54dp">

        <android.support.design.widget.TabItem
            android:layout_width="wrap_content"
            android:layout_height="wrap_content"
            android:text="Left" />
        <android.support.design.widget.TabItem
            android:layout_width="wrap_content"
            android:layout_height="wrap_content"
            android:text="Center" />
        <android.support.design.widget.TabItem
            android:layout_width="wrap_content"
            android:layout_height="wrap_content"
            android:text="Right" />
    </android.support.design.widget.TabLayout>
</LinearLayout>
```

登录成功后才能进入此页面，我们先完成页面跳转代码才能看到这个页面。在 LoginFragment 的 onCreateView()中，获取登录按钮并为它设置 Click 侦听器，代码改为如下：

```
//响应登录按钮的点击事件
View buttonLogin = v.findViewById(R.id.buttonLogin);
buttonLogin.setOnClickListener(new View.OnClickListener() {
    @Override
    public void onClick(View view) {
        FragmentManager fragmentManager =
getActivity().getSupportFragmentManager();
        FragmentTransaction fragmentTransaction =
fragmentManager.beginTransaction();
        MainFragment fragment = new MainFragment();
        //替换掉 FrameLayout 中现有的 Fragment
        fragmentTransaction.replace(R.id.fragment_container, fragment);
        //将这次切换放入后退栈中，这样可以在点后退键时自动返回上一个页面
        fragmentTransaction.addToBackStack("login");
```

```
        fragmentTransaction.commit();
    }
});
```

从预览界面可以看到，虽然主要控件可以看到，但是配色不对，内容也不全。下面我们一一修正。

13.3.1 设置导航栏

导航栏左边是 QQ 头像，中间是标题，右边是一个“+”。只需要把这三样加到代表导航栏的 Layout 中即可。左边的控件是 ImageView，中间的是 TextView，右边也用一个 TextView 吧。然后设置左边的靠左，右边的靠右，中间的充满剩余空间，但其内容居中。最后设置整个 Layout 的内容纵向居中。其余细节见源码：

```
<!--导航栏-->
<LinearLayout
    android:layout_width="match_parent"
    android:layout_height="50dp"
    android:gravity="center_vertical"
    android:orientation="horizontal"
    android:paddingLeft="16dp"
    android:paddingRight="16dp">

    <ImageView
        android:id="@+id/imageView3"
        android:layout_width="wrap_content"
        android:layout_height="wrap_content"
        app:srcCompat="?android:attr/textSelectHandle" />
    <TextView
        android:id="@+id/textView3"
        android:layout_width="0dp"
        android:layout_height="wrap_content"
        android:layout_weight="1"
        android:gravity="center_horizontal"
        android:text="标题"
        android:textSize="18sp" />
    <TextView
        android:id="@+id/textView6"
        android:layout_width="wrap_content"
        android:layout_height="wrap_content"
        android:text="+"
        android:textSize="36sp" />
</LinearLayout>
```

然而，导航栏的背景还是不对，QQApp 中的背景是一个蓝色的渐变，左边深，右边浅。如何实现这样的背景呢？前面刚讲了，用 selector。但理论上讲，只要是 drawable 都可以作为背景，我们并不想让导航栏在不同状态下有不同的背景，可不可以不用 selector 这么复杂的东西呢？当然可以！打开文件 edit_bk_normal.xml，可以看到<layer-list>的<item>中包含了<shap>，

shap 是形状的意思。实际上<shap>也可以作为一个 drawable 资源文件的根元素。我们为导航栏创建作为背景的 drawable 资源 nav_bar_bk.xml，内容如下：

```
<?xml version="1.0" encoding="utf-8"?>
<shape xmlns:android="http://schemas.android.com/apk/res/android"
    android:shape="rectangle">
    <gradient android:startColor="#FF00A0FF"
        android:endColor="#FFB0BFFF"
        android:angle="0" />
</shape>
```

然后把它作为导航栏的 LinearLayout 的背景：

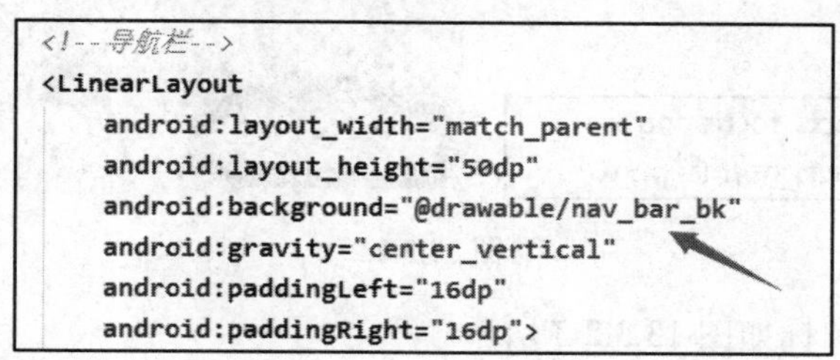

```
<!--导航栏-->
<LinearLayout
    android:layout_width="match_parent"
    android:layout_height="50dp"
    android:background="@drawable/nav_bar_bk"
    android:gravity="center_vertical"
    android:paddingLeft="16dp"
    android:paddingRight="16dp">
```

现在的效果如图 13.3.1.1 所示。

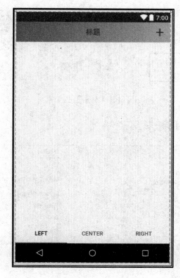

图 13.3.1.1

13.3.2　设置 Tab 栏

Tab 栏背景是白色的，可以认为没有背景，但是它却有上边缘，为了做出这个效果，还是要设置背景的，并且背景必须用矢量图 Drawable。Tab 的每个 Item 都有图像，我们需要找到这三张图加到项目中。

消息图标如图 13.3.2.1 所示。

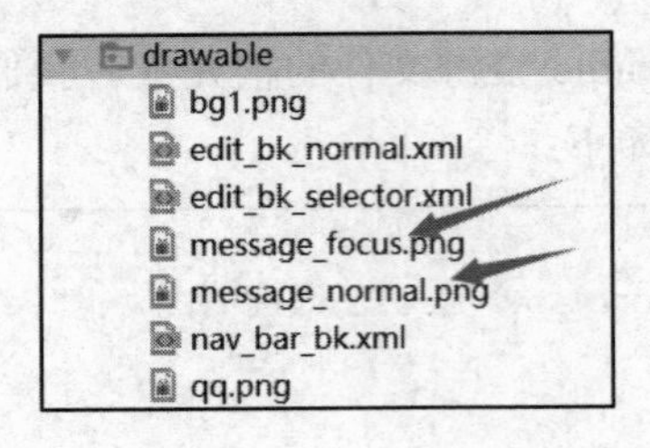

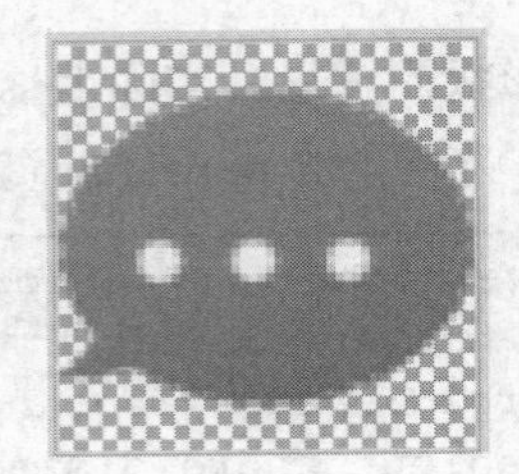

图 13.3.2.1

联系人图标如图 13.3.2.2 所示。

图 13.3.2.2

动态（QQ 空间）图标如图 13.3.2.3 所示。

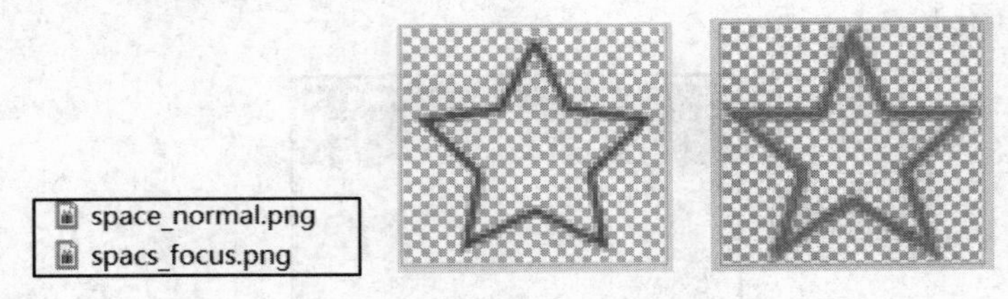

图 13.3.2.3

把图标设置上，如图 13.3.2.4 所示。

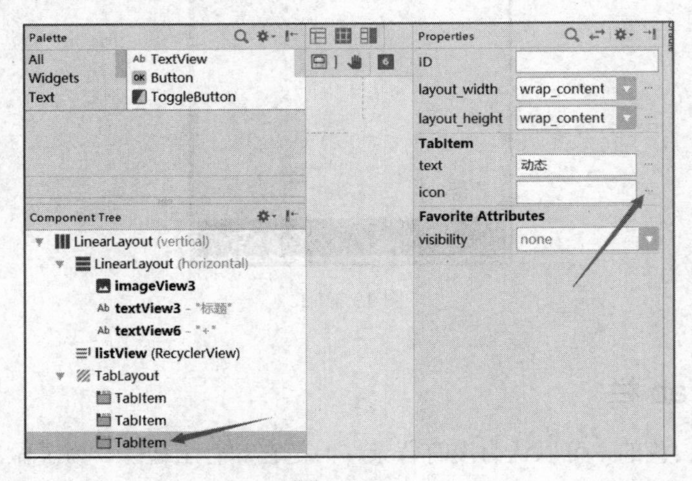

图 13.3.2.4

效果如图 13.3.2.5 所示。

图 13.3.2.5

还需要把上边缘线弄出来。

像导航栏一样，创建一个 shape drawable 可以吗？不可以！直接以 shape 矢量图作资源，其位置很难调整正确，所以必须用 layer-list，因为它里面的<shape>的位置可调，而 layout-list 是不能直接作背景的，必须放在 selector 中，所以须创建一个 layer-list drawable 文件 tab_bar_bk.xml 和一个 selector drawable 文件 tab_bar_bk_selector.xml。

tab_bar_bk.xml 的内容为：

```
<?xml version="1.0" encoding="utf-8"?>
<layer-list xmlns:android="http://schemas.android.com/apk/res/android" >
    <item android:top="-54dp">
        <shape android:shape="line" >
            <stroke
                android:width="1px"
                android:color="#FF808080" />
            <padding
                android:bottom="0dp"
                android:left="2dp"
                android:right="2dp"
                android:top="0dp" />
        </shape>
    </item>
</layer-list>
```

tab_bar_bk_selector.xml 的内容为：

```
<?xml version="1.0" encoding="utf-8"?>
<selector xmlns:android="http://schemas.android.com/apk/res/android">
    <item android:state_activated="false"
android:drawable="@drawable/tab_bar_bk" />
</selector>
```

state_activated 表示被激活的状态，就是被选中后长期高亮的状态，Tab 栏显然是不能处于 Activated 状态的，所以其值为 false，才能显示 android:drawable 所引用的背景。把 tab_bar_bk_selector 设置为 TabLayout 控件的 background，上边界就出现了，如图 13.3.2.6 所示。

图 13.3.2.6

但是还没完，你可以看到当一个 Item 被选中时，图标和文字没有变成蓝色，而是下面出现红线。这个问题怎么解决呢？其实非常简单了，如图 13.3.2.7 所示。

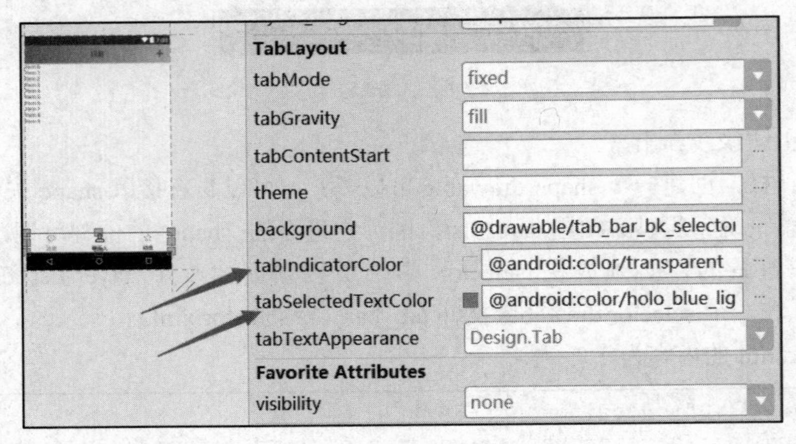

图 13.3.2.7

只需把 tabIndicatorColor 的值改为"@android:color/transparent"即可。它是 Android SDK 中定义的颜色资源，transparent 是透明的意思，透明之后当然就看不到了。同时还设置了 tabSelectedTextColor 属性，它决定在 Item 被选中时文本的颜色。现在就剩下图片的颜色在选中时没有变化，要实现这个功能，请看下节。

13.3.3 改变 Tab Item 图标

我们可以在属性编辑器中为 Tab Item 设置图标，但是我们无法为它设置选中时的图标，于是你可能这样想：响应 Tab Item 选择 change 的事件，在 Item 被选中时设置一个图标，在它变为非选中状态时设置另一个图标。想法很好，但是这种方式不行！为什么呢？说来话长了。的确你可以设置 Item 选择侦听器：

```
tabLayout = v.findViewById(R.id.tabLayout);
tabLayout.addOnTabSelectedListener(new TabLayout.OnTabSelectedListener() {
   @Override
   public void onTabSelected(TabLayout.Tab tab) {
   }

   @Override
   public void onTabUnselected(TabLayout.Tab tab) {
   }

   @Override
   public void onTabReselected(TabLayout.Tab tab) {
   }
});
```

这个侦听器接口声明了三个方法需要我们实现，从方法名就能判断出其作用。onTabSelected()在一个 item 被选中后调用，onTabUnselected()在 item 从选中状态变为非选中状态后被调用，onTabReselected()在一个 item 被重新选中时被调用。这三个方法都有一个相同类型的参数 tab，它是一个 Tab Item，通过它可以获取发生事件的 item。看起来似乎真的能工作，但是你把代码实现之后发现工作不正常。你一旦在 onTabUnselected()中设置了 item 的图标，Tab Item 们的文本状态就不能正常显示了。这应该是 TabLayout 的一个 bug 吧？或许当你看此书时这个 bug 已经不存在了。

那么如何才能真正完成此功能呢？其实也不难，自己用各种 layout 控件模拟一个 Tab 控件呗，响应代表 item 的 layout 的点击事件，在其中想设置什么就设置什么，但是我不想这样做，我依然想用 TabLayout，因为想为大家演示 TabLayout 的使用，尤其是 TabLayout 与 ViewPager 的组合使用。

所以，图标随状态变化的功能……就这样吧，搞不出来就不搞了，我无所谓啊。

13.3.4　为 ViewPager 添加内容

中间内容区是一个 ViewPager，从它名字可以猜出，它是提供翻页效果的控件。它可以包含多个子 View，一个子 View 就是一页，同一时刻只能显示一页，可以在页之间切换。它是从 ViewGroup 派生的，还记得前面讲 RecyclerView 的时候我曾说过，除 Layout 之外的 ViewGroup，要为它们提供子控件，都需要用 Adapter（也许没说过……但这并不重要）吗？ViewPager 也是这样一条控件。

QQ 主页面中三个 Tab Item 对应的页的内容都是列表的形式，所以这三个页都可以使用 RecyclerView 做为主要内容控件。但是你不能直接在界面设计器中将这三个 RecylerView 拖到 ViewPager 中，想想 Adapter 的使用思路，你是不是应该在 Adapter 的某个回调方法中创建页面 View？下面是 Adapter 类的代码：

```
//为 ViewPager 派生一个适配器类
class ViewPageAdapter extends PagerAdapter{
    //构造方法
    ViewPageAdapter(){

    }

    @Override
    public int getCount() {
        return listViews.length;
    }

    @Override
    public boolean isViewFromObject(View view, Object object) {
        return view == object;
    }

    //实例化一个子 View，container 是子 View 容器，就是 ViewPager,
    //position 是当前的页数，从 0 开始计
    @Override
    public Object instantiateItem(ViewGroup container, int position) {
```

```
    View v = listViews[position];
    //必须加入容器中
    container.addView(v);
    return v;
  }

  @Override
  public void destroyItem(ViewGroup container, int position, Object object) {
    container.removeView((View)object);
  }
}
```

解释一下各方法。

- instantiateItem()

ViewPager 在创建页 View 时调用的方法是 instantiateItem()，它返回页 View 对象，但实际上我们并不是在此方法中创建的页 View，而是在 Adapter 类的外部类 MainFragment 的构造方法中就创建了，在 instantiateItem()中只是返回对应的页 View 就行了，这样做是为了避免多次创建页 View。注意其中 container.addView()这一句，你必须在 instantiateItem()中把子 View 加入到容器 View 中。

listViews 是一个 ArrayList 型变量，它包含了三个页 View 的实例，它是 MainFragment 的字段。

我们在 MainFragment 的 onCreate()方法中创建三个页 View 实例：

```
public MainFragment() {
    //创建三个 RecyclerView，分别对应 QQ 消息页，QQ 联系人页，QQ 空间页
    listViews[0]=new RecyclerView(getContext());
    listViews[1]=new RecyclerView(getContext());
    listViews[2]=new RecyclerView(getContext());
    //仅用于测试，为了看到效果，不同的页设为不同背景色
    listViews[0].setBackgroundColor(Color.RED);
    listViews[1].setBackgroundColor(Color.GREEN);
    listViews[2].setBackgroundColor(Color.BLUE);
}
```

- getCount()

返回 ViewPager 中的页数。destroyItem()方法必须实现，它用于在销毁页 View 时调用，但我们不想销毁，所以我们只是把页 View 从容器中删除。

- isViewFromObject()

此方法用于告诉 ViewPager 我在创建页 View 时有没有在外面包装上什么东西，就像 RecyclerView 的 Adapter 中，创建一项对应的 View 时，不是直接返回 View，而是包在了一个 ViewHolder 中，我们也可以在此处这样做，另创建一个类，把直正的子 View 包在其中，那么此时在 instantiateItem()中返回的就是包装类的实例，于是在 isViewFromObject()中就需要返回

false 了。我们对传入的参数进行了比较，如果相同就返回 true，否则返回 false，这是一般的通用做法。

注意以下三句代码，为三个页面设置了不同的背景，这仅仅用于测试：

```
listViews[0].setBackgroundColor(Color.RED);
listViews[1].setBackgroundColor(Color.GREEN);
listViews[2].setBackgroundColor(Color.BLUE);
```

创建了 Adapter 类，还要将 Adapter 设置给 ViewPager：

```
@Override
public View onCreateView(LayoutInflater inflater, ViewGroup container,
                    Bundle savedInstanceState) {
    View v = inflater.inflate(R.layout.fragment_main, container, false);
    //获取 ViewPager 实例，将 Adapter 设置给它
    viewPager = v.findViewById(R.id.viewPager);
    viewPager.setAdapter(new ViewPageAdapter());
    return v;
}
```

代码没什么可说的，变量 viewPager 在哪里定义你应该知道。（悄悄地告诉你：定义成了 MainFragment 类的成员变量!）

运行 App，登录，应看到如下效果（图 13.3.4.1），左右划动可翻页（图 13.3.4.2）。

图 13.3.4.1

图 13.3.4.2

13.3.5　ViewPager 与 TabLayout 联动

然而，ViewPager 与 TabLayout 还没有关联起来，所以现在点 Tab Item 时，ViewPager 没有翻页；同时 ViewPager 翻页时，Tab Item 也没有切换。如何能让它们联动呢？理论上讲，就是响应各自的事件，在其中调用对方相应的方法。比如响应 ViewPager 的页面切换事件，在其

中选中对应的 Tab Item；同时响应 Tab Item 的 item 选择事件，在其中切换 ViewPager 中对应的页面。Android 已经为 ViewPager 与 LayoutTab 的联动提供了部分内置逻辑，我们可以做少量工作就使它俩在一起，下面就做一下。

首先为 MainFragment 添加一个成员变量：

```
private TabLayout tabLayout;
```

然后在 MainFragment 的 onCreateView()中，取得 TabLayout 并进行设置：

```
//获取 TabLayout 并配置它
tabLayout = v.findViewById(R.id.tabLayout);
tabLayout.setupWithViewPager(viewPager);
```

这就 OK 了！运行 App 看看效果吧，如图 13.3.5.1 所示。

图 13.3.5.1

且慢高兴！Tab Item 怎么不见了？但是用手在相应位置点一下，发现还有效果，能引起翻页。这说明 Tab Item 还在，而且 TabLayout 与 ViewPager 已经正确关联。但是，Tab Item 上的内容不见了，这是咋回事呢？其实原因是这样的：当它们两个合体时，TabLayout 就希望由 ViewPager 来决定 Tab Item 上显示的内容，所以你直接设置到 Tab Item 上的内容就被忽略了。由 ViewPager 决定的话，实际上是 TabLayout 调用 ViewPager 的某个方法，最终是调用了 ViewPager 的 Adapter 的方法 getPageTitle()，所以我们要重写 Adapger 类的此方法，写完了，代码如下（ViewPageAdapter 中）：

```
//返回每一页的标题，参数是页号，从 0 开始
@Override
public CharSequence getPageTitle(int position) {
    if(position==0){
        return "消息";
    }else if(position==1){
```

```
        return "联系人";
    }else if(position==2){
        return "动态";
    }
    return null;
}
```

再次运行 App，效果如图 13.3.5.2 所示。Tab Item 终于出来了！但是，然而……为什么没有图像了？欲知后事如何，下节分解。

图 13.3.5.2

13.3.6　在 Tab Item 中显示图像

图像不能显示，原因很简单：ViewPager 的 Adapter 中没有定义返回每页图像的回调方法。那么如何显示图像呢？有两种方法。第一种很简单，在关联 ViewPager 之后，获取各 Tab Item，为它们设置图标，代码如下：

```
tabLayout.setupWithViewPager(viewPager);
tabLayout.getTabAt(0).setIcon(R.drawable.message_normal);
tabLayout.getTabAt(1).setIcon(R.drawable.contacts_normal);
tabLayout.getTabAt(2).setIcon(R.drawable.space_normal);
```

简单明了！我想你应该喜欢这种方法。但是，还有一种方法，比较复杂，大多数人却都采用这种方法，所以我要为大家讲明白这种方法，让大家可以装 X。这种方法要使用一种新东西：SpannableString。什么是 SpannableString？先看下面这行文字：

#102楼 2016-09-07 17:00 **蓝色三叶草**

如何显示出这种效果？你的想法可能是使用一个横向的 LinearLayout，然后加入多个 TextView，为它们设置不同的字体、颜色，最后还要来一个 ImageView 显示小图标。这样做没问题，但是，还有更牛 X 的做法，运行效率也更高，可以只用一个 TextView 来显示这行文本！你只要使用 SpannableString 即可。从名字判断，它也是一个字符串类，它可以把它设置到控件的“text”属性中。它与 String 类的区别是，它可以包含文本、图片，可以为文本中一段文字的多个小片段设置不同的颜色、字体等，这每一段叫作一个 span。

SpannableString 的主要使用方式是这样的：先为 SpannableString 设置一段文本，然后创建某种类型的 Span，然后把 Span 设置给 SpannableString，设置时要指定这个 Span 从第几个字符作用到第几个字符，还要指定对前后字符的影响。以下为示例：

```
//创建一个 SpannableString 对象
SpannableString msp=new SpannableString("当我显示出来后，你会发现我是一段有个性的文字");
//设置字体,第 0,1 两个字符使用 monospace
msp.setSpan(new
TypefaceSpan("monospace"),0,2,Spanned.SPAN_EXCLUSIVE_EXCLUSIVE);
//设置字体,第 2,3 两个字符使用
msp.setSpan(new TypefaceSpan("serif"),2,4,Spanned.SPAN_EXCLUSIVE_EXCLUSIVE);
//设置字体大小（绝对值,单位：像素），第 4,5 两个字符为 20 像素
msp.setSpan(new AbsoluteSizeSpan(20),4,6,Spanned.SPAN_EXCLUSIVE_EXCLUSIVE);
```

我们需要为 Tab Item 创建文本与图像混合的标题字符串，封装一个方法，代码如下：

```
//为参数 title 中的字符串前面加上 iconResId 所引用图像
public CharSequence makeTabItemTitle(String title,int iconResId) {
    Drawable image = getResources().getDrawable(iconResId);
    image.setBounds(0, 0, 40, 40);
    //Replace blank spaces with image icon
    SpannableString sb = new SpannableString(" \n"+title);
    ImageSpan imageSpan = new ImageSpan(image, ImageSpan.ALIGN_BASELINE);
    sb.setSpan(imageSpan, 0,1, Spanned.SPAN_EXCLUSIVE_EXCLUSIVE);
    return sb;
}
```

这个方法有两个参数，一是文本，二是文本上面的图像。此方法中首先从资源创建了图像 image，然后调用 setBounds()方法设置了图像绘制到的区域范围。

图像画到哪里呢？画到画布（Cavans）上。画布多大呢？就是 Span 的大小，Span 多大呢？是由图像的 Bounds 决定的，这并不矛盾，你只要记住 Span 的左上角是画布的(0,0)坐标即可，所以我们要限制图像宽高不超过 40 像素，就设置 Bounds，图像会按比例缩放之后画上去。

代码中，在创建 SpannableString 的实例 sb 时，在字符串前面增加了一个空格和换行符。空格是图像 span 的占位符，后面用图像 span 替换它。我们又创建了一个图像 span imageSpan，创建时传入了前面的 image 并指定了它与左右的文本如何在纵向上对齐，由于最终图像和文本处于不同的行，此参数并不起作用。最后将图像 span 设置给 sb，注意指定作用到的位置是从

第 0 位开始的一个字符，正好指向最前面的空格，所以才能替换空格，最后一个参数 Spanned.SPAN_EXCLUSIVE_EXCLUSIVE（独占）表示效果不影响前后字符。

因为要在 ViewPageAdapter 的方法 getPageTitle()中使用，所以我们就把这个方法放到 ViewPageAdapter 中吧。getPageTitle() 稍做修改，如下：

```
//返回每一页的标题，参数是页号，从 0 开始
@Override
public CharSequence getPageTitle(int position) {
    if(position==0){
        return makeTabItemTitle("消息",R.drawable.message_normal);
    }else if(position==1){
        return makeTabItemTitle("联系人",R.drawable.contacts_normal);
    }else if(position==2){
        return makeTabItemTitle("动态",R.drawable.space_normal);
    }
    return null;
}
```

最后还要做一点工作，设置 TabLayout 的一个属性，不设置，图像显示不出来。属性名：tabTextAppearance。它是 Tab Item 标题的 style，所以我们要先创建一个 style。在 res/values/styles.xml 中增加一个 style：

```
<style name="TabTitleAppearance" parent="TextAppearance.Design.Tab">
    <item name="textAllCaps">false</item>
    <item name="android:textAllCaps">false</item>
    <!-- 注意这两个属性一定要写，缺一不可，否则显示不出图片！ -->
</style>
```

然后设置给 TabLayout，如图 13.3.6.1 所示。

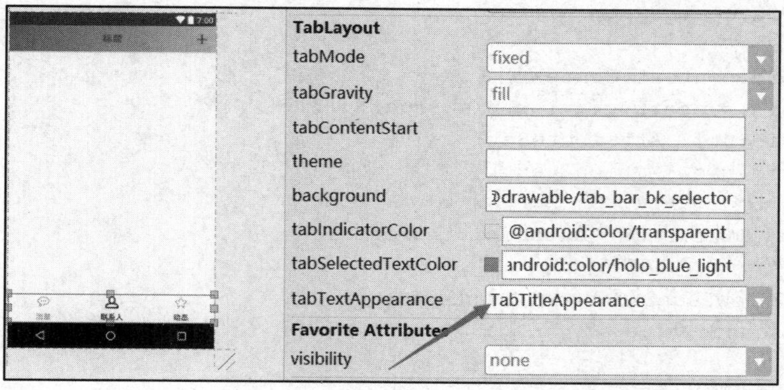

图 13.3.6.1

现在可以运行 App 看看效果了。注意要把开头讲的第一种做法的代码先屏蔽掉啊，如图 13.3.6.2 所示。

图 13.3.6.2

大功告成！

然而 QQApp 中，只能通过 Tab Item 来翻页，不能通过划动翻页，所以我们应该禁用 ViewPager 的这项能力。如何禁用，下节分解。

13.3.7 禁止 ViewPager 滑动翻页

这事不是那么简单，ViewPager 中并没有一个属性或方法让你很容易地把滑动翻页功能去掉。大家公认的唯一方法是派生一个类，重写两个方法，那我们也这样做吧。

新建一个类 QQViewPager，代码如下：

```
package niuedu.com.qqapp;

import android.content.Context;
import android.support.v4.view.ViewPager;
import android.util.AttributeSet;
import android.view.MotionEvent;

public class QQViewPager extends ViewPager{
    //必须实现带一个参数的构造方法
    public QQViewPager(Context context) {
        super(context);
    }

    //必须实现此构造方法，否则在界面设计器中不能正常显示
    public QQViewPager(Context context, AttributeSet attrs) {
        super(context, attrs);
    }

    @Override
    public boolean onTouchEvent(MotionEvent event) {
```

```
        return false;
    }

    @Override
    public boolean onInterceptTouchEvent(MotionEvent event) {
        return false;
    }
}
```

主要重写了方法 onTouchEvent()和 onInterceptTouchEvent()，其实现更简单，返回 false，表示此事件没有被当前控件处理，继续往父辈传。

别忘了修改 layout 文件，将 ViewPager 改为 QQViewPager（fragment_main.xml）：

```
<!--主内容区-->
<niuedu.com.qqapp.QQViewPager
    android:id="@+id/viewPager"
    android:layout_width="match_parent"
    android:layout_height="0dp"
    android:layout_weight="1" />
```

再运行，是不是左右滑动不能翻页了？

13.3.8　创建“消息”页

消息页面如图 13.3.8.1 所示。

图 13.3.8.1

先分析一下其结构。在主内容区，最上面是一个搜索框，下面是列表的各行。实际上，这个搜索行也是列表的一行。这个 RecyclerView 的大部分行的 layout 都是一样的：左边一个图像，右边分两行，上面是标题与时间，下面是详细信息，唯独顶端这一行的 layout 不一样，只有一个搜索框。回忆一下 RecyclerView 的用法，应利用 Adapter 为它提供 Item 的数据和显示 Item 数据的控件。我们需要准备存放数据的类和创建控件的 Layout 资源。先为这两种不同的行创建两个 layout 资源吧。

13.3.8.1 创建搜索行 layout

首先创建顶端行的 layout。顶端行只有一个搜索控件。但是你不能使用 Android 提供的搜索控件 SearchView，因为 SearchView 的搜索图标显示在左边，而 QQ 这个搜索控件的图标显示在中间，并且旁边还伴有文字。

而且当在 QQApp 中点击这个图标时，会打开一个新的页面，在新页面中用户才可以真正地搜索，所以此处的搜索控件就是个摆设，我们可以用多个控件模拟出来。

我们为这一行创建 layout 资源，文件名 res/layout/message_list_item_search.xml。其内容是这样的：

```
<?xml version="1.0" encoding="utf-8"?>
<android.support.v7.widget.CardView
xmlns:android="http://schemas.android.com/apk/res/android"
    xmlns:app="http://schemas.android.com/apk/res-auto"
    xmlns:tools="http://schemas.android.com/tools"
    android:id="@+id/searchViewStub"
    android:layout_width="match_parent"
    android:layout_height="wrap_content"
    android:layout_marginBottom="4dp"
    android:layout_marginEnd="8dp"
    android:layout_marginStart="8dp"
    android:layout_marginTop="4dp"
    app:cardBackgroundColor="?attr/colorControlHighlight"
    app:cardCornerRadius="2dp">

    <LinearLayout
        android:layout_width="wrap_content"
        android:layout_height="match_parent"
        android:layout_gravity="center_horizontal"
        android:gravity="center_vertical"
        android:orientation="horizontal">

        <ImageView
            android:layout_width="30dp"
            android:layout_height="30dp"
            android:layout_weight="1"
            app:srcCompat="@android:drawable/ic_search_category_default" />

        <TextView
            android:layout_width="wrap_content"
```

```
        android:layout_height="wrap_content"
        android:layout_weight="1"
        android:text="搜索"
        android:textSize="18sp" />
    </LinearLayout>
</android.support.v7.widget.CardView>
```

最外面是一个 CardView，使用它的主要原因是方便产生圆角效果。它里面要显示一个图像一个文本，所以使用了一个横向的 LinearLayout 来包含这两个控件，LinearLayout 的宽由内容决定，并且它的 layout_gravity 属性为横向居中，这样 LinearLayout 中的控件才能看起来居中。要让文本在纵向上居中还需要设置 LinearLayout 的 gravity 为纵向居中。

可以看到 layout_gravity 与 gravity 的区别，前者是设置控件本身在其父控件中的对齐方式，后者设置控件的儿子们的对齐方式。

13.3.8.2　创建其余行的 layout

非搜索行的 layout 资源文件为 res/layout/message_list_item_search.xml，内容是这样的：

```
<?xml version="1.0" encoding="utf-8"?>
<LinearLayout xmlns:android="http://schemas.android.com/apk/res/android"
    xmlns:app="http://schemas.android.com/apk/res-auto"
    xmlns:tools="http://schemas.android.com/tools"
    android:layout_width="match_parent"
    android:layout_height="wrap_content"
    android:background="@drawable/list_item_bk_selector"
    android:paddingBottom="4dp"
    android:paddingEnd="8dp"
    android:paddingStart="8dp"
    android:paddingTop="4dp">

    <android.support.v7.widget.CardView
        android:layout_width="48dp"
        android:layout_height="48dp"
        app:cardCornerRadius="25dp"
        app:cardElevation="2dp">

        <ImageView
            android:id="@+id/imageView"
            android:layout_width="match_parent"
            android:layout_height="match_parent"
            app:srcCompat="@drawable/message_normal" />
    </android.support.v7.widget.CardView>

    <android.support.constraint.ConstraintLayout
        android:layout_width="match_parent"
        android:layout_height="match_parent"
        android:layout_weight="1">

        <TextView
```

```
        android:id="@+id/textViewTitle"
        android:layout_width="wrap_content"
        android:layout_height="wrap_content"
        android:layout_marginLeft="8dp"
        android:layout_marginStart="8dp"
        android:layout_marginTop="4dp"
        android:text="标题"
        android:textSize="18sp"
        android:textStyle="bold"
        app:layout_constraintLeft_toLeftOf="parent"
        app:layout_constraintTop_toTopOf="parent" />

    <TextView
        android:id="@+id/textViewTime"
        android:layout_width="wrap_content"
        android:layout_height="wrap_content"
        android:layout_marginEnd="8dp"
        android:layout_marginRight="8dp"
        android:layout_marginTop="8dp"
        android:text="时间"
        android:textColor="?attr/colorControlNormal"
        android:textSize="12sp"
        app:layout_constraintRight_toRightOf="parent"
        app:layout_constraintTop_toTopOf="parent" />

    <TextView
        android:id="@+id/textViewDetial"
        android:layout_width="0dp"
        android:layout_height="wrap_content"
        android:layout_marginBottom="3dp"
        android:layout_marginLeft="8dp"
        android:layout_marginStart="8dp"
        android:text="详细描述"
        app:layout_constraintBottom_toBottomOf="parent"
        app:layout_constraintLeft_toLeftOf="parent" />

    <android.support.v7.widget.CardView
        android:id="@+id/cardViewBadge"
        android:layout_width="wrap_content"
        android:layout_height="wrap_content"
        android:layout_marginBottom="4dp"
        android:layout_marginRight="8dp"
        app:cardBackgroundColor="@color/colorAccent"
        app:cardCornerRadius="8dp"
        app:layout_constraintBottom_toBottomOf="parent"
        app:layout_constraintRight_toRightOf="parent">

        <TextView
            android:id="@+id/textViewBadge"
            android:layout_width="wrap_content"
```

```
            android:layout_height="wrap_content"
            android:layout_marginEnd="4dp"
            android:layout_marginStart="4dp"
            android:text="0"
            android:textColor="@android:color/white"
            android:textStyle="bold" />
      </android.support.v7.widget.CardView>
   </android.support.constraint.ConstraintLayout>
</LinearLayout>
```

注意各控件的 ID。预览图如图 13.3.8.2.1 所示。

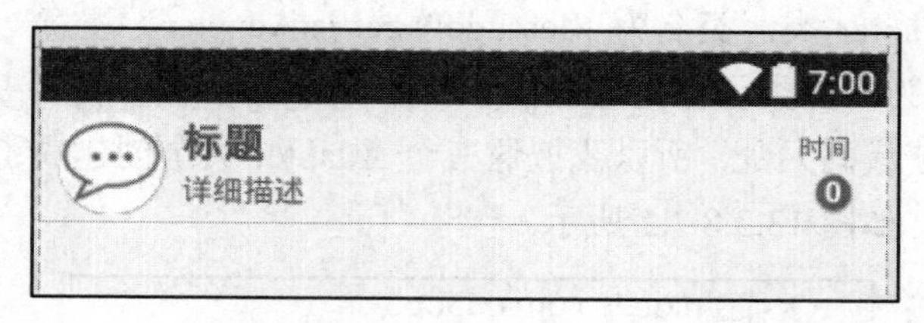

图 13.3.8.2.1

整个行是一个横向的 LinearLayout，其左边是一个 CardView，内含一个 ImageView；右边是一个 ConstraintLayout。之所以在 ImageView 外包一个 CardView，主要是利用了 CardView 的圆角效果，搞出圆形 ImageView。标题、时间、详细描述、小徽章都在 ConstraintLayout 中。小徽章是由 CardView 和 TextView 共同组成，TextView 包在 CardView 中，使用 CardView 的原因也是利用它变圆的功能。行底的线是利用 selector 做背景搞出来的，这个 selector 是 list_item_bk_selector.xml，其内容为：

```
<?xml version="1.0" encoding="utf-8"?>
<selector xmlns:android="http://schemas.android.com/apk/res/android">
   <item android:state_activated="false"
android:drawable="@drawable/list_item_bk" />
</selector>
```

list_item_bk.xml 的内容：

```
<?xml version="1.0" encoding="utf-8"?>
<layer-list xmlns:android="http://schemas.android.com/apk/res/android" >
   <item android:top="54dp">
      <shape android:shape="line" >
         <stroke
            android:width="1px"
            android:color="#FFa0a0a0" />
         <!--<solid android:color="#FFFFFFFF" />-->
         <padding
            android:bottom="0dp"
            android:left="2dp"
            android:right="2dp"
            android:top="0dp" />
      </shape>
```

```
    </item>
</layer-list>
```

13.3.8.3 显示消息列表

消息列表 RecyclerView 对应的是 listViews[0]，让它显示内容只需三步：

- 为它创建 Adapter 类；
- 创建 Adapter 对象并设置给它；
- 为它设置 layout 管理器。

首先为它创建 Adapter 类，类名为 MessagePageListAdapter。注意一点，我们之前创建的 Adapter 类，一般会作为内部类，但是这次由于三个 RecyclerView 需要三个 Adapter 类，都成为一个类的内部类会使代码太乱，所以我把这三个 Adapter 类全创建成了外部类，并且放到同一个包下，有图为证，如图 13.3.8.3.1 所示。

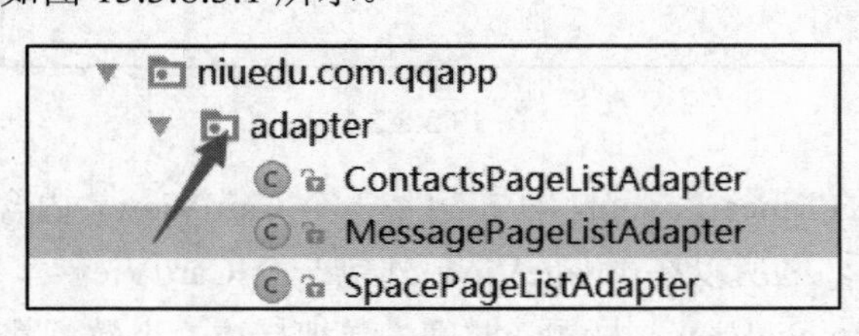

图 13.3.8.3.1

MessagePageListAdapter 类源码如下：

```
public class MessagePageListAdapter extends
        RecyclerView.Adapter<MessagePageListAdapter.MyViewHolder> {

    //用于获取
    private Activity activity;

    //创建一个带参数的构造方法，通过参数可以把 Activity 传过来
    public MessagePageListAdapter(Activity activity){
        this.activity = activity;
    }

    @Override
    public MessagePageListAdapter.MyViewHolder onCreateViewHolder(
            ViewGroup parent, int viewType) {
        //从 layout 资源加载行 View
        LayoutInflater inflater = activity.getLayoutInflater();
        View view=null;
        if(viewType == R.layout.message_list_item_search) {
            view = inflater.inflate(R.layout.message_list_item_search,
                    parent, false);
        }else{
            view = inflater.inflate(R.layout.message_list_item_normal,
                    parent, false);
        }
```

```
        MyViewHolder viewHolder=new MyViewHolder(view);
        return viewHolder;
    }

    @Override
    public void onBindViewHolder(
            MessagePageListAdapter.MyViewHolder holder,
            int position) {
    }

    @Override
    public int getItemCount() {
        return 10;
    }

    @Override
    public int getItemViewType(int position) {
        if(0==position){
            //只有最顶端这行是搜索
            return R.layout.message_list_item_search;
        }
        //其余各合都一样的控件
        return R.layout.message_list_item_normal;
    }

    //将 ViewHolder 声明为 Adapter 的内部类，反正外面也用不到
    class MyViewHolder extends RecyclerView.ViewHolder{
        public MyViewHolder(View itemView) {
            super(itemView);
        }
    }
}
```

此类的构造方法有一个参数：Activity，因为后面需要用它来获取 LayoutInflater，需要在调用构造方法时传进来。

相比前面的例子，这个 Adapter 多了一个方法 getItemViewType()，你应该还记得它的作用。RecyclerView 调用它获取每一行对应的类型，类型实际上就是行的 layout 资源 ID。其参数是行的序号，除了第 0 行，其余各行的 layout 都一样。直接返回了 layout 资源的 ID。此方法告诉了 RecyclerView 有不同的行 layout，于是在创建行 View 的时候，就需要用不同的 layout 来创建了。此时，在 onCreateViewHoler()中我们就利用起了第二个参数：viewType，根据 viewType 加载不同的 layout 资源，因为 viewType 就是 layout 资源 ID。

负责行数据绑定的方法 onBindViewHolder()没有实现，所以除了顶部行，其余每一行显示的内容都一样，如图 13.3.8.3.2 所示。

图 13.3.8.3.2

13.3.9 显示气泡菜单

在消息页中，点“+”图标时，显示气泡，如图 13.3.9.1 所示。

图 13.3.9.1

如果你目光如炬的话，会发现显示这个气泡菜单时，整个页面变暗了，这叫蒙板效果。看起来实现这一套效果挺难的，但只要我们静下心来捋一捋，会发现其实也没那么难。

13.3.9.1 蒙板效果

蒙板一般是在界面上盖了一个半透明的 View，当然也可以用 Activity 或 Dialog 来做蒙板。

但是我选择使用 View，主要还是使用 View 简单一些。不像 Activity 和 Dialog，让 View 作蒙板是有条件的，即必须保证这个 View 在最上层。最后添加的 View 肯定在最上层，当然也可以设置 View 的 z 属性强制使一个 View 位于上层（x、y、z 表示了三维空间中的坐标，一般我们只关注二维控件，所以只使用 x 和 y，而 z 则用于表示位于上层还是下层）。

要蒙住整个屏幕，就要保证作为蒙板 View 的大小是充满整个屏幕的，于是必须把这个 View 放到一个充满了屏幕的容器控件中，“消息”“联系人”“动态”这三个 Tab 页面都是 RecyclerView，它并没有充满整个控件，也不可能把蒙板 View 加进去。找来找去，感觉还是作为 MainFragment 的根 View 的儿子最合适。MainFragment 的根 View 肯定是充满整个屏幕的，但是它现在是一个 LinearLayout。LinearLayout 帮我们维持导航栏和内容的上下结构，我们需在它外面再包一个 FrameLayout，FrameLayout 里的所有儿子都可以设置为充满屏幕，作为蒙板的控件设置为 FrameLayout 的儿子，与 LinearLayout 同级，就可以盖住 LinearLayout 所代表的内容了。于是，fragment_main.xml 的内容变成了这样：

```
<FrameLayout xmlns:android="http://schemas.android.com/apk/res/android"
    xmlns:app="http://schemas.android.com/apk/res-auto"
    xmlns:tools="http://schemas.android.com/tools"
    android:layout_width="match_parent"
    android:layout_height="match_parent"
    android:orientation="vertical"
    tools:context="niuedu.com.qqapp.MainFragment">

    <LinearLayout
        android:layout_width="match_parent"
        android:layout_height="match_parent"
        android:orientation="vertical">

        <!--导航栏-->
        <LinearLayout
            android:layout_width="match_parent"
            android:layout_height="50dp"
            android:background="@drawable/nav_bar_bk"
            android:gravity="center_vertical"
            android:paddingLeft="16dp"
            android:paddingRight="16dp">
  。。。。。。。。。。。。。。。。。。。。。。。。。。。。
    </LinearLayout>
</FrameLayout>
```

下面，我们改造一下 onCreateView()，将加载 layout 资源的代码改一下：

```
@Override
public View onCreateView(LayoutInflater inflater, ViewGroup container,
                         Bundle savedInstanceState) {
    this.rootView= (ViewGroup) inflater.inflate(R.layout.fragment_main,
          container, false);
    //获取 ViewPager 实例，将 Adapter 设置给它
    viewPager = this.rootView.findViewById(R.id.viewPager);
```

```
    viewPager.setAdapter(new ViewPageAdapter());

    //获取 TabLayou 并配置它
    tabLayout = this.rootView.findViewById(R.id.tabLayout);
    tabLayout.setupWithViewPager(viewPager);
... ...

    return rootView;
}
```

建立了一个成员变量 rootView 用于保存根 View（就是 FrameLayout）：

```
private ViewGroup rootView。
```

点这个“+”号显示蒙板，如图 13.3.9.1.1 所示。

图 13.3.9.1.1

需要为它设置侦听器，首先为它设置一个有意义的 ID，如图 13.3.9.1.2 所示。

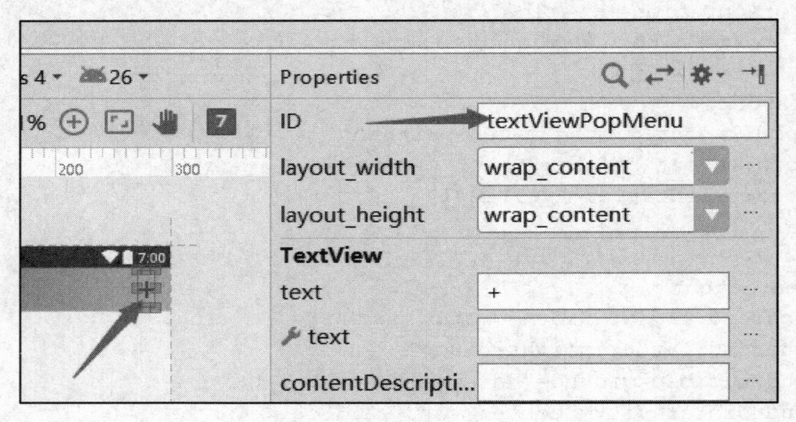

图 13.3.9.1.2

然后设置 Click 事件的侦听器：

```
//响应+号图标点击事件，显示遮罩和气泡菜单
TextView popMenu = this.rootView.findViewById(R.id.textViewPopMenu);
popMenu.setOnClickListener(new View.OnClickListener() {
    @Override
    public void onClick(View view) {
        //向 Fragment 容器(FrameLayout)中加入一个 View 作为上层容器和遮罩
        final View mask=new View(getContext());
        mask.setBackgroundColor(Color.DKGRAY);
        mask.setAlpha(0.5f);
        MainFragment.this.rootView.addView(mask,
                FrameLayout.LayoutParams.MATCH_PARENT,
```

```
            FrameLayout.LayoutParams.MATCH_PARENT);
        mask.setOnClickListener(new View.OnClickListener() {
            @Override
            public void onClick(View view) {
                MainFragment.this.rootView.removeView(mask);
            }
        });
    }
});
```

在 onClick()中，首先创建蒙板 View，保存在变量 mask 中，设置蒙板的颜色为深灰色，设置蒙板为半透明，将蒙板 View 加入根 View（FrameLayout）中。注意 addView()这个方法，它有很多重载的方法，我们使用的这个方法传了三个参数，第一个是要添加的 View，后面两个参数一样，还响应了蒙板 View 的点击事件，在其中把蒙板 View 删除掉。现在运行 App，在消息页面点导航栏上的“+”，是不是蒙上了？在界面上点一下，蒙板是不是消失了？

代码的改动都发生在 MainFragment 的 onCreateView()中了，此方法的完整代码是这样的：

```
@Override
public View onCreateView(LayoutInflater inflater, ViewGroup container,
                         Bundle savedInstanceState) {
    this.rootView = (ViewGroup) inflater.inflate(R.layout.fragment_main,
            container, false);
    //获取 ViewPager 实例，将 Adapter 设置给它
    viewPager = this.rootView.findViewById(R.id.viewPager);
    viewPager.setAdapter(new ViewPageAdapter());

    //获取 TabLayou 并配置它
    tabLayout = this.rootView.findViewById(R.id.tabLayout);
    tabLayout.setupWithViewPager(viewPager);

    //创建三个 RecyclerView，分别对应 QQ 消息页，QQ 联系人页，QQ 空间页
    listViews[0]=new RecyclerView(getContext());
    listViews[1]=new RecyclerView(getContext());
    listViews[2]=new RecyclerView(getContext());

    //别忘了设置 layout 管理器，否则不显示条目
    LinearLayoutManager layoutManager = new
LinearLayoutManager(getContext());
    listViews[0].setLayoutManager(layoutManager);

    //仅用于测试，为了看到效果，不同的页设为不同背景色
    //listViews[0].setBackgroundColor(Color.RED);
    listViews[1].setBackgroundColor(Color.GREEN);
    listViews[2].setBackgroundColor(Color.BLUE);

    //为 RecyclerView 设置 Adapter
    listViews[0].setAdapter(new MessagePageListAdapter(getActivity()));
    listViews[1].setAdapter(new ContactsPageListAdapter());
    listViews[2].setAdapter(new SpacePageListAdapter());
```

```
        //响应+号图标点击事件，显示遮罩和气泡菜单
        TextView popMenu = this.rootView.findViewById(R.id.textViewPopMenu);
        popMenu.setOnClickListener(new View.OnClickListener() {
            @Override
            public void onClick(View view) {
                //向 Fragment 容器(FrameLayout)中加入一个 View 作为上层容器和遮罩
                final View mask=new View(getContext());
                mask.setBackgroundColor(Color.DKGRAY);
                mask.setAlpha(0.5f);
                MainFragment.this.rootView.addView(mask,
                        FrameLayout.LayoutParams.MATCH_PARENT,
                        FrameLayout.LayoutParams.MATCH_PARENT);
                mask.setOnClickListener(new View.OnClickListener() {
                    @Override
                    public void onClick(View view) {
                        MainFragment.this.rootView.removeView(mask);
                    }
                });
            }
        });

        return rootView;
    }
```

13.3.9.2 弹出式窗口

蒙板有了，下一步我们显示气泡式菜单。这个气泡菜单肯定不是真的 Menu，而是用其他控件摸拟出来的。用什么控件呢？菜单项可以用纵向的 LinearLayout 或 ListView 模拟，但是这个气泡怎么办？还有，我们希望能根据所点击的控件的位置摆放菜单的位置，我们如果使用 View 去模拟弹出菜单，肯定最终也能弄出来，但是过程相当麻烦，最好能找到接近我们的要求的现成的控件利用一下。告诉你一个好消息，还真有这么个东西，叫 PopupWindow，翻译为弹出式窗口，注意，它不是 View，它具体是个什么玩意呢？它是一个 Window。

实际上真正能承载各 View，把它们显示出来，并让它们能响应事件的是 Window，而不是 Activity。我们一直的感觉是 Activity 承载各种 View，Activity 承载 Fragment，其实没有 Window，Activity 什么都不是，Activity 只是管理属于一个页面的控件们，它并不能承载控件们。不是特殊情况，我们不应该动用 Window，但现在就是一个特殊情况。

PopupWindow 能有像菜单一样的行为，因为可以在显示 PopupWindow 时指定一个 View 作为锚，PopupWindow 就可以以这个锚的位置为参考来摆放自己的位置。

下面，我们首先实现在点击“+”时，显示出 PopupWindow，然后再一步步改进。修改 click 事件响应方法，如下：

```
public void onClick(View view) {
    //向 Fragment 容器(FrameLayout)中加入一个 View 作为上层容器和遮罩
    final View mask=new View(getContext());
    mask.setBackgroundColor(Color.DKGRAY);
    mask.setAlpha(0.5f);
```

```
    MainFragment.this.rootView.addView(mask,
            FrameLayout.LayoutParams.MATCH_PARENT,
            FrameLayout.LayoutParams.MATCH_PARENT);
    mask.setOnClickListener(new View.OnClickListener() {
        @Override
        public void onClick(View view) {
            MainFragment.this.rootView.removeView(mask);
        }
    });

    //创建 PopupWindow，用于承载气泡菜单
    PopupWindow pop = new PopupWindow(getActivity());
//为窗口添加一个控件
pop.setContentView(new View(getActivity()));
    //设置窗口的大小:
    pop.setWidth(200);
    pop.setHeight(200);
    //显示窗口
    pop.showAsDropDown(view);
}
```

解释一下，从创建 PopupWindow 开始。首先创建 PopupWindow 对象，然后为它设置了内容 View。这个不设置是不是行的，如果一个窗口没有内容，那么它是不会显示出东西的。后面又设置了这个窗口的宽和高，如果不设置，它也不能显示。最后，在显示窗口时，传入了做为锚的 View，就是系统在调用 onClick()时为我们传入的参数，它就是发出 Click 事件的控件，即“+”图标，这样一来，窗口就显示在“+”图标的下方了，如图 13.3.9.2.1 所示。

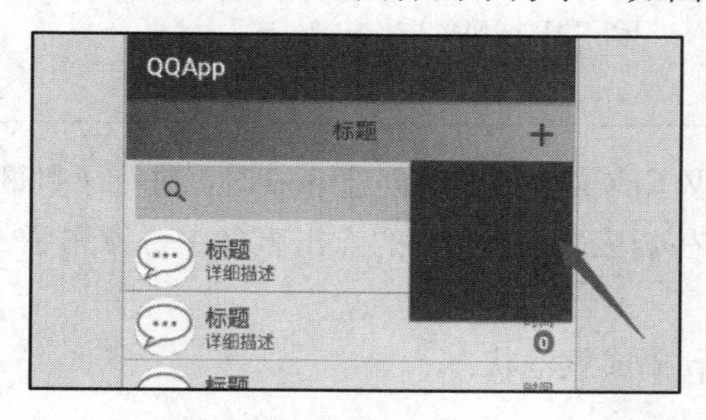

图 13.3.9.2.1

现在还有很多问题，我们一个个解决。首先是当点击蒙板时窗口也应该跟着消失了，这个简单，在响应蒙板点击的方法中增加代码，但是在此之前，我们需要先把弹出窗口变量变成类的字段，因为它要在不止一个方法里使用了。但是，应作为哪个类的字段呢？当然你可以直接放在 MainFragment 中，但是根据够用就行的原则（不要过度设计），这个变量其实只在响应“+”的侦听器类的范围内使用，所以作为这个类的成员变量比较好，修改后的代码如下：

```
popMenu.setOnClickListener(new View.OnClickListener() {
    //把弹出窗口作为成员变量
    PopupWindow pop;
    @Override
    public void onClick(View view) {
        //向 Fragment 容器(FrameLayout)中加入一个 View 作为上层容器和遮罩
```

```
        final View mask=new View(getContext());
        mask.setBackgroundColor(Color.DKGRAY);
        mask.setAlpha(0.5f);
        MainFragment.this.rootView.addView(mask,
                FrameLayout.LayoutParams.MATCH_PARENT,
                FrameLayout.LayoutParams.MATCH_PARENT);
        //响应蒙板View的点击事件
        mask.setOnClickListener(new View.OnClickListener() {
            @Override
            public void onClick(View view) {
                //去掉蒙板
                MainFragment.this.rootView.removeView(mask);
                //隐藏弹出窗口
                pop.dismiss();
            }
        });

//如果弹出窗口还未创建，则创建它
        if(pop==null) {
            //创建PopupWindow，用于承载气泡菜单
            pop = new PopupWindow(getActivity());
            //为窗口添加一个控件
            this.pop.setContentView(new View(getActivity()));
            //设置窗口的大小
            this.pop.setWidth(200);
            this.pop.setHeight(200);
        }
        //显示窗口
        this.pop.showAsDropDown(view);
    }
});
```

新代码中，变量 pop 成了成员变量，在创建 pop 时，进行了判断，这样就避免了每次在点击“+”时重新创建 pop。在响应蒙板 View 的点击事件中，调用了 dismiss()隐藏了 pop。再运行试试吧。

下面一步，我们把 pop 搞成气泡状。

13.3.9.3 9-patch 图像

要把一个窗口搞成不规则形状，这听起来感觉挺难，但在 Android 里弄实际上还是比较简单的，其实我们要做的就是搞一个气泡状的图片作为 PopupWindow 的背景就行了。但是，对这个图片要稍微多加点处理，因为我们希望这个图片能适应控件的不同尺寸自动拉伸而且不失真，这咋整呢？有请“9-patch”图像！

9-patch 翻译成什么才合适呢?我也不知道，那我就简称它为“9P 图”吧（幸亏不是 3-patch）。9P 图有什么好处吗？它就是一张普通的图像（栅格图，不是矢量图），但它可以做到拉伸不失真，不失真就是不变模糊啦。比如我们要为一个按钮搞一个有质感的背景，其小如图 13.3.9.3.1 所示，看起来不错，没有失真，但其大如图 13.3.9.3.2 所示就不行了，看起来失真了。我们希望无论按钮很大还是很小，都不失真，如图 13.3.9.3.3 所示。

图 13.3.9.3.1　　图 13.3.9.3.2　　图 13.3.9.3.3

虽然图 13.3.9.3.3 看起来凸起没图 13.3.9.3.2 那么高，但是也保留了质感，同时边界没有变模糊（要求太高了也很难做到，达到这种效果就很不错了）。要达到这种效果，原理也很简单，我们只要只拉伸不会模糊的部分，不就做到既能缩放图像，又不失真了吗？上图中不会模糊的部分很明显，就是中间那块都是同一种颜色的部分。拉伸时其实使用了插值算法，如果一个插值点跟左右的点是同一种颜色，那么横向拉伸时，计算出的这个插值点的颜色肯定与左右相同，在纵向上也一样，也就是说有的部分可以横向拉伸而不失真，有的部分纵向拉伸不失真，而如果一个插值点的上下左右都是同一颜色的话，怎么拉伸都不失真。

9P 图就能告诉 Android 系统，这个图片中哪些部分可以拉伸，哪些部分不可以拉伸。9P 图的原理是这样的（如图 13.3.9.3.4 所示）：

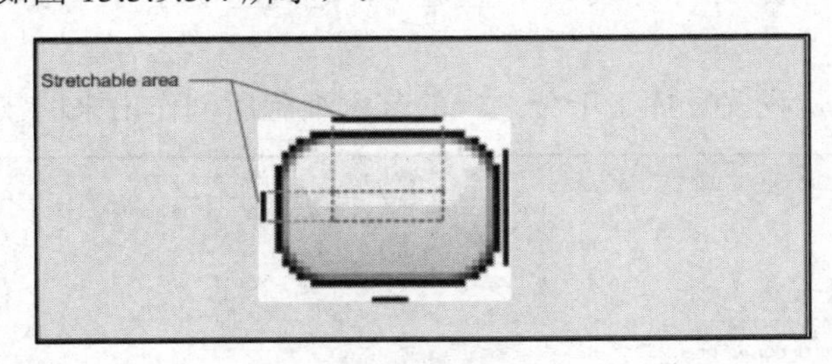

图 13.3.9.3.4

注意中间白色部分才是真正的图片，你在做图时，至少要在上下左右留出一个像素的空白，然后如上图那样，用纯黑色在左边和顶部划出两条直线，这两条直线分别标出了纵向可拉伸区和横向可拉伸区，那么最终的可拉伸区就是两个区域的交集，即图中间的虚线框。同时，这个区域也是内容所在区，不可拉伸的区域就是 Padding，即内部空白，这一切都是 Android 系统自己处理的，你只要把一个 9P 图设置给一个控件，那么这个控件就会把内容放在可拉伸区，非拉伸区自动成为 Padding。

但是，你可能想让内容区不是由拉伸区来决定，而是自定义一个区域，那么就用到了右边和下边这两条黑线，如图 13.3.9.3.5 所示。

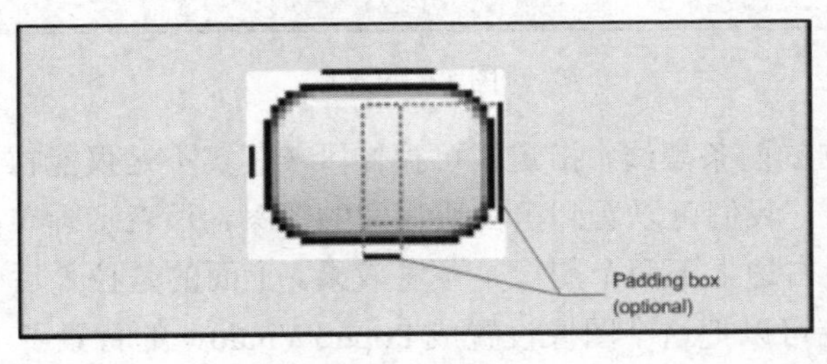

图 13.3.9.3.5

所以做 9P 图的一个重点是至少在四周留出 1 像素的空白，即使右边和下边不想画黑线，也要留空白。

最后，如何在工程中保存 9P 图呢？在文件名后，扩展名前，加上 9p，比如："abc.9p.jpg" "hhh.9p.png"。

13.3.9.4 创建气泡 9P 图

由于是非规则图像，所以要用 PNG 格式，因为 PNG 支持像素透明。不论什么图像，实际上都是方的，比如要显示圆角，就要把不显示的那些像素置成透明，也就是说像素是存在的，但设置成了透明。

注意透明与白色不是一回事。我们知道用 RGB 三元素可以混和出所有颜色，于是在计算机中每个像素都是用 RGB 三部分组成，每个部分占一个字节，这三部分使用不同的值就混出了不同的颜色。但是，无论它们是什么值，都混不出透明色。有人可能问，这三部分都是 0 不行吗？不行，都是 0 的话是纯黑色。为了能表示透明，有聪明人想出了一个主意：为像素增加新的部分：Alpha，也就是表示透明度的部分（术语叫通道，英文为 channal），于是一个像素就由 ARGB 四部分组成，A 的值越小，越透明，越大越不透明，为 0 时全透明，为最大时（255）完全不透明。

图 13.3.9.4.1 所示是我仅发挥了千分之一的艺术细胞所创作出来的气泡图。

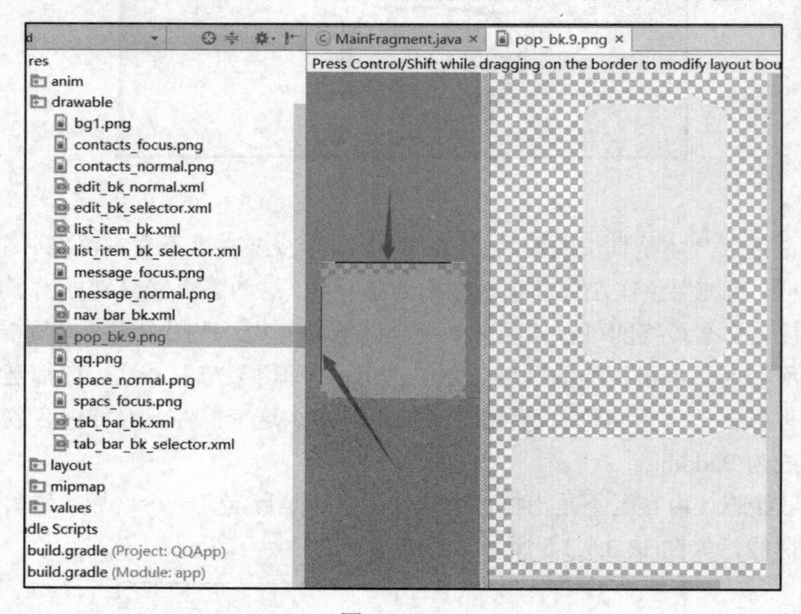

图 13.3.9.4.1

注意红箭头所指向的两条黑线，指定了可拉伸区（其实不是仅能拉伸，还可以缩小，所以准确地说应是缩放区），我们可以看到黑白块相间的图案，那表示画布，能看到这些图案，说明这部分是透明的。最右边上下两个图像是预览效果，上面的是拉长后的样子，下面的是变宽后的样子。好了，现在可以把这个图像设置成 PopupWindow 的背景了，代码如下：

```
//如果弹出窗口还未创建，则创建它
```

```
if(pop==null) {
    //创建 PopupWindow，用于承载气泡菜单
    pop = new PopupWindow(getActivity());
    //加载气泡图像，以作为 window 的背景
    Drawable drawable = getResources().getDrawable(R.drawable.pop_bk);
    //设置气泡图像为 window 的背景
    pop.setBackgroundDrawable(drawable);
    //为窗口添加一个控件
    this.pop.setContentView(new View(getActivity()));
    //设置窗口的大小：
    this.pop.setWidth(200);
    this.pop.setHeight(200);
}
```

运行 App，效果如图 13.3.9.4.2 所示。

图 13.3.9.4.2

有点效果了。下面把菜单内容显示出来。

13.3.9.5　显示菜单内容

菜单内容用一个纵向的 LinearLayout 来承载，我们为菜单创建一个 layout 资源 pop_menu_layout.xml，其内容如下：

```
<?xml version="1.0" encoding="utf-8"?>
<LinearLayout xmlns:android="http://schemas.android.com/apk/res/android"
    xmlns:app="http://schemas.android.com/apk/res-auto"
    xmlns:tools="http://schemas.android.com/tools"
    android:layout_width="wrap_content"
    android:layout_height="wrap_content"
    android:orientation="vertical">

    <LinearLayout
        android:layout_width="wrap_content"
        android:layout_height="wrap_content"
        android:gravity="center_vertical">

        <ImageView
            android:layout_width="40dp"
            android:layout_height="wrap_content"
```

```
            android:layout_marginEnd="20dp"
            app:srcCompat="@mipmap/ic_launcher_round" />

        <TextView
            android:layout_width="wrap_content"
            android:layout_height="wrap_content"
            android:text="创建群聊" />
    </LinearLayout>

    <LinearLayout
        android:layout_width="wrap_content"
        android:layout_height="wrap_content"
        android:gravity="center_vertical">

        <ImageView
            android:layout_width="40dp"
            android:layout_height="wrap_content"
            android:layout_marginEnd="20dp"
            app:srcCompat="@mipmap/ic_launcher_round" />

        <TextView
            android:layout_width="wrap_content"
            android:layout_height="wrap_content"
            android:text="加好友/群" />

    </LinearLayout>

    <LinearLayout
        android:layout_width="wrap_content"
        android:layout_height="wrap_content"
        android:gravity="center_vertical">

        <ImageView
            android:layout_width="40dp"
            android:layout_height="wrap_content"
            android:layout_marginEnd="20dp"
            app:srcCompat="@mipmap/ic_launcher_round" />

        <TextView
            android:layout_width="wrap_content"
            android:layout_height="wrap_content"
            android:text="扫一扫" />

    </LinearLayout>

    <LinearLayout
        android:layout_width="wrap_content"
        android:layout_height="wrap_content"
        android:gravity="center_vertical">
        <ImageView
```

```
        android:layout_width="40dp"
        android:layout_height="wrap_content"
        android:layout_marginEnd="20dp"
        app:srcCompat="@mipmap/ic_launcher_round" />

    <TextView
        android:id="@+id/textView6"
        android:layout_width="wrap_content"
        android:layout_height="wrap_content"
        android:text="面对面快传" />

</LinearLayout>

<LinearLayout
    android:layout_width="wrap_content"
    android:layout_height="wrap_content"
    android:gravity="center_vertical">

    <ImageView
        android:layout_width="40dp"
        android:layout_height="wrap_content"
        android:layout_marginEnd="20dp"
        app:srcCompat="@mipmap/ic_launcher_round" />

    <TextView
        android:layout_width="wrap_content"
        android:layout_height="wrap_content"
        android:text="付款" />

</LinearLayout>
</LinearLayout>
```

预览图是这样的，如图 13.3.9.5.1 所示。

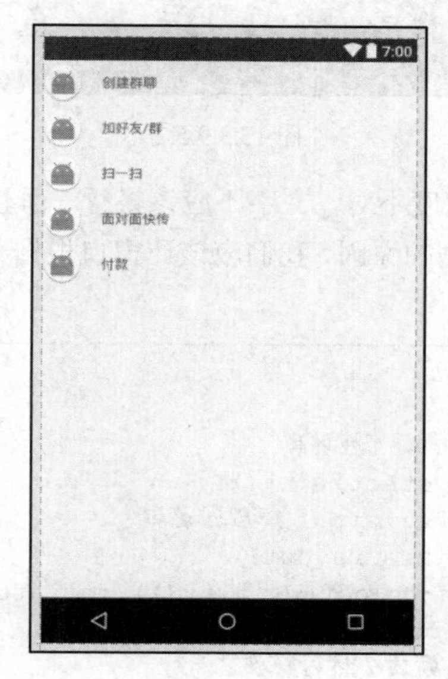

图 13.3.9.5.1

下面修改创建 PopupWindow 时的代码，把它的内容设为这个 layout:

```
//如果弹出窗口还未创建，则创建它
if(pop==null) {
    //创建 PopupWindow，用于承载气泡菜单
    pop = new PopupWindow(getActivity());
    //加载菜单项资源，是用 LinearLayout 模拟的菜单
    LinearLayout menu = (LinearLayout)
            LayoutInflater.from(getActivity()).inflate(
                    R.layout.pop_menu_layout, null);

    //设置 window 中要显示的 View
    pop.setContentView(menu);

    //加载气泡图像，以作为 window 的背景
    Drawable drawable = getResources().getDrawable(R.drawable.pop_bk);
    //设置气泡图像为 window 的背景
    pop.setBackgroundDrawable(drawable);
    //设置窗口的大小:
    this.pop.setWidth(200);
    this.pop.setHeight(200);
}
```

执行 App，效果如图 13.3.9.5.2 所示。

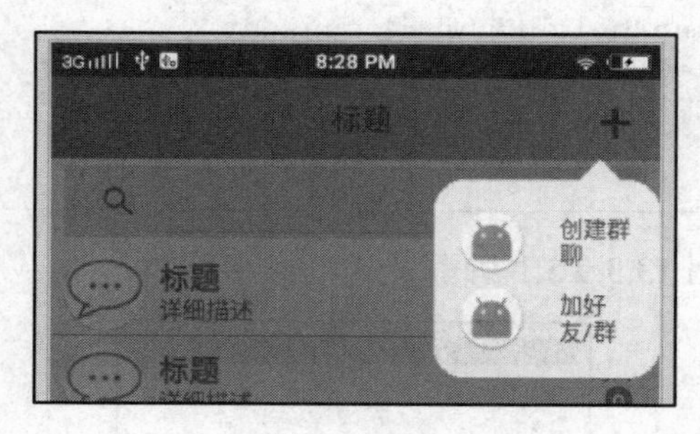

图 13.3.9.5.2

菜单内容出现了，但是，宽度不对，文字不应该换行，而且菜单显示也不全，这应该是因为我们为窗口设置了固定宽和高的原因，我们应该让窗口根据菜单的内容自动调整大小。修改后的代码如下:

```
//如果弹出窗口还未创建，则创建它
if(pop==null) {
    //创建 PopupWindow，用于承载气泡菜单
    pop = new PopupWindow(getActivity());
    //加载菜单项资源，是用 LinearLayout 模拟的菜单
    LinearLayout menu = (LinearLayout)
            LayoutInflater.from(getActivity()).inflate(
                    R.layout.pop_menu_layout, null);
    //计算一下菜单 layout 的实际大小然后获取之
    menu.measure(0, 0);
    int w = menu.getMeasuredWidth();
```

```
    int h = menu.getMeasuredHeight();
    //设置 window 的高度
    pop.setHeight(h + 60);
    //设置 window 的宽度
    pop.setWidth(w + 60);
    //设置 window 中要显示的 View
    pop.setContentView(menu);
    //加载气泡图像，以作为 window 的背景
    Drawable drawable = getResources().getDrawable(R.drawable.pop_bk);
    //设置气泡图像为 window 的背景
    pop.setBackgroundDrawable(drawable);
}
```

加粗部分是新加入的代码，这些代码使窗口能自动适应内容。首先调用了作为内容的 View 的 measure()方法，这个方法会根据此 View 的内容计算出此 View 在显示时的实际大小，然后取得此 View 的实际宽和高，然后各加了 60 ，然后设置给了窗口的宽和高属性，多加的 60 其实是 9P 图带来的 Padding 的大小。

实际上，如果你的 Android 系统是 7.0 以上的版本，那么这几句是不需要的，系统会自动计算弹出窗口该有的大小。

现在再运行，效果如图 13.3.9.5.3 所示。

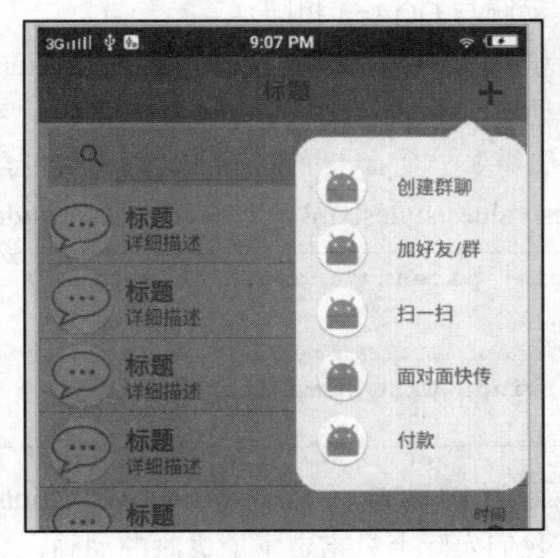

图 13.3.9.5.3

有点意思了，但是，还有一个问题：弹出窗口太靠右了，应该离开一点距离，这个容易，使用显示窗口的另外一个重载方法即可，修改如下：

```
//显示窗口
pop.showAsDropDown(view,-pop.getWidth()+40,-10);
```

此方法的第一个参数与原来相同，指的是作为锚点的 View，第二个参数是横坐标上的偏移，第二个是纵坐标上的偏移。都给的是负数，意思是向左移一些，向上移一些，效果如图 13.3.9.5.4 所示。

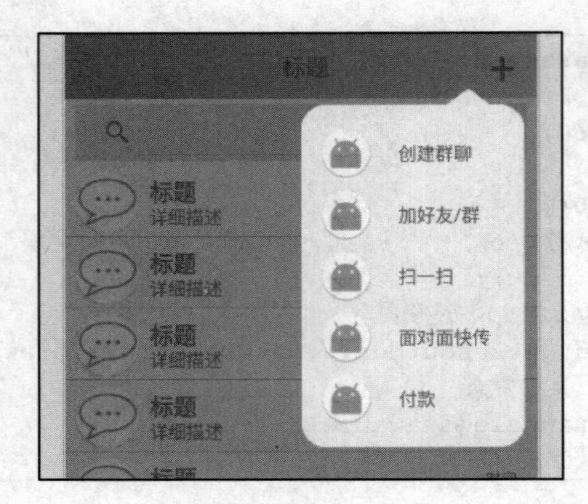

图 13.3.9.5.4

为了让这个菜单中的内容保持正常的排版，你最好把文字的字体和大小固定下来，否则有人调整系统字体后，这里可能就不那么“帅”了。

13.3.9.6 自定义窗口动画

现在的气泡菜单是有动画的，是系统给定的默认动画，且动画时间比较短。而 QQApp 的气泡菜单出现时没有动画，关闭时用了缩小动画，且动画时间比较长。我们可以定制一下 PopupWindow 的动画，使其动画与 QQApp 相同。

新版的 Android 系统中为 PopWindow 增加了 setEnterTransition()和 setExitTransition()方法来设置窗口的显示和隐藏动画，但是为了照顾旧版的系统，我们需要用另一个方法：setAnimationStyle()。这个方法需要一个 style 的资源 id，动画就包含在这个 style 中，所以首先我们要添加一个 style。在 res/values/styles.xml 文件中增加新的 style：

```
<style name="popoMenuAnim" parent="android:Animation">
    <!--<item
name="android:windowEnterAnimation">@anim/popo_menu_show</item>-->
    <item name="android:windowExitAnimation">@anim/popo_menu_hide</item>
</style>
```

我们可以指定窗口显示时的动画（windowEnterAnimation），窗口消失时的动画（windowExitAnimation），我们实际上只指定了消失时的动画，这样在显示窗口时就没有动画了。现在还需要创建一个动画资源 popo_menu_hide.xml，放在 res/anim 下：

```
<?xml version="1.0" encoding="utf-8"?>
<set xmlns:android="http://schemas.android.com/apk/res/android"
    android:shareInterpolator="@android:anim/accelerate_interpolator"
    android:duration="500">
    <!--缩小到右上角，直到消失-->
    <scale
        android:fromXScale="1.0"
        android:toXScale="0.0"
        android:fromYScale="1.0"
        android:toYScale="0.0"
        android:pivotX="100%"
```

```
        android:pivotY="0%">
    </scale>

    <alpha android:fromAlpha="0.6"
        android:toAlpha="0" />
</set>
```

这个动画资源中包含了两个动画，同时执行，同时结束，执行时间是 500 毫秒（半秒）。第一个动画是缩放动画，在横坐标和纵坐标上都是从 100%缩小到 0，缩小的中心点我们 X 轴上设在最右边（android:pivotX="100%"），在 Y 轴上设在了最上边（android:pivotY="0%"），所以缩小时就往右上角缩。

现在再运行 App，看看气泡菜单的出现和消失，是不是跟 QQApp 一样了？

13.3.9.7　点返回键时消失

还有一个问题没解决，出现气泡菜单后，按下返回键菜单不消失。这个问题很容易解决，只需要为 PopupWindow 对象调用方法 setFocusable(true)即可。当窗口创建后设置一次即可。下面是响应点击"+"图标的所有代码：

```
popMenu.setOnClickListener(new View.OnClickListener() {
    //把弹出窗口作为成员变量
    PopupWindow pop;

    @Override
    public void onClick(View view) {
        //向 Fragment 容器(FrameLayout)中加入一个 View 作为上层容器和遮罩
        final View mask=new View(getContext());
        mask.setBackgroundColor(Color.DKGRAY);
        mask.setAlpha(0.5f);
        MainFragment.this.rootView.addView(mask,
                FrameLayout.LayoutParams.MATCH_PARENT,
                FrameLayout.LayoutParams.MATCH_PARENT);
        //响应蒙板 View 的点击事件
        mask.setOnClickListener(new View.OnClickListener() {
            @Override
            public void onClick(View view) {
                //去掉蒙板
                MainFragment.this.rootView.removeView(mask);
                //隐藏弹出窗口
                pop.dismiss();
            }
        });

        //如果弹出窗口还未创建，则创建它
        if(pop==null) {
            //创建 PopupWindow，用于承载气泡菜单
            pop = new PopupWindow(getActivity());
            //加载菜单项资源，是用 LinearLayout 模拟的菜单
            LinearLayout menu = (LinearLayout)
```

```
                LayoutInflater.from(getActivity()).inflate(
                        R.layout.pop_menu_layout, null);

        //计算一下菜单 layout 的实际大小然后获取之
        menu.measure(0, 0);
        int w = menu.getMeasuredWidth();
        int h = menu.getMeasuredHeight();
        //设置 window 的高度
        pop.setHeight(h + 60);
        //设置 window 的宽度
        pop.setWidth(w + 60);
        //设置 window 中要显示的 View
        pop.setContentView(menu);

        //加载气泡图像，以作为 window 的背景
        Drawable drawable = getResources().getDrawable(R.drawable.pop_bk);
        //设置气泡图像为 window 的背景
        pop.setBackgroundDrawable(drawable);
        pop.setAnimationStyle(R.style.popoMenuAnim);
//设置窗口出现时获取焦点，这样在按下返回键时，窗口才会消失
        pop.setFocusable(true);
    }
    //显示窗口
    pop.showAsDropDown(view,-pop.getWidth()+40,-10);
  }
});
```

注意增加了 setFocusable()的调用。

13.3.9.8 让蒙板 View 成为单例

看起来不错了，但是，接下来还要考虑一下代码优化的问题，见下面代码：

```
public void onClick(View view) {
    //向Fragment容器(FrameLayout)中加入一个View作为上层容器和遮罩
    final View mask=new View(getContext());
    mask.setBackgroundColor(Color.DKGRAY);
    mask.setAlpha(0.5f);
    MainFragment.this.rootView.addView(mask,
            FrameLayout.LayoutParams.MATCH_PARENT,
            FrameLayout.LayoutParams.MATCH_PARENT);
    //响应蒙板View的点击事件
    mask.setOnClickListener((view) → {
            //去掉蒙板
            MainFragment.this.rootView.removeView(mask);
            //隐藏弹出窗口
            pop.dismiss();
    });
```

注意蒙板 View 变量 mask，每次点击“+”图标时，蒙板 View 都会创建一个新的，蒙板 View 可能要反复出现，所以我们可以优化一下代码，把它搞成一个字段。作为哪个类的字段呢？最好还是响应“+”图标点击事件的侦听器类，修改后代码如下：

```
popMenu.setOnClickListener(new View.OnClickListener() {
    //把弹出窗口作为成员变量
    PopupWindow pop;
    View mask;

    @Override
    public void onClick(View view) {
        //向Fragment容器(FrameLayout)中加入一个View作为上层容器和遮罩
        if(mask==null) {
            mask = new View(getContext());
            mask.setBackgroundColor(Color.DKGRAY);
            mask.setAlpha(0.5f);

            //响应蒙板View的点击事件
            mask.setOnClickListener((view) → {
                    //去掉蒙板
                    MainFragment.this.rootView.removeView(mask);
                    //隐藏弹出窗口
                    pop.dismiss();
            });
        }

        //将蒙板View添加到Fragment的根View (FrameLayout) 中
        MainFragment.this.rootView.addView(mask,
                FrameLayout.LayoutParams.MATCH_PARENT,
                FrameLayout.LayoutParams.MATCH_PARENT);
```

注意，现在对 mask 变量是否为 null 进行了判断，其效果是如果蒙板 View 已被创建，就不再创建之，这种设计模式叫“单例”。

13.3.9.9　让蒙板随窗口消失

当窗口消失时，蒙板也应该消失，比如按下返回键时，窗口消失，但蒙板不会跟着消失。如何改正这个问题呢？非常容易，窗口有一个方法 setOnDismissListener()，很明显，通过它可以响应窗口的消失事件，在其中我们让蒙板也消失，代码如下：

```
pop.setOnDismissListener(new PopupWindow.OnDismissListener() {
    @Override
    public void onDismiss() {
        //去掉蒙板
        MainFragment.this.rootView.removeView(mask);
    }
});
```

现在，响应“+”图标的代码是这样的：

```
//响应+号图标点击事件，显示遮罩和气泡菜单
TextView popMenu = this.rootView.findViewById(R.id.textViewPopMenu);
popMenu.setOnClickListener(new View.OnClickListener() {
    //把弹出窗口作为成员变量
    PopupWindow pop;
    View mask;

    @Override
    public void onClick(View view) {
        //向 Fragment 容器(FrameLayout)中加入一个 View 作为上层容器和遮罩
        if(mask==null) {
            mask = new View(getContext());
            mask.setBackgroundColor(Color.DKGRAY);
            mask.setAlpha(0.5f);
```

```
        //响应蒙板View的点击事件
        mask.setOnClickListener(new View.OnClickListener() {
            @Override
            public void onClick(View view) {
                //去掉蒙板
                MainFragment.this.rootView.removeView(mask);
                //隐藏弹出窗口
                pop.dismiss();
            }
        });
    }

    //将蒙板View添加到Fragment的根View（FrameLayout）中
    MainFragment.this.rootView.addView(mask,
            FrameLayout.LayoutParams.MATCH_PARENT,
            FrameLayout.LayoutParams.MATCH_PARENT);

    //如果弹出窗口还未创建，则创建它
    if(pop==null) {
        //创建PopupWindow，用于承载气泡菜单
        pop = new PopupWindow(getActivity());
        //加载菜单项资源，是用LinearLayout模拟的菜单
        LinearLayout menu = (LinearLayout)
                LayoutInflater.from(getActivity()).inflate(
                        R.layout.pop_menu_layout, null);

        //计算一下菜单layout的实际大小然后获取之
        menu.measure(0, 0);
        int w = menu.getMeasuredWidth();
        int h = menu.getMeasuredHeight();
        //设置window的高度
        pop.setHeight(h + 60);
        //设置window的宽度
        pop.setWidth(w + 60);
        //设置window中要显示的View
        pop.setContentView(menu);

        //加载气泡图像，以作为window的背景
        Drawable drawable = getResources().getDrawable(R.drawable.pop_bk);
        //设置气泡图像为window的背景
        pop.setBackgroundDrawable(drawable);
        pop.setAnimationStyle(R.style.popoMenuAnim);
        //设置窗口消失的侦听器，在窗口消失后把蒙板去掉
        pop.setOnDismissListener(new PopupWindow.OnDismissListener() {
            @Override
            public void onDismiss() {
                //去掉蒙板
                MainFragment.this.rootView.removeView(mask);
            }
        });
```

```
            //设置窗口出现时获取焦点，这样在按下返回键时，窗口才会消失
            pop.setFocusable(true);
        }
        //显示窗口
        pop.showAsDropDown(view,-pop.getWidth()+40,-10);
    }
});
```

13.3.10　抽屉效果

在 QQApp 的“消息”页面中，点左上角的 QQ 头像图标，会从左边滑出划出一个页面，但这个页面不会占据整个界面，而是在右边留下一部分，这部分正好显示“消息”页面的图标，如图 13.3.10.1 和图 13.3.10.2 所示。

图 13.3.10.1

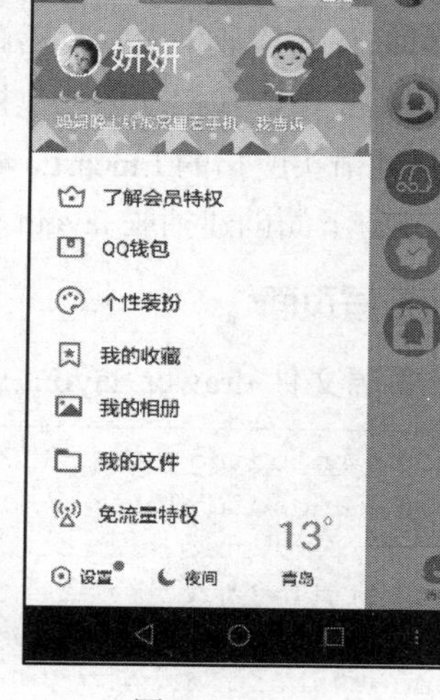

图 13.3.10.2

这个变化有个动画过程，新页面往右移同时消息页面也往右移，看起来好像是新页面把旧页面向右推。其时这种从侧边滑出的效果叫作“抽屉”。Android SDK 在其 support 库中提供了一个抽屉控件：DrawerLayout，使用它可以很容易地做出一种抽屉效果，与这里的效果有些不同，DrawerLayout 会覆盖在原页面的上面，而不会把原页面推走，所以我们不能利用 DrawerLayout 控件，而需要自己实现 QQApp 的抽屉效果。

如何实现呢？我们只要让抽屉页面与原页面属于同一个 layout 控件，为新页面和原页面分别设置位移动画，让它们俩同时向右移即可。但要注意，不要在 layout 中创建抽屉页面，只有当点击 QQ 头像图标时，我们才动态创建出新页面，把它加入到父控件中，并开始动画。

因为一切发生在 MainFragment 中，MainFragment 中的控件树如图 13.3.10.3 所示。

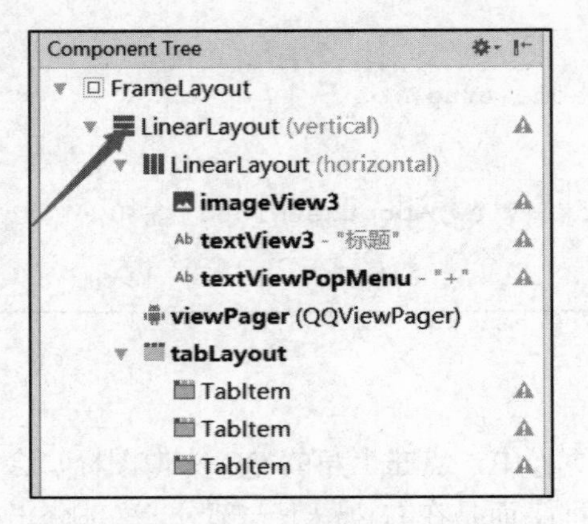

图 13.3.10.3

根 FrameLayout 只是一个容器，页面的主要内容包在红箭头指向的 LinearLayout 中，为什么不直接把 LinearLayout 作为根呢？还记得前面实现泡泡菜单的过程吗？使用 FrameLayout 的原因主要是它内部的控件可以任意摆放位置，且后添加的子控件能覆盖已存在子控件。我们让抽屉效果依然发生在 FrameLayout 中，我们动态创建抽屉页面并添加到 FrameLayout 中，利用动画移动它，同时也利用动画移动箭头所指的 LinearLayout。因为用代码操作这个 LinearLayout，我们为它设置 id 为 contentLayout。下面创建抽屉 layout 资源，模仿出 QQ 的样子。

13.3.10.1 创建抽屉页面

添加一个 layout 资源文件 drawer_layout.xml，在其中创建抽屉页面，其内容如下：

```
<?xml version="1.0" encoding="utf-8"?>
<LinearLayout xmlns:android="http://schemas.android.com/apk/res/android"
   xmlns:app="http://schemas.android.com/apk/res-auto"
   android:layout_width="match_parent"
   android:layout_height="match_parent"
android:background="@android:color/white"
   android:orientation="vertical">
   <LinearLayout
      android:layout_width="match_parent"
      android:layout_height="wrap_content"
      android:background="@android:color/holo_blue_light"
      android:orientation="vertical">
      <ImageView
         android:id="@+id/imageView3"
         android:layout_width="wrap_content"
         android:layout_height="40dp"
         android:layout_gravity="end"
         android:layout_marginTop="10dp"
         android:paddingTop="1dp"
         app:srcCompat="@drawable/barcode" />
      <LinearLayout
         android:layout_width="match_parent"
         android:layout_height="wrap_content"
         android:background="@android:color/holo_blue_bright"
```

```
        android:gravity="center_vertical"
        android:orientation="horizontal"
        android:paddingBottom="10dp"
        android:paddingEnd="20dp"
        android:paddingStart="20dp"
        android:paddingTop="10dp">

        <android.support.v7.widget.CardView
            android:layout_width="40dp"
            android:layout_height="40dp"
            android:clipChildren="true"
            app:cardCornerRadius="20dp">
            <ImageView
                android:id="@+id/imageView4"
                android:layout_width="wrap_content"
                android:layout_height="wrap_content"
                app:srcCompat="@drawable/contacts_normal" />
        </android.support.v7.widget.CardView>
        <TextView
            android:id="@+id/textView8"
            android:layout_width="wrap_content"
            android:layout_height="wrap_content"
            android:layout_marginStart="10dp"
            android:text="田中龟孙"
            android:textColor="@android:color/white"
            android:textSize="24sp" />
    </LinearLayout>
    <TextView
        android:id="@+id/textView9"
        android:layout_width="wrap_content"
        android:layout_height="wrap_content"
        android:layout_marginStart="20dp"
        android:paddingBottom="10dp"
        android:paddingTop="10dp"
        android:text="昨晚上吃多了，今天不上班"
        android:textColor="@android:color/white" />
</LinearLayout>
<TableLayout
    android:layout_width="match_parent"
    android:layout_height="0dp"
    android:layout_weight="1"
    android:padding="6dp">
    <TableRow
        android:layout_width="match_parent"
        android:layout_height="match_parent"
        android:gravity="center_vertical">
        <ImageView
            android:id="@+id/imageView5"
            android:layout_width="40dp"
            android:layout_height="40dp"
```

```
            app:srcCompat="@mipmap/ic_launcher_round" />
        <TextView
            android:id="@+id/textView10"
            android:layout_width="wrap_content"
            android:layout_height="wrap_content"
            android:layout_marginLeft="10dp"
            android:text="了解会员特权" />
    </TableRow>
    <TableRow
        android:layout_width="match_parent"
        android:layout_height="match_parent"
        android:gravity="center_vertical">
        <ImageView
            android:id="@+id/imageView6"
            android:layout_width="40dp"
            android:layout_height="40dp"
            app:srcCompat="@mipmap/ic_launcher_round" />
        <TextView
            android:id="@+id/textView11"
            android:layout_width="wrap_content"
            android:layout_height="wrap_content"
            android:layout_marginLeft="10dp"
            android:text="QQ钱包" />
    </TableRow>
    <TableRow
        android:layout_width="match_parent"
        android:layout_height="match_parent"
        android:gravity="center_vertical">
        <ImageView
            android:layout_width="40dp"
            android:layout_height="40dp"
            app:srcCompat="@mipmap/ic_launcher_round" />
        <TextView
            android:layout_width="wrap_content"
            android:layout_height="wrap_content"
            android:layout_marginLeft="10dp"
            android:text="个性装扮" />
    </TableRow>
    <TableRow
        android:layout_width="match_parent"
        android:layout_height="match_parent"
        android:gravity="center_vertical">
        <ImageView
            android:layout_width="40dp"
            android:layout_height="40dp"
            app:srcCompat="@mipmap/ic_launcher_round" />
        <TextView
            android:layout_width="wrap_content"
            android:layout_height="wrap_content"
            android:layout_marginLeft="10dp"
```

```
            android:text="我的收藏" />
    </TableRow>
    <TableRow
        android:layout_width="match_parent"
        android:layout_height="match_parent"
        android:gravity="center_vertical">
        <ImageView
            android:layout_width="40dp"
            android:layout_height="40dp"
            app:srcCompat="@mipmap/ic_launcher_round" />
        <TextView
            android:layout_width="wrap_content"
            android:layout_height="wrap_content"
            android:layout_marginLeft="10dp"
            android:text="我的相册" />
    </TableRow>
    <TableRow
        android:layout_width="match_parent"
        android:layout_height="match_parent"
        android:gravity="center_vertical">
        <ImageView
            android:layout_width="40dp"
            android:layout_height="40dp"
            app:srcCompat="@mipmap/ic_launcher_round" />
        <TextView
            android:layout_width="wrap_content"
            android:layout_height="wrap_content"
            android:layout_marginLeft="10dp"
            android:text="我的文件" />
    </TableRow>
    <TableRow
        android:layout_width="match_parent"
        android:layout_height="match_parent"
        android:gravity="center_vertical">
        <ImageView
            android:layout_width="40dp"
            android:layout_height="40dp"
            app:srcCompat="@mipmap/ic_launcher_round" />
        <TextView
            android:layout_width="wrap_content"
            android:layout_height="wrap_content"
            android:layout_marginLeft="10dp"
            android:text="免流量特权" />
    </TableRow>
</TableLayout>

<LinearLayout
    android:layout_width="match_parent"
    android:layout_height="wrap_content"
    android:gravity="center_vertical"
```

```
        android:orientation="horizontal"
        android:padding="6dp">
        <ImageView
            android:layout_width="30dp"
            android:layout_height="30dp"
            app:srcCompat="@mipmap/ic_launcher_round" />
        <TextView
            android:layout_width="wrap_content"
            android:layout_height="wrap_content"
            android:layout_marginRight="30dp"
            android:text="设置" />
        <ImageView
            android:layout_width="30dp"
            android:layout_height="30dp"
            app:srcCompat="@mipmap/ic_launcher_round" />
        <TextView
            android:layout_width="wrap_content"
            android:layout_height="wrap_content"
            android:layout_weight="1"
            android:text="夜间" />
    </LinearLayout>
</LinearLayout>
```

其中@drawable/barcode 是一张条码图片，请看上面代码。

注意抽屉页面的背景色被置为白色（android:background="@android:color/white"），如果不设置颜色的话，默认是透明的。其整体预览图如图 13.3.10.1.1 所示。

图 13.3.10.1.1

13.3.10.2 响应头像点击事件

接下来要响应点击如图 13.3.10.2.1 所示的控件。

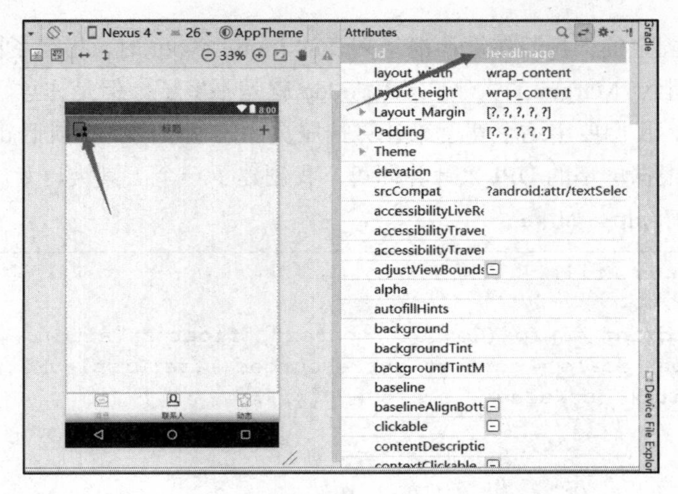

图 13.3.10.2.1

首先需要为它设置一个 id，我把它命名为 headImage。在 MainFragment 类的 onCreateView()方法中，添加对此控件的点击侦听器：

```
//响应左上角的图标点击事件，显示抽屉页面
ImageView headImage = rootView.findViewById(R.id.headImage);
headImage.setOnClickListener(new View.OnClickListener() {
    @Override
    public void onClick(View v) {

});
```

在 onClick()中，首先我们从 drawer_layout.xml 创建出抽屉页面；其次将抽屉页面加入根 View（即 FrameLayout）中；然后创建动画，使抽屉页面从左边移出来；还要创建动画，使原内容向右移，直到只剩下其最左边那一列图像。

因为原内容并不是全部消失，而是剩余左边的那一列图像，此时其移过的区域全部被抽屉页面所填充。所以我们要先计算出图像的宽度（A 处所示），用 FragmeLayout 的宽度减去这个宽度，就是抽屉页面的宽度（B 处所示），如图 13.3.10.2.2 所示。

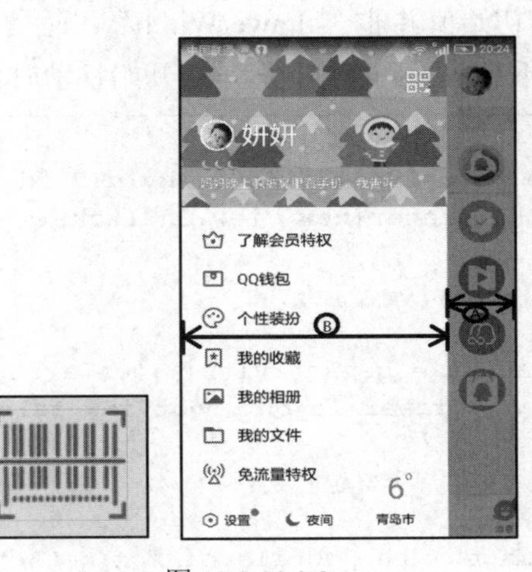

图 13.3.10.2.2

图像的宽度是固定的，我们在设计消息列表的 Item Layout 时，指定了图像为 50dp×50dp 的大小，这里再加上点 Margin 的大小，定为 60dp 就差不多了。但是注意一件事，在代码中，宽度单位都是像素，我们要用这个宽度来计算抽屉页面的宽度时，必须把 dp 转成像素（px），这个转换很简单，根据屏幕的 DPI 来计算即可。我创建了一个工具类，专门提供了两个方法，从 dp 转 px，从 px 转 dp。如下：

```
public final class Utils {
    //根据手机的分辨率从 dp 的单位 转成为 px(像素)
    public static int dip2px(Context context, float dpValue) {
        final float scale = context.getResources().getDisplayMetrics().density;
        return (int) (dpValue * scale + 0.5f);
    }

    //根据手机的分辨率从 px(像素) 的单位 转成为 dp
    public static int px2dip(Context context, float pxValue) {
        final float scale = context.getResources().getDisplayMetrics().density;
        return (int) (pxValue / scale + 0.5f);
    }
}
```

使用这个类，先计算原页面中左边那列图像的宽度：

```
int messageImageWidth = Utils.dip2px(getActivity(),60);
```

再计算抽屉页面的宽度：

```
int drawerWidth = rootView.getWidth()-messageImageWidth;
```

有了这个宽度，我们就可以创建位移动画来移动抽屉页面和原页面了。

13.3.10.3 动画移动抽屉页面

我们创建一个属性动画吧。抽屉页面从左边移出，主要动的是 X 轴上的属性，首选“translationX”，它代表了控件左边界（left）在 X 轴上的位置，其初始值应为负数，这样它才能位于屏幕的左边，但其初始值并非“-drawerWidth”，而是“-drawerWidth/2”，因为根据 QQ 中的效果，抽屉页面并不是从无到有的，而是在开始移动时就能看到一半。具体代码如下：

```
    //响应左上角的图标点击事件，显示抽屉页面
    ImageView headImage = rootView.findViewById(R.id.headImage);
    headImage.setOnClickListener(new View.OnClickListener() {
        @Override
        public void onClick(View v) {
            //创建抽屉页面
            View drawerLayout = getActivity().getLayoutInflater().inflate(
                    R.layout.drawer_layout,rootView,false);
            //先计算一下消息页面中，左边一排图像的大小，在界面构建器中设置的是 dp
            //在代码中只能用像素，所以这里要换算一下，因为不同的屏幕分辨率，dp 对应
            //的像素数是不同的
            int messageImageWidth = Utils.dip2px(getActivity(),60);
```

```
            //计算抽屉页面的宽度，rootView 是 FrameLayout,
            //利用 getWidth()即可获得它当前的宽度
            int drawerWidth = rootView.getWidth()-messageImageWidth;
            //设置抽屉页面的宽度
            drawerLayout.getLayoutParams().width = drawerWidth;
            //将抽屉页面加入 FrameLayout 中
            rootView.addView(drawerLayout);

            //动画持续的时间
            final int duration=400;

            //创建一个动画，让抽屉页面向右移，注意它是从左移出来的，
            //所以其初始位值设置为-drawerWidth/2，即有一半位于屏幕之外。
            ObjectAnimator animatorDrawer = ObjectAnimator.ofFloat(drawerLayout,
                    "translationX",-drawerWidth/2,0);
            animatorDrawer.setDuration(duration);
            animatorDrawer.start();
        }
});
```

这段代码应放在哪里呢？放在 onCreateView()的最后比较好，当然是在“return rootView”这句之前。运行 App，登录进入主页面（见图 13.3.10.3.1），点箭头所指的头像图标，出现动画，动画完成后效果如图 13.3.10.3.2 所示。

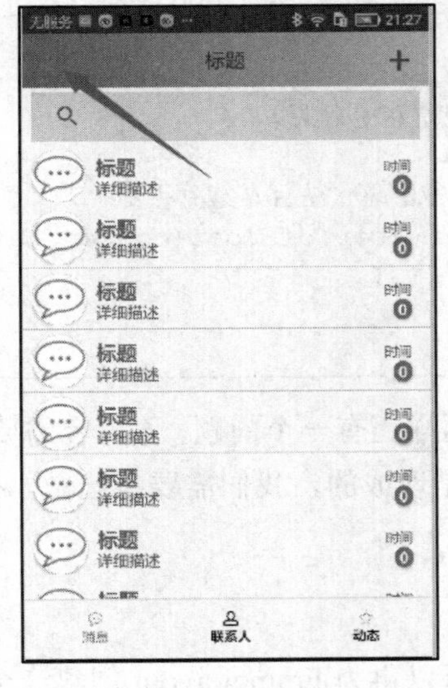

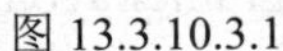
图 13.3.10.3.1

图 13.3.10.3.2

但原内容并没有移动，所以那列图像并没有移动到右边去，下面考虑让原内容动起来。

13.3.10.4　动画移动原内容

我们应该为原内容设置不透明的背景色，否则在移动过程中会有不可描述的现象发生。打开文件 fragment_main.xml，为内容的根控件设置白色背景，如图 13.3.10.4.1、图 13.3.10.4.2 所示。

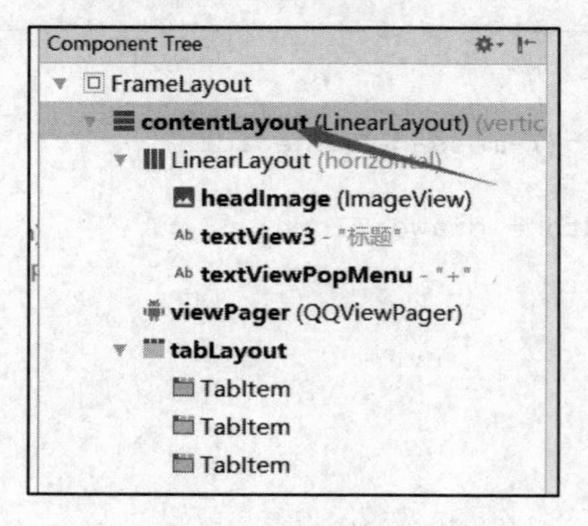

图 13.3.10.4.1

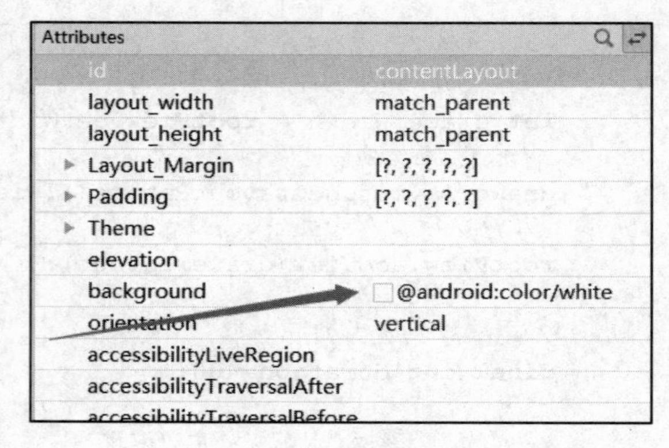

图 13.3.10.4.2

要在代码中操作这个控件，所以要为它设置 id，可以在上图中看到我们把它的控件设置为“contentLayout”。

在代码中，我们首先要获取这个控件，然后为它创建一个属性动画，将它从当前位置（就是 0，因其 left 位于 X 轴上的 0 位置，这都是相对于其父控件来说的）移到 drawerWidth 的位置，这个动画很好弄，但是要注意，由于抽屉页面是后添加的，所以位于原内容的上层，这样在移动中抽屉页面会盖住原内容的一部分，但 QQ 中的效果却不是这样，而是原内容始终可见，这就需要将原内容移动到上层来，只需调用原内容的根控件的方法 bringToFront()即可。具体代码如下：

```
//获取原内容的根控件
final View contentLayout = rootView.findViewById(R.id.contentLayout);
//把它搞到最上层，这样在移动时能一直看到它（QQ 就是这个效果）
contentLayout.bringToFront();
//创建动画，移动原内容，从 0 位置移动抽屉页面宽度的距离（注意其宽度不变）
ObjectAnimator animatorContent = ObjectAnimator.ofFloat(contentLayout,
        "translationX",0,drawerWidth);
animatorContent.setDuration(duration);
animatorContent.start();
```

现在可以把原内容移到合适的位置了，但是这样还有一个问题，原内容需要在移动中逐渐变暗，这个就需要蒙板效果了，当然蒙板效果不是现成的，我们需要自己做。欲知如何实现，下节分解。

13.3.10.5　移动中逐渐变暗

这个问题解决实现起来稍微复杂一点。我们可以再为 FrameLayout 创建一个子控件，专门做蒙板用，因为在 FrameLayout 中，所以很容易地把它盖到原内容控件的上层。在动画执行过程中，蒙板控件还要变得越来越不透明，所以我们再创建一个动画对象，用于移动蒙板控件。实际上改变蒙板控件的透明度也可以用一个动画，但对于它我们换一种方法，因为总用一种方法容易让人乏味，我们来点新鲜的。我们响应动画对象的更新事件（动画本质上是快速重画，每一次重画就是一次更新），在响应方法中改变原蒙板的透明度，透明程度要与动画过程对应起来，如何在动画每次更新时计算合适透明度的值呢？动画响应方法有一个参数，这个参数就是正在执行的动画对象，通过动画对象可以获取当前的动画播放时间，然后根据总时间可以计算出当前的进度比例，利用这个比例就可以计算出合适的透明度。

创建蒙板的代码：

```
//创建蒙板 View
final View maskView = new View(getContext());
maskView.setBackgroundColor(Color.GRAY);
//必须将其初始透明度设为完全透明
maskView.setAlpha(0);
rootView.addView(maskView);
```

创建动画的代码如下：

```
//移动蒙板的动画
ObjectAnimator animatorMask = ObjectAnimator.ofFloat(maskView,
    "translationX",0,drawerWidth);

//响应此动画的刷新事件，在其中改变原页面的背景色，使其逐渐变暗
animatorMask.addUpdateListener(new ValueAnimator.AnimatorUpdateListener() {
    //响应动画更新的方法
    @Override
    public void onAnimationUpdate(ValueAnimator animation) {
        //计算当前进度比例,最后除以 2 的原因是因为透明度最终只降到一半,约 127
        float progress = (animation.getCurrentPlayTime()/(float)duration)/2;
        maskView.setAlpha(progress);
    }
});
```

综合上述功能，最终实现 QQ 抽屉效果的代码如下：

```
//响应左上角的图标点击事件，显示抽屉页面
ImageView headImage = rootView.findViewById(R.id.headImage);
headImage.setOnClickListener(new View.OnClickListener() {
    @Override
    public void onClick(View v) {
        //创建抽屉页面
        View drawerLayout = getActivity().getLayoutInflater().inflate(
                R.layout.drawer_layout,rootView,false);
        //先计算一下消息页面中，左边一排图像的大小，在界面构建器中设置的是 dp
        //在代码中只能用像素，所以这里要换算一下，因为不同的屏幕分辨率，dp 对应
        //的像素数是不同的
        int messageImageWidth = Utils.dip2px(getActivity(),60);
        //计算抽屉页面的宽度，rootView 是 FrameLayout,
        //利用 getWidth()即可获得它当前的宽度
        int drawerWidth = rootView.getWidth()-messageImageWidth;
        //设置抽屉页面的宽度
        drawerLayout.getLayoutParams().width = drawerWidth;
        //将抽屉页面加入 FrameLayout 中
        rootView.addView(drawerLayout);

        //创建蒙板 View
```

```
        final View maskView = new View(getContext());
        maskView.setBackgroundColor(Color.GRAY);
        //必须将其初始透明度设为完全透明
        maskView.setAlpha(0);
        rootView.addView(maskView);

        //动画持续的时间
        int duration=400;
        //获取原内容的根控件
        View contentLayout = rootView.findViewById(R.id.contentLayout);
        //把它搞到最上层，这样在移动时能一直看到它（QQ 就是这个效果）
        contentLayout.bringToFront();
        //再将蒙板 View 搞到最上层
        maskView.bringToFront();
        //创建动画，移动原内容，从 0 位置移动抽屉页面宽度的距离（注意其宽度不变）
        ObjectAnimator animatorContent = ObjectAnimator.ofFloat(contentLayout,
                "translationX",0,drawerWidth);

        //移动蒙板的动画
        ObjectAnimator animatorMask = ObjectAnimator.ofFloat(maskView,
                "translationX",0,drawerWidth);

        //响应此动画的刷新事件，在其中改变原页面的背景色，使其逐渐变暗
        animatorMask.addUpdateListener(new
ValueAnimator.AnimatorUpdateListener() {
            //响应动画更新的方法
            @Override
            public void onAnimationUpdate(ValueAnimator animation) {
                //计算当前进度比例,最后除以 2 的原因是因为透明度最终只降到一半,约 127
                float progress =
(animation.getCurrentPlayTime()/(float)duration)/2;
                maskView.setAlpha(progress);
            }
        });

        //创建动画，让抽屉页面向右移，注意它是从左移出来的，
        //所以其初始位值设置为-drawerWidth/2，即有一半位于屏幕之外。
        ObjectAnimator animatorDrawer = ObjectAnimator.ofFloat(drawerLayout,
                "translationX",-drawerWidth/2,0);

//创建动画集合，同时播放三个动画
        AnimatorSet animatorSet=new AnimatorSet();
        animatorSet.playTogether(animatorContent,animatorMask,animatorDrawer);
        animatorSet.setDuration(duration);
        animatorSet.start();
    }
});
```

运行 App，抽屉的出现过程已基本达到要求，动画完成后的效果如图 13.3.10.5.1 所示。

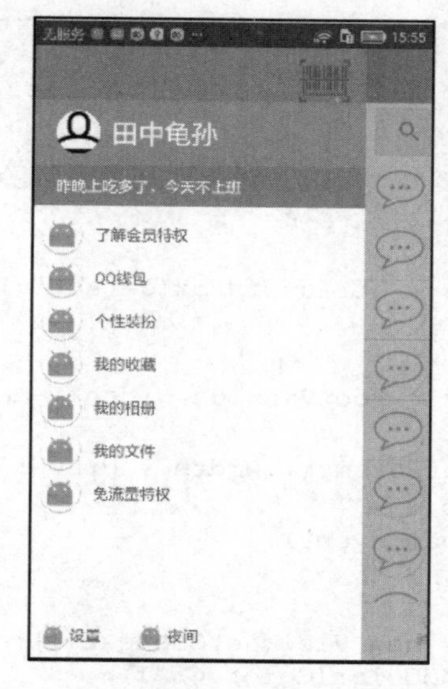

图 13.3.10.5.1

13.3.10.6　隐藏抽屉页面

现在能显示抽屉页面了，但是还不能隐藏它，QQ 中的隐藏就是把显示的动画反着来。我们也要这样做。同时，不知你是否注意到，当在原内容的那列图像上上下滑动时，图像竟然能跟着上下滚动！这可不是我们期望的。按常理，原内容上面盖了个蒙板控件，触摸应被蒙板控件挡住才对，怎么能传递到下一层 View 上呢？这就是 Android 聪明的地方。上层 View 如果是半透明的，且没有设置的触摸响应侦听器，它就会把触摸事件传递到下一层 View。所以要改变这个问题就容易了，我们只需要为蒙板 View 设置侦听器即可。同时我们要在点击蒙板 View 时让抽屉消失，所以也应该为蒙板 View 设置侦听器。代码很简单：

```
maskView.setOnClickListener(new View.OnClickListener() {
    @Override
    public void onClick(View v) {
        //动画反着来，让抽屉消失
    }
});
```

在 onClick()方法中，我们创建与前面相反的动画即可，前面是从左向右移，这里就从右向左移，做法不再赘述，直接上代码：

```
    //响应左上角的图标点击事件，显示抽屉页面
ImageView headImage = rootView.findViewById(R.id.headImage);
headImage.setOnClickListener(new View.OnClickListener() {
    @Override
    public void onClick(View v) {
        //创建抽屉页面
        final View drawerLayout = getActivity().getLayoutInflater().inflate(
                R.layout.drawer_layout,rootView,false);

        //获取原内容的根控件
        final View contentLayout = rootView.findViewById(R.id.contentLayout);
```

```
    //动画持续的时间
    final int duration=400;

    //先计算一下消息页面中，左边一排图像的大小，在界面构建器中设置的是 dp
    //在代码中只能用像素，所以这里要换算一下，因为不同的屏幕分辨率，dp 对应
    //的像素数是不同的
    int messageImageWidth = Utils.dip2px(getActivity(),60);
    //计算抽屉页面的宽度，rootView 是 FrameLayout,
    //利用 getWidth()即可获得它当前的宽度
    final int drawerWidth = rootView.getWidth()-messageImageWidth;
    //设置抽屉页面的宽度
    drawerLayout.getLayoutParams().width = drawerWidth;
    //将抽屉页面加入 FrameLayout 中
    rootView.addView(drawerLayout);

    //创建蒙板 View
    final View maskView = new View(getContext());
    maskView.setBackgroundColor(Color.GRAY);
    //必须将其初始透明度设为完全透明
    maskView.setAlpha(0);
    //当点击蒙板 View 时，隐藏抽屉页面
    maskView.setOnClickListener(new View.OnClickListener() {
        @Override
        public void onClick(View v) {
            //动画反着来，让抽屉消失

            //创建动画，移动原内容，从 0 位置移动抽屉页面宽度的距离（注意其宽度不变）
            ObjectAnimator animatorContent = ObjectAnimator.ofFloat(
                    contentLayout,
                    "translationX",
                    drawerWidth,0);

            //移动蒙板的动画
            ObjectAnimator animatorMask = ObjectAnimator.ofFloat(
                    maskView,
                    "translationX",
                    drawerWidth,0);
            //响应此动画的刷新事件，在其中改变原页面的背景色，使其逐渐变暗
            animatorMask.addUpdateListener(
                        new ValueAnimator.AnimatorUpdateListener() {
                //响应动画更新的方法
                @Override
                public void onAnimationUpdate(ValueAnimator animation) {
                    //计算当前进度比例,最后除以 2 的原因是因
                    //为透明度最终只降到一半,约 127
                    float progress =
(animation.getCurrentPlayTime()/(float)duration);
                    maskView.setAlpha(1-progress);
                }
            });

            //创建动画，让抽屉页面向右移，注意它是从左移出来的，
            //所以其初始位值设置为-drawerWidth/2，即有一半位于屏幕之外。
            ObjectAnimator animatorDrawer = ObjectAnimator.ofFloat(
                    drawerLayout,
```

```
                "translationX",
                0,-drawerWidth/2);

        //创建动画集合，同时播放三个动画
        AnimatorSet animatorSet=new AnimatorSet();
animatorSet.playTogether(animatorContent,animatorMask,animatorDrawer);
        animatorSet.setDuration(duration);
        //设置侦听器，主要侦听动画关闭事件
        animatorSet.addListener(new Animator.AnimatorListener(){

            @Override
            public void onAnimationStart(Animator animation) {

            }

            @Override
            public void onAnimationEnd(Animator animation) {
                //动画结束，将蒙板和抽屉页面删除
                rootView.removeView(maskView);
                rootView.removeView(drawerLayout);
            }

            @Override
            public void onAnimationCancel(Animator animation) {

            }

            @Override
            public void onAnimationRepeat(Animator animation) {

            }
        });
        animatorSet.start();
    }
});
rootView.addView(maskView);

//把它搞到最上层，这样在移动时能一直看到它（QQ 就是这个效果）
contentLayout.bringToFront();
//再将蒙板 View 搞到最上层
maskView.bringToFront();
//创建动画，移动原内容，从 0 位置移动抽屉页面宽度的距离（注意其宽度不变）
ObjectAnimator animatorContent = ObjectAnimator.ofFloat(contentLayout,
        "translationX",0,drawerWidth);

//移动蒙板的动画
ObjectAnimator animatorMask = ObjectAnimator.ofFloat(maskView,
        "translationX",0,drawerWidth);

//响应此动画的刷新事件，在其中改变原页面的背景色，使其逐渐变暗
animatorMask.addUpdateListener(new
ValueAnimator.AnimatorUpdateListener() {
    //响应动画更新的方法
    @Override
    public void onAnimationUpdate(ValueAnimator animation) {
        //计算当前进度比例,最后除以 2 的原因是因为透明度最终只降到一半,约 127
        float progress =
```

```
                (animation.getCurrentPlayTime()/(float)duration)/2;
            maskView.setAlpha(progress);
        }
    });

    //创建动画，让抽屉页面向右移，注意它是从左移出来的,
    //所以其初始位值设置为-drawerWidth/2，即有一半位于屏幕之外。
    ObjectAnimator animatorDrawer = ObjectAnimator.ofFloat(drawerLayout,
        "translationX",-drawerWidth/2,0);

    //创建动画集合，同时播放三个动画
    AnimatorSet animatorSet=new AnimatorSet();
    animatorSet.playTogether(animatorContent,animatorMask,animatorDrawer);
    animatorSet.setDuration(duration);
    animatorSet.start();
  }
});
```

加粗的代码是新添加的，主要是响应蒙板点击事件。由于在侦听器类内使用了外部类的一些变量，比如“drawerLayout”“maskView”等，所以这些变量都在定义时加上了“final”修饰符，有的调整了一下定义的位置。到此为止，抽屉效果宣告完成！

13.3.11　创建“联系人”页

联系人页面的样子是这样的（如图 13.3.11.1 所示）：

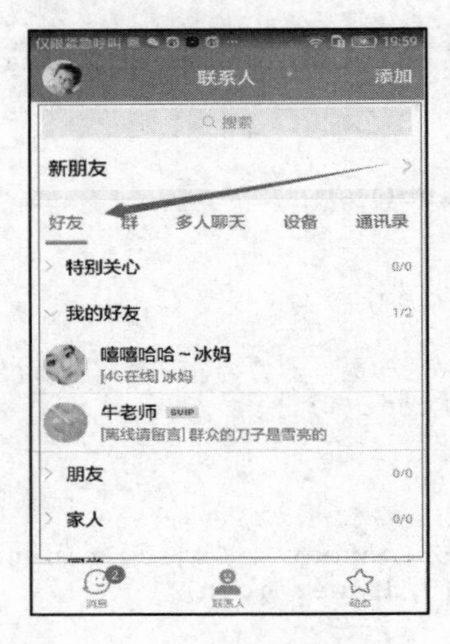

图 13.3.11.1

整个页面（红框内所示）是可以滚动的，但比较牛的是，它并不是按照一般的方式滚动。当向上滚动时，当箭头所指的那一行到顶部时，这一行不再向上滚动，而只是其下的内容会向上滚，也就是说箭头所指的这一行会一直显示。

这种效果是怎么做出来的呢？基本上首先我们能想到的是有两个能提供内容滚动的 View（比如 ScrollView 或 RecyclerView 等），一个位于另一个内部，当外部 View 的内容滚到一定位置时，内部 View 开始滚动。但是这个效果不是随意弄两个滚动 View 就可以实现的，需要解决以下两个问题：

首先是触摸的问题。你摸到的一般是内部滚动 View，而不是外部的，也就是说内部 View 先收到事件，当它处理完事件后，事件就没了，于是外部滚动 View 不会收到触摸事件，那么你在内部滚动 View 中摸来摸去时，只看到内部滚动 View 的内容动，外部滚动 View 的内容是不会动的。

其次是如何让某个位置的 View（和它下面的 View 们）永远显示，即它滚到顶就不再滚了。默认的滚动实现都不支持这样的功能。

那如何才能解决这两个问题呢？其实还真不难，只需要使用几个现成的 View 即可。

要解决第一个问题，需要用到支持 Nested Scroll（嵌态滚动）的 View。两个支持 Nested Scroll 的控件才能配合起来滚动，因为处于内部的滚动 View 会处理完事件后把事件再传递给外部的滚动 View。早期出现的 ScrollView 和 ListView 都不支持嵌套滚动，而处于 support 中的支持内容滚动的控件们都支持 Nested Scroll，比如 RecyclerView、NestedScrollView 等，我们这里正好要用到这两个控件，外部使用 NestedScrollView，内部使用 RecyclerView。但是，第二个问题还没解决，解决第二个问题需要用到一个特殊的控件：AppBarLayout。这个控件看名字似乎是专用于设计 AppBar 的，但其实用于内容中也没问题。它是不支持滚动的，但如果把它和一个支持嵌套滚动的 View 一起放在另一个支持嵌态滚动的 View 中，再进行一些设置，就能最终搞出我们需要的效果。下面我们就一步步搞出来。

13.3.11.1　添加联系人 Layout 资源

当前的联系人页面是一个 RecyclerView，它与消息页面和动态页面共同位于一个 ViewPager 里面，实现了 Tab 翻页功能。但是我们下面要改一下联系人这个页面，它不能仅用一个 RecyclerView 了，它需要用复杂的 Layout，其结构主要分成三部分：最外面是一个 NestedScrollView，其内包含一个 AppBarLayout 和一个 RecyclerView，AppBarLayout 在 RecyclerView 的上面。效果如图 13.3.11.1.1 所示。

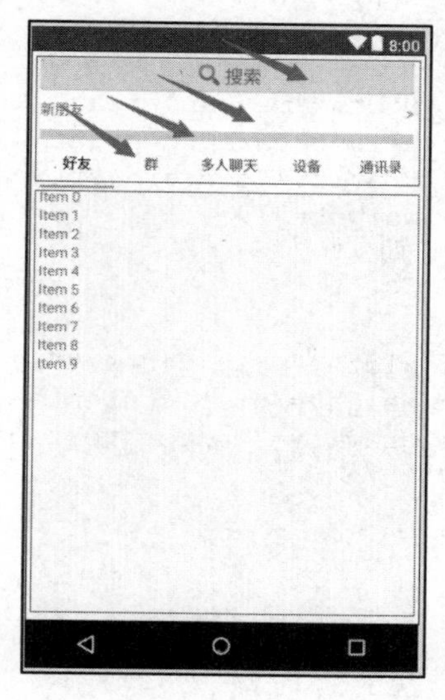

图 13.3.11.1.1

下方红框区是 RecyclerView，上方绿框区是 AppBarLayout（图片颜色参看下载资源中相关文件）。AppBarLayout 中有四行（四个箭头所指），顶端行利用了我们前面创建的搜索行 layout(message_list_item_search.xml)，其下行是一个横向的 LinearLayout，里面包含了两个 TextView，再往下一行仅用作分割，所以只是一个简单的 FrameLayout，最下面是一个 TabLayout。我为这个 layout 资源创建了文件 contacts_page_layout.xml，内容如下：

```
<?xml version="1.0" encoding="utf-8"?>
<android.support.design.widget.CoordinatorLayout
xmlns:android="http://schemas.android.com/apk/res/android"
   xmlns:app="http://schemas.android.com/apk/res-auto"
   android:layout_width="match_parent"
   android:layout_height="match_parent"
   android:paddingLeft="10dp"
   android:paddingRight="10dp"
   android:paddingTop="8dp">

   <android.support.design.widget.AppBarLayout
      android:layout_width="match_parent"
      android:layout_height="wrap_content"
      android:background="@android:color/background_light"
      android:fitsSystemWindows="false">

      <include
         layout="@layout/message_list_item_search"
         android:layout_width="match_parent"
         android:layout_height="wrap_content"
         app:layout_scrollFlags="scroll" />

      <LinearLayout
         android:layout_width="match_parent"
         android:layout_height="40dp"
         app:layout_scrollFlags="scroll">

         <TextView
            android:layout_width="match_parent"
            android:layout_height="wrap_content"
            android:layout_gravity="center_vertical"
            android:layout_weight="1"
            android:text="新朋友" />

         <TextView
            android:layout_width="wrap_content"
            android:layout_height="wrap_content"
            android:layout_gravity="center_vertical"
            android:text=">" />

      </LinearLayout>

      <FrameLayout
         android:layout_width="match_parent"
         android:layout_height="10dp"
         android:background="?attr/colorButtonNormal"
         app:layout_scrollFlags="scroll">
```

```
    </FrameLayout>

    <android.support.design.widget.TabLayout
        android:layout_width="match_parent"
        android:layout_height="wrap_content"
        app:tabMode="scrollable">

        <android.support.design.widget.TabItem
            android:layout_width="wrap_content"
            android:layout_height="wrap_content"
            android:text="好友" />

        <android.support.design.widget.TabItem
            android:layout_width="wrap_content"
            android:layout_height="wrap_content"
            android:text="群" />

        <android.support.design.widget.TabItem
            android:layout_width="wrap_content"
            android:layout_height="wrap_content"
            android:text="多人聊天" />

        <android.support.design.widget.TabItem
            android:layout_width="wrap_content"
            android:layout_height="wrap_content"
            android:text="设备" />

        <android.support.design.widget.TabItem
            android:layout_width="wrap_content"
            android:layout_height="wrap_content"
            android:text="通信录" />

        <android.support.design.widget.TabItem
            android:layout_width="wrap_content"
            android:layout_height="wrap_content"
            android:text="公众号" />
    </android.support.design.widget.TabLayout>
  </android.support.design.widget.AppBarLayout>

  <android.support.v7.widget.RecyclerView
        android:id="@+id/contactListView"
app:layout_behavior="@string/appbar_scrolling_view_behavior"
        android:layout_width="match_parent"
        android:layout_height="match_parent" />

</android.support.design.widget.CoordinatorLayout>
```

注意 AppBarLayout 中的各 View，除了 TabLayout 之外，都有一个属性：**app:layout_scrollFlags="scroll"**，设成 scroll 表示这个控件可以滚出显示区，而不设的话，这个控件就滚不出显示区，TabLayout 就没有设，因为要一直呆在顶部。还要注意的是 RecyclerView 的属性 app:layout_behavior="@string/appbar_scrolling_view_behavior"。在 CoordinatorLayout 中，设置了这个属性值的子 View（子 View 必须是可滚动的）可以与

AppBarLayout 相互配合，完成一些特殊的效果（当然也包括这里要实现的效果）。

RecyclerView 的 id 被设置成了 contactListView，因为后面要在代码中操作它。

13.3.11.2 修改 MainFragment 的代码

我们原先为“消息”“联系人”“动态”三个页面创建的都是 RecyclerView，现在“联系人”页面需要从 layout 资源文件创建，所以相关代码要进行改动。

包含三个页面的数组变量，需要改一下：

```
//用一个数组保存三个 RecyclerView 的实例
private RecyclerView listViews[] = new RecyclerView[3];
```

变为：

```
//用一个数组保存三个 View 的实例
private View listViews[] = {null,null,null};
```

创建三个页面的代码：

```
listViews[0]=new RecyclerView(getContext());
listViews[1]=new RecyclerView(getContext());
listViews[2]=new RecyclerView(getContext());
```

变为：

```
RecyclerView v1 = new RecyclerView(getContext());
View v2 = getLayoutInflater().inflate(R.layout.contacts_page_layout,null);
RecyclerView v3 = new RecyclerView(getContext());
//将这三个 View 设置到数组中
listViews[0] = v1;
listViews[1] = v2;
listViews[2] = v3;
```

单独创建 3 个变量的原因是三个页面的类型不再统一为 RecyclerView，后面处理时调用方法也不同了。

设置 LayoutManager 的语句：

```
//别忘了设置 layout 管理器，否则不显示条目
LinearLayoutManager layoutManager = new LinearLayoutManager(getContext());
v1.setLayoutManager(layoutManager);
//listViews[1].setLayoutManager(layoutManager);
//listViews[2].setLayoutManager(layoutManager);
```

变为：

```
//别忘了设置 layout 管理器，否则不显示条目
v1.setLayoutManager(new LinearLayoutManager(getContext()));
RecyclerView recyclerViewInV2 = v2.findViewById(R.id.contactListView);
recyclerViewInV2.setLayoutManager(new LinearLayoutManager(getContext()));
//v3.setLayoutManager(new LinearLayoutManager(getContext()));
```

把为了测试而设置背景色的代码去掉了。

设置 RecyclerView 的适配器的语句：

```
//为 RecyclerView 设置 Adapter
listViews[0].setAdapter(new MessagePageListAdapter(getActivity()));
listViews[1].setAdapter(new ContactsPageListAdapter(getContext()));
//listViews[2].setAdapter(new SpacePageListAdapter());
```

改为：

```
//为 RecyclerView 设置 Adapter
v1.setAdapter(new MessagePageListAdapter(getActivity()));
recyclerViewInV2.setAdapter(new ContactsPageListAdapter());
//v3.setAdapter(new SpacePageListAdapter());
```

注意有个地方最好改动一下。列表变量 listViews 中的三个 View 要被 viewPager 使用，viewPager 的 Adapter 会在适当的时候把某个 View 提供给 viewPager，所以最好把设置 viewPager 的 Adpater 的语句放到这三个 View 初始化完成之后，比如我放到了设置 RecyclerView 的适配器的语句之后：

```
//为RecyclerView设置Adapter
v1.setAdapter(new MessagePageListAdapter(getActivity()));
recyclerViewInV2.setAdapter(new ContactsPageListAdapter(getContext()));
//v3.setAdapter(new SpacePageListAdapter());

//获取ViewPager实例，将Adapter设置给它
viewPager = this.rootView.findViewById(R.id.viewPager);
viewPager.setAdapter(new ViewPageAdapter());
//获取TabLayou并配置它
tabLayout = this.rootView.findViewById(R.id.tabLayout);
tabLayout.setupWithViewPager(viewPager);
```

运行 App，现在效果如图 13.3.11.2.1 所示。

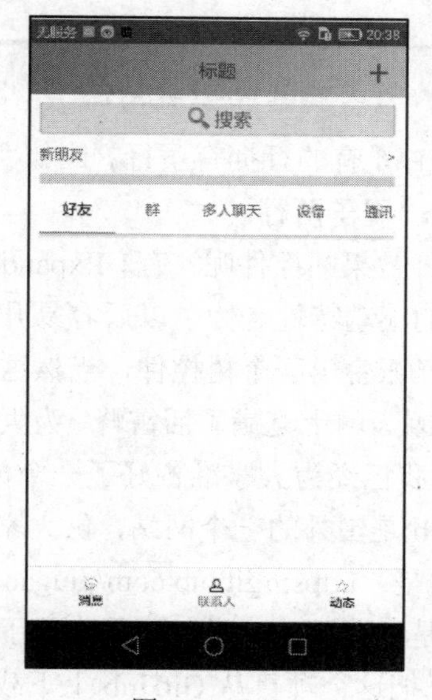

图 13.3.11.2.1

可以看到，在上下滚动时，TabLayout 行滚到最上端后不再往上滚。

下面还需要实现的是点 TabLayout 行上的 Item 时切换页面，这个功能其实与下面的 TabLayout（消息、联系人这一行）相似，需要改一下文件 contacts_page_layout.xml，把 RecyclerView 变为 ViewPager，为这个 ViewPager 创建 Adapter，通过 Adapter 向 ViewPager 返回每个页的 RecyclerView。但是我们就不搞这么麻烦了，你可以自己去做一下。我下面想实现的是另一个功能。

13.3.11.3 列表行的“展开-收起”功能

QQApp 中好多页面的列表控件都有“展开-收起”的功能，比如“联系人”页面中的“好友”页面，如图 13.3.11.3.1 所示。

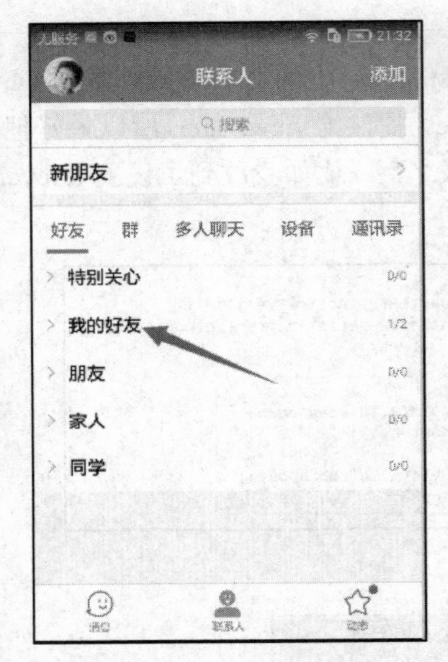

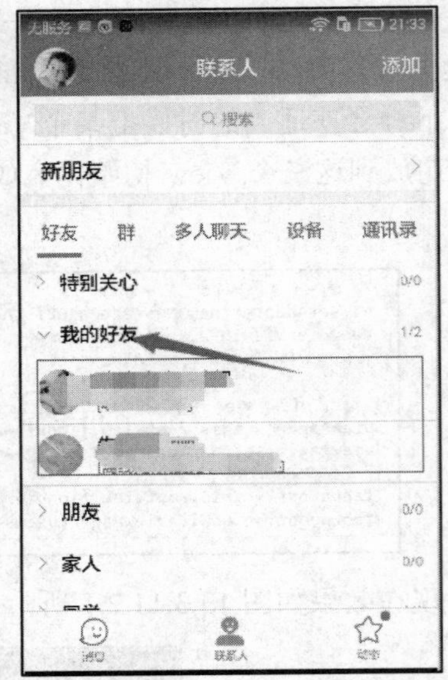

图 13.3.11.3.1

这种列表控件看起来像树控件，有的行拥有子行。比如“我的好友”这一行，点一下左边的箭头，就变成展开状态，下面出现了两行。

Android 中有没有能实现这种效果的控件呢？有！ExpandableListView。但是，它是从陈旧的 ListView 派生的，不支持新的滚动特性。为了以后容易升级，还是支持新特性比较好。其实我们可以从 RecyclerView 自己派生出一个树控件，当然这是很麻烦的，最好的选择还是使用网上已经存在的第三方控件，因为网上充满了活雷峰，为大家提供了数不清的功能多样的控件，当然本人也是其中这一员，我已经为大家准备好了一个树控件库：RecyclerListTreeView，其源码托管在 GitHub 上（GitHub 是国外的一个网站，供大家免费存放代码，也为公司提供有偿项目托管），我的项目的网址是：https://github.com/niugao/RecyclerListTreeView 。

RecyclerListTreeView 并不是一个 View 类，而是实现了树控件功能的几个类的集合，也就是一个 Library（库）。你可以把这个项目从 GitHub 上下载下来研究。下载方法很简单，进入项目主页，点“Clone or download（克隆或下载）”，如图 13.3.11.3.2 所示。

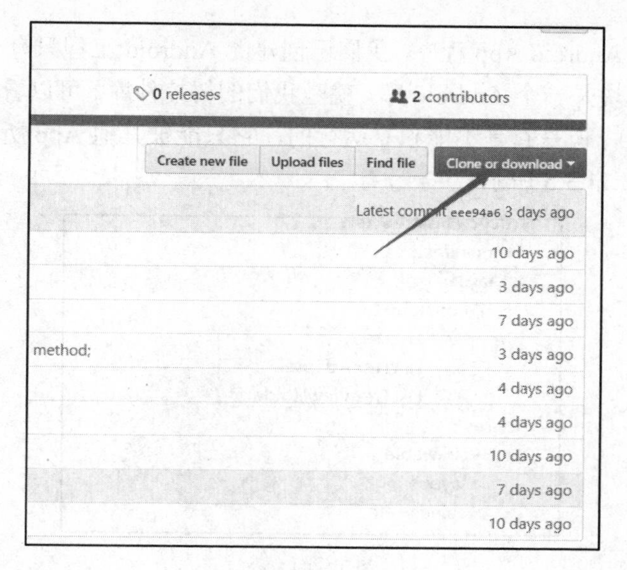

图 13.3.11.3.2

出现的页面如图 13.3.11.3.3 所示。

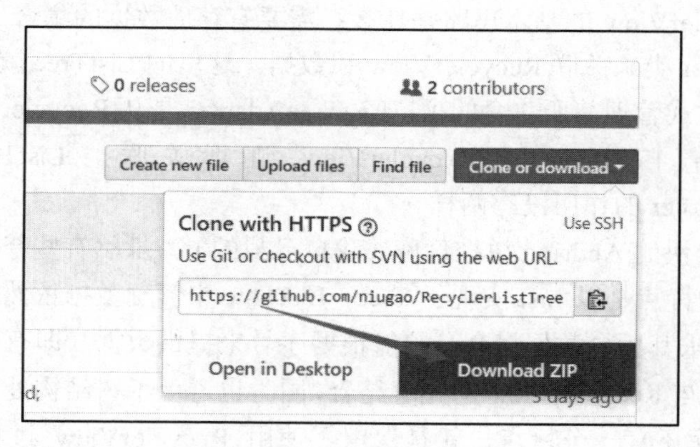

图 13.3.11.3.3

点“Download ZIP”下载这个项目的 ZIP 包到本地，解压缩，用 Android Studio 打开它就行了。这个项目包含了两个 Module（模块），如图 13.3.11.3.4 所示。

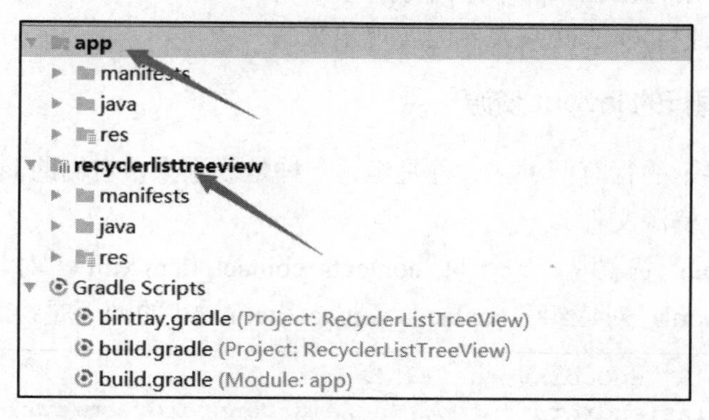

图 13.3.11.3.4

App 模块是一个 Android App 程序，我们已创建的 Android 工程只有一个模块，就是这个。recyclerlisttreeview 模块是一个 Android 库，就是我们的树控件库。可以看到其下包含了多种资源，与一个 App 无异，但是它是不能独立运行的，它只能被其他 App 所调用。这个库中有三个 Java 类，如图 13.3.11.3.5 所示。

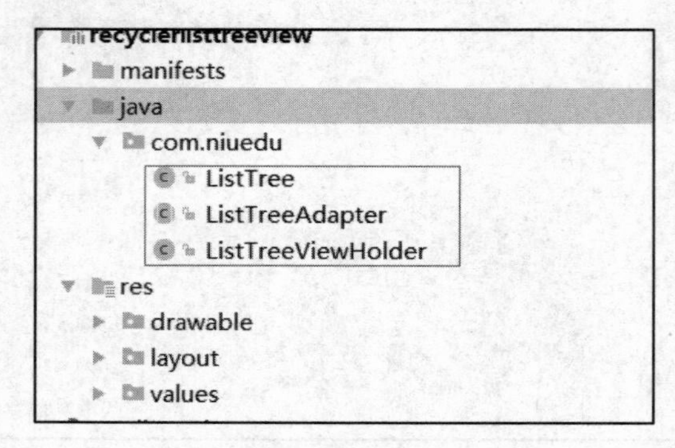

图 13.3.11.3.5

里面并没有从 View 派生的类，利用这个库显示树控件时其实依然需要使用 RecyclerView，回忆一下使用 RecyclerView 的基本思路是什么：需要有存放数据的集合（比如 ArrayList），需要派生一个 Adapter 类来关联 RecyclerView 和数据。这里的 ListTree 就是存放数据的集合，只不过它是按树的方式管理其所包含的项；ListTreeAdapter 是从 RecyclerView.Adapter 派生的一个类，用于将 ListTree 与 RecyclerView 进行关联。ListTreeViewHolder，与 RecyclerView.ViewHoler 的作用没有两样。

这个库号称是最快的 Andriod 树控件库（我自己封的），虽然有些夸张，但也是有一定根据的。因为这个库的特点是以 List 实现了 Tree，ListTree 中管理数据依然使用的是 List 类，由于 RecyclerView 要求其后台数据集合必须能根据序号来提供数据（即有序的），所以底层的 List 保证了 ListTree 与 RecyclerView 的无缝结合，同时也避免了树结构处理中的令人讨厌的递归算法问题。这个库还有一个特点，就是保留了使用 RecyclerView 过程的原汁原味，熟悉 RecyclerView 的用法的话，使用这个库是很轻松的。

当然这是一个真正的树，它能显示的层级不仅是两级，只要你的屏幕够宽，你想显示多少级都行。这个库的使用方法在 App 模块中有示例。

下面我就用它来把 QQ 的联系人界面实现出来。

13.3.11.4 创建不同行的 layout 资源

联系人界面中显示的行有两种，一种是组，一种是联系人，它们的 layout 不同，所以我们要先创建两个 layout 资源文件。

添加两个 layout 资源，一个叫 contacts_contact_item.xml，对应联系人；一个叫 contacts_group_item.xml，对应组。contacts_contact_item.xml 的源码是：

```
<?xml version="1.0" encoding="utf-8"?>
<LinearLayout xmlns:android="http://schemas.android.com/apk/res/android"
    xmlns:app="http://schemas.android.com/apk/res-auto"
```

```
    android:layout_width="match_parent"
    android:layout_height="wrap_content"
    android:gravity="center_vertical"
    android:paddingBottom="4dp"
    android:paddingTop="4dp">

    <ImageView
        android:id="@+id/imageViewHead"
        android:layout_width="40dp"
        android:layout_height="40dp"
        android:layout_marginRight="10dp" />

    <LinearLayout
        android:layout_width="match_parent"
        android:layout_height="wrap_content"
        android:orientation="vertical">

        <TextView
            android:id="@+id/textViewTitle"
            android:layout_width="match_parent"
            android:layout_height="wrap_content"
            android:text="Title"
            android:textSize="18sp" />

        <TextView
            android:id="@+id/textViewDetail"
            android:layout_width="match_parent"
            android:layout_height="wrap_content"
            android:text="Detail"
            android:textSize="14sp" />
    </LinearLayout>
</LinearLayout>
```

contacts_group_item.xml 的源码：

```
<?xml version="1.0" encoding="utf-8"?>
<LinearLayout xmlns:android="http://schemas.android.com/apk/res/android"
    android:layout_width="match_parent"
    android:layout_height="40dp"
    android:gravity="center_vertical">

    <TextView
        android:id="@+id/textViewTitle"
        android:layout_width="match_parent"
        android:layout_height="wrap_content"
        android:layout_weight="1"
        android:text="TextView"
        android:textSize="18sp" />

    <TextView
        android:id="@+id/textViewCount"
```

```
        android:layout_width="wrap_content"
        android:layout_height="wrap_content"
        android:layout_marginLeft="10dp"
        android:text="0"
        android:textSize="18sp" />
</LinearLayout>
```

13.3.11.5 添加保存行数据的类

如果一行中显示的数据比较复杂，我们应该定义一个类来保存其数据。组行显示如图 13.3.11.5.1 所示。

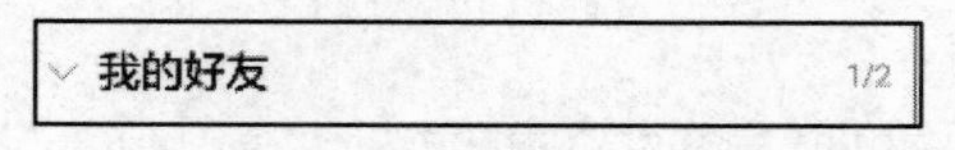

图 13.3.11.5.1

看起挺复杂，但其实真正需要使用者提供的数据就是一个标题（“我的好友”），其余的从 ListTree 中就可以获取到。最左边的“收起/展开”图标是内置的，虽然可以定制，但你一般不需要动它。最右边的“1/2”表示“在线好友数/总好友数”，总好友数实际上就是这个行的子行数，这个可以从 TreeList 中取出来。所以对于组，我们的类只需包含两个字段即可。这个类放在哪里呢？放在 Adapter 类中是比较合适的。在 ContactsPageListAdapter 中添加 GroupInfo 类，代码如下：

```
//存放组数据
static public class GroupInfo{
    private String title;//组标题
    private int onlineCount;//此组内在线的人数

    public GroupInfo(String title, int onlineCount) {
        this.title = title;
        this.onlineCount = onlineCount;
    }

    public String getTitle() {
        return title;
    }

    public int getOnlineCount() {
        return onlineCount;
    }
}
```

子行如图 13.3.11.5.2 所示。

图 13.3.11.5.2

子行中的数据要更多一点，有三项：头像、名字和状态。创建子行（即联系人）数据类作为 Adapater 的内部类：

```
//存放联系人数据
static public class ContactInfo{
   private Bitmap avatar;//头像
   private String name; //名字
   private String status; //状态

   public ContactInfo(Bitmap avatar, String name, String status) {
      this.avatar = avatar;
      this.name = name;
      this.status = status;
   }

   public Bitmap getAvatar() {
      return avatar;
   }

   public String getName() {
      return name;
   }

   public String getStatus() {
      return status;
   }
}
```

这两个类作为 Adapter 类的内部类比较好，所以我把它放在 ContactsPageListAdapter 中，但是我们要先对 ContactsPageListAdapter 进行一下改造，请看下节。

13.3.11.6　使用 RecyclerListTreeView 库

下面我们就利用 RecyclerListView 来实现“联系人”页面的双层树结构。首先要添加对 RecyclerListView 库的依赖，打开 App 模块的 Gradle 配置文件，如图 13.3.11.6.1 所示。

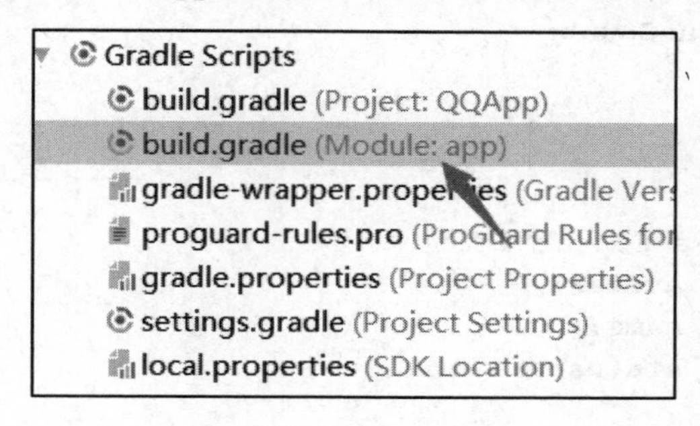

图 13.3.11.6.1

找到“dependencies{”这个位置，在其中添加如图 13.3.11.6.2 所示的信息。

```
dependencies {
    compile fileTree(include: ['*.jar'], dir: 'libs')
    androidTestCompile('com.android.support.test.espresso:espresso-co
        exclude group: 'com.android.support', module: 'support-annota
    })
    compile 'com.android.support:appcompat-v7:26.+'
    compile 'com.android.support.constraint:constraint-layout:1.0.2'
    compile 'com.android.support:support-v4:26.+'
    compile 'com.android.support:cardview-v7:26.+'
    compile 'com.android.support:recyclerview-v7:26.+'
    compile 'com.android.support:design:26.+'
    compile 'com.niuedu:recyclerlisttreeview:0.1.0'
    testCompile 'junit:junit:4.12'
}
```

图 13.3.11.6.2

在其中添加依赖项：implementation 'com.edu:recyclerlisttreeview:0.1.4'，再构建一下工程，就可以使用这个库了。

先把 ContactsPageListAdapter 中现有的代码都删掉，变成这样：

```
public class ContactsPageListAdapter extends
    ListTreeAdapter<ListTreeViewHolder> {

    //存放组数据
    static public class GroupInfo{
        private String title;//组标题
        private int onlineCount;//此组内在线的人数

        public GroupInfo(String title, int onlineCount) {
            this.title = title;
            this.onlineCount = onlineCount;
        }

        public String getTitle() {
            return title;
        }

        public int getOnlineCount() {
            return onlineCount;
        }
    }

    //存放联系人数据
    static public class ContactInfo{
        private Bitmap avatar;//头像
        private String name; //名字
        private String status; //状态

        public ContactInfo(Bitmap avatar, String name, String status) {
            this.avatar = avatar;
            this.name = name;
            this.status = status;
        }
```

```
        public Bitmap getAvatar() {
            return avatar;
        }

        public String getName() {
            return name;
        }

        public String getStatus() {
            return status;
        }
    }

    public ContactsPageListAdapter(ListTree tree) {
        super(tree);

    }

    public ContactsPageListAdapter(ListTree tree,Bitmap expandIcon,Bitmap
collapseIcon) {
        super(tree,expandIcon,collapseIcon);
    }

    @Override
    protected ListTreeViewHolder onCreateNodeView(ViewGroup parent, int
viewType) {
        return null;
    }

    @Override
    protected void onBindNodeViewHolder(ListTreeViewHolder viewHoler, int
position) {
    }

    //组 ViewHolder
    class GroupViewHolder extends ListTreeViewHolder{
        public GroupViewHolder(View itemView) {
            super(itemView);
        }
    }

    //好友 ViewHolder
    class ContactViewHolder extends ListTreeViewHolder{
        public ContactViewHolder(View itemView) {
            super(itemView);
        }
    }
}
```

注意它必须从 RecyclerListTreeView 库中提供的 ListTreeAdapter 类派生。还要注意 ViewHolder 类也必须从 ListTreeViewHoler 派生，我们派生了两个 ViewHolder 类，因为有两种行 layout 嘛。再要注意范型参数：“ListTreeAdapter<ListTreeViewHolder>”，我传的是 ListTreeAdapter 中的 ListTreeViewHolder 类，而不是自己派生的 ViewHoler 类，因为派生了两个 ViewHolder，传入哪个都不合适，所以我直接使用基类。

另外，爸爸类 RecyclerListTreeView 提供了两个构造方法：

```
public ListTreeAdapter(ListTree tree){
    this.tree=tree;
}
public ListTreeAdapter(ListTree tree,Bitmap expandIcon,Bitmap collapseIcon){
    this.tree=tree;

    this.expandIcon=expandIcon;
    this.collapseIcon=collapseIcon;
}
```

第一个只有一个参数“ListTree tree”，通过它可以传入外部创建的数据集合；另一个有三个参数，除了传入数据集合外，还可以传入两个位图，用于定制“展开/收起”图标。

下面我们创建数据集合对象：“ListTree tree=new ListTree()”。但是，这个变量放在哪里呢？可以放在承载“联系人”这个页面的类 MainFragment 中，但是 MainFragment 有太多的子页面，每个子页面的数据都由 MainFragment 管理的话太乱了，难以维护，让子页面自己管理才比较好，我图省事，直接把它放在了 ContactsPageListAdapter 中。

比 RecyclerView.Adapter 还要简单，ListTreeAdapter 的子类只需要实现两个方法就能让 RecyclerView 显示数据，一是：“onCreateNodeView()”，它对应 RecyclerView.Adapter 的 onCreateViewHolder()方法，在创建一行的控件时被调用，在其中做的事情也一样。另一个是“onBindNodeViewHolder()”，它对应 onCreateViewHolder()方法，其内所做的事情也没什么不同。至于另一个需要实现方法 getItemCount()，已经不允许你动了。

所以这个库还是极易上手的。

13.3.11.7 在 ViewHolder 类中 hold 住控件

我们再为 ViewHolder 类添加变量以保存行中要操作的控件，代码如下：

```
//组 ViewHolder
class GroupViewHolder extends ListTreeViewHolder{
    TextView textViewTitle;//显示标题的控件
    TextView textViewCount;//显示好友数/在线数的控件

    public GroupViewHolder(View itemView) {
        super(itemView);
        textViewTitle = itemView.findViewById(R.id.textViewTitle);
        textViewCount = itemView.findViewById(R.id.textViewCount);
    }
}
```

```
//好友 ViewHolder
class ContactViewHolder extends ListTreeViewHolder{
    ImageView imageViewHead;//显示好友头像的控件
    TextView textViewTitle;//显示好友名字的控件
    TextView textViewDetail;//显示好友状态的控件

    public ContactViewHolder(View itemView) {
        super(itemView);

        imageViewHead = itemView.findViewById(R.id.imageViewHead);
        textViewTitle = itemView.findViewById(R.id.textViewTitle);
        textViewDetail = itemView.findViewById(R.id.textViewDetail);
    }
}
```

13.3.11.8　创建数据集合：ListTree

RecyclerView 中要显示的树形数据必须放在 ListTree 中。

ListTree 绝对是树，只不过它的内部使用 List 保存树的节点，但兄弟节点之间是有序的，是按照添加的顺序排列，而且儿子必然是放在爸爸的后面，其实就是与“联系人”界面中组展开后看到的样子一模一样。你可以想像成一个节点既在树中也在 List 中，所以 ListTree 提供了节点在树中位置与 List 中位置的映射方法。从 List 中的某个位置获取对应节点：

```
TreeNode getNodeByPlaneIndex(int index)。
```

注意 TreeNode 表示一个节点。

获取一个节点在 List 中的位置：

```
int getNodePlaneIndex(TreeNode node)
```

根据一个节点在其父节点中的位置，获取其在 List 中的位置：

```
int getNodePlaneIndexByIndex(TreeNode parent, int index)
```

其实你已经看到了，“plane index”表示 List 中的位置，因为 RecyclerView 易与列表或数组结合，所以有了 plane index 就很容易把一个节点对应到某一行上，当然这是内部实现，使用者可以不管它如何实现。

下面我们创建一棵树并添加节点，构建出 QQ“联系人”页面的数据集合。我们在 MainFragment 中添加一个私有方法，专门用于创建联系人页面并初始化它的内容：

```
//创建并初始化联系人页面，返回这个页面
private View createContactsPage(){
    //创建 View
    View v = getLayoutInflater().inflate(R.layout.contacts_page_layout,null);
    //创建集合（一棵树）
    ListTree tree = new ListTree();
    //向树中添加节点
    //创建组们，组是树的根节点，它们的父节点为 null
```

```
    ContactsPageListAdapter.GroupInfo group1=new
ContactsPageListAdapter.GroupInfo("特别关心",0);
    ContactsPageListAdapter.GroupInfo group2=new
ContactsPageListAdapter.GroupInfo("我的好友",1);
    ContactsPageListAdapter.GroupInfo group3=new
ContactsPageListAdapter.GroupInfo("朋友",0);
    ContactsPageListAdapter.GroupInfo group4=new
ContactsPageListAdapter.GroupInfo("家人",0);
    ContactsPageListAdapter.GroupInfo group5=new
ContactsPageListAdapter.GroupInfo("同学",0);

    ListTree.TreeNode groupNode1=tree.addNode(null,group1,
R.layout.contacts_group_item);
    ListTree.TreeNode groupNode2=tree.addNode(null,group2,
R.layout.contacts_group_item);
    ListTree.TreeNode groupNode3=tree.addNode(null,group3,
R.layout.contacts_group_item);
    ListTree.TreeNode groupNode4=tree.addNode(null,group4,
R.layout.contacts_group_item);
    ListTree.TreeNode groupNode5=tree.addNode(null,group5,
R.layout.contacts_group_item);

    //第二层，联系人信息
    //头像
    Bitmap bitmap= BitmapFactory.decodeResource(getResources(),
R.drawable.contacts_normal);
    //联系人 1
    ContactsPageListAdapter.ContactInfo contact1 = new
ContactsPageListAdapter.ContactInfo(
            bitmap,"王二","[在线]我是王二");
    //头像
    bitmap = BitmapFactory.decodeResource(getResources(),
R.drawable.contacts_normal);
    //联系人 2
    ContactsPageListAdapter.ContactInfo contact2=new
ContactsPageListAdapter.ContactInfo(
            bitmap,"王三","[离线]我没有状态");
    //添加两个联系人
    tree.addNode(groupNode2,contact1,R.layout.contacts_contact_item);
    tree.addNode(groupNode2,contact2,R.layout.contacts_contact_item);

    //获取页面里的 RecyclerView，为它创建 Adapter
    RecyclerView recyclerView = v.findViewById(R.id.contactListView);
    recyclerView.setLayoutManager(new LinearLayoutManager(getContext()));
    recyclerView.setAdapter(new ContactsPageListAdapter(tree));

    return v;
}
```

注意，TreeNode 对象不能通过构造方法创建，只能通过 ListTree.addNode()方法创建。

addNode()的第一个参数是父节点，没有的话就传入 null，第二个参数是节点的数据，即每一行要显示的数据。第三个参数是这一行的 layout 资源 id。

如此一来，原来在 MainFragment 的 onCreateView()中相关的代码就要去掉了（被框出的行）：

```
//创建三个RecyclerView，分别对应QQ消息页，QQ联系人页，QQ空间页
RecyclerView v1 = new RecyclerView(getContext());
View v2 = getLayoutInflater().inflate(R.layout.contacts_page_layout, root: null);
RecyclerView v3 = new RecyclerView(getContext());

//将这三个View设置到数组中
listViews[0] = v1;
listViews[1] = v2;
listViews[2] = v3;

//别忘了设置layout管理器，否则不显示条目
v1.setLayoutManager(new LinearLayoutManager(getContext()));
RecyclerView recyclerViewInV2 = v2.findViewById(R.id.contactListView);
recyclerViewInV2.setLayoutManager(new LinearLayoutManager(getContext()));
//v3.setLayoutManager(new LinearLayoutManager(getContext()));

//为RecyclerView设置Adapter
v1.setAdapter(new MessagePageListAdapter(getActivity()));
recyclerViewInV2.setAdapter(new ContactsPageListAdapter( tree: null));
//v3.setAdapter(new SpacePageListAdapter());
```

创建 v2 的代码改为（被框出的是修改后的代码）：

```
//创建三个RecyclerView，分别对应QQ消息页，QQ联系人页，QQ空间页
RecyclerView v1 = new RecyclerView(getContext());
View v2 = createContactsPage();
RecyclerView v3 = new RecyclerView(getContext());
```

我把创建整个页面的代码封装到了一个单独的方法 createContactPage()中了。

13.3.11.9　实现 onCreateNodeView()方法

数据准备好了，下面实现 Adapter 中的方法把数据与 RecyclerView 关联起来。先实现 onCreateNodeView()方法，很显然这个方法是在 RecyclerView 要创建一行的 View 时被调用：

```
@Override
protected ListTreeViewHolder onCreateNodeView(ViewGroup parent, int viewType)
{
    //获取从 Layout 创建 View 的对象
    LayoutInflater inflater = LayoutInflater.from(parent.getContext());
    //创建不同的行 View
    if(viewType== R.layout.contacts_group_item){
        //最后一个参数必须传 true
        View view = inflater.inflate(viewType,parent,true);
        return new GroupViewHolder(view);
    }else if(viewType == R.layout.contacts_contact_item){
        View view  = inflater.inflate(viewType,parent,true);
        return new ContactViewHolder(view);
    }

    return null;
}
```

看看代码，跟 RecyclerView 原生用法没区别。

13.3.11.10 实现 onBindNodeViewHolder()方法

```
@Override
protected void onBindNodeViewHolder(ListTreeViewHolder viewHoler, int position)
{
    //获取行控件
    View view = viewHoler.itemView;
    //获取这一行这树对象中对应的节点
    ListTree.TreeNode node = tree.getNodeByPlaneIndex(position);

    if(node.getLayoutResId() == R.layout.contacts_group_item){
        //group node
        GroupInfo info = (GroupInfo)node.getData();
        GroupViewHolder gvh= (GroupViewHolder) viewHoler;
        gvh.textViewTitle.setText(info.getTitle());

gvh.textViewCount.setText(info.getOnlineCount()+"/"+node.getChildrenCount())
;
    }else if(node.getLayoutResId() == R.layout.contacts_contact_item){
        //child node
        ContactInfo info = (ContactInfo) node.getData();

        ContactViewHolder cvh= (ContactViewHolder) viewHoler;
        cvh.imageViewHead.setImageBitmap(info.getAvatar());
        cvh.textViewTitle.setText(info.getName());
        cvh.textViewDetail.setText(info.getStatus());
    }
}
```

根据行的序号获取节点用方法 getNodeByPlaneIndex()，这个前面解释过了。应该注意的就是获取行要显示的数据，调用 TreeNode 的方法 getData()，你还需要把返回的对象转成真正的类型。

完成，收功。

13.3.11.11 下拉刷新效果

下拉刷新的效果如图 13.3.11.11.1、图 13.3.11.11.2、图 13.3.11.11.3 所示。

图 13.3.11.11.1

图 13.3.11.11.2

网上有很多实现了下拉刷新 Android 控件，去 Github 上搜“pullrefresh”，然后选择 Java，有图为证（图 13.3.11.11.4）。而且很多都是国人提供的，使用指南都是中文的，所以我也不再去演示如何使用其中某个，我其实想演示的是 Android 官方提供的控件：SwipeRefreshLayout，它在 support 库中，其全名为“android.support.v4.widget.SwipeRefreshLayout”。但是它的效果与 QQApp 中的效果不一样，下面简要讲一下如何使用它。

图 13.3.11.11.3

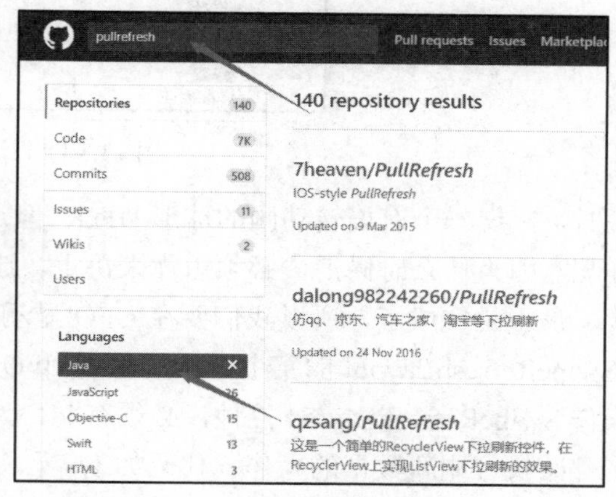

图 13.3.11.11.4

它的原理很简单，它是一个 Layout，它只能有一个儿子，想让谁有下拉刷新效果，就让谁给它当儿子就行了。我们现在需要为 MainFragment 中的三个子页面都提供下拉刷新效果，所以我们应该直接把这三个子页面的容器 viewPager 放在 SwipeRefreshLayout 中。修改前代码：

```
<!--主内容区-->
<niuedu.com.qqapp.QQViewPager
    android:id="@+id/viewPager"
    android:layout_width="match_parent"
    android:layout_height="0dp"
    android:layout_weight="1"/>
```

修改之后，变为这样：

```
<android.support.v4.widget.SwipeRefreshLayout
    android:layout_width="match_parent"
    android:layout_height="0dp"
    android:layout_weight="1">
    <!--主内容区-->
    <niuedu.com.qqapp.QQViewPager
        android:id="@+id/viewPager"
        android:layout_width="match_parent"
        android:layout_height="match_parent" />
</android.support.v4.widget.SwipeRefreshLayout>
```

运行效果如图 13.3.11.11.5 所示。

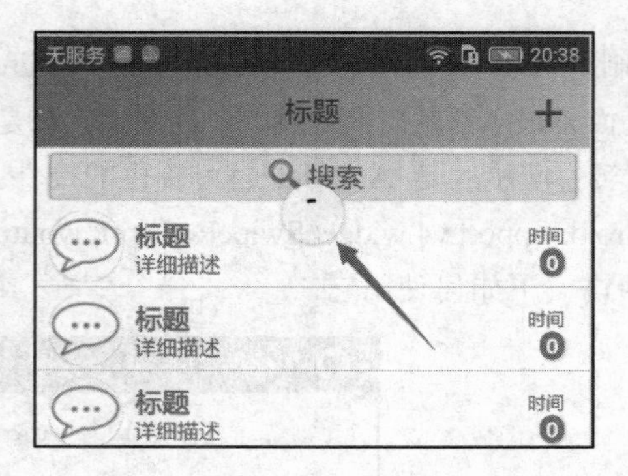

图 13.3.11.11.5

下拉时，出现一个有旋转动画的球形 UFO。但是，你会发现这个 UFO 不自动消失，为什么会这样呢？因为什么时候消失必须由你来决定。这个 UFO 消失了，表示刷新完成了，或成功或失败，反正是完成了，所以我们要在 UFO 显示出来之后开始数据刷新操作，在刷新完成后调用 SwipeRefreshLayout 的某个方法，隐藏 UFO。

要操作 SwipeRefreshLayout 控件，必须有 id，为它设置 id：refreshLayout。必须响应它刷新事件，开始执行刷新数据的操作。代码如下：

```
//获取刷新控件
final SwipeRefreshLayout
refreshLayout=rootView.findViewById(R.id.refreshLayout);
//响应它发出的事件
refreshLayout.setOnRefreshListener(new SwipeRefreshLayout.OnRefreshListener()
{
    @Override
    public void onRefresh() {
        //执行刷新数据的代码写在这里，不过一般都是耗时的操作或访问网络，所以需要
        //开启另外的线程。

        //刷新完成，隐藏 UFO
        refreshLayout.setRefreshing(false);
    }
});
```

此时再运行 App，下拉，显示 UFO，但很快就消失了，这是因为我们直接在 onRefresh() 中调用了 setRefreshing(false)，这大多数情况下是不对的，应该在刷新数据的线程中异步调用此方法，多线程与异步调用，后面讲网络通信时再讲，这里主要是演示刷新控件的用法。

13.3.12 创建“动态”页

“动态”页是这样的（如图 13.3.12.1 所示）：

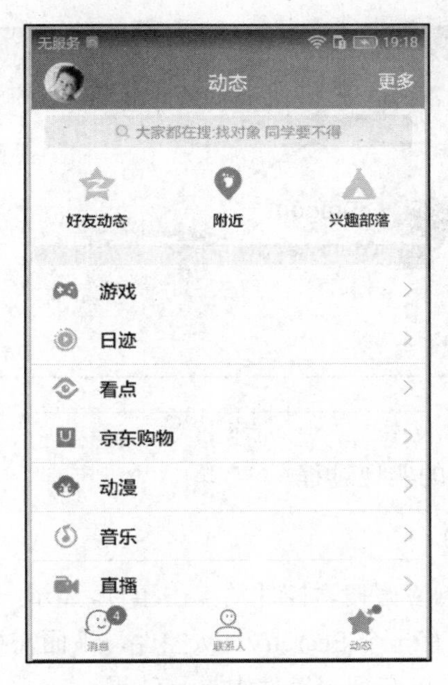

图 13.3.12.1

限于篇幅，不再实现这个页面，我讲一下设计思想，大家可自行实现。这个页面看起来也是一个列表，但实际上由于其内容是静态的，用列表反而麻烦。最简单的办法是用 ScollView（或 NestedScrollView），每一行都用 CardView 作最外层控件，这样可以随意定制行间的间隔效果。

13.3.13　实现搜索功能

搜索功能在 App 中绝对是一个常见功能。QQApp 实现了实时搜索功能。我们先看一下它的运行方式。在搜索控件上点一下（图 13.3.13.1 所示。还记得前面讲过的吗?这个搜索控件是假的，仅用于接受点击事件），进入搜索页面（图 13.3.13.2 所示）。

图 13.3.13.1

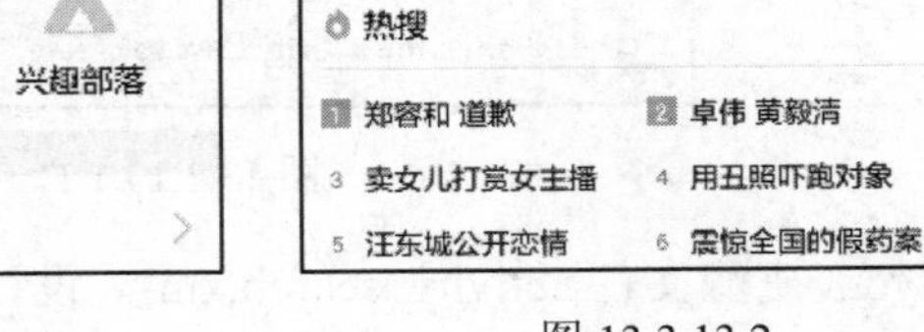

图 13.3.13.2

这个页面的搜索控件才是真正的搜索控件（SearchView），点它一下，出现软键盘，可以输入要搜索的字符串。在输的过程中，会实时显示出当前字符串的搜索结果，如图 13.3.13.3 所示。

图 13.3.13.3

下面我就讲一下搜索功能的实现过程。

13.3.13.1 创建搜索页面

先理一下思路：我们需要响应假搜索控件的点击事件，显示一个新的 Activity，这个 Activity 就是执行搜索的界面，它里面有一个 SearchView 控件，下面需被一个列表控件占据，这样当在 SearchView 中进行搜索时，可在列表控件中显示结果。

所以我们首先创建一个搜索页面。这个页面可以是一个 Fragment，也可以是一个 Activity，但我们最好使用 Activity，因为根据 QQApp 的效果，新页面是全面覆盖旧页面的，根据经验，这种情况用 Acitivity 更好一些，当然用 Fragment 也完全没问题。

使用向导创建一个 Activity，类名 SearchActivity，需选择的项如图 13.3.13.1.1 所示。

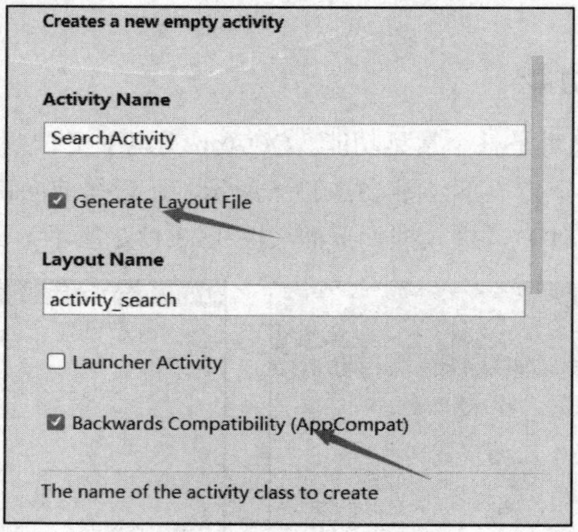

Creates a new empty activity

Activity Name

SearchActivity

☑ Generate Layout File

Layout Name

activity_search

☐ Launcher Activity

☑ Backwards Compatibility (AppCompat)

The name of the activity class to create

图 13.3.13.1.1

修改它的 layout 资源文件 activity_search.xml，设计界面：

```
<?xml version="1.0" encoding="utf-8"?>
<android.support.constraint.ConstraintLayout
xmlns:android="http://schemas.android.com/apk/res/android"
    xmlns:app="http://schemas.android.com/apk/res-auto"
    xmlns:tools="http://schemas.android.com/tools"
```

```
    android:layout_width="match_parent"
    android:layout_height="match_parent"
    tools:context="niuedu.com.qqapp.SearchActivity">

    <SearchView
        android:id="@+id/searchView"
        android:layout_width="0dp"
        android:layout_height="wrap_content"
        android:layout_marginEnd="8dp"
        android:layout_marginStart="8dp"
        android:layout_marginTop="8dp"
        app:layout_constraintEnd_toStartOf="@+id/tvCancel"
        app:layout_constraintStart_toStartOf="parent"
        app:layout_constraintTop_toTopOf="parent" />

    <TextView
        android:id="@+id/tvCancel"
        android:layout_width="wrap_content"
        android:layout_height="0dp"
        android:layout_marginBottom="8dp"
        android:layout_marginEnd="8dp"
        android:padding="10dp"
        android:text="取消"
        android:textColor="@android:color/holo_blue_dark"
        android:textSize="14sp"
        app:layout_constraintBottom_toBottomOf="@+id/searchView"
        app:layout_constraintEnd_toEndOf="parent"
        app:layout_constraintTop_toTopOf="@+id/searchView" />

    <android.support.v7.widget.RecyclerView
        android:id="@+id/resultListView"
        android:layout_width="0dp"
        android:layout_height="0dp"
        android:layout_marginBottom="8dp"
        android:layout_marginEnd="8dp"
        android:layout_marginStart="8dp"
        android:layout_marginTop="8dp"
        app:layout_constraintBottom_toBottomOf="parent"
        app:layout_constraintEnd_toEndOf="parent"
        app:layout_constraintStart_toStartOf="parent"
        app:layout_constraintTop_toBottomOf="@+id/searchView" />

</android.support.constraint.ConstraintLayout>
```

其预览图是这样的（如图 13.3.13.1.2 所示）：

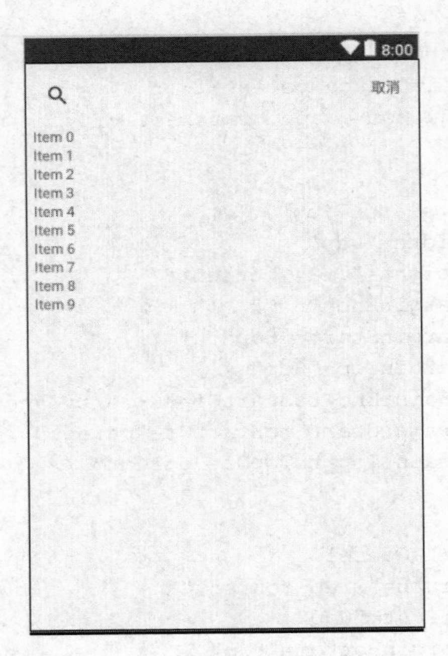

图 13.3.13.1.2

搜索控件的 id 叫“searchView”，取消按钮（其实是一个 TextView）的 id 为“tvCancel”，列表控件的 id 为“resultListView”。

我们还要为列表的每一行创建 layout 资源，文件名为 search_result_item.xml，内容如下：

```
<?xml version="1.0" encoding="utf-8"?>
<LinearLayout xmlns:android="http://schemas.android.com/apk/res/android"
   xmlns:app="http://schemas.android.com/apk/res-auto"
   android:layout_width="match_parent"
   android:layout_height="wrap_content"
   android:paddingBottom="2dp"
   android:paddingEnd="10dp"
   android:paddingStart="10dp"
   android:paddingTop="2dp">

   <ImageView
      android:id="@+id/imageViewHead"
      android:layout_width="48dp"
      android:layout_height="48dp"
      app:srcCompat="@drawable/space_normal" />

   <LinearLayout
      android:layout_width="match_parent"
      android:layout_height="match_parent"
      android:layout_marginStart="10dp"
      android:orientation="vertical">

      <TextView
         android:id="@+id/textViewName"
```

```
        android:layout_width="match_parent"
        android:layout_height="match_parent"
        android:layout_weight="1"
        android:gravity="center_vertical"
        android:text="TextView" />

    <TextView
        android:id="@+id/textViewDetail"
        android:layout_width="match_parent"
        android:layout_height="match_parent"
        android:layout_weight="1"
        android:gravity="center_vertical"
        android:text="TextView" />
  </LinearLayout>
</LinearLayout>
```

13.3.13.2　Activity 间共享数据

在实现 SearchActivity 的时候，遇到了一个问题：Activity 或 Fragment 之间共享数据。联系人集合保存在 ListTree 对象中（见 MainFragment 的方法 createContactsPage()，在其中 ListTree 对象被直接传给了 Adapter），而我们在 SearchActivity 中搜索联系人时，必然要操作 ListTree 对象，而 ListTree 对象是在 MainFragment 中创建并保管的，那么如何将 ListTree 对象传给 SearchActivity 呢？

能不能这样：将 ListTree 对象保存成 MainFragment 的成员变量，然后在 SearchActivity 中只要获得 MainFragment 对象，不就可以访问 ListTree 对象了吗？但是，这样完全错误！因为在运行时，MainFragment 属于 MainActivity，所以不能在 SearchActivity 中获得 MainFragment！也不是做不到，而是不应该，因为 Activity 是生命期独立的，可能 SearchActivity 出现后 MainActivity 被系统杀死了，MainActivity 死后 MainFragment 也会很快跟着死掉，此时访问它可能会引起异常，我们不应该有这种非分之想，没把握的事就不应该去做。

那可不可以这样：将 ListTree 对象设置成 MainFragment 的静态成员，这样，即使 MainFragment 对象死翘翘了，ListTree 对象依然存在。可以，但这不是 Android 希望的。Android 希望数据与逻辑分离，Android 希望把整个 App 组件化，即由生命期独立的组件互相配合完成整个 App 的功能。需要在 Activity 间共享的数据也应该被组件化，这种组件叫作“ContentProvider”！我们把共享数据封装到 ContentProvider 中，哪个 Activity 想用它，就向 ContentProvider 发出请求。

Android 中有四大组件，Activity 和 ContentProvider 就是其中两个，它们的共同特点是生命期独立，你甚至可以把一个组件看作是一个独立的 App，只是功能少点。但我不是很看好这种做法，我在前面曾斗胆反对过这种做法。

最后还有一种做法，就是持久化，即把数据存到硬盘上（手机没有硬盘，对应的就是内部存储或外部存储）进行共享，可以保存成文件，也可以保存到数据库中（SQLite），我们的数据不多，不用搞这么麻烦。

我个人选择的是还是第二种做法，即使用静态成员的方式在 Activity 间共享数据。虽然这种方式 Android 不乐意，但它无法阻止我们，同时这样做也有很多好处。

所以我把 MainFragment 的 createContactsPage()中的这一句“ListTree tree = new ListTree();”移到 MainFragment 类中，同时增加一个 public 方法 getContacts()来返回 ListTree 对象，如图 13.3.13.2.1 所示。

```
public class MainFragment extends Fragment {
    final static int TAB_MESSAGE = 0; //QQ消息
    final static int TAB_CONTACTS = 1;//QQ联系人
    final static int TAB_SPACE = 2;//QQ动态（空间）

    private TabLayout tabLayout;//引用TabLayout控件
    private ViewPager viewPager;
    private ViewGroup rootView;

    //创建集合（一棵树）
    private static ListTree tree = new ListTree();
    public static ListTree getContacts(){
        return tree;
    }
```

图 13.3.13.2.1

13.3.13.3 使用 SearchView

我们需要响应 SearchView 的某些事件来完成搜索功能。QQApp 中可以做到实时搜索，就是用户在搜索框中一旦键入新的字符，立即使用当前的字符串进行搜索。我们利用 SearchView 可以很容易做到：为它设置侦听器 OnQueryTextListener 即可，代码如下：

```
//设置搜索相关的东西
private void initSearching() {
    //搜索控件
    SearchView searchView = findViewById(R.id.searchView);
    //不以图标的形式显示
    searchView.setIconifiedByDefault(false);
    //searchView.setSubmitButtonEnabled(true);

    //取消按钮
    TextView cancelView = findViewById(R.id.tvCancel);
    //搜索结果列表
    final RecyclerView resultListView = findViewById(R.id.resultListView);
    resultListView.setLayoutManager(new LinearLayoutManager(this));
    resultListView.setAdapter(new ResultListAdapter());

    //响应SearchView的文本输入事件，以实现实时搜索
    searchView.setOnQueryTextListener(new SearchView.OnQueryTextListener() {
        @Override
        public boolean onQueryTextSubmit(String query) {
            //当点了“搜索”键时执行，因使用了实时搜索，此处
            //没有实现的必要了，所以返回false，表示我们并没有处理，
            //交由系统处理，但其实系统也没做什么处理。
            return false;
        }
```

```
    @Override
    public boolean onQueryTextChange(String newText) {
        //根据 newText 中的字符串进行搜索，搜索其中包含关键字的节点
        ListTree tree = MainFragment.getContactsTree();
        //必须每次都清空保存结果的集合对象
        searchResultList.clear();

        //只有当要搜索的字符串非空时，才遍历列表
        if(!newText.equals("")) {
            //遍历整个树
            ListTree.EnumPos pos = tree.startEnumNode();
            while (pos!=null) {
                //如果这个节点中存的是联系人信息
                ListTree.TreeNode node = tree.getNodeByEnumPos(pos);
                if (node.getData() instanceof
ContactsPageListAdapter.ContactInfo) {
                    //获取联系人信息对象
                    ContactsPageListAdapter.ContactInfo contactInfo =
                            (ContactsPageListAdapter.ContactInfo)
node.getData();
                    //获取此联系人的组名
                    ListTree.TreeNode groupNode = node.getParent();
                    ContactsPageListAdapter.GroupInfo groupInfo =
                            (ContactsPageListAdapter.GroupInfo)
groupNode.getData();
                    String groupName = groupInfo.getTitle();
                    //查看联系人的名字中或状态中是否包含了要搜索的字符串
                    if (contactInfo.getName().contains(newText) ||
                            contactInfo.getStatus().contains(newText)) {
                        //搜到了！列出这个联系人的信息
                        searchResultList.add(new MyContactInfo(contactInfo,
groupName));
                    }
                }
                //System.out.println(node.getData().toString());
                pos = tree.enumNext(pos);
            }
        }

        //通知 RecyclerView，刷新数据
        resultListView.getAdapter().notifyDataSetChanged();
        return true;
    }
});
```

在 SearchActivity 类中增加一个方法“initSearching()”，把设置搜索的相关的代码都放在其中。注意这一句：searchView.setIconifiedByDefault(false)，把 SearchView 设置成一个非图标模式，如果是图标模式，它会缩成一个放大镜图标，非图标模式时它显示成带有放大镜图标的输入框。我在此方法中先取得了各相关控件对象，保存到变量中，然后为保存结果的

resultListView 设置了 Adapter 和布局管理器。又为搜索控件设置了侦听器，此侦听器有两个方法，第一个方法在用户发出开始搜索的指令时执行，第二个方法是当搜索文本发生改变时执行，显然要进行实时搜索需要实现第二个方法。在这个方法中，取得了保存数据的集合对象 ListTree，然后取得它内部的列表，节点信息其实是保存在列表中，取得列表是为了方便地遍历所有的节点。有了这个列表，就可以遍历每个节点，看谁保存的数据中包含了要搜索的字符串，如果包含了，就记下来。如何记下来呢？就是通过保存到列表 searchResultList 中，当把找到的联系人都保存到 searchResultList 后，调用 Adapter 的 notifyDataSetChanged()方法通知重新加载数据。这个变量是 SearchActivity 的成员变量：

```
public class SearchActivity extends AppCompatActivity {
    private List<MyContactInfo> searchResultList=new ArrayList<>();
```

注意，searchResultList 中的每一项都是类 MyContactInfo 的一个实例。为了保存联系人信息，我创建了类 MyContactInfo，作为 SearchActivity 的内部类。为什么不直接用类 ContactInfo 呢？因为它里面没有组信息，MyContactInfo 中除了保存 ContactInfo 外还增加了保存组名的变量，见代码：

```
//为了能保存所在组的组名，创建此类
class MyContactInfo{
    //增加一个信息：所在组的组名
    private String groupName;
    private ContactsPageListAdapter.ContactInfo info;

    public MyContactInfo(ContactsPageListAdapter.ContactInfo info, String
groupName) {
        this.info=info;
        this.groupName = groupName;
    }

    public String getGroupName() {
        return groupName;
    }
}
```

方法 initSearching()需要在 SearchActivity 的 onCreate()中调用：

```
@Override
protected void onCreate(Bundle savedInstanceState) {
    super.onCreate(savedInstanceState);
    setContentView(R.layout.activity_search);

    //设置搜索
    initSearching();
}
```

我们为显示结果的 RecyclerView 设置了适配器 ResultListAdapter，那么 ResultListAdapter 是如何实现呢？ResultListAdapter 也没有特殊的地方，无非就是根据 searchResultList 的内容显示各行，我也把它作为 SearchActivity 的内部类，代码如下：

```
class ResultListAdapter extends
RecyclerView.Adapter<ResultListAdapter.MyViewHolder>{
    @Override
    public MyViewHolder onCreateViewHolder(ViewGroup parent, int viewType) {
        View v=
getLayoutInflater().inflate(R.layout.search_result_item,parent,false);
        return new MyViewHolder(v);
    }

    @Override
    public void onBindViewHolder(MyViewHolder holder, int position) {
        //获取联系人信息，设置到对应的控件中
        MyContactInfo info = searchResultList.get(position);
        holder.imageViewHead.setImageBitmap(info.info.getAvatar());
        holder.textViewName.setText(info.info.getName());
        String groupName =info.groupName;
        holder.textViewDetail.setText("来自分组 "+groupName);
    }
    @Override
    public int getItemCount() {
        return searchResultList.size();
    }
    public class MyViewHolder extends RecyclerView.ViewHolder {
        ImageView imageViewHead;
        TextView textViewName;
        TextView textViewDetail;

        public MyViewHolder(View itemView) {
            super(itemView);

            imageViewHead = itemView.findViewById(R.id.imageViewHead);
            textViewName = itemView.findViewById(R.id.textViewName);
            textViewDetail = itemView.findViewById(R.id.textViewDetail);
        }
    }
}
```

到此为止，实时搜索已经完成了。运行 App，在“联系人”页面，点击靠顶部的搜索控件，进入搜索页面，在搜索控件中输入文本，如果有联系人包含此文本，就会出现如图 13.3.13.3.1 所示效果。

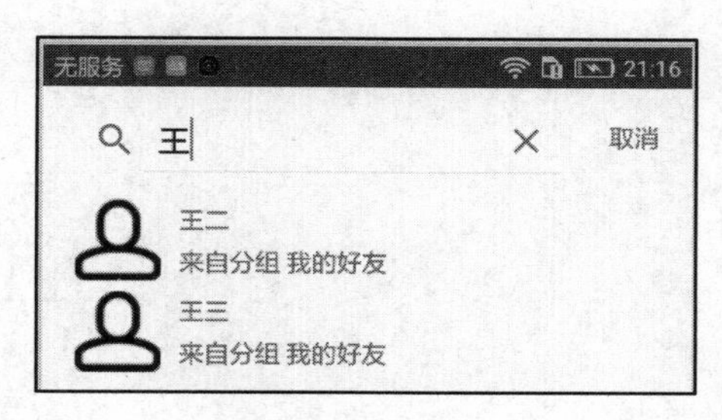

图 13.3.13.3.1

13.3.13.4 如何触发非实时搜索

上一节完成了实时搜索功能，为什么又讲如何触发非实时搜索呢？因为很多时候搜索并不是实时的，而是普通方式，即用户先输入要搜索的文本，输入完成后通过某种方式使 App 开始执行搜索，搜索完成后显示结果。但这里面有个问题：如何触发搜索动作的执行？

实际上一般是通过软键盘上的一个键触发的。当你在 SearchView 中输入时，软键盘上一般会出现一个“搜索”键。有图 13.3.13.4.1 为证。万一没有出现这个键怎么办呢？你可以调用 SearchView 的实例方法 setSubmitButtonEnabled(true)，如果传入参数为 true，这个方法会在 SearchView 的右边显示一个图标，点它也触发搜索，也有图 13.3.13.4.2 为证。

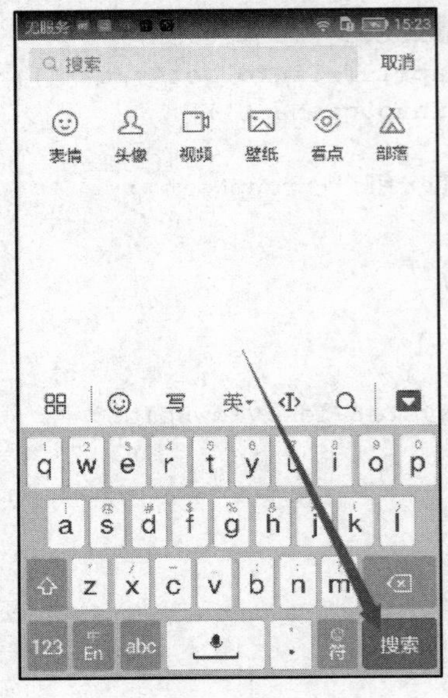

图 13.3.13.4.1

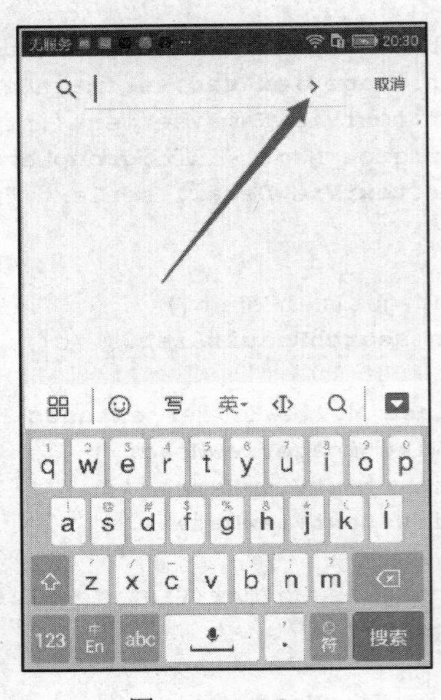

图 13.3.13.4.2

到此为止，搜索的主要功能就实现了。剩下的问题就是点“取消”按钮退出了，这个自己做一下吧，无非就是调用 Activity 的 finish()方法。还有就是点击结果中的一条，进入新的页面，这个也不难，请自行实现一下吧？

第 14 章 实现聊天界面

上一章我们模仿了 QQApp 的界面，本章继续实现聊天界面。

14.1 实现原理分析

聊天页面是这样的（如图 14.1.1 所示）：

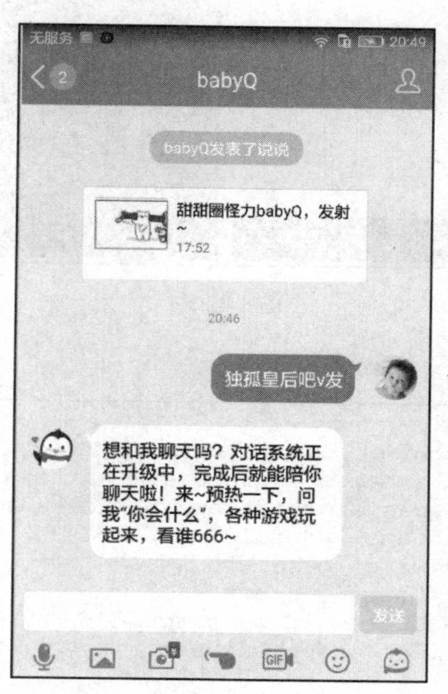

图 14.1.1

当然各位读者对此界面都很熟悉，我们更感兴趣的是它的实现原理。我们知道中间部分（显示聊天信息的那部分）是可以滚动的，那么它可能是某种 ScrollView 或 ListView（包括 RecyclerView），实际上这两种 View 都可以实现这个效果，我感觉用列表控件实现起来更容易，因为聊天记录这种数据保存在 List 集合中比较方便管理。另外一个有意思的地方就是用气泡显示消息，我们需要实现气泡效果，我们还要计算出消息文字所占的高度，这样才能按正确的大小显示气泡。下面我们一步步实现这个页面。

14.2 创建聊天 Activity

创建的过程我就不细说了，类名叫 ChatActivity，其对应的 layout 资源叫 activity_chat.xml。

14.2.1 activity_chat.xml

其预览图是这样的（如图 14.2.1.1 所示）：

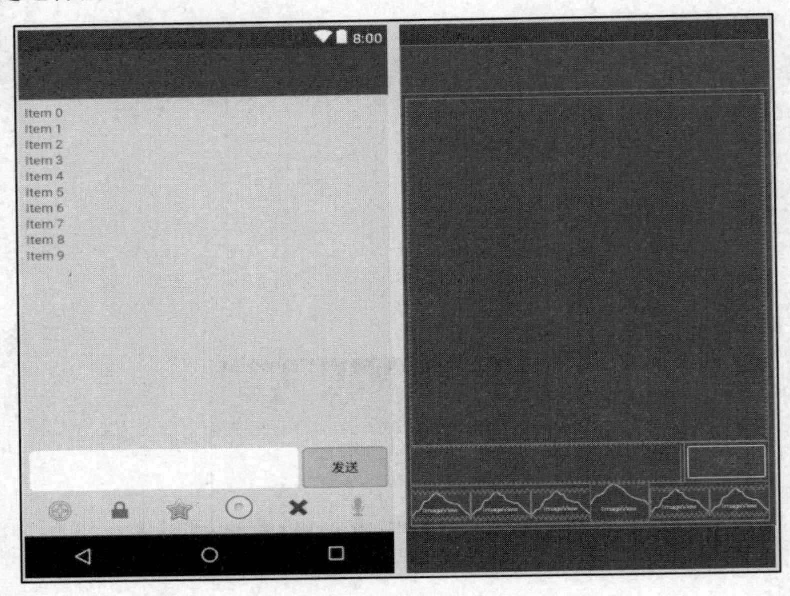

图 14.2.1.1

其源码如下：

```
<?xml version="1.0" encoding="utf-8"?>
<android.support.design.widget.CoordinatorLayout
    xmlns:android="http://schemas.android.com/apk/res/android"
    xmlns:app="http://schemas.android.com/apk/res-auto"
    xmlns:tools="http://schemas.android.com/tools"
    android:layout_width="match_parent"
    android:layout_height="match_parent"
    android:background="@color/chat_background"
    tools:context="niuedu.com.qqapp.ChatActivity">

    <android.support.design.widget.AppBarLayout
        android:layout_width="match_parent"
        android:layout_height="wrap_content"
        android:theme="@style/AppTheme.AppBarOverlay">

        <android.support.v7.widget.Toolbar
            android:id="@+id/toolbar"
            android:layout_width="match_parent"
            android:layout_height="?attr/actionBarSize"
            android:background="?attr/colorPrimary"
            app:popupTheme="@style/AppTheme.PopupOverlay" />
```

```
</android.support.design.widget.AppBarLayout>

<LinearLayout
    android:layout_width="match_parent"
    android:layout_height="match_parent"
    android:layout_margin="6dp"
    android:orientation="vertical"
    app:layout_behavior="@string/appbar_scrolling_view_behavior">

    <android.support.v7.widget.RecyclerView
        android:id="@+id/chatMessageListView"
        android:layout_width="match_parent"
        android:layout_height="0dp"
        android:layout_weight="1"
        app:layout_constraintEnd_toEndOf="parent"
        app:layout_constraintStart_toStartOf="parent"
        app:layout_constraintTop_toTopOf="parent" />

    <LinearLayout
        android:layout_width="match_parent"
        android:layout_height="wrap_content"
        android:gravity="center_vertical"
        android:orientation="horizontal">

        <EditText
            android:id="@+id/editMessage"
            android:layout_width="0dp"
            android:layout_height="match_parent"
            android:layout_marginRight="4dp"
            android:layout_weight="1"
            android:background="@drawable/unborder_round_bkground"
            android:ems="10"
            android:inputType="textPersonName" />
        <Button
            android:id="@+id/buttonSend"
            android:layout_width="wrap_content"
            android:layout_height="wrap_content"
            android:background="@drawable/border_round_bkground"
            android:text="发送" />
    </LinearLayout>

    <LinearLayout
        android:layout_width="match_parent"
        android:layout_height="wrap_content"
        android:gravity="center_vertical"
        android:orientation="horizontal">

        <ImageView
            android:id="@+id/imageView7"
            android:layout_width="0dp"
            android:layout_height="wrap_content"
            android:layout_weight="1"
            app:srcCompat="@android:drawable/ic_menu_add" />

        <ImageView
            android:id="@+id/imageView12"
            android:layout_width="0dp"
            android:layout_height="wrap_content"
            android:layout_weight="1"
```

```
            app:srcCompat="@android:drawable/ic_lock_lock" />

        <ImageView
            android:id="@+id/imageView8"
            android:layout_width="0dp"
            android:layout_height="wrap_content"
            android:layout_weight="1"
            app:srcCompat="@android:drawable/btn_star_big_on" />

        <ImageView
            android:id="@+id/imageView10"
            android:layout_width="0dp"
            android:layout_height="wrap_content"
            android:layout_weight="1"
            app:srcCompat="@android:drawable/btn_radio" />

        <ImageView
            android:id="@+id/imageView9"
            android:layout_width="0dp"
            android:layout_height="wrap_content"
            android:layout_weight="1"
            app:srcCompat="@android:drawable/ic_delete" />

        <ImageView
            android:id="@+id/imageView11"
            android:layout_width="0dp"
            android:layout_height="wrap_content"
            android:layout_weight="1"
            app:srcCompat="@android:drawable/ic_btn_speak_now" />
    </LinearLayout>
  </LinearLayout>
</android.support.design.widget.CoordinatorLayout>
```

可以看到有个 RecyclerView，其 id 为 chatMessageListView，很明显，我将要用它来显示聊天消息。

14.2.2 类 ChatActivity

其源码如下：

```
public class ChatActivity extends AppCompatActivity {
    //存放一条消息之数据的类
    public static class ChatMessage{
        String contactName;//联系人的名字
        Date time;//日期
        String content;//消息的内容
        boolean isMe;//这个消息是不是我发出的?

        //构造方法
        public ChatMessage(String contactName, Date time, String content, boolean
isMe) {
            this.contactName = contactName;
            this.time = time;
            this.content = content;
            this.isMe = isMe;
        }
    }
```

```
    //存放所有的聊天消息
    private List<ChatMessage> chatMessages = new ArrayList<>();

    @Override
    protected void onCreate(Bundle savedInstanceState) {
        super.onCreate(savedInstanceState);
        //设置 Layout
        setContentView(R.layout.activity_chat);
        //设置动作栏
        Toolbar toolbar = (Toolbar) findViewById(R.id.toolbar);

        //获取启动此 Activity 时传过来的数据
        //在启动聊天界面时，通过此方式把对方的名字传过来
        String contactName=getIntent().getStringExtra("contact_name");
        if(contactName!=null){
            toolbar.setTitle(contactName);
        }

        setSupportActionBar(toolbar);
        //设置显示动作栏上的返回图标
        getSupportActionBar().setDisplayHomeAsUpEnabled(true);

        //获取 Recycler 控件并设置适配器
        RecyclerView recyclerView = findViewById(R.id.chatMessageListView);
        recyclerView.setLayoutManager(new LinearLayoutManager(this));
        recyclerView.setAdapter(new ChatMessagesAdapter());
    }

    @Override
    public boolean onOptionsItemSelected(MenuItem item) {
        int id = item.getItemId();
        if (id == android.R.id.home) {
            //当点击动作栏上的返回图标时执行
            //关闭自己，返回来时的页面
            finish();
        }
        return super.onOptionsItemSelected(item);
    }

    //为 RecyclerView 提供数据的适配器
    public class ChatMessagesAdapter extends
            RecyclerView.Adapter<ChatMessagesAdapter.MyViewHolder> {

        @Override
        public MyViewHolder onCreateViewHolder(ViewGroup parent, int viewType) {
//参数 viewType 即行的 Layout 资源 Id，由 getItemViewType()的返回值决定的
            View itemView = getLayoutInflater().inflate(viewType,parent,false);
            return new MyViewHolder(itemView);
        }

        @Override
        public void onBindViewHolder(MyViewHolder holder, int position) {
            ChatMessage message = chatMessages.get(position);
            holder.textView.setText(message.content);
        }

        @Override
        public int getItemCount() {
            return chatMessages.size();
        }
```

```
        //有两种行 layout，所以 Override 此方法
        @Override
        public int getItemViewType(int position) {
            ChatMessage message = chatMessages.get(position);
            if(message.isMe) {
                //如果是我的，靠右显示
                return R.layout.chat_message_right_item;
            }else{
                //对方的，靠左显示
                return R.layout.chat_message_left_item;
            }
        }

        class MyViewHolder extends RecyclerView.ViewHolder{
            private TextView textView ;
            private ImageView imageView;

            public MyViewHolder(View itemView) {
                super(itemView);
                textView = itemView.findViewById(R.id.textView);
                imageView = itemView.findViewById(R.id.imageView);
            }
        }
    }
}
```

注意其包含了两个内部类：ChatMessage 和 ChatMessageAdapter。其中 ChatMessage 用于保存一条消息的信息，ChatMessageAdapter 为 RecyclerView 提供数据。有意思的是方法 getItemViewType()，在其中根据一条消息是我发出的还是对方发出的，返回不同的 layout 资源 id 作为行 View Type。所以我们还需要准备两个 layout 资源，用于显示一条消息。

14.2.3 显示消息的 layout

创建两个 layout 资源，分别命名为 chat_message_left_item.xml 和 chat_message_right_item.xml，用于在 RecyclerView 中显示一条消息。它们的预览图分别如图 14.2.3.1、图 14.2.3.2 所示。

图 14.2.3.1

图 14.2.3.2

chat_message_left_item.xml 的源码为：

```
<LinearLayout xmlns:android="http://schemas.android.com/apk/res/android"
    xmlns:app="http://schemas.android.com/apk/res-auto"
    android:layout_width="match_parent"
```

```
    android:layout_height="wrap_content"
    android:layout_margin="8dp">

    <ImageView
        android:id="@+id/imageView"
        android:layout_width="wrap_content"
        android:layout_height="wrap_content"
        app:srcCompat="@drawable/contacts_normal" />

    <TextView
        android:id="@+id/textView"
        android:layout_width="wrap_content"
        android:layout_height="wrap_content"
        android:background="@drawable/bubble_left"
        android:gravity="center"
        android:paddingBottom="10dp"
        android:paddingRight="10dp"
        android:paddingStart="40dp"
        android:paddingTop="10dp"
        android:text="Message" />
</LinearLayout>
```

chat_message_right_item.xml 的源码为：

```
<?xml version="1.0" encoding="utf-8"?>
<LinearLayout xmlns:android="http://schemas.android.com/apk/res/android"
    xmlns:app="http://schemas.android.com/apk/res-auto"
    android:layout_width="match_parent"
    android:layout_height="wrap_content"
    android:layout_margin="8dp"
    android:gravity="right">

    <FrameLayout
        android:layout_width="0dp"
        android:layout_height="wrap_content"
        android:layout_weight="1">

        <TextView
            android:id="@+id/textView"
            android:layout_width="wrap_content"
            android:layout_height="wrap_content"
            android:layout_gravity="end"
            android:background="@drawable/bubble_right"
            android:gravity="center"
            android:paddingBottom="10dp"
            android:paddingEnd="40dp"
            android:paddingStart="10dp"
            android:paddingTop="10dp"
            android:text="Message" />
    </FrameLayout>
```

```
    <ImageView
        android:id="@+id/imageView"
        android:layout_width="wrap_content"
        android:layout_height="wrap_content"
        app:srcCompat="@drawable/contacts_focus" />
</LinearLayout>
```

显示气泡消息的是一个 TextView，它之所以能显示成气泡形状，是因为将一个气泡状图像设置成了它的背景。为了能让气泡在放大和缩小时不失真，气泡图像应搞成 9Pitch 图，如何制作 9Pitch 图，前面已经讲过了。以下是这两个图像（图 14.2.3.3、图 14.2.3.4），注意其中所指定的能伸缩的部分，这部分指定对了，图像在缩放时就不会失真。

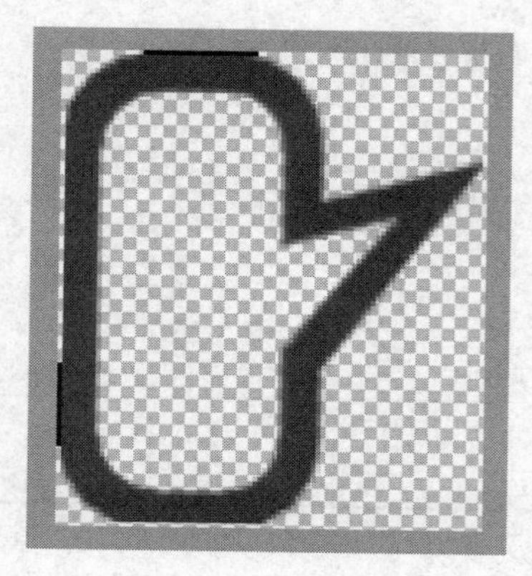

图 14.2.3.3

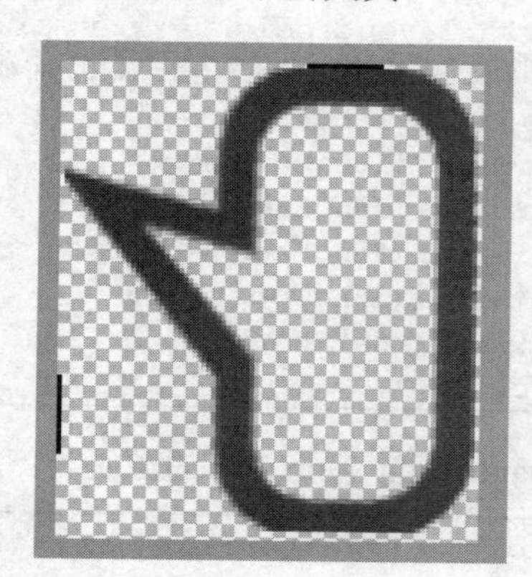

图 14.2.3.4

14.3 启动 ChatActivity

当点击一个联系人时，进入聊天界面。所以我们应该响应联系人的点击事件，启动 ChatActivity。响应联系人的点击事件应该在联系人界面的 Adapter 类中搞，打开类 ContactsPageListAdapter，找到内部类 ContactViewHolder，修改它的构造方法，添加对行控件的点击事件侦听，代码如下：

```
public ContactViewHolder(final View itemView) {
    super(itemView);

    imageViewHead = itemView.findViewById(R.id.imageViewHead);
    textViewTitle = itemView.findViewById(R.id.textViewTitle);
    textViewDetail = itemView.findViewById(R.id.textViewDetail);

    //当点击这一行时，开始聊天
    itemView.setOnClickListener(new View.OnClickListener() {
        @Override
        public void onClick(View view) {
```

```
            //进入聊天页面
            Intent intent = new Intent(itemView.getContext(),
ChatActivity.class);
            //将对方的名字作为参数传过去
            intent.putExtra("contact_name",(String)view.getTag());
            itemView.getContext().startActivity(intent);
        }
    });
}
```

14.4 模拟聊天

现在还没有实现网络连接，不能真正地进行双方聊天，但是我们可以模拟一下聊天，即当我发出一条信息后，电脑自动回复一条。

首先要响应 ChatActivity 中的“发送”按钮，在其中“发出”一条消息。之所以在“发出”上加引号，是因为我们不是真的发出去，而是显示在聊天界面的 RecyclerView 中。

在 ChatActivity 的 onCreate()方法中，添加对“发出”按钮点击事件的响应。我把这部分代码放在了 onCreate()的最下面：

```
//响应按钮的点击，发出消息
findViewById(R.id.buttonSend).setOnClickListener(new View.OnClickListener() {
    @Override
    public void onClick(View view) {
        //现在还不能真正发出消息，把消息放在 chatMessages 中，显示出来即可
        //从 EditText 控件取得消息
        EditText editText = findViewById(R.id.editMessage);
        String msg = editText.getText().toString();
        //添加到集合中，从而能在 RecyclerView 中显示
        ChatMessage chatMessage = new ChatMessage("我",new Date(),msg,true);
        chatMessages.add(chatMessage);
        //同时也把对方的话加上。对方永远只有一句回答
        chatMessage = new ChatMessage("对方",new Date(),"你是谁?你妈贵姓?",false);
        chatMessages.add(chatMessage);
        //通知 RecyclerView，更新一行

recyclerView.getAdapter().notifyItemRangeInserted(chatMessages.size()-2,2);
        //让 RecyclerView 向下滚动，以显示最新的消息
        recyclerView.scrollToPosition(chatMessages.size()-1);
    }
});
```

运行 App，进入“联系人”页面，点“我的好友”，选一个联系人（图 14.4.1 所示），进入聊天页面，输入消息并发出，出现图 14.4.2 所示效果。

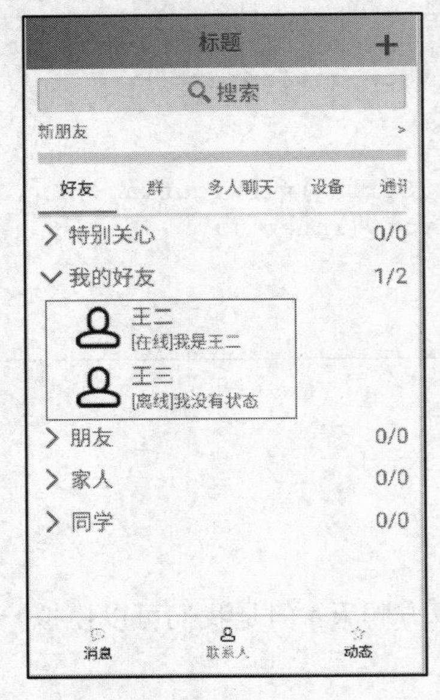

图 14.4.1

图 14.4.2

到此为止，聊天界面已经实现了，但是离真正网络聊天还差得远。我们下面就应该讲网络通信了，但是网络通信绝对离不开多线程，因为网络通信的执行过程必须在主线程之外的线程中执行，所以我们下面先讲多线程，再讲网络通信。

第 15 章

多线程

多线程是令初学者非常头痛的一个概念，尤其将多线程与同步、异步这些调用方式混在一讲，但它们有时真的分不开。

但是你别害怕，因为你害怕也没用，作为一名程序设计从业人员，你必须搞明白它。只要我讲得明白，你肯定更容易掌握它，那我就尽量讲明白。

先声明一点，我不会讲太细，我讲原理和概念，理解以后你自己去查找资料学习细节。

15.1 线程与进程的概念

我们知道程序在硬盘中是一个可执行文件，当执行这个文件时，它会被加载到内存中，此时就有了一个进程。

一个可执行文件可以被运行多次，那么一个程序是可以对应多个进程的，虽然这些进程都是由同一个程序产生的，它们之间却没有关系，这个没有关系指的是内存空间，每个进程有自己的内存空间，一个进程不可能访问另一个进程中的变量，更不可能调用另一个进程中的函数，进程就像关在全面封闭无门无窗的牢房里，根本不允许互相之间直接对话。

那是如何做到让每个进程有独立的内存空间的呢？不论电脑的物理内存是多少，32 位的进程总是感觉自己有 4G 的内存可以使用，这其实是操作系统虚拟出来的内存空间，操作系统欺骗了进程。

程序要运行，仅有进程还不行，还必须有线程！如果没有线程，程序只是被加载到内存中，但不能运行！也就是程序里的代码不能被 CPU 执行！就是这么奇怪。

为了能执行程序，操作系统在创建完进程后，会默认创建出一个线程并开始执行，这个线程叫主线程。线程必须从某个函数开始执行，也就是它的入口函数，很显然，主线程的入口函数是“main()”！所以，要创建一个线程，必须为它指定一个入口函数（Java 中叫方法）。注意，除了主线程，其余线程都是主线程直接或间接创建出来的，间接指的是由主线程创建的线程再创建线程的方式。实际上除了创建者不同，线程之间没有任何区别，也就是主线程特殊一点点吧：主线程结束时，程序就会结束，此时未执行完的其他程序会被强制杀死。

线程的入口函数返回时，线程就正常结束，但有时线程会非正常结束，线程非正常结束往往会造成内存泄漏。

既然进程之间不能互相直接访问，那进程内就可以互相直接访问了对吧？完全正确！大家都在一间屋里，当然可以看到彼此。进程内的线程可以访问同一进程内其他线程中创建的变量，虽然有时语法上不允许（比如不能访问别人的私有变量），但其实是可以绕过语法的限制的。

那么线程到底是什么呢？你可以把一个线程认为是一个虚拟的 CPU。如果把两个函数都分配给同一个 CPU 执行，那么这两个函数会根据其调用顺序依次执行，一个执行完了，才执行下一个，这就叫“同步执行（或同步调用）”，我们写的大多数代码都是同步执行的。但如果把两个函数分配给两个 CPU 执行，那么这两个函数就可以同时执行，不必等待一个执行完了再执行下一个，这叫异步执行（或异步调用）。可见同步执行并不是同时执行，反而异步执行才有同时执行的可能性。把两个函数分配给两个 CPU 执行，就需要通过创建线程的方式来实现了。

其实我们很容易想到，单线程必然对应着同步执行，因为在单线程中函数必然根据其调用顺序依次执行的，同理多线程就对应的必然是异步执行，因为多个线程之间无法做到同步执行。但是，你想错了！单线程也可以做到异步执行，多线程也可以做到同步执行。我们后面会详细讲解其中的原理。下面我们首先创建一个线程玩玩。

15.2 创建线程

我们创建一个新项目，专门用于测试线程。项目名叫 ThreadDemo，如图 15.2.1 所示。

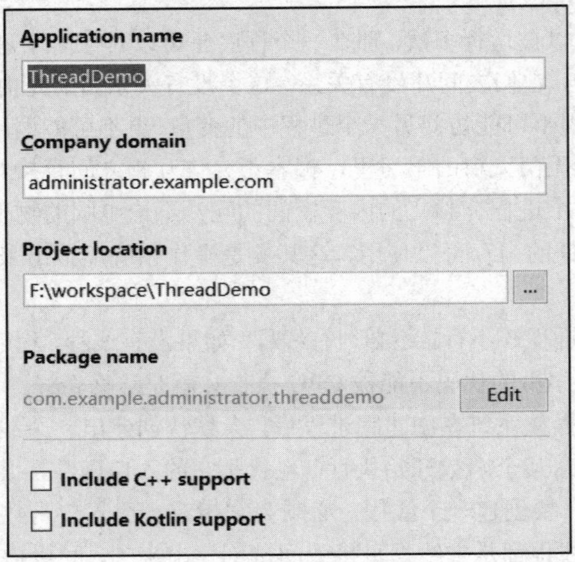

Application name
ThreadDemo
Company domain
administrator.example.com
Project location
F:\workspace\ThreadDemo
Package name
com.example.administrator.threaddemo Edit
Include C++ support
Include Kotlin support

图 15.2.1

后面都按向导默认即可。然后我在 Activity 的界面中添加了两个按钮，如图 15.2.2 所示。

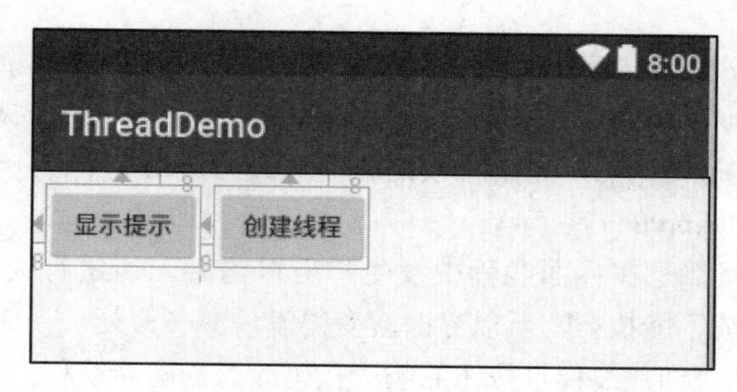

图 15.2.2

这两个按钮的 id 分别为“buttonShowTip（显示提示）”和“buttonStartThread（开启线程）”。在 onCreate()中响应“显示提示”按钮的点击事件，以显示提示：

```
//响应显示提示的按钮
findViewById(R.id.buttonShowTip).setOnClickListener(
        new View.OnClickListener() {
            @Override
            public void onClick(View v) {
                Snackbar.make(v,
                        "我显示了表示界面没死掉",
                        Snackbar.LENGTH_LONG).show();
            }
});
```

当点击“显示提示”按钮时，出现如图 15.2.3 所示现象。

图 15.2.3

再响应“创建线程”按钮的点击事件：

```
findViewById(R.id.buttonStartThread).setOnClickListener(
        new View.OnClickListener() {
            @Override
            public void onClick(View v) {
                //模拟耗时的操作，一般是直接让线程睡一段时间
                try {
                    Thread.sleep(20000);
                } catch (InterruptedException e) {
                    e.printStackTrace();
                }
            }
        });
```

要注意其中的代码，我现在并没有在其中开启线程，而是让当前线程（就是界面线程）睡

了 20 秒（20000 毫秒）。因为界面的操作包括事件响应都是在界面线程中执行，所以这里让界面线程 sleep 时，界面就成为假死状态，点哪个按钮都没反应。我在我的手机（Android7.0）上测试，在停止反应一段时间后，系统直接把这个 App 干掉了，因为 Android 系统是能检测到界面长时间无反应的 App 的。

因为对界面的处理都是在界面线程中发生，所以当某一步进行大量运算或直接长时间 sleep 时，后序的代码就不能执行，所以界面就变得没反应（假死），而这一切在使用多线程后将迎刃而解。下面把“创建线程”按钮的响应代码改为创建新线程：

```
findViewById(R.id.buttonStartThread).setOnClickListener(
        new View.OnClickListener() {
            @Override
            public void onClick(View v) {
                new MyThread().start();
            }
        });
```

现在改成了创建一个线程类(MyThread)的实例，然后调用这个线程的 start()方法以启动线程。注意不调用线程的 start()方法线程不会执行。onClick()是在界面线程中调用，所以依然是在界面线程中启动了新线程，但是新线程启动后其代码就不在界面线程中执行了。

MyThread 类是什么呢？下面是其定义，我把它作为 Activity 的内部类：

```
class MyThread extends Thread{
    @Override
    public void run() {
        //这就是线程的入口方法
        try {
            Thread.sleep(20000);
        } catch (InterruptedException e) {
            e.printStackTrace();
        }
    }
}
```

它从 Thread 派生，重写了 Thread 类的 run()方法。run()就是线程的入口方法，线程启动后执行的就是它。我们依然 sleep 了 20 秒，但是这次还会像上次一样造成界面无反应吗？你试一下呗，是不是界面不假死了？为什么？因为不是界面线程 sleep 了，所以界面就不会无响应。

Android 规定，耗时的操作必须在界面线程之外的线程中执行！尤其是网络操作，因为网络操作动不动就会像 sleep 一样让线程阻塞 10 秒、20 秒的。

Android 中，界面线程就是主线程！

15.3 创建线程的另一种方法

直接上代码：

```
//创建线程的第二种方法：用Rannable
Thread thread = new Thread(new Runnable() {
    @Override
    public void run() {
        //这就是线程的入口方法
        try {
            Log.i("me","sleep");
            Thread.sleep(20000);
        } catch (InterruptedException e) {
            e.printStackTrace();
        }
    }
});
thread.start();
```

与第一种方法大同小异，就是把入口方法封装在一个 Rannable 对象中。“Rannable”从名字来看是代表一个可以执行的对象，它就是用于封装一段代码的，它只定义了一个方法：run()，很显然，代码就放在 run()中。用 Runnable 的好处是可以使用匿名类语法，代码写起来方便一点吧。

这里要弄清几个概念，也就是大家的一些习惯叫法。界面所在的线程一般都是主线程（Android 中肯定是主线程），所以我们喜欢把“主线程”和“界面线程”混着叫，有时也叫“UI 线程”，因为界面就是“User Interface（UI）”的意思。主线程中创建的新线程习惯做“子线程”。又由于界面是能被看到的，所以“界面线程”又叫“前台线程”，其他线程叫作“后台线程”或“工作线程”。所以主线程、界面线程、UI 线程、前台线程都是指主线程，而后台线程、子线程、工作线程都是指主线程之外的线程。

15.4 多个线程操作同一个对象

假设我们写一个游戏。游戏中肯定要保存玩家的信息吧？我们用一个类 Player 来保存这些信息，这些信息可能包括玩家名字、性别、等级、生命值、魔法值、攻击、防御、服装、发型、图像等，具体如下：

```
class Player{
    private String name;
    private boolean sex;//性别
    private Object image;//图像
    private int level; //等级
    private int clothes; //服饰
    private int attack;//攻击
    private int defence;//防御
    private int hairdo;//发型
    private int health;//生命值
    private int magic;//魔法
    //等等。。。
}
```

假设游戏中提供了这样一个功能：玩家可以随时去某个地点花钱改变玩家的性别。代码改变性别的过程中，不是仅设置一个 sex 就行了，需要设置 Player 的多个属性，因为随着性别的改变，可能服装、发型、人物图像等都要跟着变，但这些属性在代码中只能一个接一个去改变。游戏中一般都会开多个线程，如果一个线程 A 正在改变玩家的性别，代码大致如下：

```
Player player = new Player();
//游戏逻辑代码
//...
//请求变性
if(requestChangeSex()==true) {
    //变性
    player.sex = !player.sex;
    if (player.sex == true) {
        //变成了女的
        player.clothes=10;
        player.image=new Object();
        player.hairdo = 1100;
        //...
    }else{
        //变成了男的
//...
}
}else{
    //...
}
```

此时另一个线程 B 在读取这个玩家的信息并把它显示出来，代码大致如下：

```
//游戏逻辑
//...
//获取这个玩家
Player player = getPlayer(playerId);
if(player!=null){
   //显示玩家信息
   ...
}
```

巧的是，变性中对相关的属性才改变了一半就被这个线程 B 把 Player 对象读了出来，那么此时显示出来的玩家可能是一个长着一寸多长护胸毛的女的，也可能是一个留着白娘子头饰的男的，这就很尴尬了。

如何避免这种情况出现呢？只要你能保证玩家信息在变性操作完后才能被读取，就避免这个情况了，也就是在一个线程中设置玩家信息时，要阻止其他线程访问这个玩家的信息，这叫作保证变性操作的“原子性”。如何保证一堆操作的原子性能呢？上锁!这种锁不是一般的锁，它无色无味，锁代码于无形。上此锁之后，就能保证一块数据在一个线程中被操作期间，其余线程不能操作这块数据，如果要操作，只能等待那个线程完成操作后方可，这造成了同步执行的效果，所以它叫“同步锁”！

如果把一个线程比想像成一条公路，那两个线程就是两条，每条公路上的车依次行驶，两条公路之间不存在行车干扰的问题。同步锁就像两条公路汇合且变窄的地方，过了这个汇合区依然是两条公路，但这个汇合区只有一车的宽度，所以两条路上的车得一辆跟着一辆通过。注意通过之后每辆车还是走自己的路，不会串到另一条上去。

如何加锁才能保证变性操作的原子性呢？下面我们就为上面的两段代码加锁。但要加锁得先创建锁，可能要在多个类中使用这把锁，所以在某个类中用一个公开静态常量保存它：

```
public static final ReentrantLock lock = new ReentrantLock();
```

加锁后的代码如下，线程 A：

```
//游戏逻辑代码
//...
//请求变性
if(requestChangeSex()==true) {
    //变性
    lock.lock();
    player.sex = !player.sex;
    if (player.sex == true) {
        //变成了女的
        player.clothes=10;
        player.image=new Object();
        player.hairdo = 1100;
        //...
    }else{
        //变成了男的
//...
}
   lock.unlock();
}else{
   //...
}
```

线程 B：

```
//游戏逻辑
//...
lock.lock();
Player player = getPlayer(playerId);
lock.unlock();
if(player!=null){
   //显示玩家信息
   ...
}
```

lock()是上锁，unlock()是开锁。注意只有 A 线程上锁，B 不上锁的话，锁不起作用。要想让锁起作用，两个线程都上锁，当然它们还必须使用同一把锁。

执行过程是这样的，假设线程 A 先执行的 lock()，因为此时没有其他线程调用 lock()，所以不用等待，继续执行，假设在 A 执行到 unlock()之前，线程 B 执行到了 lock()，由于此时已经有 A 执行了 lock()，那么 B 就停在 lock()这句进行等待，直到 A 中执行了 unlock()，B 才能继续执行。反过来 B 先进入锁也一样。这是不是保证了变性过程的原子性？

还要注意的就是要锁住的代码范围如何界定。虽然锁的是代码，得实际上要保护的是数据，所以锁住的代码越少越好，仅能保护该保护的数据就可以，按照这个原则，仔细体会一下上述代码的加锁位置。

一种更简单的锁是 synchronized，用起来更方便一些，但它与 Lock 的作用原理没什么区别，实际上它就是基于 Lock 搞出来的。还有其他很多与多线程同步相关的对象和概念，但我们就不讨论更多细节了，这里主要是帮你理解多线程同步的概念。

总之这种锁叫同步锁，通过它可以对多个线程共同访问的某个块数据进行同步保护。

15.5 单线程中异步执行

你可能想：多线程之间是异步执行，而在单线程中永远不可能出现两个函数同时执行的可能性，那么单线程中就只有同步执行，而没有异步执行了吧？错！这个世界是如此的复杂，不合理的事情很多，比如在同一个线程中，完全可以写出异步执行的代码！

虽然单线程中不可能做到同时调用两个函数（方法），但是却可以做到调用完第一个后以不明显的方式调用第二个，或不确定在之后的什么时间调用第二个。一个很有代表性的例子就是事件侦听器。事件侦听器是一个类，但其实它的真正目的是封装要调用的方法（在 C 语言中可以直接指定一个回调函数来响应事件，但是在 Java 中限于面向对象的原则，必须有一个类来包着这个回调方法）。在设置事件侦听器后，并不是紧接着就执行侦听器中的方法，而是在事件发生时才会调用。可以确定的是设置侦听器的方法和事件响应方法的调用绝对都是在主线程中，但是它们却是异步执行的。看下面这段代码：

```
buttonLogin.setOnClickListener(new View.OnClickListener() {
    @Override
    public void onClick(View view) {
        FragmentManager fragmentManager =
getActivity().getSupportFragmentManager();
        FragmentTransaction fragmentTransaction =
fragmentManager.beginTransaction();
        MainFragment fragment = new MainFragment();
        //替换掉 FrameLayout 中现有的 Fragment
        fragmentTransaction.replace(R.id.fragment_container, fragment);
        //将这次切换放入后退栈中，这样可以在点后退键时自动返回上一个页面
        fragmentTransaction.addToBackStack("login");
        fragmentTransaction.commit();
    }
});
```

setOnClickListener()完成之后并不会紧跟着调用 onClick()，onClick 只有在产生 click 事件后才执行，怎么产生 click 事件呢？当用户点击 buttonLogin 这个按钮时。

至于这是怎么做到的，大体说一下吧：界面线程都会由一个循环构成，我们就把它叫作大循环吧，线程还有一个事件列表（其实是队列，我感觉想象成列表容易理解），系统产生的事件首先放到事件列表中进行排队，这个大循环每循环一次只处理一个事件，在处理过程中可能会添加新的事件侦听器。处理事件的方式就是调用事件对应的侦听器中的方法，处理完后把事件从列表中删掉。于是看官你可以想一想，在某一时刻添加的侦听器，只有等到对应的事件产生了，才会在某次循环中被处理，所以侦听器中的方法的调用时刻是未知的。

讲到这里，可能聪明的你又想：既然单线程中可以做到异步执行，那多线程之间可不可以做到同步执行呢？咱们下节再讲。

15.6 多线程间同步执行

同步执行其实就是依次执行，一个方法返回后再执行下一个。使用多个线程，完全可以搞出同步执行的效果。比如有两个方法 fA()和 fB()，我们希望在 fA()后面调用 fB()，这在一个线程中易如反掌，只需这样写：

```
fA();
fB();
```

假设 fA()执行 2 秒，fB()执行 3 秒，那么此时这两个的执行时间是 2+3=5 秒。使用多线程时，我们可以这样做：创建新线程，在其中执行 fA()，启动这个线程，然后执行 fB()。代码如下：

```
Thread thread = new Thread(new Runnable() {
    @Override
    public void run() {
        fA();
    }
});
thread.start();
fB();
```

假设创建并启动线程需要 1 秒的话，那么在这个 1 秒之后，fA()和 fB()会同时开始执行。由于 fB()需执行 3 秒，fA()只执行 2 秒，那么 fA()会提前完成，所以 fA()和 fB()的执行持续时间就是 fB()的执行时间，当然还应该加上创建线程的那 1 秒。也就是说使用多线程之后，两个方法的执行时间为 3+1，比单线程中少用了 1 秒。当然我们这里不是说多线程节省时间的问题，而是说如何在使用多线程时，保证 fB()在 fA()返回后执行的问题。我们如果能让 fB()先等待 fA()执行完毕再执行，是不是就达到目的了？这个还真不难，因为操作系统提供了线程之间互相等待的函数，Java 中也提供了这样的方法：Thread 的实例方法 join()。只需在 thread.start()之后调用 join()，就会等待 thread 对象所代表的线程结束后再执行 fB()，代码如下：

```
thread.start();
thread.join();
fB();
```

当然这看起来完全是自找麻烦，因为这种场景下根本没有必要使用多线程，但是这只是证明多线程之间真的可以同步执行。其实多个线程之间可以使用“信号”实现真正的同步执行，就是说不用一个线程等待另一个结束，通过互相发送信号，就可以做到线程 B 中在执行 fB()之前，先等待线程 A 中的 fA()执行完成。

15.7 在其他线程中操作界面

现在你已发现，创建一个线程是如此简单！而且同步和异步执行的概念也不是那么难理解。下面，就讲一下线程在 Android 开发中的使用。

在实际开发过程中，我们常常要在后台线程中操作控件，比如我们在后台线程中发出网络请求，取得了一个头像，然后我们需要把头像设置给某个 ImageView 控件显示，由于在同一个进程内，你在任何线程中都完全可以获取控件对象，然后操作它，但是……不能这么玩！记住一个原则：绝不要在界面线程之外的线程中操作界面组件！也就是说只能在界面线程中操作界面！这个原则就像禁止兄妹结婚这条人伦规范一样，你真的要无视它，也可以，但是后果可能很严重！原因说起来是很复杂的，我就不细说了，但这条原则却是千真万确的。

那我们在后台线程中得到的图像，如何设置到 ImageView 中呢？其实也不难，我们可以把设置图像的代码“扔”到 UI 线程中执行！

为什么可以向 UI 线程中“扔”代码呢？因为 UI 线程必然由一个循环构成，并且有一个事件队列，这些前面已经讲过了。如果把事件队列扩展一下，让它除了能保存事件，还能保存一段一段的代码，那么后台线程向 UI 线程“扔”代码实际上就是把这段代码加到其事件队列中进行排队，在未来某次循环中就会执行这些代码。在后台线程中，把一段代码“扔”给 UI 线程后，会继续执行后面的代码，而不必等待这段被“扔”的方法执行完成。

当然在 Java 中你不能直接“扔”一个段代码给某个线程，你只能“扔”一个对象，所以这段代码应该以 Runnable 或其他类包装一下。“扔”代码需使用一个叫作 Handler 的类，下面详细讲一下。

Handler

这里讲的 Handler 是包 android.os 中的类，其他包也有叫 Handler 的类，注意区分。

要使用它，需先创建它的实例，因为只有大循环和消息队列的线程才能接受“扔”过来的方法，所以创建 Handler 实例时需关联目标线程的大循环，代码如下：

```
//创建实例，参数是主线程的大循环
```

```
Handler handler = new Handler(Looper.getMainLooper());
```

关联之后就可以扔了，代码如是：

```
//向目标线程寄送一个方法
handler.post(new Runnable() {
    @Override
    public void run() {
        //要扔过去的代码写到这里
    }
});
```

可以看到，用 post()方法扔了一个 Runnable 过去，扔过去的代码是异步执行，也就是在本线程中扔完了就不管了，反正后面某个时刻会在目标线程中执行，我继续干我的事。实际上 Handler 提高了多个以“post”开头的方法用于扔代码，有的可以提供更多的控制，如图 15.8.1.1 所示。

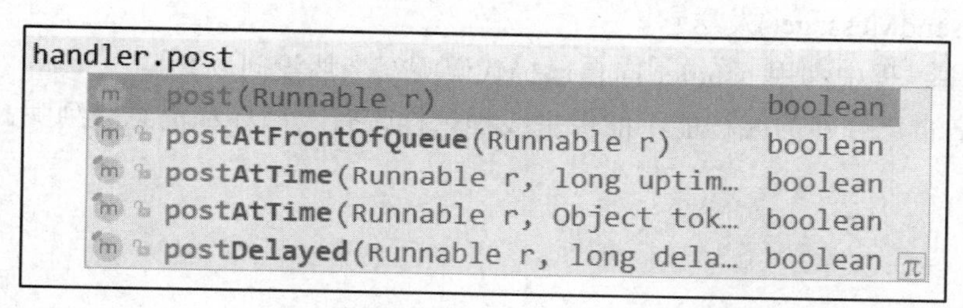

图 15.8.1.1

根据方法名就能看出各自的作用，postAtFrontOfQueue 表示放到队列的最前面，这可以尽快执行扔过去的代码，postAtTime 可以指定执行开始的绝对时间，postDelayed 指定执行开始的相对延迟时间等等。

有时我们要反复扔一段代码，而且每次扔的时候所带的参数有所变化，比如这次处理老王搬家的事，下次处理小刘搬家的事，搬家的逻辑是不变的，被处理的人变了，那么如果用 Runnable 包装的话，写起来很麻烦（与下面的方式比起来，要麻烦不少，不信你可以写写试），于是 Handler 还提供了另外一种包装代码的方法：Callback 类。看下面的代码：

```
//创建实例，参数是主线程的大循环
Handler handler = new Handler(Looper.getMainLooper(), new Handler.Callback() {
   @Override
   public boolean handleMessage(Message msg) {
      switch (msg.what){
         case MSG_1:
            //处理消息 1
            break;
         case MSG_2:
            //处理消息 1
            break;
         case MSG_3:
            //处理消息 1
            break;
```

```
            case MSG_4:
                //处理消息 1
                break;
        }
        return false;
    }
});

//向目标线程发送一个消息
handler.sendEmptyMessage(MSG_1);
```

代码被封装到 Handler.Callback 中，Handler.Callback 的派生类只需实现一个方法 handleMessage()，此方法中根据传入的 Message 对象进行不同的处理。现在扔的已不是代码了（代码已经被关联到目标线程了），而是消息。如果消息不带参数，可以使用 sendEmptyMessage()只发送消息编号；如果带有参数，就要创建一个 Message 实例，把参数放到这个 Message 中，然后调用方法 sendMessage()发送它。

能不能在主线程中利用 handler 向自己扔代码呢？当然没问题！

还有，我们自己创建的线程能不能像主线程一样带有大循环和消息队列呢？能，请看下节分解！

15.8 HandlerThread

很显然 HandlerThread 是用于创建线程的。它与 Thread 类的不同有三：

（1）它内部已经实现了线程方法，所以不需我们 Override 其 run() 方法或传入一个 Rannable 进去。

（2）它的线程方法中实现了大循环，并且它具有一个消息队列。

（3）类名不一样（好像是废话）。

于是，它的用法很简单：创建对象，然后启动，这个线程就开始运行了。有代码为证：

```
HandlerThread th = new HandlerThread("ht1");
th.start();
```

其构造方法有一个 String 参数，用于为这个线程指定一个名字。线程启动后，就会执行其大循环，我们似乎也没有指明要做什么，那么这个大循环不是在空转吗？这不白白耗费 CPU 吗？你可以放心，不会的，如果消息队列中没有消息在处理，这个线程就会暂停，直到进来消息之后再继续执行。下面我们让这个线程做点事，跟 UI 线程一样，把一段代码扔给它就行，扔代码依然使用 Handler，代码如下：

```
Handler handler = new Handler(th.getLooper());
//向目标线程寄送一个方法
handler.post(new Runnable() {
```

```
    @Override
    public void run() {
        //要扔过去的代码写到这里
    }
});
```

与向主线程扔代码唯一不同的就是获取 Looper 的方式变了，这里获取的是 HandlerThread 的 Looper。

当然也可以使用扔消息的方式在 HandlerThread 中执行代码。

了解了多线程的重要概念后，就可以读懂后面的网络通信内容了。对于多线程对实践，我们结合网络通信部分一起讲。

15.9 线程的退出

线程的退出是容易被大家忽略掉的，但其实这很重要，我一说你就明白了。新线程肯定是在某个 Activity 中创建的，那么这个 Activity 在销毁时，就应该把新开的线程停止掉！不停掉行不？根据实际情况来讲，一般也是没问题的，只要 Activity 所在的进程存在，那么线程就可以运行。那进程什么时候死呢？当运行在这个进程中的所有组件（包括 Activity、Service 等）都被销毁时，这个进程才“有可能”会死，之所以说“有可能”，主要与内存有关，如果系统内存不够用了，进程就会死，如果很够用，一般就不会死。由于当前内存越来越大，所以死的可能性就越来越小。所以说不主动停掉线程，线程也会继续活着。但这里面还有个问题，线程可能在 Activity 销毁后又扔出了访问 UI 的代码，此时 UI 不存在了，肯定会引起崩溃。所以，不论实际情况如何，都应在 Activity 销毁时停止在 Activity 中所开启的线程。

如何终止一个线程呢？我们可能首先想到的是停止线程代码，如果线程的 run()方法返回了，那么线程就自然结束了，这是线程最舒服的死法，自然死亡，一切都很和谐，线程会处理好后事（比如释放内存、关闭网络连接等）。你还可以在其他线程中谋杀一个线程，比如调用要杀死的线程的 stop()方法，也可以调用它的 interrupt()方法，这两者有所区别，但是都会造成线程的非正常死亡，所以这两种方法是不推荐使用的。其实我们只有一种方法可选：让线程自然死亡！严谨来说应该是让线程尽快自然死亡，为什么说“尽快”呢?因为很多时候做不到让线程“立即”死亡。

如何让一个线程快速死亡呢？你得研究一个线程的代码，其执行耗时是多少。这还得分有循环和无循环的情况，如果无循环，你要研究一下这个线程执行的总时间，如果它每次执行都能保证在一两秒内完成，，那么就不需要对这个线程做任何处理，因为它死得很快，虽然一两秒对 CPU 是很长的时间，但对人来说感觉很短。如果它耗时超过比较长的时间，比如 30 秒，那么对人来说也会感觉比较长，急性子就更受不了，此时就要仔细研究一下，哪几条代码比较耗时，有什么办法可让这些耗时的操作被中断，只有从耗时操作中出来，才能继续往下执行，快速结束。

举个例子，比如线程 B 中有一步是阻塞式的网络连接，这种操作有时非常耗时，那么你在线程 A 中要尽快停止线程 B 时，就应该考虑调用一些打断网络连接过程的方法，让线程 B 中的网络连接过程中断掉，但是可能在线程 A 中调用打断方法时，线程 B 中网络连接这一步已经完成了，但即使这样，线程 A 中的调用也是必要的，因为我们无法预测线程 B 中的网络连接到底何时开始执行，何时完成。其实最好的方式是把阻塞式网络调用改为非阻塞式，这样就有办法做到快速结束线程。

在有循环的情况下，我们很容易想到，可以在另外一个线程中，改变循环所检测的条件变量的值（比如 true 改为 false），这样就能让循环很快退出，循环退出了，线程就会很快结束。但是，你还得研究一下每次循环的代码中有没有耗时的操做呢？如果有，除了改变循环条件变量外，你也得考虑如何打破耗时的操作。其实最好的办法还是尽量别有耗时的操作，把阻塞式调用改为非阻塞式，就万事 OK 了。

注意你必须在 Activity 的 onDestroy()中等待线程的结束，以保证线程退出后才销毁 Activity，如何等待一个线程结束呢，很简单，调用 Thread 的实例方法 join()即可，比如 A 线程要等待 B 线程退出，则在 A 线程中调用 B 的这个方法，一旦调用了这个方法，那么 A 就暂停运行，直到 B 结束，才继续运行。

下面在我们的 MainActivity 中加入等待线程结束再退出的代码。为了在 onDestroy()中访问所创建的线程对象，需要先把线程变量改为 MainActivitity 的成员变量：

```
public class MainActivity extends AppCompatActivity {
    private Thread thread;
```

然后修改创建线程的代码：

```
//响应开启线程按钮
findViewById(R.id.buttonStartThread).setOnClickListener(
        new View.OnClickListener() {
            @Override
            public void onClick(View v) {
                //创建线程的第二种方法：用 Rannable
                thread = new Thread(new Runnable() {
```

再为 Activity 创建 onDestroy()方法，在其中等待 thread 的结束：

```
@Override
protected void onDestroy() {
    //等待线程退出
    try {
        thread.join();
    } catch (InterruptedException e) {
        e.printStackTrace();
    }
    super.onDestroy();//必须调用一下父类的同一方法
}
```

有人可能会问了，如果在用 join()时，thread 已经结束了，会发什么呢？什么也不会发生，join()也不会引起所在线程（这里是主线程）暂停。

第 16 章 网络通信

网络通信是 Android 开发中的重要技术点。我一直认为，一个新手只要学会了网络通信和 ReyclerView，就可以信心满满地去公司打工了。其他的技术点呢？边做边学呗。

要进行网络开发，必须具备网络通信的基础知识，其实也不需要太多，一点就够用了。所以下面我们先讲一下网络基础知识。

16.1 网络基础知识

16.1.1 IP 地址与域名

把一台设备加入到网络中，它自动就能访问网络上的资源，也能让其他网络访问到这台设备，这是怎么做到的呢？

因为互联网是一个开放的系统，它有一套协议，当各设备都遵守这套协议时，它们就能发现对方并彼此连接。互联网中设备这么多，必须有一个编号方案，为每台设备设置一个唯一的编号，才能区分各设备，这个编号就是 IP 地址。IP 地址看起来是这个样子："61.135.169.111"，但实际上它是一个整数，只不过为了某些原因表示成这样。你要访问网络上的一台电脑时，必须指定它的 IP 地址。但有时我们看到的不是 IP 地址，比如我要访问 Github 这个网站的主页，输入的是这样的地址，如图 16.1.1.1 所示。

图 16.1.1.1

这个地址叫 URL，由两部分组成，"http://"这部分表示协议，"http"是协议名，"github.com"是域名，指向要访问的服务器。这看起来可不像 IP 地址啊？是的，这不是 IP 地址，这是域名，域名其实是 IP 地址的别名，因为 IP 地址对人来说不好记，所以大家就说为 IP 地址取个别名吧，让人容易记住，所以就搞出了一个叫作域名服务器的东西，当一台设备不知道域名对应的 IP 地址时，就去域名服务器问一下，得到 IP 地址后，以 IP 地址建立网络连接。

16.1.2 TCP 与 UDP

网络是由一个个设备与设备间的连接组成的，两个设备间通信时，限于硬件的能力以及其他原因，数据必须分成一小块一小块地进行传送，多小呢?不超过 1500 字节！如果你传送 1M 字节，它其实被底层 API 分割成了多个小块，而这些小块在传送过程中要经过多个设备才能到达目标设备，由于是一张网，每个小块所经过的路径可能与其他不同，所以无法保证先发的小块一定比后发的小块更早到达目标设备，这就需要对方收到之后要对小块进行排序。甚至有可能某个小块走丢了，根本到不了目标设备，那就需要重发这个小块。也有可能发送端设备运行快，接收端设备运行慢，对发来的数据来不及收，这就需要两边进行同步……你看到了吧，有这么多问题需要解决。

TCP 和 UDP 是网络传输协议，用于保证数据传输的，以上那些问题，TCP 都帮忙解决了，而 UDP 基本上都没解决。所以要保证你的数据被对方收到，你们之间应建立 TCP 连接。UDP 也有它的用武之地，因为有些时候，是允许丢失数据的。比如视频聊天，双方要传送音视频数据，保证音视频的实时性比保证完整性更重要，所以允许丢掉部分数据，数据丢失时就会看到马赛克。

Android 提供了利用 TCP/UDP 进行网络通信的 API，利用这些 API 编程叫作 Socket 编程。

16.1.3 HTTP 协议

HTTP 是超文本传输协议，主要用于传输文本的（超文本还是文本），但后来也能传输二进制数据了。它可以传输任何格式的文本，当然主要是传输 HTML 文本，也就是网页，由于网页是不能有数据丢失的，所以 HTTP 是建立在 TCP 之上的协议。实际上 HTTP 并不能传输数据，它只是规定了数据打包的结构，数据包利用 TCP 进行传输，所以它是建立在传输层之上的，它是应用层协议。

HTTP 包结构由包头和身体两部分组成，里面的文本数据都是 key-value 的形式，电脑能处理，人也能看懂。细节我就不多说了，网上有太多关于它的文章。

Android 提供了利用 HTTP 进行网络通信的 API，我们习惯把它们直接叫作网络通信 API，相对于它们来说，Socket API 是底层 API，HTTP API 建立在 Socket API 之上。

浏览器访问服务端的一个网页，是通过一次 HTTP 请求完成的。其过程是这样的：

（1）用户在浏览器的地址栏输入网页地址（如 http://github.com），浏览器向服务器发出 TCP 连接请求，与服务端建立连接；

（2）浏览器将网页地址和其他参数打包到一个 HTTP 包中，将这个包发给 Web 服务器；

（3）服务器收到之后，根据网页地址中的路径和参数决定为浏览器返回哪个网页；

（4）服务器将网页内容（HTML 文本）打成 HTTP 包发给浏览器；

（5）浏览器收到回应包后，取出其中的 HTML 文本，解析后显示出网页；

（6）浏览器关闭连接。

每请求一个网页，浏览器总是执行“建立连接→传送数据→关闭连接”的过程，每次请求之间互不相关，所以 HTTP 请求是无状态的，要想让对同一个服务器的多次请求之间产生关联，需要服务器提供额外的支持，比如 Session 对象，这属于 Web 开发的概念，在此不深入讨论。

16.2 Android HTTP 通信

HTTP 协议当然不仅仅用于传输 HTML 文本，任何文本它都可以传输，而且前面说过，它还可以传输二进制数据。

我们可以使用 Java 中提供的 HTTP 通信 API 直接访问 Web 服务器，获取网页并显示出来，这需要用到控件 WebView 来显示网页。

下面我们就用一个小例子玩一下 Andriod 显示网页。

依然利用我们前面创建的项目 ThreadDemo，在其 MainActivity 的 Layout 中增加一新的按钮，取名“访问网页”，id 为“buttonWebPage”，响应这个按钮，在其中创建线程，在线程中访问一个网页，并保存下得到的 HTML 文本。直接上代码：

```
findViewById(R.id.buttonWebPage).setOnClickListener(
    new View.OnClickListener() {
        @Override
        public void onClick(View v) {
            //创建线程，访问网络
            new Thread(new Runnable() {
                @Override
                public void run() {
                    testGetHTML();
                }
            }).start();
        }
    });
```

网络访问的代码被封装到了方法 testGetHTML()中，下面是这个方法的代码：

```
private void testGetHTML() {
        try {
            URL urlObj = new URL("https://cn.bing.com");
            HttpURLConnection connection = (HttpURLConnection)
urlObj.openConnection();
            //进行连接，这一步可能非常耗时
            connection.connect();
            InputStream is = connection.getInputStream();

            //开缓冲区，以存放数据
            byte[] buffer = new byte[4096];
            StringBuffer stringBuffer=new StringBuffer();
            int ret = is.read(buffer);
            //循环，每次读出不超过 4096 字节，添加到 StringBuffer 中
```

```
        while(ret>=0) {
            //从服务端获取数据存到缓冲中
            if (ret > 0) {
                //因为服务端发来的是 HTML 文本，所以把数据转成字符串
                String html = new String(buffer, 0, ret);
                //日志输出一下
                Log.i("html",html);
                stringBuffer.append(html);
                ret = is.read(buffer);
            }
        }
    } catch (IOException e) {
        e.printStackTrace();
    }
}
```

为什么要在线程中访问网页？还记得前面讲的禁忌吗？不能在 UI 线程之外访问 UI，因为我们后面将要把 HTML 文本设置给 WebView。

testGetHTML()方法并不难理解，主要做了两件事，一是连接服务器，二是从服务器读取数据。

连接过程是这样的：先创建一个 URL 对象，利用 URL 对象获取连接对象（connection），调用 connection 的 connect()方法连接服务器。连接成功之后利用输入流从服务器读入数据。

读取数据的过程主要是一个循环，我们不知道到底能读取多少数据，所以开了一个 4096 字节的缓存，每次最多读入 4096 字节，直到不再有数据可读，跳出循环。为了看到读到的数据，我在循环中用 Log 输出了它们。运行 App，点击“访问网页”按钮，之后在日志窗口中可以看到读出的数据，是一段 HTML 代码（注意你的测试设备必须能上网！），如图 16.2.1 所示。

```
<html lang="zh" xml:lang="zh" xmlns="http://www.w3.org/1999/xhtml" xmlns:Web="http://schema
si_ST=new Date
//]]></script><script type="text/javascript">//<![CDATA[
0;0;0;_G={ST:(si_ST?si_ST:new Date),Mkt:"zh-CN",RTL:false,Ver:"19",IG:"F98947C7FFD744ABAFB9
//]]></script><style type="text/css">z{a:1}body.hp{background:#000;color:#fff;margin:0;font
ight:32px;width:82px;position:absolute}#CoreLayer #mheader{width:100%;padding:0;background:
aRptTmvtbYlu6T8w+0dbq3nr8R9sfD5w0PFl5SvNUyWna6YLTk2fyz4ydlZ19fi753GDborZ752PO32oPb++6EHTh0K
as_icon{background-image:url(data:image/png;base64,iVBORw0KGgoAAAANSUhEUgAAAB0AAAAdCAMAAABH
tLyLGwcT4iNiQIMnnpDgAhDOQDN+BRX4Dknw+KemFlISFHBJbSE3t1HAACKcjWbYAiGcj8fPIya7k5O9YIH6HZPF7IE
var amd,define,require;(function(n){function e(n,i,u){t[n]||(t[n]={dependencies:i,callback:
e=function(n){return _d.getElementById(n)},_qs=function(n,t){return t=typeof t=="undefined"
lement:n.relatedTarget}function sj_mo(n){return sb_i8l?event.toElement:n.relatedTarget}func
move","touchmove","scroll","keydown","resize"];n.wireup(t,{load:f,compute:null,unload:e})})
perf;(function(n){function f(n){return i.hasOwnProperty(n)?i[n]:n}function e(n){var t="S";r
fire,n.onbeforefire=function(){t&&t();u();n.mark(r,i)}):(t=si_PP,si_PP=function(){u();var r
//]]></script><title>微软 Bing 搜索 - 国内版</title><meta http-equiv="Content-Type" content=
var sj_b=_d.body;_G.AppVer="8_1_2_6199207"; var _H={}; _H.mkt = "zh-CN";_H.trueMkt = "zh-CN
//]]></script><a id="mHamburger" class="b_hphb b_hide" tabindex="0" aria-label="设置" role=
S5dy/1ntWrJym7ft2JxKKDB+Xecy+XwIYeSnpTxBT8sotNGk+znDvr2ujt2IEU7NwJ158jZVevUuTnrvuBpA4KYV1n6
U501I/4cFBgqsoDe73sMZ9GzPw+Ij7poitnRFsIOULVK5EuhjAenVxPhduDsZQUr186L2OTMS9dgp8+mV+rJEbJbgxw
�间</div></div></a></li></div></div></div><div id="hp_mobile" data-ajaxiid="5044" data-dat
DbHj2MV7D0Kp5zGOsihFU3V7rAkZSYSueMaL+ifDDdlRg++NXWMLIKn3wF2TQhvdoNgfQfvfHHPU3p4PpYjo49XlqrF
```

图 16.2.1

这说明 HTTP 通信成功了。下一步我们就可以把这些 HTML 源码设置给 WebView 控件以显示出这个网页。但是，我们并不把 WebView 直接添加到当前页面中，而是新启动一个页面（Activity），在新页面中嵌一个 WebView，由它来显示这个网页。下面我们在 testGetHTML()

中添加这部分代码：

```
private void testGetHTML() {
    try {
        URL urlObj = new URL("https://cn.bing.com");
        HttpURLConnection connection = (HttpURLConnection)
urlObj.openConnection();
        //进行连接，这一步可能非常耗时
        connection.connect();
        InputStream is = connection.getInputStream();

        //开缓冲区，以存放数据
        byte[] buffer = new byte[4096];
        StringBuffer stringBuffer=new StringBuffer();
        int ret = is.read(buffer);
        //循环，每次读出不超过 4096 字节，添加到 StringBuffer 中
        while(ret>=0) {
            //从服务端获取数据存到缓冲中
            if (ret > 0) {
                //因为服务端发来的是 HTML 文本，所以把数据转成字符串
                String html = new String(buffer, 0, ret);
                //日志输出一下
                Log.i("html",html);
                stringBuffer.append(html);
                ret = is.read(buffer);
            }
        }

        //从 Stringbuffer 中取出所有的 HTML
        final String allHtml = stringBuffer.toString();
        //把启动 Activity 的代码扔到 UI 线程中执行，这样比较放心
        Handler handler = new Handler(MainActivity.this.getMainLooper());
        handler.post(new Runnable() {
            @Override
            public void run() {
                //启动新的 activity，显示网页
                //创建 Intent
                Intent intent = new Intent(MainActivity.this, WebActivity.class);
                intent.putExtra("html", allHtml);
                //启动 Activity
                startActivity(intent);
            }
        });
    } catch (IOException e) {
        e.printStackTrace();
    }
}
```

在循环之后，增加了启动 WebActivity 的代码。因为 Activity 也属于 UI，所以将这部分代码“扔”到了主线程中执行。注意 HTML 代码被放到了 Intent 中进行传送。毫无疑问，我们

还需增加 WebActivity，然后在它的 Layout 中添加 WebView 并设置 id 为“webView”。在 WebActivity 中取出 HTML 代码并设置给 WebView，代码如下：

```
@Override
protected void onCreate(Bundle savedInstanceState) {
    super.onCreate(savedInstanceState);
    setContentView(R.layout.activity_web);
    Toolbar toolbar = (Toolbar) findViewById(R.id.toolbar);
    setSupportActionBar(toolbar);

    FloatingActionButton fab = (FloatingActionButton) findViewById(R.id.fab);
    fab.setOnClickListener(new View.OnClickListener() {
        @Override
        public void onClick(View view) {
            Snackbar.make(view, "Replace with your own action",
Snackbar.LENGTH_LONG)
                    .setAction("Action", null).show();
        }
    });


    Intent intent = getIntent();
    String html = intent.getStringExtra("html");
    WebView webView = findViewById(R.id.webView);
    webView.loadData(html,"text/html","utf8");
}
```

将 HTML 代码设置给 WebView 是通过调用其方法 loadData()搞定的，它的第一个参数是数据，即 HTML 文本；第二参数是数据的格式，以 MIME 类型表示法说明类型；第三个参数是数据的编码，首选 UTF8。运行 App，点击“访问网页”按钮，过一会就会进入新页面，显示出一个网页，有图为证（如图 16.2.2 所示）。

图 16.2.2

16.3 使用“异步任务”

异步任务与网络没有关系，只是一种多线程调用的处理模型。使用它，省去了我们在线程间“扔”代码的操作了。虽然使用率不高，但由于是 Android 官方提供的，所以有必要稍微 Look 一下。要使用异步任务，需要从 AsyncTask 类派生一个类，然后 Override 几个回调方法。重要的是搞清楚这些方法在哪个线程中运行，以放置合适的代码。

16.3.1　定义异步任务类

AsyncTask 是一个范型，它的子类需要在定义时传入三个类型作为其参数，三个类型的作用可以从 AsyncTask 类的定义中看出来：

```
public abstract class AsyncTask<Params, Progress, Result> {
```

第一个参数是任务所需参数的类型；第二个参数是任务进行过程中，用于表示进度的类型；第三个参数是任务得到的结果的类型。比如我们创建一个从网上下载图像的任务，使用它一次下载多个图像，每次所下载的图像们的 URL，就可以做为这个任务的参数，于是第一个参数就是 String 类型（注意虽然传的是多个地址，但这里的类型的确是“String”而不是“String[]”，这个后面看到示例代码就会明白）；第二个参数表示当前任务进度的类型，比如一次下载 10 个图片，每下载一个进度+1，进度用一个整数表示即可，所以此情况下此参数就是 Int 类型；这个任务会下载 10 个图片，这就是任务的结果，所以第三个参数应该是“Bitmap[]”（注意这里必须是数组了，跟任务参数不一样）。下面就用代码具体演示一下。

首先定义一个异步任务类的骨架看一下：

```
class HttpAsyncTask extends AsyncTask<String,Integer,Bitmap[]>{
    //UI 线程中执行
    @Override
    protected void onPreExecute() {
    }

    //后台线程中执行
    @Override
    protected Bitmap[] doInBackground(String... strings) {
        return null;
    }

    //UI 线程中执行
    @Override
    protected void onPostExecute(Bitmap[] result) {
    }
}
```

我们 Override 了三个方法，当然还可以 Override 其他方法，但一般不会复杂到那种程度，所以我只讲最常用的这几个方法。onPreExecute()在 UI 线程中执行，用于在任务执行前做准备，主要是 UI 方面的准备，比如设置进度条总值和步进值。doInBackground()方法从名字就能判断出其在后台线程中运行，也就是任务的主体部分，在这个方法中可以做耗时的操作。onPostExecute()根据名字来看，是在任务执行完后调用，它也是在 UI 线程中执行，一般用于把结果设置到 View 中。

范型参数 1 对应到 doInBackground()的参数，注意此方法是可变参数，所以我们可以传入多个同类型的实参，所以我前面说如果要给任务传入多个参数时，不需指定为数组类型。这个方法是 Android 框架调用的，我们不能直接调用，但它的参数却是我们指定的，这是怎么做到的呢？启动一个异步任务需调用异步任务类的方法 execute()，看一下它的定义：

```
@MainThread
public final AsyncTask<Params, Progress, Result> execute(Params... params) {
    return executeOnExecutor(sDefaultExecutor, params);
}
```

注意它的参数，其实正好对应 doInbackground()方法的参数。所以我们启动一个异步任务时传入的参数最终都传给了 doInbackground()。

范型参数 2 在这段代码中体现不出来。

范型参数 3 对应到 doInBackgroud()的返回类型和 onPostExecute()的参数类型，这很好理解，任务在后执行完后产生的结果，应该传给主线程处理，而 onPostExecute()就是在主线程中执行。

16.3.2　使用异步任务类

如何使用这个类呢，很简单，创建实例，调用其 execute()方法，代码如下：

```
HttpAsyncTask asyncTask=new HttpAsyncTask();
asyncTask.execute(
    "http://www.tucoo.com/photo/water_02/s/water_05102s.jpg",
    "http://www.tucoo.com/photo/water_02/s/water_05203s.jpg",
    "http://www.tucoo.com/photo/water_02/s/water_05304s.jpg",
    "http://www.tucoo.com/photo/water_02/s/water_05405s.jpg",
    "http://www.tucoo.com/photo/water_02/s/water_05506s.jpg",
    "http://www.tucoo.com/photo/water_02/s/water_05607s.jpg",
    "http://www.tucoo.com/photo/water_02/s/water_05708s.jpg",
    "http://www.tucoo.com/photo/water_02/s/water_05809s.jpg",
    "http://www.tucoo.com/photo/water_02/s/water_05910s.jpg"
);
```

我为 execute()传入了 10 个图像 URL 地址的字符串（有可能你看到此文时这些地址已经失效了），这些参数最终会传给 doInBackground()，这段代码必须在主线程中调用，比如我们可以在响应某个按钮。下面我们实现一下 doInBackground()：

```
@Override
protected Bitmap[] doInBackground(String... strings) {
    //依次取得每个参数，下载它指向的图像
    for(String urlstr :strings){
        try {
```

```
            //由当前 URL 字符串创建 URL 对象
            URL urlObj = new URL(urlstr);
            HttpURLConnection connection = (HttpURLConnection)
urlObj.openConnection();
            //进行连接，这一步可能非常耗时
            connection.connect();
            InputStream is = connection.getInputStream();
            //从 InputStream 读入数据并解码出位图
            Bitmap bitmap = BitmapFactory.decodeStream(is);
            Log.i("task","bitmap
width="+bitmap.getWidth()+",height="+bitmap.getHeight());
        } catch (IOException e) {
            e.printStackTrace();
        }
    }

    return null;
}
```

我们下载了每个 URL 所指向的图像，然后解码成位图，然后在日志中输出它们的宽和高。运行后可以在 Logcat 窗口中看到这样的日志，如图 16.3.2.1 所示。

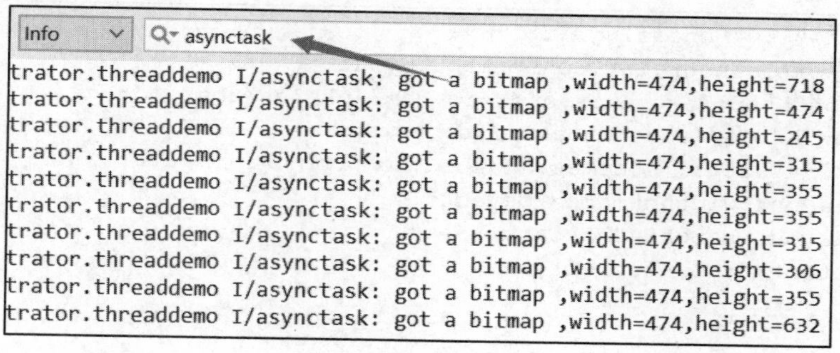

```
Info        asynctask
trator.threaddemo I/asynctask: got a bitmap ,width=474,height=718
trator.threaddemo I/asynctask: got a bitmap ,width=474,height=474
trator.threaddemo I/asynctask: got a bitmap ,width=474,height=245
trator.threaddemo I/asynctask: got a bitmap ,width=474,height=315
trator.threaddemo I/asynctask: got a bitmap ,width=474,height=355
trator.threaddemo I/asynctask: got a bitmap ,width=474,height=355
trator.threaddemo I/asynctask: got a bitmap ,width=474,height=315
trator.threaddemo I/asynctask: got a bitmap ,width=474,height=306
trator.threaddemo I/asynctask: got a bitmap ,width=474,height=355
trator.threaddemo I/asynctask: got a bitmap ,width=474,height=632
```

图 16.3.2.1

说明下载成功了。

16.3.3　完善异步任务类

还有两个方法没有实现，一是 onPreExecute()，我们在其中只需要准备进度条控件即可，其余也就没什么事情可做了，但我们要先准备好进度条控件。其次是 onPostExecute()，在其中把传入的 Bitmap 们设置到图像控件中显示即可，但我们也需先准备好 10 个图像控件。所以我们先改一下 Activity 的 Layout 设计，改为这样（如图 16.3.3.1 所示）。

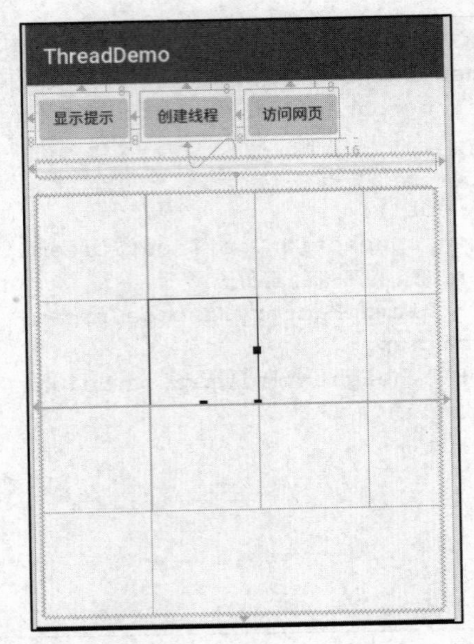

图 16.3.3.1

源码为：

```
<?xml version="1.0" encoding="utf-8"?>
<android.support.constraint.ConstraintLayout
xmlns:android="http://schemas.android.com/apk/res/android"
   xmlns:app="http://schemas.android.com/apk/res-auto"
   xmlns:tools="http://schemas.android.com/tools"
   android:layout_width="match_parent"
   android:layout_height="match_parent"
   tools:context=".MainActivity">

   <Button
      android:id="@+id/buttonShowTip"
      android:layout_width="wrap_content"
      android:layout_height="wrap_content"
      android:layout_marginStart="8dp"
      android:layout_marginTop="8dp"
      android:text="显示提示"
      app:layout_constraintStart_toStartOf="parent"
      app:layout_constraintTop_toTopOf="parent" />

   <Button
      android:id="@+id/buttonStartThread"
      android:layout_width="wrap_content"
      android:layout_height="wrap_content"
      android:layout_marginStart="8dp"
      android:layout_marginTop="8dp"
      android:text="创建线程"
      app:layout_constraintStart_toEndOf="@+id/buttonShowTip"
      app:layout_constraintTop_toTopOf="parent" />
```

```
    <Button
        android:id="@+id/buttonWebPage"
        android:layout_width="wrap_content"
        android:layout_height="wrap_content"
        android:layout_marginStart="8dp"
        android:layout_marginTop="8dp"
        android:text="访问网页"
        app:layout_constraintStart_toEndOf="@+id/buttonStartThread"
        app:layout_constraintTop_toTopOf="parent" />

    <ProgressBar
        android:id="@+id/progressBar"
        style="?android:attr/progressBarStyleHorizontal"
        android:layout_width="0dp"
        android:layout_height="wrap_content"
        android:layout_marginEnd="8dp"
        android:layout_marginStart="8dp"
        android:layout_marginTop="16dp"
        app:layout_constraintEnd_toEndOf="parent"
        app:layout_constraintStart_toStartOf="parent"
        app:layout_constraintTop_toBottomOf="@+id/buttonStartThread" />

    <TableLayout
        android:layout_width="0dp"
        android:layout_height="0dp"
        android:layout_marginBottom="8dp"
        android:layout_marginEnd="8dp"
        android:layout_marginStart="8dp"
        android:layout_marginTop="16dp"
        app:layout_constraintBottom_toBottomOf="parent"
        app:layout_constraintEnd_toEndOf="parent"
        app:layout_constraintStart_toStartOf="parent"
        app:layout_constraintTop_toBottomOf="@+id/progressBar">

        <TableRow
            android:layout_width="match_parent"
            android:layout_height="match_parent" >

            <ImageView
                android:id="@+id/imageView2"
                android:layout_width="100dp"
                android:layout_height="100dp" />

            <ImageView
                android:id="@+id/imageView1"
                android:layout_width="100dp"
                android:layout_height="100dp" />

            <ImageView
```

```
            android:id="@+id/imageView6"
            android:layout_width="100dp"
            android:layout_height="100dp" />

    </TableRow>

    <TableRow
        android:layout_width="match_parent"
        android:layout_height="match_parent">

        <ImageView
            android:id="@+id/imageView3"
            android:layout_width="100dp"
            android:layout_height="100dp" />

        <ImageView
            android:id="@+id/imageView4"
            android:layout_width="100dp"
            android:layout_height="100dp" />

        <ImageView
            android:id="@+id/imageView5"
            android:layout_width="100dp"
            android:layout_height="100dp" />

    </TableRow>

    <TableRow
        android:layout_width="match_parent"
        android:layout_height="match_parent" >

        <ImageView
            android:id="@+id/imageView7"
            android:layout_width="100dp"
            android:layout_height="100dp" />

        <ImageView
            android:id="@+id/imageView8"
            android:layout_width="100dp"
            android:layout_height="100dp" />

        <ImageView
            android:id="@+id/imageView9"
            android:layout_width="100dp"
            android:layout_height="100dp" />

    </TableRow>

    <TableRow
        android:layout_width="match_parent"
```

```
        android:layout_height="match_parent" >

        <ImageView
            android:id="@+id/imageView10"
            android:layout_width="100dp"
            android:layout_height="100dp" />
    </TableRow>
  </TableLayout>
</android.support.constraint.ConstraintLayout>
```

ProgressBar 是进度条，其 id 为 progressBar，10 个图像控件放在了一个 TableLayout 中，它们的 id 从 imageView1 到 imageView10 。这些控件对应的变量也要创建为 Activity 的成员变量，代码如下：

```
public class MainActivity extends AppCompatActivity {
    private ProgressBar progressBar;
    private ImageView[] imageViews=new ImageView[10];
```

它们的初始化在 Activity 的 onCreate()中：

```
//异步任务中用到的控件们
progressBar = findViewById(R.id.progressBar);
imageViews[0] = findViewById(R.id.imageView1);
imageViews[1] = findViewById(R.id.imageView2);
imageViews[2] = findViewById(R.id.imageView3);
imageViews[3] = findViewById(R.id.imageView4);
imageViews[4] = findViewById(R.id.imageView5);
imageViews[5] = findViewById(R.id.imageView6);
imageViews[6] = findViewById(R.id.imageView7);
imageViews[7] = findViewById(R.id.imageView8);
imageViews[8] = findViewById(R.id.imageView9);
imageViews[9] = findViewById(R.id.imageView10);
```

下面实现异步任务类的 onPreExecute()。在其中只需做初始化进度条的工作，但有个问题，我们需要知道调用 execute()时传入的 URL 的数量，才能设置好进度总值，所以我们应该增加一个带参数的构造方法，参数就是 URL 的数量，于是修改任务类，增加如下代码：

```
class HttpAsyncTask extends AsyncTask<String,Integer,Bitmap[]>{
    private int taskNum=0;

    public HttpAsyncTask(int taskNum){
        this.taskNum=taskNum;
    }
```

现在可以实现 onPreExecute()了，很简单：

```
//UI 线程中执行
@Override
protected void onPreExecute() {
    progressBar.setMax(taskNum);
}
```

再实现 onPostExecute():

```
//UI 线程中执行
@Override
protected void onPostExecute(Bitmap[] bitmaps) {
    if(bitmaps==null){
        return;
    }
    //把每个图像都设置到对应的 ImageView 中
    for(int i=0;i<imageViews.length;i++){
        imageViews[i].setImageBitmap(bitmaps[i]);
    }
}
```

doInBackground()需要修改，才能与上面两个方法配合起来：

```
//后台线程中执行
@Override
protected Bitmap[] doInBackground(String... strings) {
    Bitmap[] bitmaps = new Bitmap[strings.length];

    //依次取得每个参数，下载它指向的图像
    for(int i=0;i<strings.length;i++){
        try {
            //由当前 URL 字符串创建 URL 对象
            URL urlObj = new URL(strings[i]);
            HttpURLConnection connection = (HttpURLConnection)
urlObj.openConnection();
            //进行连接，这一步可能非常耗时
            connection.connect();
            InputStream is = connection.getInputStream();
            //从 InputStream 读入数据并解码出位图
            Bitmap bitmap = BitmapFactory.decodeStream(is);
            //放到对应的数组项中
            bitmaps[i]=bitmap;
            //通知主线程更新进度条的进度，i 从 0 开始，所以要加 1
            publishProgress(i+1);
        } catch (IOException e) {
            e.printStackTrace();
            return null;
        }
    }

    //返回 Bitmap 数组
    return bitmaps;
}
```

最后返回 Bitmap 数组，在循环中，每下载一个图像，都更新一下进度条，当然不是直接更新，而是调用方法 publishProgress()通知主线程，由主线程更新进度条。但是主线程现在更新不了进度条，因为我们还需要在异步任务类中实现一个回调方法 onProgressUpdate()，此方法在主线程中执行，代码如下：

```
@Override
protected void onProgressUpdate(Integer... values) {
    progressBar.setProgress(values[0].intValue());
}
```

现在可以运行试一下了，结果如图 16.3.3.2 所示。

图 16.3.3.2

异步任务类最终的代码如下：

```
class HttpAsyncTask extends AsyncTask<String,Integer,Bitmap[]>{
    private int taskNum=0;

    public HttpAsyncTask(int taskNum){
        this.taskNum=taskNum;
    }

    //UI 线程中执行
    @Override
    protected void onPreExecute() {
        progressBar.setMax(taskNum);
    }

    //后台线程中执行
    @Override
    protected Bitmap[] doInBackground(String... strings) {
        Bitmap[] bitmaps = new Bitmap[strings.length];

        //依次取得每个参数，下载它指向的图像
        for(int i=0;i<strings.length;i++){
            try {
```

```
            //由当前 URL 字符串创建 URL 对象
            URL urlObj = new URL(strings[i]);
            HttpURLConnection connection = (HttpURLConnection)
urlObj.openConnection();
            //进行连接，这一步可能非常耗时
            connection.connect();
            InputStream is = connection.getInputStream();
            //从 InputStream 读入数据并解码出位图
            Bitmap bitmap = BitmapFactory.decodeStream(is);
is.close();

            //放到对应的数组项中
            bitmaps[i]=bitmap;
            //通知主线程更新进度条的进度，i 从 0 开始，所以要加 1
            publishProgress(i+1);
        } catch (IOException e) {
            e.printStackTrace();
            return null;
        }
    }

    //返回 Bitmap 数组
    return bitmaps;
  }

  //UI 线程中执行
  @Override
  protected void onPostExecute(Bitmap[] bitmaps) {
      if(bitmaps==null){
          return;
      }
      //把每个图像都设置到对应的 ImageView 中
      for(int i=0;i<imageViews.length;i++){
          imageViews[i].setImageBitmap(bitmaps[i]);
      }
  }

  @Override
  protected void onProgressUpdate(Integer... values) {
      progressBar.setProgress(values[0].intValue());
  }
}
```

现在的代码在逻辑上还有很多不严谨的地方，但可以让大家清晰地看清异步任务的用法。

16.3.4 异步任务的退出

异步任务的后台方法在一个新线程中执行，所以异步任务在本质上与创建新线程没有区别。所以我们需要在异步任务所在的 Activity 销毁时让它尽快停止。参考前面讲的线程的退出问题，即我们需要让异步任务的 doInBackground()方法尽快退出。这需要在另外的线程中发出停止异步任务的指令，AsyncTask 类已经为我们准备好了，它有个方法 cancel()，可以在任何时刻任何线程中调用它，但是调用它并不能让 doInBackground()立即退出，调用它带来的效果是发出取消指令，之后再调用异步任务的 isCancelled()方法时，会返回 true（默认返回 false），我们需要利用它，把 Cancel 状态作为 doInBackground()里面循环的检查条件之一，所以 doInBackground()方法改动如下：

```
//依次取得每个参数，下载它指向的图像
for(int i=0;i<strings.length;i++){
    if(isCancelled()){
        break;
    }
    try {
    ...
    } catch (IOException e) {
    ...
    }
}
```

在做执行循环中的代码之前检查了一下 isCancelled()是否被调用，如果被调用了，就直接跳出循环。当然考虑到循环中的代码有的操作也是很耗时间的，为了能反应更快，你也可以在其代码中插入 Cancel 状态的检查，代码如下：

```
//依次取得每个参数，下载它指向的图像
for(int i=0;i<strings.length;i++){
    if(isCancelled()){
        break;
    }
    try {
        //由当前 URL 字符串创建 URL 对象
        URL urlObj = new URL(strings[i]);
        HttpURLConnection connection = (HttpURLConnection)
urlObj.openConnection();
        //进行连接，这一步可能非常耗时
        connection.connect();
        if(isCancelled()){
            break;
        }
        InputStream is = connection.getInputStream();
        if(isCancelled()){
            break;
        }
        //从 InputStream 读入数据并解码出位图
        Bitmap bitmap = BitmapFactory.decodeStream(is);
        is.close();
        if(isCancelled()){
            break;
        }
```

```
        //放到对应的数组项中
        bitmaps[i]=bitmap;
        //通知主线程更新进度条的进度，i 从 0 开始，所以要加 1
        publishProgress(i+1);
    } catch (IOException e) {
        e.printStackTrace();
        return null;
    }
}
```

可以看到在所有可能耗时的操作后进行了检查，其实没有必要做到这种程度了，只要在循环开始检查一次就行了，我们又不是做那种对时间要求很严格的实时系统。那么这个 cancel()方法在哪里调用呢?当然是 Activity 的 onDestroy()中了。代码如下：

```
@Override
    protected void onDestroy() {
        //发出取消异步任务的通知，参数 false 表示不要强制中断这个线程
        if(asyncTask!=null) {
            asyncTask.cancel(false);
        }

        super.onDestroy();//必须调用一下父类的同一方法
    }
```

一旦对某个异步任务调用了 cancel()，当它的 doInBackground()完成后，就不再调用 onPostExecute()了，而是调用 onCancelled()，根据我们现在的需求，在 onCancelled()中什么也不需要做：

```
@Override
protected void onCancelled() {
    super.onCancelled();
}
```

当然，既然什么也不做，也可以不实现它。

16.4 使用 OkHttp 进行网络通信

OkHttp 是使用率非常高的第三方（非 Android 官方）Java HTTP 通信库，当然也非常易用。使用它，就不必使用 HttpURLConnection 等这些 Android 原生 API 了。当接触一个新的库或框架时，最好先去它的官方网站看一下，一般都能帮助你快速入门：http://square.github.io/okhttp/。

下面我们用它来把前面下载图像的例子改一下，用 OkHttp 下载图像。

首先在 Module 的 Gradle 脚本中添加对 OkHttp 的依赖，如图 16.4.1、图 16.4.2 所示。

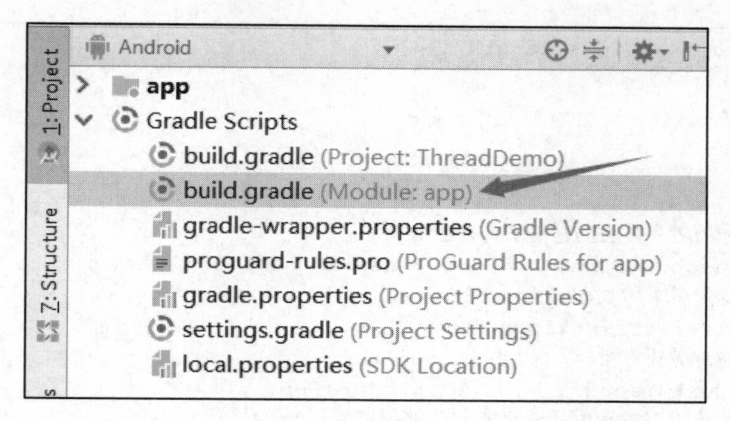

图 16.4.1

```
dependencies {
    implementation fileTree(include: ['*.jar'], dir: 'libs')
    implementation 'com.android.support:appcompat-v7:27.1.1'
    implementation 'com.android.support.constraint:constraint-layout:1.0.2'
    implementation 'com.android.support:design:27.1.1'
    implementation 'com.squareup.okhttp3:okhttp:3.10.0'
    testImplementation 'junit:junit:4.12'
    androidTestImplementation 'com.android.support.test:runner:1.0.1'
    androidTestImplementation 'com.android.support.test.espresso:espresso-core:3.0.1'
}
```

图 16.4.2

我用的是当前最新版，其最新版本号可以在其 Github 托管网页 https://github.com/square/okhttp 上看到，如图 16.4.3 所示。

or Gradle:

```
implementation 'com.squareup.okhttp3:okhttp:3.10.0'
```

图 16.4.3

添加和后会出现一个同步提示，点它执行 Gradle 脚本同步工程，在此过程中会把 OkHttp3 这个库下载到本地，并自动在工程中引用它，于是我们就可以在工程中使用它了。下面我们用 OkHttp 来改写下载多张图片的功能。

16.4.1　使用 OkHttp 下载图像

我们只需要改写异步任务中网络访问的代码即可，废话不多讲，直接上代码：

```
//后台线程中执行
@Override
protected Bitmap[] doInBackground(String... strings) {
    Bitmap[] bitmaps = new Bitmap[strings.length];

    //创建 OkHttp 客户端对象
    OkHttpClient client = new OkHttpClient();

    //依次取得每个参数，下载它指向的图像
```

```
    for(int i=0;i<strings.length;i++){
        if(isCancelled()){
            break;
        }

        try{
            //利用工厂方法创建请求构建器对象
            Request.Builder builder = new Request.Builder();
            //设置请求的URL地址
            builder.url(strings[i]);
            //创建请求对象
            Request request = builder.build();
            //客户端对象利用请求对象创建调用对象
            Call call = client.newCall(request);
            //执行这个调用对象，这句发出了网络请求，服务端返回的数据都存在Response中
            //注意这是同步调用的方式
            Response response = call.execute();
            //取出Http包中的数据（就是http body）
            ResponseBody body = response.body();
            //因为我们知道body中是图像的数据，所以我们使用byteStream()方法取得字节流
            InputStream inputStream = body.byteStream();
            //将字节输入流传给decodeStream()解码出Bitmap。
            Bitmap bitmap = BitmapFactory.decodeStream(inputStream);

            //放到对应的数组项中
            bitmaps[i]=bitmap;
            //通知主线程更新进度条的进度，i从0开始，所以要加1
            publishProgress(i+1);
        } catch (IOException e) {
            e.printStackTrace();
            return null;
        }
    }

    //返回Bitmap数组
    return bitmaps;
}
```

代码的详细解释请看注释。这里总结一下OkHttp下载数据的调用流程：

- 创建请求构建器；
- 创建请求对象；
- 创建Client；
- 利用Client创建Call对象；
- 利用Call发出调用，返回结果存在ResponseBody中；
- 从body中按照数据的格式取出数据。

这段代码中的网络访问和处理返回数据的部分可以写得更简洁一些：

```
Request.Builder builder = new Request.Builder();
Request request = builder.url(strings[i]).build();
Response response = client.newCall(request).execute();
InputStream inputStream = response.body().byteStream();
Bitmap bitmap = BitmapFactory.decodeStream(inputStream);
```

注意从服务端获取数据都是用 HTTP GET 命令，上面的代码中并没有指定是哪种命令，是因为默认就是 GET，当然你也可以在 Builder 中通过 get()方法明确指定，代码如下：

```
Request request = builder.url(strings[i]).get().build();
```

16.4.2　创建 Web 服务端

后面的内容，涉及到数据上传、文件上传等功能，我们必须有自己的 Web 服务程序才能测试，所以现在要创建一个 Web 服务程序。

创建 Web 程序需要 Java Web 开发技术，可能你对此不熟悉，不用怕，我给你准备了一个现成的，你只要在你的 PC 上把它运行起来，就可以在 App 中访问这个服务。这个项目利用了 Spring Boot 框架，以 Maven 作为项目管理工具（与 Gralde 类似的东西），所以利用命令行可以轻松运行起来，只要满足一个条件：能上网。

运行这个程序的命令很简单：mvn spring-boot:run　。

但是，你先要把 Maven 安装到你的 PC 上，否则找不到 mvn 这个工具。先去官网下载 Maven 吧，地址是 https://maven.apache.org/download.cgi，下载最新版即可，如图 16.4.2.1 所示。

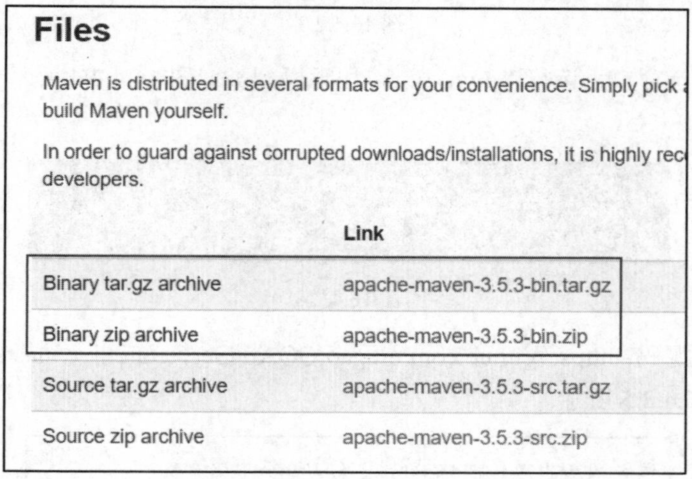

Files

Maven is distributed in several formats for your convenience. Simply pick a
build Maven yourself.

In order to guard against corrupted downloads/installations, it is highly rec
developers.

	Link
Binary tar.gz archive	apache-maven-3.5.3-bin.tar.gz
Binary zip archive	apache-maven-3.5.3-bin.zip
Source tar.gz archive	apache-maven-3.5.3-src.tar.gz
Source zip archive	apache-maven-3.5.3-src.zip

图 16.4.2.1

压缩包下载地址为：http://mirrors.hust.edu.cn/apache/maven/maven-3/3.5.3/binaries/apache-maven-3.5.3-bin.zip，我下载的是 3.5.3 版，等你下载的时候应该有更高的版本了。下载后解压缩，把文件夹放到某个目录下，我放到了这里（如图 16.4.2.2 所示）：

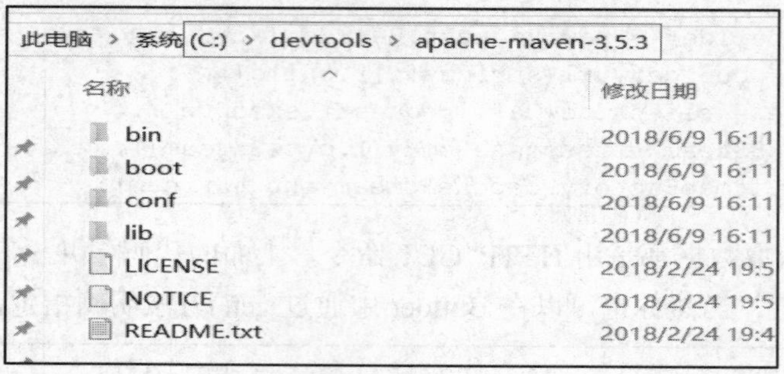

此电脑 > 系统 (C:) > devtools > apache-maven-3.5.3

名称	修改日期
bin	2018/6/9 16:11
boot	2018/6/9 16:11
conf	2018/6/9 16:11
lib	2018/6/9 16:11
LICENSE	2018/2/24 19:5
NOTICE	2018/2/24 19:5
README.txt	2018/2/24 19:4

图 16.4.2.2

mvn 这个命令在文件夹 bin 下，所以为了能在任何目录下都能访问这个命令，我们需要把 bin 文件夹加入系统环境变量 PATH 中，如图 16.4.2.3 所示。

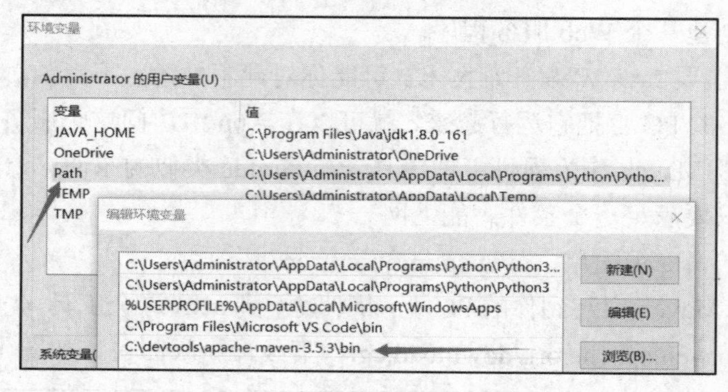

图 16.4.2.3

然后打开命令行窗口，运行“mvn -v”，如果看到类似图 16.4.2.4 所示信息，说明配置成功：

图 16.4.2.4

再下载服务端源码：https://github.com/niugao/QQAppServer/archive/master.zip，解压到某个文件夹下，如图 16.4.2.5 所示。

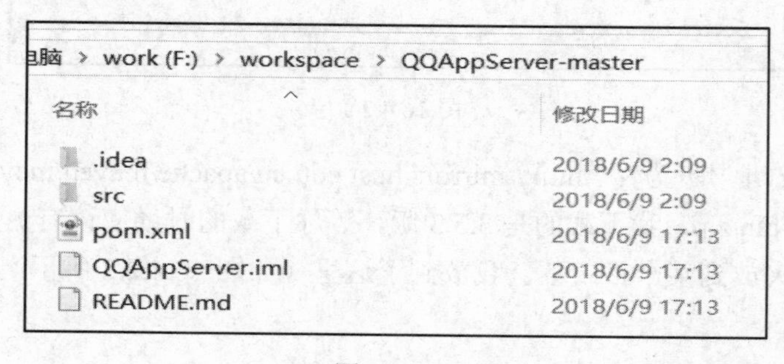

图 16.4.2.5

在命令行窗口中，进入 QQAppServer-master 文件夹，再执行命令 mvn spring-boot:run，如图 16.4.2.6 所示。

图 16.4.2.6

第一次运行还是很耗时间的，主要是需要从 Maven 仓库中下载很多依赖库 Jar 文件，所以需要耐心等待，只要命令行窗口中没有出现红色的语句，就说明没错误，当看到下面的语句时，说明 Web 服务启动成功，如图 16.4.2.7 所示。

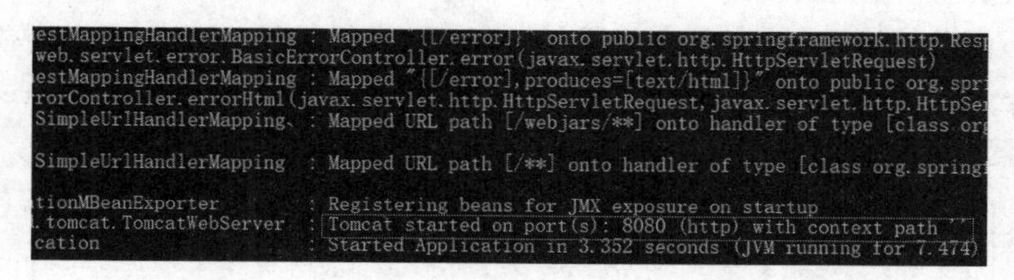

图 16.4.2.7

打开浏览器，在地址栏中输入地址：http://localhost:8080，可以看到如图 16.4.2.8 所示网页。

图 16.4.2.8

到此为止，Web 服务程序配置成功。

16.4.3　使用 OkHttp 下载数据

通过 HTTP 协议，可以下载各种数据，比如可以下载一个产品的信息，下载一张图像，下载一个文件，下载一个网页。实际上从 HTTP 的打包方式来讲，这些数据基本可分成两大类，一是文本，二是二进制数据。网页属于文本，图像、文件属于二进制数据，至于产品信息这样的数据，一般也用文本表示，它其实对应着内存中的对象，所以利用那些可以方便地表示对象的文本格式，比如 JSON、XML 等。不论服务端收到客户端的数据，还是客户端收到服务端的数据，都需要知道数据的具体格式，于是 HTTP 包头中就带有 MIME 信息，比如 text/html

表示 HTTP 包的 body 中带的是 HTML 文本，text/json 表示带的是 JSON 文本（其实对应对象），image/png 表示带的是 PNG 格式的图像。可以看到 MIME 中“/”之前是大类别，后面是小类别。

浏览器从服务端下载的文本数据一般是 HTML，而 App 下载的文本大多是 JSON。比如一个电子商务服务器，它既能为浏览器提供商品展示数据，也能为 App 提供商品展示数据，但是它为浏览器提供的是 HTML，这个 HTML 中不单包含了多个商品信息，还包含了如何展示和摆放这些信息的代码，这些都是在服务端已经决定的，浏览器只需忠实地按照 HTML 代码把网页创建并展示出来即可；而为 App 提供的是 JSON，JSON 中仅包含了各商品的信息，至于商品如何展示，由 App 自己决定。为 App 提供的数据是更灵活的，网络传输的数据量更少。其实现在网页版数据也在改为 App 这种方式，即向浏览器发送的是 JSON，浏览器用 JavaScript 将 JSON 数据中的商品取出来，然后决定它们的展示方式。

在 App 中获取数据其实就是用程序获取，服务端为此而提供的那些服务属于应用程序接口（API）。下面我们就写一点从服务端取得 JSON 数据的代码。这块 JSON 数据是从这个地址取得的：http://localhost:8080/apis/get_message ，当然前提是你已把我们的 Web 项目启动起来了，在浏览器中可以先看一下（如图 16.4.3.1 所示）。

图 16.4.3.1

浏览器发现得到的数据不是 HTML 格式，于是把文本直接显示了出来。Android 中的代码如下：

```
private void getJson(){
    Thread thread = new Thread(new Runnable() {
        @Override
        public void run() {
            OkHttpClient client = new OkHttpClient();
            Request.Builder builder = new Request.Builder();
            Request request =
builder.url("http://10.0.2.2:8080/apis/get_message").build();
            try {
                Response response = client.newCall(request).execute();
                String json = response.body().string();
                Log.i("getjson",json);
            } catch (IOException e) {
                e.printStackTrace();
            }
        }
    });

    thread.start();
}
```

此方法中创建了一个线程，线程中使用 OKHttp 访问了 PC 上的 Web 服务器，注意 URL 中的主机地址是 10.0.2.2，而不是 localhost，因为代码是在 Android 虚拟机中执行的，localhost 本身，于是在 Android 设备中就代表了虚拟机自己，而我们的 Web 程序并不是在虚拟机中运行的，所以要访问 PC 机的地址，相对于虚拟机来说，宿主机的地址就是 10.0.2.2。如果你是在真机上调试，那么就需要真机与 PC 都连入同一局域网，然后找出 PC 的地址，如图 16.4.3.2 所示。

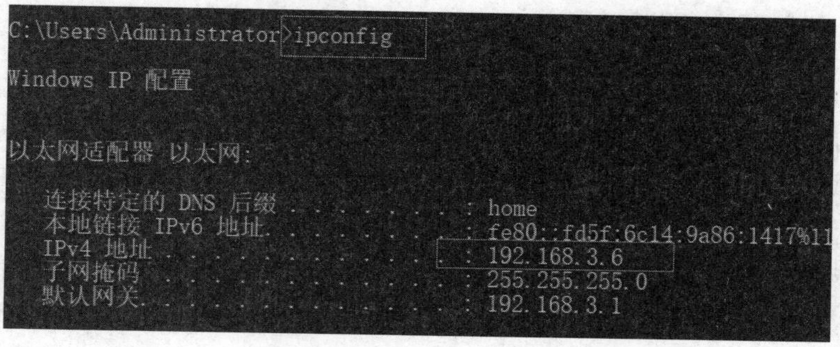

```
C:\Users\Administrator>ipconfig

Windows IP 配置


以太网适配器 以太网:

   连接特定的 DNS 后缀 . . . . . . . : home
   本地链接 IPv6 地址. . . . . . . . : fe80::fd5f:6c14:9a86:1417%11
   IPv4 地址 . . . . . . . . . . . . : 192.168.3.6
   子网掩码  . . . . . . . . . . . . : 255.255.255.0
   默认网关. . . . . . . . . . . . . : 192.168.3.1
```

图 16.4.3.2

请自行调用这个方法，方法的运行结果是在 Logcat 中输出日志：

```
I/getjson: {"contactName":"路人甲
","time":"2018-06-12T13:31:41.281+0000","content":"我说啥了我? Get out!"}
```

但是，JSON 一般是用来表示对象的，它里面的数据是“key:value”对，从这堆 JSON 数据中可以看出它表示的是一个“消息”，包含了消息的 contactName（联系人名字），time（发出时间），content（消息内容），我们应该把这个 JSON 转换为消息对象，怎么做呢?请看下节。

16.4.4　JSON 转对象

JSON 转对象其实是根据 JSON 中的数据创建出类的实例。要创建实例，当然先要有类了，我们根据收到的 JSON 数据可以定义这样的类与它对应：

```java
public class ChatMessage {
    private String contactName;//发出消息的人的名字
    private long time;//发出消息的日期
    private String content;//消息的内容

    public ChatMessage(String contactName, long time, String content) {
        this.contactName = contactName;
        this.time = time;
        this.content = content;
    }
    public String getContactName() {
        return contactName;
    }
    public void setContactName(String contactName) {
        this.contactName = contactName;
    }
```

```
    public long getTime() {
        return time;
    }
    public void setTime(long time) {
        this.time = time;
    }
    public String getContent() {
        return content;
    }
    public void setContent(String content) {
        this.content = content;
    }
}
```

我们当然可以在收到 JSON 后，先创建 Message 类的对象，然后根据 JSON 中的 Key 为对象对应的属性赋值（这叫反序列化，那么由对象转成 JSON 就叫序列化了），但是这个过程是比较麻烦的，因为你得分析 JSON 字符串，还有创建对象等工作，如果有现成的 API 为我们做了多好？当然实现这样的 API 并不是难事，所以有很多专门做这种事的第三方库，比如 fastjson、Jackson、Gson 等。Gson 是 Google 自己家的，所以我们选择 Gson 来做吧。

首先添加 gson 的依赖：implementation 'com.google.code.gson:gson:2.8.5'。

Gson 的基本用法还是很简单的，我直接上代码吧，在上节的方法中，将获取 JSON 的部分改为这样：

```
Response response = client.newCall(request).execute();
//我们知道服务端返回的是字符串，所以调用 string()方法以
String json = response.body().string();
//利用 gson 将 JSON 反序列化为对象
Gson gson=new Gson();
ChatMessage message = gson.fromJson(json,ChatMessage.class);
Log.i("gson","name:"+message.getContactName()+",content:"+message.getContent
());
```

运行 App，触发 JSON 获取操作，可以在 LogCat 窗口中看到这样的日志（别忘了用"gson"过滤），如图 16.4.4.1 所示。

图 16.4.4.1

说明反序列化成功！

16.4.5 使用 OkHttp 上传文件

我们在网页中经常看到上传文件的功能，比如图 16.4.5.1 所示例子。

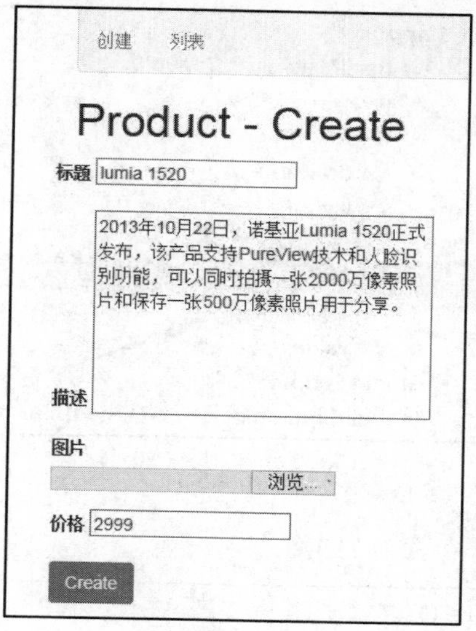

创建　列表

Product - Create

标题 lumia 1520

2013年10月22日，诺基亚Lumia 1520正式发布，该产品支持PureView技术和人脸识别功能，可以同时拍摄一张2000万像素照片和保存一张500万像素照片用于分享。

描述

图片

浏览...

价格 2999

Create

图 16.4.5.1

这个页面中要上传很多信息，图片这一栏就是指定一个文件，当用户点击“Create”按钮时，所有信息被打包上传到服务器。这种功能是通过一种叫作 Multipart 表单的方式打包数据并上传的，这种数据对应的 MIME 为“multipart/form-data”。我们写代码上传文件时，也是构建出这种数据。下面就实现一下这个功能，但是在实现之前，应先找个文件，我们项目中的资源文件，在打包成 APK 安装包时都会被包含在里面，安装时就会放到 Android 设备中，但是一般的资源文件不容易直接读出它们数据，而有一种特殊的资源文件就可以，那就是 Raw 类型的资源，Raw 是原始的意思，这种资源不会被处理，会原封不动地放到设备中。所以我们要添加一个 Raw 型资源，而要添加这种资源，应先添加 Raw 文件夹，如图 16.4.5.2 所示。

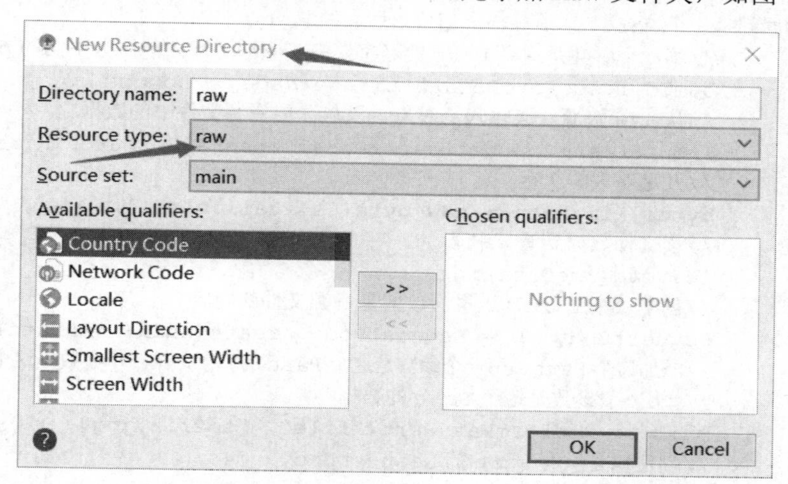

图 16.4.5.2

然后找一个图像文件，放到 raw 文件夹下，如图 16.4.5.3 所示。

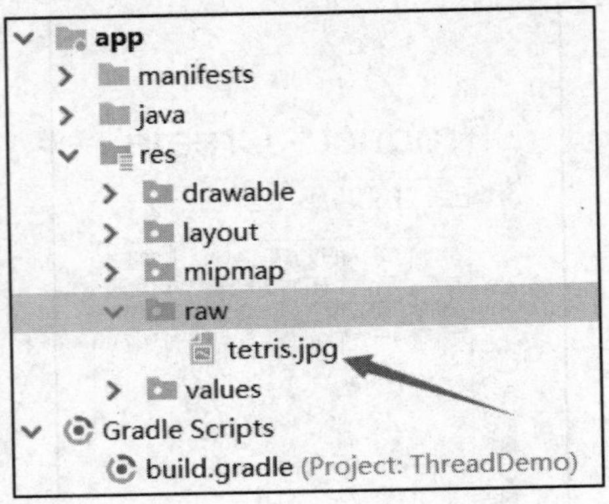

图 16.4.5.3

代码如下：

```
private void uploadOneFile() {
    //创建后台线程，访问网络
    Thread thread=new Thread(new Runnable() {
        @Override
        public void run() {
            String msg=null;
            try {
                //请求地址
                String url = "http://10.0.2.2:8080";
                //创建构建 multipart form 的构建器对象
                MultipartBody.Builder builder = new MultipartBody.Builder();
                //设置类型为"multipart/form-data"
                builder.setType(MultipartBody.FORM);
                //设置表单内容,随便加点文件之外的数据,
//每次添加的数据都是一个 Part，多个 part 组成 HTTP 的 body
                //第一个参数是这个 Part 的名字，有了它服务端才能区分不同的 part
                builder.addFormDataPart("userName", "xxxxx");
                //从 Raw 资源获取输入流对象，以从读出资源文件中的数据
                InputStream is= getResources().openRawResource(R.raw.tetris);
                //开足够大的缓存
                byte[] imgData = new byte[is.available()];
                //读文件数据到缓存中
                is.read(imgData);
                //创建一个 Part，这里面放的是资源文件的内容
                RequestBody rb = RequestBody.create(null, imgData);
                //添加这个 Part，第一个参数是这个 Part 的名字，第二个参数是这个文件的名字，
                // 第三个参数是这个 Part 的数据
                builder.addFormDataPart("file", "tetris.jpg", rb);
                //创建包含所有 Part 的 RequestBody
                RequestBody body = builder.build();
                //创建 client 以发出请求
                OkHttpClient client = new OkHttpClient();
                //创建 Request，将以 POST 方式发出请求
                Request request = new
 Request.Builder().url(url).post(body).build();
```

```
                //向 web 后台发起请求
                client.newCall(request).execute();
            } catch (Exception e) {
                msg = e.getLocalizedMessage();
            }
        }
    });
    //启动线程，注意，它是在主线程中执行!!
    thread.start();
}
```

运行 App，触发这个方法执行，上传成功后可以通过浏览器在主页（http://localhost:8080）中看到已上传的文件，如图 16.4.5.4 所示。

图 16.4.5.4

16.5 使用 Retrofit 进行网络通信

Retorfig 是什么呢？是另一个 Java HTTP 通信库。前面不是讲了 OkHttp 了吗？我感觉挺好用的，为什么又讲一个库呢？这是因为 Retrofit 比 OkHttp 使用起来还简单一点，而且它支持当前正流行的以注解的方式来使用。注意 Retrofit 是基于 OkHttp 创建的，对 OkHttp 进行了进一步的封装，当然用起来更简单了。

下面我们就用 Retrofit 实现一下前面用 OkHttp 实现的功能。

16.5.1 加入 Retrofit 的依赖项

如何添加依赖项呢？首先去它的官网看看有没有帮助：http://square.github.io/retrofit/ ，看到了这样的内容（如图 16.5.1.1 所示）。

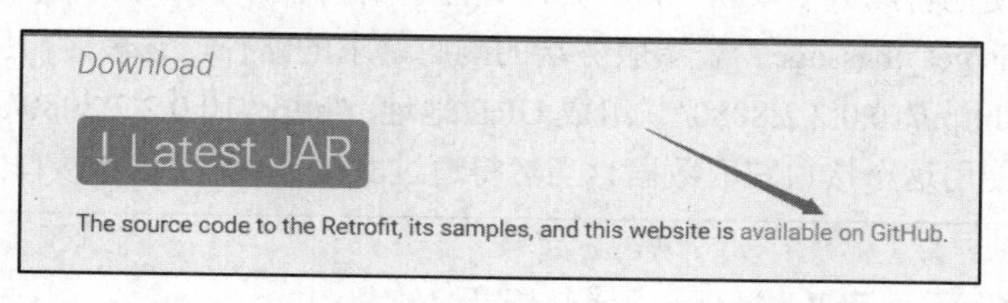

图 16.5.1.1

点这个链接进入 https://github.com/square/retrofit ，发现如下内容（如图 16.5.1.2 所示）。

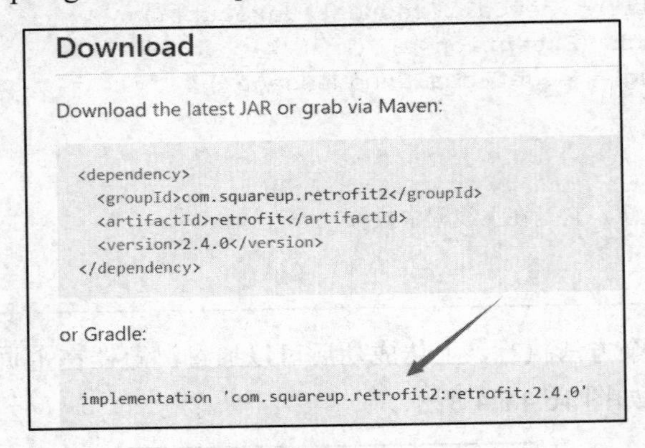

图 16.5.1.2

在模块 build.gradle 文件中加入“implementation 'com.squareup.retrofit2:retrofit:2.4.0'”，当然由于它要依赖 OkHttp，所以也要加入 OkHttp 的依赖项。

16.5.2 用 Retrofit 下载文本

我们把前面 OkHttp 下载 JSON 文本并转换成对象的功能用 Retrofit 玩一下。首先我们要创建一个接口，接口中定义方法，这些方法分别负责访问服务端某个地址，从这个地址下载数据并返回给调用者。比如使用 OkHttp 下载 JSON 时，先建立网络连接，再发出请求，再将请求到的 JSON 文本转成对象，这个过程现在就对应我们定义接口中的一个方法，但与 OkHttp 不同，我们此时只需要定义接口，而不需要实现它，因为它的实现由 Retrofit 来完成（于是我们少写很多代码），但我们还要告诉 Retrofit 这个接口要访问服务端的哪个地址，是用 GET 还是 POST，甚至更多网络参数，这部分用注解来做。具体看下面这个接口：

```
public interface ChatService {
    @GET("/apis/get_message")
    Call<ChatMessage> getChatMsg();
}
```

你要注意的是这个接口中方法的返回值类型，必须为 Call，但它是一个范型，需要为它传入一个类型参数，这个参数表明了 HTTP 包的 body 中是什么数据，比如接口中的这个方法，从名字就看出它是要获取一条聊天信息，所以服务端返回的数据就是聊天信息，我们可以通过特定的方法很方便地将此数据取出。再一点就是注解的内容，GET 表示使用 HTTP GET 命令获取数据，“/apis/get_message”表示服务端的响应请求的路径，它最终与服务端的地址（就是下面代码中的"http://10.0.2.2:8080/"）组成 URL 地址："http://10.0.2.2:8080/apis/get_message"。

现在就可以使用这个接口获取数据！当然得通过 Retorfit 使用这个接口才行，代码如下：

```
//创建 Retrofit 对象，指明服务端主机地址
Retrofit retrofit = new Retrofit.Builder()
        .baseUrl("http://10.0.2.2:8080/")
        .build();
```

```
//Retrofit 根据接口实现类并创建实例，这使用了动态代理技术，
ChatService service = retrofit.create(ChatService.class);
//调用接口的方法，此方法的逻辑在动态代理类中实现了
//注意此方法并没有进行网络通信，只是创建了一个用于网络通信的对象 call
retrofit2.Call<ChatMessage> call = service.getChatMsg();
try {
    //利用 call 发出网络请求，这是同步调用。它返回的是一个 Response 对象
    //其范型参数必须与 Call 的参数一致
    retrofit2.Response<ChatMessage> response = call.execute();
    ChatMessage message = response.body();

Log.i("retrofitDemo","name:"+message.getContactName()+",content:"+message.ge
tContent());
} catch (IOException e) {
    e.printStackTrace();
}
```

这段代码涉及网络通信，所以要开线程执行。注意通过 response.body()获取了 HTTP body 中的数据，此方法返回的数据是 ChatMessage 对象，也就是说 Retrofit 直接把 JSON 文本转成对象了。运行这段代码（注意 Web 程序必须先运行起来），会出现什么呢？其实不会得到聊天消息，而会出现崩溃！为什么出现崩溃呢？因为我们少做了一步：指定数据转换工厂。默认情况下，Retrofit 并不会把数据转换成实际所表示的对象，需要我们指定如何去转换，如何指定呢？只需在构建 Retrofit 对象时，添加一个转换工厂对象即可：

```
Retrofit retrofit = new Retrofit.Builder()
        .baseUrl("http://10.0.2.2:8080/")
        .addConverterFactory(GsonConverterFactory.create())
        .build();
```

可以看到添加了一个 GsonConverterFactory 对象，它是利用 Gson 库将 JSON 转换成对象的，要使用这个类，必须添加依赖项：

```
implementation 'com.squareup.retrofit2:converter-gson:2.4.0'
```

现在再运行试试吧，是不是得到消息了？对比一下 OkHttp 代码，是不是省事不少呢？

16.5.3　用 Retrofit 下载图像

下面再玩一下下载图像吧。

首先在接口 ChatService 中添加新的方法：

```
@GET("/image/a.jpg")
Call<ResponseBody> getImage();
```

可以看到获取图像的路径是“image/a.jpg”，服务端给我们返回的是这个图像的数据，由于不是文本，所以以二进制字节数组形式返回。还要注意此方法的返回类型 Call 的范型参数是 ResponseBody，如果不使用转换工程自动转换 HTTP body 中的数据，那么 HTTP body 就需

要用 ResponseBody 来代表。下一步需要在 MainActivity 中添加方法以下载图像：

```
private void getOneImage(){
    Thread thread = new Thread(new Runnable() {
        @Override
        public void run() {
            //创建 Retrofit 对象，指明服务端主机地址
            Retrofit retrofit = new Retrofit.Builder()
                    .baseUrl("http://10.0.2.2:8080/")
                    .build();
            //Retrofit 根据接口实现类并创建实例，这使用了动态代理技术，
            ChatService service = retrofit.create(ChatService.class);
            retrofit2.Call<ResponseBody> call = service.getImage();
            try {
                retrofit2.Response<ResponseBody> response = call.execute();
                //response.body()返回的是 ResponseBody 对象，从它直接获取一个字节输入流，
                //这个字节输入流读取的就是 HTTP body 的内容，就是图像的二进制数据
                final Bitmap bmp =
BitmapFactory.decodeStream(response.body().byteStream());

                //在主线程中设置图像到首个 ImageView
                Handler handler = new Handler(getMainLooper());
                handler.post(new Runnable() {
                    @Override
                    public void run() {
                        imageViews[0].setImageBitmap(bmp);
                    }
                });

            } catch (IOException e) {
                e.printStackTrace();
            }

        }
    });

    thread.start();
}
```

请自行调用此方法。注意与获取聊天消息不同之处是，并没有为 Retrofit 对象设置转换工厂，因为 Retrofit 并没有提供将二进制数据转成 Bitmap 的类，所以就不添加了，我们自行完成了转换过程。

16.5.4 用 Retrofit 上传图像

首先是在接口中添加一个文件上传的方法：

```
@Multipart
@POST("/")
Call<ResponseBody> uploadImage(@Part MultipartBody.Part filedata);
```

“@Multipart”表明以 multipart-form 的形式打包数据；“@POST("/")”表示以 POST 方式发出请求，这是必须的，GET 方式无法上传大量数据，其参数表示请求路径，“/”表示根路径。为什么是根路径呢？因为服务端程序就是在根路径接收文件。此方法的参数是一个 MultipartBody.Part 对象，也就是说使用此方法时要先创建一个 MultipartBody.Part 对象。示例代码如下：

```
private void uploadOneFile() {
        //创建后台线程，访问网络
        Thread thread=new Thread(new Runnable() {
            @Override
            public void run() {
                String msg=null;

                Retrofit retrofit = new Retrofit.Builder()
                        .baseUrl("http://10.0.2.2:8080/")
                        .build();

                ChatService service = retrofit.create(ChatService.class);
                InputStream inputStream=null;
                try {
                    //从 Raw 型资源加载文件
                    inputStream = getResources().openRawResource(R.raw.tetris);
                    //分配足够大的缓冲区，将文件内容一次性读到内存缓冲区中
                    byte[] data=new byte[inputStream.available()];
                    inputStream.read(data);
                    //利用文件数据创建一个 RequestBody,
          //其 MIME 是 application/otcet-stream，表示二进制数据流
                    RequestBody requestFile = RequestBody.create(
            MediaType.parse("application/otcet-stream"), data);
                    //利用 RequestBody 创建一个 Part
                    MultipartBody.Part part = MultipartBody.Part.createFormData(
                      "file", "trtes.jpg", requestFile);
                    //调用 Service 中的方法，上传此 MultiPart 数据
                    retrofit2.Call<ResponseBody> call =
service.uploadImage(part);
                    //执行网络传输
                    retrofit2.Response<ResponseBody> response = call.execute();
                    //处理返回
                    ResponseBody body = response.body();
                    Log.i("response",body.string());
                } catch (IOException e) {
                    e.printStackTrace();
                }
            }
        });

        //启动线程，注意，它是在主线程中执行!!
        thread.start();
    }
```

注意对方法 MultipartBody.Part.createFormData()的调用，这些方法的作用是创建 MultiPart 中的一个 Part，我们传入了三个数，第一个是 Key，表单中的数据是 Key-Value 的形式，那 Value 在哪里呢？第三个参数就是 Value，当然它是一个 Part 对象。第二个参数只有在创建二进制数据 Part 时才用到，创建文本 Part 时就用不到，它的作用是指明上传的文件的名字，一般情况下服务端收到上传的文件后都会改名，所以这个文件名参数更大的作用是其扩展名指出了文件的格式，比如这里是“JPG”，服务端收到后可以根据这个扩展名正确地解码出图像，或使改名后的文件依然有正确的扩展名。

请自行调用此方法，当它成功执行后，在 Web 程序根路径下的 upload-dir 中会出现一个图像文件，如图 16.5.4.1 所示。

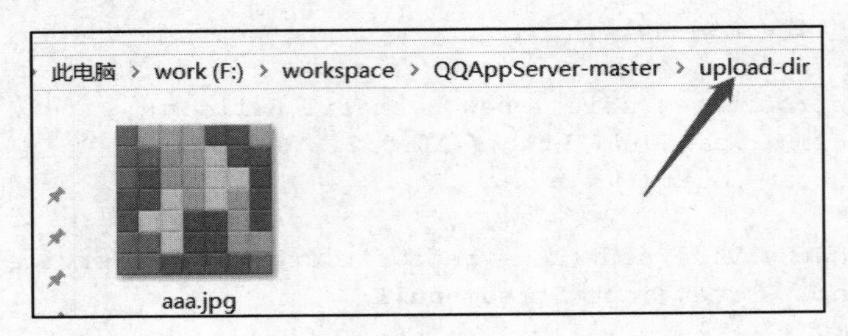

图 16.5.4.1

同时在浏览器中查看 Web 程序的主页，可以看到上传的图像文件，如图 16.5.4.2 所示。

图 16.5.4.2

到此为止基本的网络通信技术，我们就讲完了。后面章节将为我们的 QQApp 增加网络聊天功能。

第 17 章 异步调用库RxJava

写了很多与多线程有关的代码，不知你是否对多线程的使用感到烦琐?尤其是在多线程切换时。如果有一套 API，可以让我们在写多线程代码时做到：

（1）不用创建线程对象，直接指定一个方法在哪个线程运行；

（2）自动将一个线程的结果扔到另一个线程中（就像 AysncTask 那样）；

（3）让我们只关注业务实现而感觉不到线程的存在。

那该多么美好！不管你相不相信，美好的事情真会发生！下面由我隆重推出已练成乾坤大挪移第九层的异步调用框架库：RxJava！请大家小心，别被它挪到！如果发现自己忽然出现在坑里，这就比较尴尬了。

RxJava 经历了两代了，当前有 1.x 和 2.x 两个版本，我们当然讲最新的，对，就是 2.x 版。要想使用它，当然还是需要先加入依赖项：

```
implementation 'io.reactivex.rxjava2:rxjava:2.1.16'
```

17.1 小试牛刀

好了，RxJava 大神被请到了，下面我们先请 RxJava 给大家亮点小招式，什么招式呢？先来改写一下 15.4.3 节中下载图像的代码吧。改写完了（真是快如闪电啊！），代码如下：

```
Observable.create(new ObservableOnSubscribe<Bitmap>() {
    @Override
    public void subscribe(ObservableEmitter<Bitmap> emitter) throws Exception {
        //创建 Retrofit 对象，指明服务端主机地址
        Retrofit retrofit = new Retrofit.Builder()
                .baseUrl("http://www.tucoo.com/")
                .build();
        //Retrofit 根据接口实现类并创建实例，这使用了动态代理技术,
        ChatService service = retrofit.create(ChatService.class);
        retrofit2.Call<ResponseBody> call =
service.getImage("water_05102s.jpg");
        retrofit2.Response<ResponseBody> response = call.execute();
        //response.body()返回的是 ResponseBody 对象，从它直接获取一个字节输入流,
```

```
            //这个字节输入流读取的就是 HTTP body 的内容，就是图像的二进制数据
            Bitmap bmp = BitmapFactory.decodeStream(response.body().byteStream());

            emitter.onNext(bmp);
            emitter.onComplete();
        }
})
.subscribeOn(Schedulers.computation())
.subscribe(new Observer<Bitmap>() {
    @Override
    public void onSubscribe(Disposable d) {

    }

    @Override
    public void onNext(Bitmap bitmap) {
        //imageViews[0].setImageBitmap(bitmap);
        Log.w("rxjava","onNext()");
    }

    @Override
    public void onError(Throwable e) {
        Log.e("rxjava",e.getLocalizedMessage());
    }

    @Override
    public void onComplete() {

    }
});
```

好像 RxJava 看起来脸有点红，它的招式比起原来还要烦琐，表演失败了吗？还不敢下结论，我们还是先仔细看一下它做了什么。

首先它调用 Observable.create()方法创建了一个 Observable 对象，创建时传入了一个叫作 ObservableOnSubscribe 的对象，这家伙主要是包着一个方法：subscribe()（订阅），可以看到在这个方法中通过 Retrofit 下载了一个图像，这个图像需要传到主线程中，但这里只是用图像作为参数调用了 emitter.onNext()方法，其实你也能猜出来，正是这个方法，将数据扔到了另外的线程中（当然也可以扔到当前线程中了）。emitter 是 subscribe()方法的参数，是别人传进来，我们不用管是谁传的，我们只需要知道它是用于扔出数据的就行。它还调用了 onComplete()，这个并没有扔出什么数据，而是扔出了一个事件，表示所有的数据都扔完了。

再往下看，创建完 Observable 对象之后，调用了它的方法 subscribeOn()，此方法用于指定订阅活动（也就是 ObservableOnSubscribe 的方法）在哪个线程中进行，如果没有这一步，就在当前线程中进行（因为要访问网络，必须指定在后台线程中搞定订阅活动）。它的参数是一个 Schedulers 对象，其实也不必深究它是个什么东西，可以认为它就是代表线程，Schedulers.computation() 表示后台线程。最后调用了 subscribe() 方法（注意与

ObservableOnSubscribe 中的 subcribe()区分），为此方法传入了一个 Observer（观察者）对象，这个对象的主要作用是包着 4 个方法：onSubscribe()、onNext()、onError()、onComplete()。Observer 用于接收 emitter 的方法扔出的数据和其他事件。onNext()用于接收 emitter.onNext()发出的数据，onError()用于接收在 ObservableOnSubscribe 的 subscribe()中产生的异常，onComplete()用于接收 emitter.onComplete()发出的事件，onSubscribe()在订阅发生时先被调用，也就是在 onNext()等方法之前。

总之，这个 Observer 是用来接收 Observable 中产生的数据的（这个动作被称做“观察 Observe”），可以指定它运行于哪个线程。这里没有指定，于是它就运行在执行订阅动作的同一线程（Schedulers.computation()）中。所以在 onNext()中并没有将传入的 Bitmap 显示在 ImageView 控件中，如果要这样做的话，就要指定观察动作发生的线程为主线程。要创建代表主线程的 Schedulers 对象，需要依赖另一个库：RxAndroid。所以，加入新的依赖项：

```
implementation 'io.reactivex.rxjava2:rxandroid:2.0.2'
```

然后，对代码稍做改动，如图 17.1.1 所示。

```
}).subscribeOn(Schedulers.computation())
        .observeOn(AndroidSchedulers.mainThread())
        .subscribe(new Observer<Bitmap>() {
            @Override
            public void onSubscribe(Disposable d) {
                Log.i( tag: "rxjava", msg: "onSubscribe,"+Thread.currentThread().getName());
            }

            @Override
            public void onNext(Bitmap bitmap) {
                imageViews[0].setImageBitmap(bitmap);
                //Log.i("rxjava","onNext,"+Thread.currentThread().getName());
            }
```

图 17.1.1

但是，现在 App 是无法正常运行的，因为我们通过 Retrofit 获取图像的网站地址变了，我们现在要从地址“http://www.tucoo.com/photo/water_02/s/water_05102s.jpg”下载图像，所以要修改接口 ChatService，改成这样：

```
public interface ChatService {
    @GET("/apis/get_message")
    Call<ChatMessage> getChatMsg();

    //@GET("/image/a.jpg")
    @GET("/photo/water_02/s/{file_name}")
    Call<ResponseBody> getImage(@Path("file_name") String fileName);

    @Multipart
    @POST("/")
    Call<ResponseBody> uploadImage(@Part MultipartBody.Part filedata);
}
```

主要改了 getImage()方法，由于在地址“http://www.tucoo.com/photo/water_02/s/”下有很多图像，所以把图像文件名作为参数，在调用 getImage()方法时由调用者传进来，即这一句：

```
retrofit2.Call<ResponseBody> call = service.getImage("water_05102s.jpg");
```

下面你想办法调用这段代码吧，然后运行 App 试试，图像下载成功了吗？

你心里要明白，在 Observable 的 subsribe()方法被调用之前，ObservableOnSubscribe 的 subscribe()方法是不会执行的，是订阅动作触发了一切，在订阅发生之前，那些方法只是被设置给 Observabe，而不会执行！

到此为止，我们发现 RxJava 真的会乾坤大挪移，因为使用它时，我们不用再做创建线程，使用 Handler 向主线程扔代码之类的事，但是代码量还是很多，那有没有办法少码字呢？欲知答案，请看下节分解。

17.2 精简发送代码

你应该看出来了，Observable 是发出数据或事件的对象，Observer 是接收事件的对象，但是在到达 Observer 之前，数据可以被处理，即一种数据可能被转换为另一种数据再传给 Oberver。比如下载图像的功能，最初的数据其实是一个网址（字符串），通过对字符串的处理（也就是从它指向服务器地址下载图像数据，并在收到后转换为图像）数据变成了图像，Observer 收到的是最后的数据，也就是图像，于是把图像在 UI 中显示出来。按这个理念可以改写一下上一节的代码，代码如下：

```
Observable.just("http://www.tucoo.com/")
      .map(new Function<String, Bitmap>() {
              @Override
              public Bitmap apply(String s) throws Exception {
                  //创建 Retrofit 对象，指明服务端主机地址
                  Retrofit retrofit = new
Retrofit.Builder().baseUrl(s).build();
                  //Retrofit 根据接口实现类并创建实例，这使用了动态代理技术，
                  ChatService service = retrofit.create(ChatService.class);
                  Call<ResponseBody> call =
service.getImage("water_05102s.jpg");
                  retrofit2.Response<ResponseBody> response = call.execute();
                  //response.body()返回的是 ResponseBody 对象，从它直接获取一个字节输
入流，
                  //这个字节输入流读取的就是 HTTP body 的内容，就是图像的二进制数据
                  return
BitmapFactory.decodeStream(response.body().byteStream());
              }
          })
      .subscribeOn(Schedulers.computation())
.observeOn(AndroidSchedulers.mainThread())
      .subscribe(new Observer<Bitmap>() {
          @Override
          public void onSubscribe(Disposable d) {

Log.i("rxjava","onSubscribe,"+Thread.currentThread().getName());
          }

          @Override
          public void onNext(Bitmap bitmap) {
              imageViews[0].setImageBitmap(bitmap);
```

```
            }

            @Override
            public void onError(Throwable e) {
            }

            @Override
            public void onComplete() {
                Log.i("rxjava","onComplete,"+Thread.currentThread().getName());
            }
        });
```

看出哪里不同了吗？Observable 对象的创建使用了另一个工厂方法 just()。just()表示用数据直接创建，随后是一个奇怪的方法 map()，这个是映射的意思，就是把一种数据映射成另一种数据，它的参数是一个 Function 对象，这个对象的主要作用是包含回调方法 apply()，对数据的转换代码就写在这个方法中，注意它的返回值类型和参数类型，必须与 Function 的范型参数对应：Function<String, Bitmap>，第一个参数是输入数据的类型，也就是参数的类型，第二个参数是输出数据的类型，也就是返回值类型。方法内的代码就不做解释了。

跟前面说过的一样，在订阅发生之前，map()方法不会被执行，只是把回调方法设置给 Observable，当订阅发生时（Observable 的 subscribe()执行时），map()才会被执行，map 返回的数据，最终会被扔到 Observer 中。方法 map()在哪个线程中执行呢？肯定不是在 Observe 线程中执行（因为只有 Observer 中的回调方法才在 Observe 线程中执行），那就是在订阅线程中执行了。

总之 RxJava 中处理数据的框架就是一个串，串起一个个回调方法，数据会经过这一个个回调方法，最后扔给 Observer。实际上这些回调方法不一定都是处理数据，有的可以过滤数据。

17.3 精简接收代码

Observable 的 subcribe()方法有多个重载的形式，分别为：

```
public final Disposable subscribe();
public final Disposable subscribe(Consumer<? super T> onNext);
public final Disposable subscribe(Consumer<? super T> onNext,
    Consumer<? super Throwable> onError);
public final Disposable subscribe(Consumer<? super T> onNext,
    Consumer<? super Throwable> onError,Action onComplete);
public final Disposable subscribe(Consumer<? super T> onNext,
    Consumer<? super Throwable> onError,Action onComplete,
    Consumer<? super Disposable> onSubscribe);
public final void subscribe(Observer<? super T> observer);
```

最后一个是我们用过的。前面几个的参数类型值得研究，有的是 Comsumer，有的是 Actoin，它们都是什么呢？它们其实都包含了一个回调方法，当然这个回调方法才是重点，根据参数的名字就可以知道这个回调方法的作用：onNext 对应 Observer 的 onNext()，onError 对应 Observer

的 onError()，Complete 对应 Observer 的 onComplete()。很多时候我们只需要提供 onNext 回调即可，所以上一节的代码可以改为：

```
Observable.just("http://www.tucoo.com/")
      .map(new Function<String, Bitmap>() {
              @Override
              public Bitmap apply(String s) throws Exception {
                  //创建 Retrofit 对象，指明服务端主机地址
                  Retrofit retrofit = new
Retrofit.Builder().baseUrl(s).build();
                  //Retrofit 根据接口实现类并创建实例，这使用了动态代理技术，
                  ChatService service = retrofit.create(ChatService.class);
                  Call<ResponseBody> call =
service.getImage("water_05102s.jpg");
                  retrofit2.Response<ResponseBody> response = call.execute();
                  //response.body()返回的是 ResponseBody 对象，从它直接获取一个字节输
入流，
                  //这个字节输入流读取的就是 HTTP body 的内容，就是图像的二进制数据
                  return
BitmapFactory.decodeStream(response.body().byteStream());
              }
          })
      .subscribeOn(Schedulers.computation())
      .observeOn(AndroidSchedulers.mainThread())
      .subscribe(new Consumer<Bitmap>() {
          @Override
          public void accept(Bitmap bitmap) throws Exception {
              imageViews[0].setImageBitmap(bitmap);
          }
      });
```

注意最后的 subscribe()方法的写法。

17.4 RxJava 与 Lamda

Lamda 是从 Java1.8 开始出现的，它出现的原因非常明确：降低码字量！主要针对像 Android 中的事件侦听器这样的东西，实际上侦听器的核心就是一个回调方法，由于 Java 是纯面向对象的语言，所以为了传递一个方法，必须用一个类作为载体（一般的内部匿名类），但这太 TM 麻烦了！我们如果使用 Lamda，那么就可以把定义类的代码去掉。那它们怎么用 Lamda 来改写呢？很简单，直接上代码吧：

```
Observable.just("http://www.tucoo.com/")
      .map(url -> {
          //创建 Retrofit 对象，指明服务端主机地址
          Retrofit retrofit = new Retrofit.Builder().baseUrl(url).build();
```

```
            //Retrofit 根据接口实现类并创建实例，这使用了动态代理技术，
            ChatService service = retrofit.create(ChatService.class);
            Call<ResponseBody> call = service.getImage("water_05102s.jpg");
            retrofit2.Response<ResponseBody> response = call.execute();
            //response.body()返回的是 ResponseBody 对象，从它直接获取一个字节输入流，
            //这个字节输入流读取的就是 HTTP body 的内容，就是图像的二进制数据
            return BitmapFactory.decodeStream(response.body().byteStream());
        })
        .subscribeOn(Schedulers.computation())
        .observeOn(AndroidSchedulers.mainThread())
        .subscribe(bmp -> imageViews[0].setImageBitmap(bmp));
```

代码更少了，但是多了一些让人觉得另类的语法和符号。首先找出 Lamda 语法块，被选中区域如图 17.4.1 所示。

```
Observable.just("http://www.tucoo.com/")
        .map(url -> {
            //创建Retrofit对象，指明服务端主机地址
            Retrofit retrofit = new Retrofit.Builder().baseUrl(url).build();
            //Retrofit根据接口实现类并创建实例，这使用了动态代理技术，
            ChatService service = retrofit.create(ChatService.class);
            Call<ResponseBody> call = service.getImage( fileName: "water_05102s.jpg");
            retrofit2.Response<ResponseBody> response = call.execute();
            //response.body()返回的是ResponseBody对象，从它直接获取一个字节输入流，
            //这个字节输入流读取的就是HTTP body的内容，就是图像的二进制数据
            return BitmapFactory.decodeStream(response.body().byteStream());
        })
```

图 17.4.1

这里也是（如图 17.4.2 所示）：

```
.subscribeOn(Schedulers.computation())
.observeOn(AndroidSchedulers.mainThread())
.subscribe(bmp -> imageViews[0].setImageBitmap(bmp));
```

图 17.4.2

Lamda 的最大特点就是有“->”。首先要记住，Lamda 就是匿名函数，函数有的它基本都有。函数有四大要素：函数名、返回类型、参数、函数体，Lamda 其实除了名字，其余要素都有，但是在写的时候能省就省。比如图 16.4.1 中，箭头前的 url 就是参数，它怎么没有类型呢？省了，因为编译器可以猜出来。为什么能猜出来呢？首先我问你能不能猜出来？能！它就是输入数据的类型，就是 String 嘛，既然你能猜出来，编译器也就能猜出来。那函数是有返回值类型的，Lamda 中却看不到，为什么呢？因为还是可以猜出来啊，从 Lamda 代码的返回数据就能猜出来啊，就是这句：

```
return BitmapFactory.decodeStream(response.body().byteStream());
```

可以猜出，返回的是一个 Bitmap 类型。最后可以看到 Lamda 的代码也是包在大括号中。

再看图 17.4.2，这个 Lamda 表达式更简单。连大括号都省了，为什么？因为代码只有一句，所以大括号就省了，其实分号都省了，总之就是可以各种省，到底有什么知识，你自己发挥一下想像力吧。

你有没有发现，使用 Lamda 之后，连范型都省了。反正 Lamda 就这么个东西，也没什么高深的。但是借助 Lamda 这颗千年灵芝，RxJava 将乾坤大挪移练到了第五层。

17.5 map 与 flatmap

map 用于数据转换，但它很神奇。如果构建 Observable 时，传给它的是一堆数据而不是一条的话，map 可以对每一条数据进行相同的转换，然后 Observer 可以接收转换后的每一条数据。其实这也没什么神奇的，底层不过是调用了多次 onNext()一条条地扔出数据罢了。看下面这个小例子：

```
Observable.range(1, 10)
        .observeOn(Schedulers.computation())
        .map(v -> v * v)
        .subscribe(System.out::println);
```

解释一下这段代码，使用了另一个工厂方法 range()构建一个 Observable 实例，此工厂方法的作用是通过两个整数指定一个范围，Observable 会依次发出这个范围内的所有整数。

map()的参数是一个 Lamda，表示将参数 v 进行平方运算并返回算出的值，也就是说会对每个整数计算其平方。subscribe()的参数不是一个 Lamda，而是一个方法，这个方法属于 System.out，这是 Java8 中新引入的语法（这与 C++里面指定类的成员函数的语法一样！）。由于一次扔给观察者一个数据，而 println()方法可以接收一个参数，所以以 println()作为 onNext 对应的回调方法是没问题的。

但是，如果输入的数据只有一条，在处理完这条数据之后，又产生出了多条数据，而这些数据我们又希望逐条扔给 Observer 来处理，能不能像处理一条数据一样，让 RxJava 一口气完成这个过程？没问题！先上代码再解释：

```
Observable.just("http://www.tucoo.com/")
        .flatMap(url -> {
            //从网站下载各图像的路径
            String[] paths = {"water_05102s.jpg",
                    "water_05203s.jpg",
                    "water_05304s.jpg",
                    "water_05405s.jpg",
                    "water_05506s.jpg",
                    "water_05607s.jpg",
                    "water_05708s.jpg",
                    "water_05809s.jpg",
                    "water_05910s.jpg"};
            //创建一个新的 Observeable 并返回
            return Observable.fromArray(paths).map(path -> {
                //创建 Retrofit 对象，指明服务端主机地址
                Retrofit retrofit = new Retrofit.Builder().baseUrl(url).build();
                //Retrofit 根据接口实现类并创建实例，这使用了动态代理技术，
                ChatService service = retrofit.create(ChatService.class);
                Call<ResponseBody> call = service.getImage(path);
                retrofit2.Response<ResponseBody> response = call.execute();
                //response.body()返回的是 ResponseBody 对象，从它直接获取一个字节输入流，
```

```
                //这个字节输入流读取的就是 HTTP body 的内容，就是图像的二进制数据
                return BitmapFactory.decodeStream(response.body().byteStream());
            });
        })
        .subscribeOn(Schedulers.computation())
        .observeOn(AndroidSchedulers.mainThread())
        .subscribe(bmp -> {
            //设置到图像控件中
            imageViews[dowloadImageCount++].setImageBitmap(bmp);
        });
```

Observable 的输入数据只有一个网站地址，而我们要以这个地址为基础，下载 9 个图片，如果使用 map 来处理，只能一对一，也就是输入一条数据，处理后输出一条数据，肯定不能满足我们的需求，那怎么办呢？我们可以选择一个更神奇的方法：flatMap()，也不必太深究它的名字的意思，那是浪费精力，理解它的功能最重要。它与 map()不同的是，设置给它的回调方法，处理完数据后，要构建一个新的 Observable 对象并返回之。如果我们在构造这个新的 Observable 时，给它传入多条数据，再为这个新的 Observable 设置 map，在 map 的回调方法中处理各条数据。这样依然可以在 Observer 中收到每条转换后的数据，而 Observer 只订阅了外层的 Observable，而没有订阅内部的 Observable，是不是很神奇啊？原理就不用管了，反正这样是能做到的，所以你相信乾坤大挪移并非浪得虚名了吧？

17.6　并行 map

上一节中的做法是指定订阅在 computation 线程中，又指定了 observe 发生在主线程中，那么，你有没有思考一下，这几个图像是并行下载还是串行下载的呢？可能你猜错了（一般都会猜错），其实是串行下载，也就是一个下载完了才下载另一个。外部 Observable 虽然指定了订阅发生在计算线程中，但是内部 Observable 对应的是外部 Observable 的一条数据，虽然内部 Observable 又产生了多条数据，但是只能在一个线程中依次处理。如果改成并行下载，应该可以提高下载速度，那如何改成并行下载呢？你应该已经猜到了，只要设置内部的 Observable 的订阅线程即可，这太简单了：

```
//创建一个新的Observeable并返回
return Observable.fromArray(paths).map(path -> {
    //创建Retrofit对象，指明服务端主机地址
    Retrofit retrofit = new Retrofit.Builder().baseUrl(url).build();
    //Retrofit跟据接口实现类并创建实例，这使用了动态代理技术，
    ChatService service = retrofit.create(ChatService.class);
    Call<ResponseBody> call = service.getImage(path);
    retrofit2.Response<ResponseBody> response = call.execute();
    //response.body()返回的是ResponseBody对象，从它直接获取一个字节输入流，
    //这个字节输入流读取的就是HTTP body的内容，就是图像的二进制数据
    return BitmapFactory.decodeStream(response.body().byteStream());
}).subscribeOn(Schedulers.computation());
```

增加这一句之后，你会发现图像下载速度大幅提高。

再稍微介绍一下 computation 线程，准确地说，它其实是一个线程池，它里面的线程数量

是有上限的，但是肯定多于 9，所以当我们利用它来下载图像时，这 9 张图像可以同时下载。这段代码也可以这样写，效果完全相同：

```
Observable.just("water_05102s.jpg",
        "water_05203s.jpg",
        "water_05304s.jpg",
        "water_05405s.jpg",
        "water_05506s.jpg",
        "water_05607s.jpg",
        "water_05708s.jpg",
        "water_05809s.jpg",
        "water_05910s.jpg")
        .flatMap(path -> {
            //从网站下载各图像的路径
            //创建一个新的 Observeable 并返回
            return Observable.just(path).map(p -> {
                //创建 Retrofit 对象，指明服务端主机地址
                Retrofit retrofit = new
Retrofit.Builder().baseUrl("http://www.tucoo.com/").build();
                //Retrofit 根据接口实现类并创建实例，这使用了动态代理技术，
                ChatService service = retrofit.create(ChatService.class);
                Call<ResponseBody> call = service.getImage(p);
                retrofit2.Response<ResponseBody> response = call.execute();
                //response.body()返回的是 ResponseBody 对象，从它直接获取一个字节输入流，
                //这个字节输入流读取的就是 HTTP body 的内容，就是图像的二进制数据
                return BitmapFactory.decodeStream(response.body().byteStream());
            });
        })
        .subscribeOn(Schedulers.computation())
        .observeOn(AndroidSchedulers.mainThread())
        .subscribe(bmp -> {
            //设置到图像控件中
            imageViews[dowloadImageCount++].setImageBitmap(bmp);
        });
```

不同之处是，此段代码中外层 Observable 已经包含了多条数据（图像路径），内部 Observable 一次只处理一条数据（图像路径），而且内部 Observable 不需再指定线程池了，因为外部 Observable 已经指定线程池了，于是每条数据的处理都会在不同的线程中执行。

17.7 RxJava 与 Retrofit 合体

前面的例子中，同时使用了 RxJava 和 Retrofit，感觉还不错，没什么不合谐，但实际上由于它们两情相悦，终于有一天，它们偷偷地搞一块……合体了，好吧，我又不是它们家长，所行我对它们感情上的事没什么意见，并且感觉还挺般配的。

首先需要改写一下被 Retrofit 反射的 Service 接口，改写其中获取图像的方法，改为下面

这样子：

```
@GET("/photo/water_02/s/{file_name}")
Observable<ResponseBody> getImage(@Path("file_name") String fileName);
```

只有返回值类型变了，原先是 Call<>，现在是 Observable<>，也就是说，现在是通过 Retrofit 直接创建 Observable。但是要让 Retorfit 把 Observable 创建出来，需要依赖一个库：

```
implementation 'com.squareup.retrofit2:adapter-rxjava2:2.4.0'
```

这个库就能让 RxJava 与 Retrofit 合体。于是下载图像的代码变成这样：

```
//创建 Retrofit 对象，指明服务端主机地址
Retrofit retrofit = new Retrofit.Builder()
        .baseUrl("http://www.tucoo.com/")
        //本来接口方法返回的是 Call，由于现在返回类型变成了 Observable,
        //所以必须设置 Call 适配器将 Observable 与 Call 结合起来
        .addCallAdapterFactory(RxJava2CallAdapterFactory.create())
        .build();
//Retrofit 根据接口实现类并创建实例，这使用了动态代理技术，
ChatService service = retrofit.create(ChatService.class);
Observable<ResponseBody> observable = service.getImage("water_05102s.jpg");
observable.map(responseBody -> {
    return BitmapFactory.decodeStream(responseBody.byteStream());
}).subscribeOn(Schedulers.computation())
        .observeOn(AndroidSchedulers.mainThread())
        .subscribe(bmp -> {
            //设置到图像控件中
            imageViews[dowloadImageCount++].setImageBitmap(bmp);
        });
```

解释一下的话就是：创建 Retrofit（别忘了设置 CallAdapter），反射出 ChatService 对象，通过 ChatService 对象获取服务端数据，返回的是一个 Observable 对象，为 Observable 设置 map 并订阅 Observable。

看起来不难嘛，那么我们能不能让它们合体完成多个图像的并行下载呢？欲知后事如何，下节分解。

17.8 RxJava Retrofit 合体并行执行

其实这个也很简单，我们可以参考 16.6 中的那段代码的做法，创建外层和内层的 Observable，外层 Observable 处理多条数据，内层每次只处理一条，所以就可以使用 ChatService 的 getImage()创建的 Observable 了，代码如下：

```
//创建 Retrofit 对象，指明服务端主机地址
Retrofit retrofit = new Retrofit.Builder()
```

```
        .baseUrl("http://www.tucoo.com/")
        .addCallAdapterFactory(RxJava2CallAdapterFactory.create())
        .build();
ChatService service = retrofit.create(ChatService.class);

Observable.just("water_05102s.jpg",
        "water_05203s.jpg",
        "water_05304s.jpg",
        "water_05405s.jpg",
        "water_05506s.jpg",
        "water_05607s.jpg",
        "water_05708s.jpg",
        "water_05809s.jpg",
        "water_05910s.jpg")
        .flatMap(path -> {//参数是从网站下载各图像的路径
            //访问网络，返回的是Observable
            return service.getImage(path).map(responseBody -> {
                //从responseBody对象直接获取一个字节输入流，
                //这个字节输入流读取的就是HTTP body的内容，就是图像的二进制数据
                return BitmapFactory.decodeStream(responseBody.byteStream());
            });
        })
        .subscribeOn(Schedulers.computation())
        .observeOn(AndroidSchedulers.mainThread())
        .subscribe(bmp -> {
            //设置到图像控件中
            imageViews[dowloadImageCount++].setImageBitmap(bmp);
        });
```

关键点还是 flatMap()的使用，创建了内部 Observable，它来将路径转换成了 Bitmap 对象，最终扔给了 Observer。

虽然你已领教了 RxJava 的乾坤大挪移，但是由于此武功博大精深，还有很多细节，我不可能说得面面俱到，你还需自行探索、领悟。

下面，我们还是回到要做的 App 上，为它增加最主要的一个功能：多人聊天。

第 18 章 实现聊天功能

前面已经实现了聊天界面，但还没有实现网络通信。现在我们终于可以实现真正的聊天功能了。但是，由于要支持多人聊天，必须能区分各聊天者，所以每个人都要有唯一不同的标志。一般都是在后台服务器中用数据库存储聊天者的信息，所以用数据表中的 ID 列来区分之，但是我不想实现得这么复杂，我在后台 Web 服务中，只是用聊天者的名字来区分，所以，在 App 中，进入聊天界面之前，应先为自己取个名字，我们可以利用 App 的登录页面，将用户在登录框中输入的用户名直接在后台注册，至于密码，我们并不关心，所以后台也不记录密码。所以，首先我们要改进一下登录的逻辑，将登录名在后台进行注册。

但是，在此之前，其实还有几件事要做：

（1）添加对 retrofit 与 RxJava 的依赖，以及其他各种依赖：

```
implementation 'com.squareup.okhttp3:okhttp:3.10.0'
implementation 'com.google.code.gson:gson:2.8.5'
implementation 'com.squareup.retrofit2:retrofit:2.4.0'
implementation 'com.squareup.retrofit2:converter-gson:2.4.0'
implementation 'io.reactivex.rxjava2:rxjava:2.1.16'
implementation 'io.reactivex.rxjava2:rxandroid:2.0.2'
implementation 'com.squareup.retrofit2:adapter-rxjava2:2.4.0'
```

（2）添加 Retrofit 接口 ChatService：

```
package niuedu.com.qqapp.Service;
public interface ChatService {
}
```

（3）为 Activity 类添加一个 Retrofit 对象作为成员变量。

因为一个 Retrofit 对象对应一个服务端主机地址，所以我们只需在 Activity 中创建一个对象即可，这样在各 Fragment 中就可以使用它：

```
public class MainActivity extends AppCompatActivity {
   private Retrofit retrofit;
```

在使用它之前创建出对象，比如我放在了 onCreate()方法中：

```
@Override
protected void onCreate(Bundle savedInstanceState) {
```

```
    super.onCreate(savedInstanceState);
    setContentView(R.layout.activity_main);
    //创建 Retrofit 对象
    retrofit = new Retrofit.Builder()
            .baseUrl("http://10.0.2.2/")
            //本来接口方法返回的是 Call，由于现在返回类型变成了 Observable，
            //所以必须设置 Call 适配器将 Observable 与 Call 结合起来
            .addCallAdapterFactory(RxJava2CallAdapterFactory.create())
            //Json 数据自动转换
            .addConverterFactory(GsonConverterFactory.create())
            .build();
```

但是，如何在 Fragment 中访问 Activity 中的变量呢？有多种方式，比如可以在 Fragment 中调用 getActivity()获得 Activity 对象再将来型转换为 MainActivity，就可以访问了，但是这样做使得 Actviity 类与 Fragment 类有很大的耦合性，虽然一般情况下这没有问题，但是看起来不够高大上了，所以还是按照推荐的方式：Activity 实现一个接口，Fragment 通过这个接口访问自己想要的东西。所以，有了下面这一步。

（4）创建隔离 Activity 与 Fragment 的接口。

这个接口一般是作为 Fragment 类的内部接口，也就是每个 Fragment 都定义一个，由 Activity 去实现，但如果各 Fragment 都与 Activity 有相同的交互动作，那就没必要创建多个，所以我们只创建一个，放在单独的文件中：

```
package niuedu.com.qqapp.Service;
//Activity 实现此接口，为 Fragment 提供服务
public interface FragmentListener {
Retrofit getRetrofit();
}
```

现在只有一个方法，后面随时需要随时加。MainActivity 要实现这个接口：

```
public class MainActivity extends AppCompatActivity implements FragmentListener
... ...
... ...
@Override
public Retrofit getRetrofit() {
    return retrofit;
}
... ...
}
```

凡是想调用这个方法的 Fragment 类中，都需要创建一个成员变量来保存这个接口，先创建变量：

```
private FragmentListener fragmentListener;
```

什么时候保存下接口呢？最好的时机就是 Frgament 刚刚附着到 Activity 上的时候，所以重写 Fragment 的 onAttach()方法：

```
@Override
public void onAttach(Context context) {
    super.onAttach(context);
    if(context instanceof FragmentListener){
        fragmentListener = (FragmentListener) context;
    }
}
```

那么当 Fragment 脱离 Activity 的时候，要保证接口不再有效，所以实现 Fragment 的 onDettach()方法：

```
@Override
public void onDetach() {
    super.onDetach();
    fragmentListener = null;
}
```

好了，下面终于可以实现业务功能了！

18.1 改进登录功能

我们的登录逻辑是这样的：App 将用户名发送到服务端（密码不处理），服务端查找是否有同名的用户，若有，则返回成功，若没有，则返回失败，若失败，用户可以继续使用其他名字登录。注意，由于服务端只是将登录的用户信息保存在内存中，所以当服务端重启，原先的用户信息丢失。

登录逻辑的改变还是很大的，下面按顺序一一说明。

18.1.1　制定统一的数据返回结构

服务端在响应客户端请求时，可能返回各种数据，比如登录时，若成功就会返回这个用户的信息（失败时不返回数据），获取聊天消息时返回消息的内容和时间等。还要考虑出错的情况，在 Android 端（即客户端）我们应该先判断是否出错，出错时要提示给用户，没出错的话就处理返回的数据。服务端创建了一个类，用于包含所有这些信息，使客户端可以一致性地处理每种返回数据，这个类取名叫 ServerResult，其定义如下：

```
public class ServerResult<T> {
    //等于 0 时表示无错误，其余值表示有错误，错误时，errMsg 有值，否则无值
    private int retCode;
    //出错时的信息
    private String errMsg;
    //真正返回的数据，其类型由参数 T 决定
    private T data;

    public ServerResult(int retCode) {
        this.retCode = retCode;
    }
```

```
    public ServerResult(int retCode, String errMsg) {
        this.retCode = retCode;
        this.errMsg = errMsg;
    }
    public ServerResult(int retCode, String errMsg, T data) {
        this.retCode = retCode;
        this.errMsg = errMsg;
        this.data = data;
    }
    public int getRetCode() {
        return retCode;
    }
    public void setRetCode(int retCode) {
        this.retCode = retCode;
    }
    public String getErrMsg() {
        return errMsg;
    }
    public void setErrMsg(String errMsg) {
        this.errMsg = errMsg;
    }
    public T getData() {
        return data;
    }
    public void setData(T data) {
        this.data = data;
    }
}
```

这个类有三个字段。data 是服务端返回的真正数据。retCode 表示服务端处理是否成功，如果失败，errmsg 就会有值，它的值是错误信息，而此时 data 无值；如果成功，errmsg 无值，data 有值。还有一点要注意，这个类是一个范型，范型参数是 data 的类型，因为前面说了，data 可能是任何类型，于是定义成范型，在使用时再决定是什么类型，这样就可以利用 Retrofit 的 JSON 转换能力了，如图 18.1.1.1 所示。

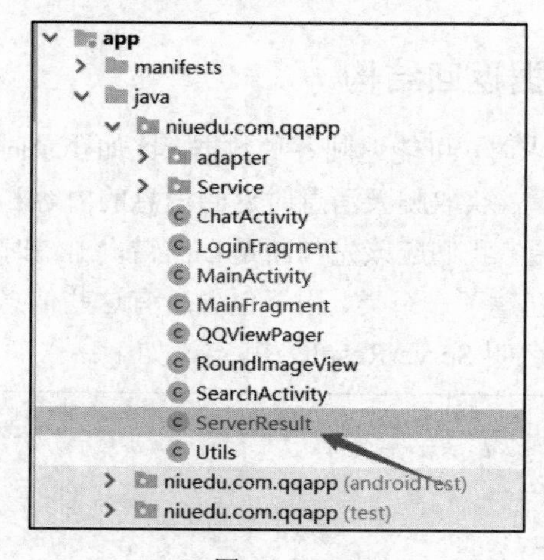

图 18.1.1.1

18.1.2　向 ChatService 中添加方法

```
public interface ChatService {
    @GET("/apis/login")
    Observable<ServerResult<ContactInfo>> requestLogin(
            @Query("name") String name,
            @Query("password") String password);
}
```

解释一下："apis/login"是我们的聊天服务器中响应登录请求的路径。此方法的返回值是 Observable 类型，Observable 所处理的输入数据是 ServerResult 类型，注意 ServerResult 是一个范型，其范型参数 ContactInfo 表示 ServerResult 的 data 字段的类型。在这里 data 是 ContactInfo 类型，这是由服务端决定的。

参数的注解@Query 表示变量的值以 HTTP 请求参数的方式传给服务端。由于注解"@GET"指定了以 HTTP GET 方式发出请求，所以参数值会被放入 URL 中，假设调用此方法时传入这样的参数：

```
requestLogin("user1", "xxx");
```

就会形成这样的 URL："HTTP://主机地址：端口/apis/login?name=user1&password=xxx"。

可见方法的参数变成了"key=value"的形式。其中 key 是@Query("name")中的字符串"name"，value 就是参数中包含的值。

很多时候我们可以在浏览器中看到请求的结果（很多时候是不可以的，这取决于服务端逻辑）。在浏览器的地址栏中输入地址"http://localhost:8080/apis/login?name=tom&password=000"，可以看到这样的结果：

```
{"retCode":0,"errMsg":null,"data":{"name":"xxx","status":"在线
","avatar":"image/head/1.png"}}
```

这段 JSON 文本表示的就是一个 ServerResult 对象，它的 data 字段保存的是一个 ContactInfo 对象。ContactInfo 类保存了联系人的信息，服务端定义了它，并在向客户端返回数据时把它转换成了 JSON，其定义是这样的：

```
class ContactInfo implements Serializable{
    private String avatarURL;//头像 URL
    private String name; //名字
    private String status; //状态

    public ContactInfo(String avatar, String name, String status) {
        this.avatarURL = avatar;
        this.name = name;
        this.status = status;
    }

    public String getAvatarURL() {
        return avatarURL;
    }
```

```
    public String getName() {
        return name;
    }

    public String getStatus() {
        return status;
    }
}
```

它与 ContactsPageListAdapter.ContactInfo 类几乎一样，除了表示头像的字段，我们需要采用服务端的 ContactInfo，才能把服务端传来的 JSON 转换成 ContactInfo 对象，所以把 ContactsPageListAdapter.ContactInfo 改成与服务端一致：

```
static public class ContactInfo implements Serializable{
    private String avatarURL;//头像 URL
    private String name; //名字
    private String status; //状态

    public ContactInfo(String avatar, String name, String status) {
        this.avatarURL = avatar;
        this.name = name;
        this.status = status;
    }

    public String getAvatar() {
        return avatarURL;
    }

    public String getName() {
        return name;
    }

    public String getStatus() {
        return status;
    }
}
```

注意头像属性不再是一个 Bitmap，而是一个路径，这个路径是 URL 的一部分，比如一个图像的 URL 是“HTTP://10.0.2.2/image/head/1.png”，那么这个路径就是“image/head/1.png”。

我发现一个问题，Gson 不能正确转换（反序列化）boolean 型数据，不知道以后能不能改正。

18.1.3 登录请求

以下是登录按钮点击事件的处理：

```
buttonLogin.setOnClickListener(new View.OnClickListener() {
    @Override
    public void onClick(View view) {
        //切换页面之前要先判断是否登录成功
        //取出用户名，向服务端发出登录请求。
        String username = editTextQQNum.getText().toString();
        //Retrofit 根据接口实现类并创建实例，这使用了动态代理技术，
        ChatService service =
fragmentListener.getRetrofit().create(ChatService.class);
        Observable<ServerResult<ContactInfo>> observable =
service.requestLogin(
                username,null);
        observable.map(result -> {
            //判断服务端是否正确返回
            if(result.getRetCode()==0) {
                //服务端无错误，处理返回的数据
                return result.getData();
            }else{
                //服务端出错了，抛出异常，在 Observer 中捕获之
                throw new RuntimeException(result.getErrMsg());
            }
        }).subscribeOn(Schedulers.computation())
          .observeOn(AndroidSchedulers.mainThread())
                .subscribe(contactInfo -> {
                    //无错误时执行,登录成功，进入主页面
                    FragmentManager fragmentManager =
getActivity().getSupportFragmentManager();
                    FragmentTransaction fragmentTransaction =
fragmentManager.beginTransaction();
                    MainFragment fragment = new MainFragment();
                    //替换掉 FrameLayout 中现有的 Fragment
                    fragmentTransaction.replace(R.id.fragment_container,
fragment);
                    //将这次切换放入后退栈中，这样可以在点后退键时自动返回上一个页面
                    fragmentTransaction.addToBackStack("login");
                    fragmentTransaction.commit();
                }, exception -> {
                    //在这里捕获各种异常，提示错误信息
                    String errmsg =  exception.getLocalizedMessage();
                    Snackbar.make(view,"大王祸事了："+errmsg, Snackbar.LENGTH_LONG)
                            .setAction("Action", null).show();
                    exception.printStackTrace();
                });
    }
});
```

需要注意的一个地方是 map，其回调方法的参数类型由 Observable<>的范型参数决定，这里是 ServerResult。在回调中判断 ServerResult 的 code 属性是否是 0，如果是，说明服务端执行正确，于是返回 ContactInfo 对象给 Observer（所以 subcribe()方法的第一个参数 Lamda 的参

数是 ContactInfo）；如果不是 0，说明有错，直接抛出异常。那么异常在哪里捕获呢？你仔细看一下 subscribe()方法的参数，是两个回调方法（Lamda），第一个是处理数据的，第二个是处理异常的；也就是说，有错时执行第二个，无错时执行第一个。在第一个 Lamda 里面我们进入了主页面，第二个 Lamda 里面向用户提示了错误。正是这第二个参数，为我们提供了一个统一的处理异常的地方。试想一下，出错时我们一般是需要提示给用户的，这就是需要在主线程中得到异常对象。在处理数据的过程中，抛出的异常都会传到第二个参数所指定的方法中，只要我们指定 Observe 发生在主线程就 OK 了（见 observeOn(AndroidSchedulers.mainThread())）。

现在运行登录功能的话，真的会有异常！你可以看到错误信息提示，如图 18.1.3.1 所示）。

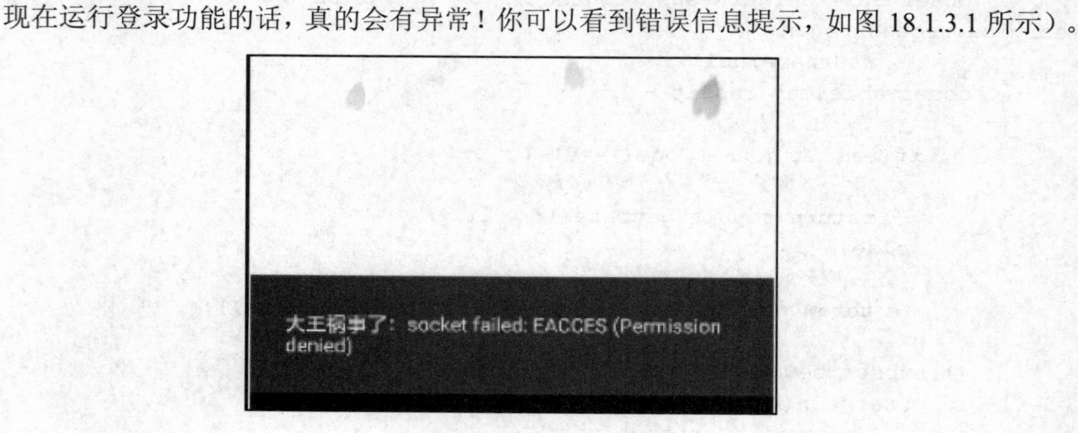

图 18.1.3.1

说明异常处理方法中真的得到了异常对象。错误信息的意思是“权限被否决”，其实是因为 App 没有网络（socket）访问的权限引起的，这个好解决，只需在 Manifest 文件中添加一句：

```
<uses-permission android:name="android.permission.INTERNET" />
```

需要注意的是其位置，需与<application>元素同级：

```
<?xml version="1.0" encoding="utf-8"?>
<manifest xmlns:android="http://schemas.android.com/apk/res/android"
    package="niuedu.com.qqapp">
    <uses-permission android:name="android.permission.INTERNET" />
    <application
        android:allowBackup="true"
        android:icon="@mipmap/ic_launcher"
        android:label="QQApp"
        android:roundIcon="@mipmap/ic_launcher_round"
```

那这样就行了吗？不一定，还可能出现如图 18.1.3.2 所示的错误。

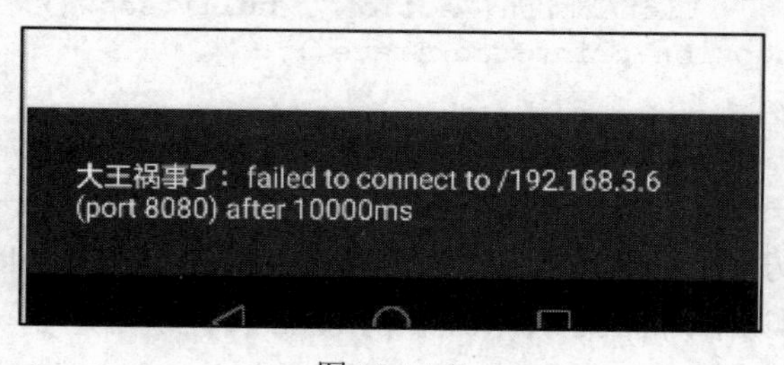

图 18.1.3.2

这是什么错误呢？仔细翻译一下还是不难理解的：连接到某个主机（如果你用虚拟机的话，你的地址应该是 10.0.2.2）超过 10 秒没连上，最终连接失败了。造成如此的原因可能是主机网络不通（虚拟机不存在这个问题）或 Web 程序没启动，解决方案就是确保主机与设备能网络连通并且 Web 程序已正确启动。

还可能出现其他错误，其实产生错误的原因很复杂多样，比如，App 没有网络访问权限会出异常；有网络访问权限了，网络不通也会产生异常；网络通了，服务端没启动又产生异常；服务端启动了，服务端如果没有响应请求的路径的方法又出异常；请求的路径对了，业务逻辑处理出错也出异常。并且，有的异常是我们自己抛出来的，有的是系统或框架库抛出来的。异常虽然这么多，但是由于 RxJava 为我们提供了统一的处理场所，所以我们可以轻松应对。

总之，当你消除所有异常时，点击登录就进入了主页面。

18.1.4　保存自己的信息

登录请求返回的是自己的信息，需要保存下来，因为在聊天时要用。可能有人问了，自己的信息是登录时自己输入的，直接在 Android 端保存下来不就完事了，为什么还要服务端再返回一次，并且保存服务端返回的数据呢？因为这是普遍的处理方式！当你开发一个大型项目时，用户信息是很复杂的，不像我们这个例子里这么简单，所以当你上传用户名和密码登录成功后，服务端会把你的用户信息返回给你。即使我们这么简单的类，也有一个字段的值是服务端给的，那就是头像（avatarURL）。

这个信息保存在哪里呢？可以预见这是各个页面都可能用到的数据，所以 Activity 就是最好的保存场所，再由于它只有一份，也就是个单例，所以可以置成 static。于是为 MainActivity 类添加静态字段：

```
//保存我自己的信息
public static ContactInfo myInfo;
```

然后在获取到服务端返回的信息后，保存下来（粗体语句）：

```
@Override
public void onNext(ContactInfo contactInfo) {
    //保存下我的信息
    MainActivity.myInfo = contactInfo;

    //无错误时执行,登录成功，进入主页面
    FragmentManager fragmentManager =
getActivity().getSupportFragmentManager();
    FragmentTransaction fragmentTransaction =
fragmentManager.beginTransaction();
    MainFragment fragment = new MainFragment();
    //替换掉 FrameLayout 中现有的 Fragment
    fragmentTransaction.replace(R.id.fragment_container, fragment);
    //将这次切换放入后退栈中，这样可以在点后退键时自动返回上一个页面
    fragmentTransaction.addToBackStack("login");
    fragmentTransaction.commit();
}
```

18.1.5 防止按钮重复点击

当前的登录按钮，当你快速重复点击时，它会重复执行登录逻辑，发出多次网络请求，这显然有问题。我们应该防止按钮频繁地重复响应点击事件，借助 RxJava 很容易实现。但是在实现这个功能前，我们先用 RxJava 的方式把按钮点击事件的响应代码改写一下，写完了，如下：

```
RxView.clicks(buttonLogin).subscribe(obj ->{
    //响应逻辑放这里，把 onClick()中的代码移过来即可
});
```

解释一下这段代码。RxView 是为了在 Android 的 View 上使用 RxJava 而定义的类，有很多这样的类，都以 Rx 开头，对应着不同的 View，比如对应 Textview 有 RxTextView。到底使用哪个类得看情况，虽然有一个更接近 Button 类的 RxCompoundButton 类，但是由于我们只是响应 Click 事件，而这个事件在基类 View 中就提供了，所以就没必要使用更顶端的类了。

clicks()创建了一个 Observable，其参数是要响应的 View 对象。然后调用 subscribe()订阅了它，订阅时传入了一个 Lamda 作为参数。

事件响应变成了 RxJava 方式，于是防止重复响应事件就变得很简单，只需再调用一个方法，如下：

```
RxView.clicks(buttonLogin)
        .throttleFirst(10 , TimeUnit.SECONDS)
        .subscribe(...
...
```

throttleFirst()方法表示在某一段时间内，只取第一次事件，这个时间我指定的是 10 秒。

但是，虽然现在能防止频繁响应了，却还不完美，因为无法做到“在响应过程中不再响应，直到处理完服务端返回的数据再响应”的行为模式。要达到这种行为模式有多种做法，下面结合进度条的显示，演示一种做法。欲知详情，请看下节。

18.1.6 显示进度条

一般情况下，凡是耗时的操作都要用进度条或表示进度的动画来提示用户：App 正在努力干活，不要着急，不要骂娘……所以我们也要搞一个。我的思路是这样的：使用一个 PopupWindow，显示于主容器的上面，在这个 PopupWindow 上显示一个圆的进度条。进度条分两种，一种是圆的，一种是长的，长的能设置进度，圆的就是一直在转，看不出进度，因为网络操作无法得到其进度，所以我用圆的。

PopupWindow 是一种 Window，Window 是真正承载界面的东西，你设置给 Activity 的 layout，最终是显示在 Window 中。所以要在一个页面上覆盖一层界面，最简单的方式就是使用 Window。菜单也是依托于 PopupWindow 才显示在其他控件之上的。这是显示进度条的代码：

```
private void showProgressBar(){
    //显示一个 PopWindow，在这个 Window 中显示进度条
    //进度条
    ProgressBar progressBar = new ProgressBar(getContext());
```

```
    //设置进度条窗口覆盖整个父控件的范围，这样可以防止用户多次
    //点击按钮
    popupDialog = new PopupWindow(progressBar,
            ViewGroup.LayoutParams.MATCH_PARENT,
            ViewGroup.LayoutParams.MATCH_PARENT);
    //将当前主窗口变成40%半透明，以实现背景变暗效果
    WindowManager.LayoutParams lp = getActivity().getWindow().getAttributes();
    lp.alpha = 0.4f;
    getActivity().getWindow().setAttributes(lp);
    //显示进度条窗口
    popupDialog.showAtLocation(layoutContext, Gravity.CENTER, 0, 0);
}
```

这是隐藏进度条的代码：

```
private void hideProgressBar(){
    popupDialog.dismiss();
    WindowManager.LayoutParams lp = getActivity().getWindow().getAttributes();
    lp.alpha = 1f;
    getActivity().getWindow().setAttributes(lp);
}
```

修改后的登录业务代码如下：

```
buttonLogin.setOnClickListener(new View.OnClickListener() {
    @Override
    public void onClick(View view) {
        //切换页面之前要先判断是否登录成功
        //取出用户名，向服务端发出登录请求。
        String username = editTextQQNum.getText().toString();
        //Retrofit根据接口实现类并创建实例，这使用了动态代理技术，
        ChatService service =
fragmentListener.getRetrofit().create(ChatService.class);
        Observable<ServerResult> observable = service.requestLogin(
                username,null);
        observable.map(result -> {
            //判断服务端是否正确返回
            if(result.getRetCode()==0) {
                //服务端无错误，处理返回的数据
                return true;
            }else{
                //服务端出错了，抛出异常，在Observer中捕获之
                throw new RuntimeException(result.getErrMsg());
            }
        }).subscribeOn(Schedulers.computation())
                .observeOn(AndroidSchedulers.mainThread())
                .doFinally(() -> hideProgressBar())
                .subscribe(new Observer<ContactInfo>(){
                    @Override
                    public void onSubscribe(Disposable d) {
                        //准备好进度条
```

```
                showProgressBar();
            }

            @Override
            public void onNext(Boolean aBoolean) {
                //保存下我的信息
                MainActivity.myInfo = contactInfo;

                //无错误时执行,登录成功，进入主页面
                FragmentManager fragmentManager =
getActivity().getSupportFragmentManager();
                FragmentTransaction fragmentTransaction =
fragmentManager.beginTransaction();
                MainFragment fragment = new MainFragment();
                //替换掉 FrameLayout 中现有的 Fragment
                fragmentTransaction.replace(R.id.fragment_container,
fragment);
                //将这次切换放入后退栈中，这样可以在点后退键时自动返回上一个页面
                fragmentTransaction.addToBackStack("login");
                fragmentTransaction.commit();
            }

            @Override
            public void onError(Throwable e) {
                //在这里捕获各种异常，提示错误信息
                String errmsg = e.getLocalizedMessage();
                Snackbar.make(view, "大王祸事了："+errmsg,
Snackbar.LENGTH_LONG)
                        .setAction("Action", null).show();
                e.printStackTrace();
            }

            @Override
            public void onComplete() {
}
        });
    }
});
```

粗体部分是改动或新增的代码。首先注意 subscribe()方法的参数是一个 Observer 对象，而不是 Lamda，主要是这里要传入太多的 Lamda，看起来很费劲，所以改为用一个 Observer 匿名子类的方式，实现它的几个回调方法，看起来很清晰。我们在 onSubscribe()中调用方法 showProgressBar()显示了进度条，在 onError()中统一处理异常，在 onComplete()中跳转到主页面，那么隐藏进度条的代码在哪里呢？当整个过程完成后，不论是成功还是失败了，都应该隐藏进度条，我们可以在 onError()和 onComplete()中隐藏进度条，但是有个更好的地方：Observable 的 doFinally()，一看这个名字，应该想到 try...catch 中的 finally，是的，它们一个德性，就是不论成功还是失败还是取消都会被执行，所以这真是再适合不过的地方了！doFinally()

的参数是一个 Lamda，这个 Lamda 中调用了方法 hideProgressBar()来隐藏进度条。

至此，登录功能完成，下一步是实现网络聊天吗？还不是，我们应先把联系人从服务端 Down 下来，有了联系人才能聊天。

18.2 获取联系人

联系人这个页面，其实是 MainFragment 中的一个 Tab 页，当前为它造了一些数据来显示，造数据的方法是 createContactsPage()。我们需要改一下，不再造数据了，修改后变这样：

```
private View createContactsPage(){
        //创建 View
        View v =
getLayoutInflater().inflate(R.layout.contacts_page_layout,null);

        //向树中添加节点

        //创建组们，组是树的根节点，它们的父节点为 null
        ContactsPageListAdapter.GroupInfo group1=new
ContactsPageListAdapter.GroupInfo("特别关心",0);
        ContactsPageListAdapter.GroupInfo group2=new
ContactsPageListAdapter.GroupInfo("我的好友",1);
        ContactsPageListAdapter.GroupInfo group3=new
ContactsPageListAdapter.GroupInfo("朋友",0);
        ContactsPageListAdapter.GroupInfo group4=new
ContactsPageListAdapter.GroupInfo("家人",0);
        ContactsPageListAdapter.GroupInfo group5=new
ContactsPageListAdapter.GroupInfo("同学",0);

        groupNode1=tree.addNode(null,group1, R.layout.contacts_group_item);
        groupNode2=tree.addNode(null,group2, R.layout.contacts_group_item);
        groupNode3=tree.addNode(null,group3, R.layout.contacts_group_item);
        groupNode4=tree.addNode(null,group4, R.layout.contacts_group_item);
        groupNode5=tree.addNode(null,group5, R.layout.contacts_group_item);

        //获取页面里的 RecyclerView，为它创建 Adapter
        RecyclerView recyclerView = v.findViewById(R.id.contactListView);
        recyclerView.setLayoutManager(new LinearLayoutManager(getContext()));
        contactsAdapter = new ContactsPageListAdapter(tree);
        recyclerView.setAdapter(new ContactsPageListAdapter(tree));

        //响应假搜索控件的点击事件，显示搜索页面
        View fakeSearchView = v.findViewById(R.id.searchViewStub);
        fakeSearchView.setOnClickListener(new View.OnClickListener() {
            @Override
            public void onClick(View v) {
                Intent intent=new Intent(getContext(),SearchActivity.class);
```

```
            startActivity(intent);
        }
    });
    return v;
}
```

现在只剩下组了。我们从服务端获取到联系人后，把它们放到“我的好友”组中。为了方便访问组节点，我把 groupNode 变量搞成了 MainFragment 的成员变量：

```
private ListTree.TreeNode groupNode1;
private ListTree.TreeNode groupNode2;
private ListTree.TreeNode groupNode3;
private ListTree.TreeNode groupNode4;
private ListTree.TreeNode groupNode5;
```

下一步为 Retrofit 接口添加新的方法，以实现从 Web 服务端获取联系人的功能。

18.2.1 修改 Retrofit 接口

Web 服务端已经为客户端提供了获取联系人数据的地址，其路径是“apis/get_contacts”，它返回的当然是 ServerResult，但是 ServerResult 的 data 字段中是一堆联系人的信息（一个数组），为了能向这个路径发出请求并获取数据，我们需要在 ChatService 接口中添加新方法：getContact()：

```
public interface ChatService {
    @GET("/apis/login")
    Observable<ServerResult<ContactsPageListAdapter.ContactInfo>>
requestLogin(
            @Query("name") String name,
            @Query("password") String password);

    @GET("/apis/get_contacts")
    Observable<ServerResult<List<ContactsPageListAdapter.ContactInfo>>>
getContacts();
}
```

然后就可以调用它了，调用代码放在哪里呢？应该放在 MainFragment 中，在 MainFragment 的初始化时就发出请求比较好。但是，这会造成每次创建 Fragment 时都获取一次联系人，如果是联系人数量很多，这个地方就需要优化一下了，比如提供本地缓存。还有，应该设置一个定时器，每隔一段时间请求一下所有联系人信息，这样做的目的：一是取得新登录的联系人，二是取得现有联系人状态的变化（比如离线了）；如果联系人很多的话，还要考虑优化网络传输，每次仅传输变化的数据，等等。仔细想来要做一个像 QQ 这样复杂的聊天 App 其实是很烦琐的，要考虑很多细节，我只是带着你玩玩这个，就不那么认真了。

18.2.2 RxJava 定时器

Android SDK 中带定时器 API，但是我们既然用了 RxJava，那就用 RxJava 创建定时器。

在 Fragment 的 onCreate()方法中创建这个定时器，在定时器中每间隔一段时间请求一下联系人列表。代码如下：

```
Observable.interval(20,TimeUnit.SECONDS)
        .subscribe((Long) -> {
            //在这里刷新联系人们的状态
        ...
        });
```

这段代码的意思是利用工厂方法 interval()创建一个 Observable 对象，创建时指定每隔 20 秒 onNext()被执行一次。我们可以把网络请求的代码放到 Lamda 中，还算简单嘛！但是！对不起我要说但是！但是这样真的可以吗？你想一想，定时器到了时间就会调用回调方法从而发出网络连接，如果在 20 秒内上一次的请求还未执行完，又发出了新的请求，是不是不合理呢？所以我们应该保证在上一次请求执行完成后，等 20 秒再发出下一次请求！

但是，对不起我又说但是了，但是创建这样的 Observable 是没问题的，因为它就是这样工作的，不管订阅与观察是否在同一个线程中。这之所以这样一惊一乍的，就是希望你考虑全面一点而已。

18.2.3　获取并显示联系人

为了显示联系人，必须调用 Adapter 通知 RecyclerVeiw 更新数据，所以我们先把联系人页面的 Adpater 保存成 MainFragment 的成员变量；

```
//联系人 Adpater，为了更新数据而设
private ContactsPageListAdapter contactsAdapter;
```

我们其实要用到两个 Observable，定时器 Observable 是外部 Observable，在它的 flagMap()中，返回 Retrofit 反射出的用于网络访问的 Observable，外部 Observable 负责执行定时任务，内部 Observable 在定时任务中负责发出网络请求，而最终订阅到的是内部 Observable 返回的数据，这样就完成了定时发出网络请求并进行处理的任务。

```
@Override
public void onCreate(@Nullable Bundle savedInstanceState) {
    super.onCreate(savedInstanceState);

    //创建一个定时器 Observable
    Observable.interval(10, TimeUnit.SECONDS)
        .flatMap(v -> {
                //向服务端发出获取联系人列表的请求
                ChatService service
=fragmentListener.getRetrofit().create(ChatService.class);
            return service.getContacts().map(result -> {
                //转换服务端返回的数据，将真正的负载发给观察者
                if (result.getRetCode() == 0) {
                    return result.getData();
                } else {
```

```
                    throw new RuntimeException(result.getErrMsg());
                }
            });
        }).subscribeOn(Schedulers.computation())
        .observeOn(AndroidSchedulers.mainThread())
        .subscribe(new Observer<List<ContactsPageListAdapter.ContactInfo>>() {
            @Override
            public void onSubscribe(Disposable d) {
            }

            @Override
            public void onNext(List<ContactsPageListAdapter.ContactInfo>
contactInfos) {
                //将联系人们保存到"我的好友"组
                //但注意，需先清空现有好友
                tree.clearDescendant(groupNode2);
                for (ContactsPageListAdapter.ContactInfo info : contactInfos) {
                    ListTree.TreeNode node2 = tree.addNode(groupNode2,
                            info, R.layout.contacts_contact_item);
                    //没有子节点了，不显示展开、收起图标
                    node2.setShowExpandIcon(false);
                }
                //通知RecyclerView更新数据
                contactsAdapter.notifyDataSetChanged();
            }

            @Override
            public void onError(Throwable e) {
                //提示错误信息
                String errmsg = e.getLocalizedMessage();
                Snackbar.make(rootView, "大王祸事了：" + errmsg,
Snackbar.LENGTH_LONG)
                        .setAction("Action", null).show();
            }

            @Override
            public void onComplete() {
            }
        });
}
```

稍微解释一下吧，其实你应该能看懂。看一下传给 flatMap()的 Lamda，在其中我们创建了用于网络访问的 Observable 并返回，但是在返回之前，为它设置了 map 回调（一个 Lamda），这个 Lamda 的参数是 ServerResult<List<ContactsPageListAdapter.ContactInfo>>，我们根据 ServerResult 的返回码判断是否成功，如果成功，就扔出 List<ContactsPageListAdapter.ContactInfo>，于是在观察者的 onNext()中就收到了联系人 List，我们依次把 List 中的每个联系人加到"我的好友"组中，也就是 groupNode2 节点中，最后通过 Adapter 发出通知，使 RecyclerView 重新加载数据。注意，由于是重新加载所有数据，所以我们需要先将 groupNode2 下的所有子节点清空。

还有一个问题，就是 ChatService 对象的创建。现在的用法在效率上有问题，因为这个对象只需要创建一次就可以了，所以可以把它搞出 MainFragment 的成员变量，在 Fragment 的 onCreate()方法中创建即可。

但是，现在还是不完美，你会发现一旦出错（比如网络访问失败），定时器就不起作用了！这个问题如何解决呢？请看下节分解。

18.2.4　出错重试

为什么出错后定时器就失效呢？原因是当 Observable 扔出错误事件时，订阅就结束了。如何改变这个问题呢？其实很简单，只需要让 Observable 自动重新订阅，这就要使用 RxJava 重订阅机制。

什么是 RxJava 重订阅呢？指的是当 Observable 所包含的数据全部处理完成后，本该结束这个订阅了，但是又基于某些条件重新自动订阅（执行 Observer 的 subscribe()方法）的现象。

能让 Observable 开启重订阅机制的方法有很多：repeat()、repeatWhen()、retry()、retryWhen()。repeat 和 retry 的区别是，repeat 表示在发出 Complete 事件时重新订阅（注意，重订阅发生时，Observer 的 onComplete()并不会执行），而 retry 是发出 onError 事件时才重新订阅。

同理，repeatWhen 和 retryWhen()也是这样的区别，但由于它们多了个“When“，所以它们是带条件的，即在重订阅发生前会先判断条件，所以这两个方法是有参数的，参数是一个回调方法，你需要实现回调方法。

那我们选择哪个方法来设置重订阅呢？当然是 retry()了，使用方式很简单，只需为 Observable 对象调用 retry()：

```
intervalObservable.retry().flatMap(v -> {
  //向服务端发出获取联系人列表的请求
  return service.getContacts().map(result -> {
      //转换服务端返回的数据，将真正的负载发给观察者
  ... ...
```

注意这里为什么不用 repeat()，其实定时器本身就是 Repeat，再调用 repeat 也看不出什么差别。因为 Repeat 遇到 Error 事件时也会结束订阅，而我们需要不停地刷新联系人的状态。

18.2.5　停止网络连接

我们需要关注网络连接断开时机了，因为聊天页面是一个 Activity，所以在进入聊天页面时，MainActivity 会进入后台，进入后台就有被 Kill 的危险，而我们的定时器还在定时利用 Retrofit 向服务端发出请求呢，万一数据传来了，Activity 不在了，操作界面的代码就要引起崩溃了，所以我们需在 Activity 临死前把网络请求停止，也要把定时器停止。注意 Retrofit 是在 MainActivity 中创建的，而定时器是在 MainFragment 中创建的，本着不给别人擦屁股的原则，自己的挖的坑需要自己填，所以 MainFragment 负责停止定时器，MainActivity 负责停止网络通信。

首先研究一下停止 RxJava 定时器，停止定时器其实就是停止取消订阅，取消订阅需要用到 Disposable 对象，这个对象需要在观察者的 onSubscribe()中获得，其参数就是，你需要做的就是

在这个方法中把它保存下来。为了方便使用，我直接把它保存为 MainFragment 的成员变量：

```
private Disposable observableDisposable;//用于停止订阅的东西
```

改写一下 Observer 的 onSubscribe()方法，在其中保存下传入的 Disposable 对象：

```
@Override
public void onSubscribe(Disposable d) {
    observableDisposable=d;
}
```

那么在哪里使用它呢？应该在 Fragment 的界面被销毁之前，参考一下 Fragment 的生命周期，比较好的地方就是 onStop()，当 Fragment 进入后台时会调用 onDestroy()。所以实现如下代码：

```
@Override
public void onStop() {
    super.onStop();

    //停止 RxJava 定时器
    observableDisposable.dispose();
    observableDisposable=null;
}
```

但是，这带来了一个问题：创建定时器的代码放在 onCreate()中合适吗？其实是不合适的，因为与 onStop()对应的方法是 onStart()，而 onCreate()对应的是 onDestroy()。执行了 onStop()之后不一定会执行 onDestroy()，有可能在 Destroy 之前 Fragment 又回来了，此时就不会执行 onCreate()，但肯定会执行 onStart()，所以，启动定时器的地方应该在 onStart()中！在 MainFragment 中添加 onStart()，将创建定时器 Observable 的那段代码移过来：

```
@Override
public void onStart() {
    //必须调用父类的相同方法
    super.onStart();

    //创建一个定时器 Observable
    Observable intervalObservable = Observable.interval(10, TimeUnit.SECONDS);
    ... ...
}
```

下面再整 MainActivity。但实际上 MainActivity 什么也不需要做了，因为现在 Retrofit 与 RxJava 结合了，当 Rxjava 的订阅被取消了，网络连接即使不会马上断开，也不会再处理服务端的数据了，也就不会出现操作界面的问题了。

18.3 发出聊天消息

注意我们实现的其实是一个聊天室，只要连上 Web 服务器的 App，就可以看到所有人发出的消息。当然首先我们要把消息发出去。如何发呢？原理很简单：用服务端认可的形式组织出消息对象，然后借助 Retrofit 发过去。

服务端接收消息的地址是“/apis/upload_message”。

18.3.1 定义承载消息的类

服务端定义了一个消息类，App 端也应该使用它承载消息数据：

```
public class Message {
   private String contactName;//发出人的名字
   private long time;//发出消息的时间
   private String content;//消息的内容

   public Message(String contactName, long time, String content) {
      this.contactName = contactName;
      this.time = time;
      this.content = content;
   }

   public String getContactName() {
      return contactName;
   }

   public void setContactName(String contactName) {
      this.contactName = contactName;
   }

   public long getTime() {
      return time;
   }

   public void setTime(long time) {
      this.time = time;
   }

   public String getContent() {
      return content;
   }

   public void setContent(String content) {
      this.content = content;
   }
}
```

注意在前面的 HTTP 通信的演示时，曾在 ChatActivity 中创建了一个 ChatMessage 类，现在需要把它去掉，因为我们要使用上面这个类了。去掉 ChatMassage 之后会出现一些错误，比如 ChatActivity 中有一个 List，存放所有聊天消息，它会因找不到范型参数 ChatMessage 而报错，你只需改成 Message 即可，因为我们要用 Message 代替 ChatMessage。需要注意的一个地方是，现在的类中没有 isMe 这个字段了，所以要判断一条消息是不是我发出的，需要比较联系人的名字，比如在 ChatMessagesAdapter 的方法 getItemViewType()中，改写为如下代码（注意加粗语句）：

```
public int getItemViewType(int position) {
    Message message = chatMessages.get(position);
    if(message.getContactName().equals(MainActivity.myInfo.getName())) {
        //如果是我的，靠右显示
        return R.layout.chat_message_right_item;
    }else{
        //对方的，靠左显示
        return R.layout.chat_message_left_item;
    }
}
```

18.3.2 在接口中添加方法

然后再在 ChatService 中添加接口，用于上传消息，见加粗的代码：

```
public interface ChatService {
    @GET("/apis/login")
    Observable<ServerResult<ContactsPageListAdapter.ContactInfo>>
requestLogin(
            @Query("name") String name,
            @Query("password") String password);

    @GET("/apis/get_contacts")
    Observable<ServerResult<List<ContactsPageListAdapter.ContactInfo>>>
getContacts();

    @POST("/apis/upload_message")
    Observable<ServerResult> uploadMessage(@Body Message msg);
}
```

注意这个请求是以 POST 方式发出的，因为消息的数据量太大的话，GET 方式是容纳不了的。

还有，这个请求不需要返回数据，所以其返回类型是 Observable<ServerResult>，我们不需要为 ServerResult 再设置范型参数。

还有，其参数是 Message 对象，我们加了注解“@Body”，表示这个参数要打包到 HTTP 的 Body 中。

18.3.3　在 ChatActivity 中初始化 Retrofit

下面我们得转战 ChatActivity 类了。为此类添加两个字段，用于 Retrofit 网络通信，其具体作用不再解释了：

```
//用于网络通信
private Retrofit retrofit;
private ChatService chatService;
```

在 onCreate()方法中创建它们的实例：

```
//创建 Retrofit 对象
retrofit = new Retrofit.Builder()
        .baseUrl("http://10.0.2.2:8080/")
        //本来接口方法返回的是 Call，由于现在返回类型变成了 Observable,
        //所以必须设置 Call 适配器将 Observable 与 Call 结合起来
        .addCallAdapterFactory(RxJava2CallAdapterFactory.create())
        //Json 数据自动转换
        .addConverterFactory(GsonConverterFactory.create())
        .build();
chatService = retrofit.create(ChatService.class);
```

下面就可以使用它们了。

18.3.4　上传消息

改写发出消息按钮的响应代码，先上传消息再显示它，直接上代码吧：

```
//响应按钮的点击，发出消息
findViewById(R.id.buttonSend).setOnClickListener(new View.OnClickListener() {
    @Override
    public void onClick(View view) {
        //现在还不能真正发出消息，把消息放在 chatMessages 中，显示出来即可
        //从 EditText 控件取得消息
        EditText editText = findViewById(R.id.editMessage);
        String msg = editText.getText().toString();

        //创建消息对象，准备上传
        Message chatMessage = new Message(MainActivity.myInfo.getName(),
              new Date().getTime(), msg);

        //上传到服务端
        Observable<ServerResult> observable =
chatService.uploadMessage(chatMessage);
        observable.retry().map(result -> {
            //判断服务端是否正确返回
            if (result.getRetCode() == 0) {
                //服务端无错误，随便返回点东西吧，反正也不用处理
                return 0;
            } else {
                //服务端出错了，抛出异常，在 Observer 中捕获之
```

```
                throw new RuntimeException(result.getErrMsg());
            }
        }).subscribeOn(Schedulers.computation())
                .observeOn(AndroidSchedulers.mainThread())
                .subscribe(new Consumer<Object>() {//onNext()
                    @Override
                    public void accept(Object data) throws Exception {
                        //对应 onNext()，但是什么也不需要做
                    }
                }, new Consumer<Throwable>() {//onError()
                    @Override
                    public void accept(Throwable e) throws Exception {
                        //对应 onError()，向用户提示错误
                        String errmsg = e.getLocalizedMessage();
                        Snackbar.make(view, "大王祸事了：" + errmsg,
Snackbar.LENGTH_LONG)
                                .setAction("Action", null).show();
                    }
                }, new Action() { //onComplete()
                    @Override
                    public void run() throws Exception {

                    }
                }, new Consumer<Disposable>() { //onSubcribe()
                    @Override
                    public void accept(Disposable disposable) throws Exception {
                        //保存下 disposable 以取消订阅
                        uploadDisposable = disposable;
                    }
                });

        //添加到集合中，从而能在 RecyclerView 中显示
        chatMessages.add(chatMessage);
        //在 view 中显示出来。通知 RecyclerView，更新一行
        recyclerView.getAdapter().notifyItemInserted(chatMessages.size() - 1);
        //让 RecyclerView 向下滚动，以显示最新的消息
        recyclerView.scrollToPosition(chatMessages.size() - 1);
    }
});
```

现在测试一下，消息是可以上传到服务端的。你可以通过在浏览器中输入地址“http://localhost:8080/apis/get_all_messages”来查看服务端已有的消息。注意，subscribe()方法的最后一个参数：“new Consumer<Disposable>() { *//onSubcribe()*”，它的方法中我们将收到的 Disposable 对象保存了下来：“uploadDisposable = disposable”，你可以猜到 uploadDisposable 是一个字段，是谁的呢？是 ChatActviity 的。保存它干什么？前面讲了，是为了在 Activity 死掉之前取消网络操作，所以重写 ChatActivity 的 onDestroy()如下：

```
@Override
protected void onDestroy() {
```

```
    super.onDestroy();
    if(uploadDisposable!=null) {
        uploadDisposable.dispose();
        uploadDisposable = null;
    }
}
```

但是，还没完，你有没有考虑这一样一个问题：如果上传不成功怎么办？仅提示一下错误就行了吗？肯定不行！我们应该重新上传，不成功再重传……直到成功，具备这种永不言败精神的 App 才算是一个真正的 App，那如何才能成为这样令人敬仰的 App 呢？下节分解。

18.3.5　失败重传

实现失败重传，有多种方式，既然我们已经使用了 RxJava+Retrofit，我们也应该使用 RxJava 的重订阅机制实现失败重传。还记得前面讲的重新订阅吗？我们这里要使用 repeat 还是 retry 呢？我们希望遇到错误重新订阅，如果成功就结束订阅，所以应该用 retry，稍微改一下代码：

```
observable.retry().map(result -> {
            //判断服务端是否正确返回
            if (result.getRetCode() == 0) {
        ... ...
```

到此为止，发出消息完成了，下面搞定获取消息。

18.4　获取聊天消息

18.4.1　为 ChatService 增加方法

获取消息与获取联系人很相似，都需要重复重复再重复地访问 Web 服务器，所以我们可以把那部分代码复制过来，修改一下就 OK 了。

Web 服务端为获取消息提供了请求路径：/apis/get_message，我们为 ChatService 接口添加获取消息的方法：

```
@GET("/apis/get_messages")
Observable<ServerResult<List<Message>>> getMessagesFromIndex(@Query("after")
int index);
```

注意这个方法有个参数“index”，它表示获取从这个序号开始之后所有的消息。因为获取的是一堆消息，所以 ServerResult 的范型参数是一个 List。

18.4.2　发出请求

在进入聊天页面时，应该立即显示出已有的聊天信息，所以获取消息的代码应该放在

ChatActivity 的 onCreate()中。而且，由于要及时显示新的消息，我们还需要在间隔比较短的时间内重复获取，这样看来，这里的 RxJava 调用，与登录时的架构一样，需要两个 Observable 配合。直接上代码：

```
//每隔 2 秒向服务端获取一下新的聊天消息
Observable.interval(2, TimeUnit.SECONDS).flatMap(v -> {

    //创建获取聊天消息的 Observable
    //参数是下一段 Message 的起始 Index
    return chatService.getMessagesFromIndex(chatMessages.size())
            .map(result -> {
                //判断服务端是否正确返回
                if (result.getRetCode() == 0) {
                    //服务端无错误，随便返回点东西吧，反正也不用处理
                    return result.getData();
                } else {
                    //服务端出错了，抛出异常，在 Observer 中捕获之
                    throw new RuntimeException(result.getErrMsg());
                }
            });

}).retry()
        .subscribeOn(Schedulers.computation())
        .observeOn(AndroidSchedulers.mainThread())
        .subscribe(new Consumer<List<Message>>() {//onNext()
            @Override
            public void accept(List<Message> messages) throws Exception {
                //将消息显示在 RecyclerView 中
                chatMessages.addAll(messages);
                //在 view 中显示出来。通知 RecyclerView，更新一行
                recyclerView.getAdapter().notifyItemRangeInserted(
                        chatMessages.size(),chatMessages.size());
                //让 RecyclerView 向下滚动，以显示最新的消息
                recyclerView.scrollToPosition(chatMessages.size() - 1);
            }
        }, new Consumer<Throwable>() {//onError()
            @Override
            public void accept(Throwable e) throws Exception {
                //反正要重试，什么也不做了
                Log.e("chatactivity",e.getLocalizedMessage());
            }
        }, new Action() { //onComplete()
            @Override
            public void run() throws Exception {

            }
        }, new Consumer<Disposable>() { //onSubcribe()
            @Override
            public void accept(Disposable disposable) throws Exception {
                //保存下 downloadDisposable 以取消订阅
```

```
            downloadDisposable = disposable;
        }
    });
```

因为用到了 chatService 变量，所以这段代码应放在 chatService 被实例化之后。注意 retry() 的调用时机，它必须放在 flatMap()之后，因为 flatMap 会产生新的 Observable 对象，我们需让这个新的 Observable 有 retry 机制。最后要注意一下 downloadDisposable 变量，它是 ChatActivity 的一个字段，我们保存它的唯一目的是什么来着？取消网络访问！所以现在的 onDestroy()方法是这样的：

```
@Override
protected void onDestroy() {
    super.onDestroy();
    if(uploadDisposable!=null) {
        uploadDisposable.dispose();
        uploadDisposable = null;
    }

    if(downloadDisposable!=null) {
        downloadDisposable.dispose();
        downloadDisposable = null;
    }
}
```

好了，聊天功能到此就实现了。开启多个虚拟机，它们真的可以聊天！

虽然它还有很多缺点，但是它的实现还是经历了无数困难和曲折，倾注我们的心血和汗水，以后你一定会成为一代 Android 高手，但我相信你会怀念它的。